best of DETAIL

Beton Concrete

Edition **DETAIL**

Impressum • *Credits*

Diese Veröffentlichung basiert auf Beiträgen, die in den Jahren von 2012 bis 2015 in der Fachzeitschrift **DETAIL** erschienen sind.
This publication is based on articles published in the journal **DETAIL** *between 2012 and 2015.*

Redaktion • *Editors:*
Christian Schittich (Chefredakteur • *Editor-in-Chief)*
Steffi Lenzen (Projektleitung • *Project Manager)*; Heike Messemer, Jana Rackwitz

Lektorat deutsch • *Proofreading (German):*
Melanie Zumbansen, München

Lektorat englisch • *Proofreading (English):*
Stefan Widdess, Berlin

Zeichnungen • *Drawings:*
Institut für internationale Architektur-Dokumentation GmbH & Co. KG, München

Herstellung/DTP • *Production/layout:*
Simone Soesters

Druck und Bindung • *Printing and binding:*
Kessler Druck + Medien, Bobingen

Herausgeber • *Publisher:*
Institut für internationale Architektur-Dokumentation GmbH & Co. KG, München
www.detail.de

Bibliografische Information der Deutschen Nationalbibliothek
Die Deutsche Nationalbibliothek verzeichnet diese Publikation in der Deutschen Nationalbibliografie. Detaillierte bibliografische Daten sind im Internet über <http://dnb.d-nb.de> abrufbar.

Bibliographic information published by the German National Library
The German National Library lists this publication in the Deutsche Nationalbibliografie; detailed bibliographic data is available on the Internet at <http://dnb.d-nb.de>.

ISBN 978-3-95553-286-4 (Print)
ISBN 978-3-95553-287-1 (E-Book)
ISBN 978-3-95553-288-8 (Bundle)

Inhalt • *Contents*

theorie + wissen • *theory + knowledge*

projektbeispiele • *case studies*

anhang • *appendices*

Vorwort • *Preface*

Vielschichtig, facettenreich und formbar wie kaum ein anderer Baustoff besitzt Beton enormes Zukunftspotenzial.
Je nach Zusammensetzung reichen seine Einsatzgebiete vom schlichten Möbel über beeindruckende Innenausbauten bis hin zu faszinierenden Fassadenkonstruktionen oder weit gespannten Tragstrukturen. Geliebt oder gehasst, Beton ist Teil der Baukultur und – ob filigran, skulptural oder massiv – durch seine enormen Konstruktions- und Gestaltungsmöglichkeiten nicht wegzudenken aus der gebauten Umwelt.
»Best of DETAIL Beton« bündelt die DETAIL-Highlights der letzten Jahre zu diesem ausdrucksstarken Baustoff. Neben interessanten Fachbeiträgen liefert die Publikation in einem umfangreichen Projektbeispielteil vom Bahnhof über das Einfamilienhaus bis zur Kirche viel Inspiration für die eigene Praxis.

Multilayered, multifaceted and malleable like no other building material – concrete offers enormous potential for the future.
Depending on its composition, the uses for concrete range from simple furnishings to impressive interior designs, from fascinating facades to wide-spanning support structures. Love it or hate it, concrete is part of the building culture and – whether filigree, sculptural or massive – it's here to stay thanks to the wealth of construction and design possibilities it offers our urbanised environment.
»Best of DETAIL Concrete« brings together highlights from the DETAIL magazine from the past few years about this expressive building material. In addition to interesting professional insights and articles, the publication provides a comprehensive section of case studies – from tram stations to family homes to churches – that offer inspiration for individual design work.

Die Redaktion / *The Editors*

龙艺术商店

theorie + wissen
theory + knowledge

Denkmalgerechte Betoninstandsetzung – Verfahren, Methoden, Erfolge und Misserfolge

Concrete Remediation for Historic Preservation – Applications, Methods, Successes and Failures

Hartwig Schmidt

2 Zweites Goetheanum in Dornach bei Basel, 1925–1928. Der monumentale Theaterbau wurde als reiner Stahlbetonbau errichtet; Entwurf: Rudolf Steiner, Sanierung 1993–1996, Foto 2008
3–6 St. Antoniuskirche in Basel, 1925–1927; erster Schweizer Kirchenbau in Sichtbeton, Architekt: Karl Moser; Sanierung 1985–1991
3, 6 nach der Sanierung
4 Ablauf der Sanierung (nach Rüegg 2004)
5 vor der Sanierung

2 Goetheanum in Dornach near Basel, 1925–1928. This monumental theatre building is completely comprised of reinforced concrete. Design: Rudolf Steiner. Renovation 1993–1996. Photo 2008
3–6 St Anthony's Church in Basel, 1925–1927. Architect: Karl Moser. First Swiss exposed concrete church building. Renovation 1985–1991
3, 6 After renovation
4 Renovation process (cf. Rüegg 2004)
5 Before renovation

In den 1980er-Jahren tauchte für die Denkmalpflege ein bisher unbekanntes Problem auf: die Sichtbetonfassaden der Nachkriegsbauten zeigten zunehmend Schäden. Rostende Bewehrungseisen und abgesprengte Betonüberdeckungen ließen die mit ästhetischem Anspruch gestalteten Flächen unansehnlich werden. Die in entsprechenden Regelwerken festgelegten Maßnahmen für die Instandsetzung von Betonbauwerken ließen sich nur beschränkt auf Baudenkmäler übertragen, da als abschließende Maßnahme die Beschichtung der gesamten Betonoberfläche mit einem CO_2-dichten, für Wasser und Gas undurchlässigen Anstrich als Karbonatisierungs- und Korrosionsschutz vorgesehen war. Für Baudenkmäler mit Sichtbetonflächen war dies nicht akzeptabel, denn das Ziel einer denkmalgerechten Instandsetzung sollte – neben der Instandsetzung oder Ertüchtigung der Konstruktion – die Erhaltung der originalen Sichtbetonoberflächen sein, als Teil des vom Architekten gewollten künstlerischen Ausdrucks des Bauwerks. Aber lassen sich Sichtbetonfassaden instand setzen unter Erhalt der originalen Oberflächenwirkung? Diese Frage lässt sich so generell nicht beantworten, denn der Erfolg einer denkmalgerechten Instandsetzung ist abhängig vom Umfang der Schäden, dem Geschick und der Erfahrung der ausführenden Firma, dem planenden Architekten und verantwortlichen Ingenieur und selbstverständlich auch von den Kosten, die der Eigentümer (dafür) zu tragen bereit ist.

Instandsetzungsmaßnahmen
Für die Instandsetzung von Sichtbetonfassaden stehen heute zwei grundsätzlich verschiedene Verfahren zur Verfügung:

- Konventionelle Verfahren auf der Grundlage der Verwendung mineralischer Materialien, die von einer kleinteiligen Reparatur bis zu einem großflächigen Neuauftrag einer Mörtel- oder Betonschicht reichen (Abb. 1).
- Scheinbar zerstörungsfrei arbeitende, elektrochemische Verfahren zur Realkalisierung des karbonatisierten Betons (Abb. 8), die Verwendung von Korrosionsinhibitoren als vorbeugender Schutz und die Hydrophobierung als unsichtbarer Oberflächenschutz (Abb. 10).

Doch welche Methode eignet sich am besten für eine denkmalgerechte Instandsetzung?

Betonrestaurierung durch den Restaurator
Einige Restauratorenfirmen mit Erfahrung bei der Instandsetzung von Baudenkmälern haben sich auf Betonsanierung spezialisiert, waren sie doch vertraut mit dem Wunsch der Denkmalpflege, originale Oberflächen mit all ihren Herstellungs- und Alterungsspuren zu erhalten. Doch trotz vieler Materialproben ließ sich das Problem der farblichen Angleichung der Reparaturstellen an die originale Oberfläche nur schwer lösen. Auch sorgfältig zusammengestellte Materialmischungen verändern ihre Farbigkeit während des Abbindeprozesses und bis zu einigen Jahren danach. Kunstharzzusätze verbessern zwar die Qualität des Reparaturmörtels, verhalten sich jedoch aufgrund ihrer geringeren Wasseraufnahmefähigkeit farblich anders als die originalen Flächen. Oft bleibt deshalb als letzte Möglichkeit nur ein farbausgleichender mineralischer Anstrich, um ein einheitliches Erscheinungsbild der Oberflächen wieder herzustellen.

Vollflächige Instandsetzung
Geht der Umfang der zerstörten Betonoberflächen über einen bestimmten Prozentsatz (etwa > 20 %) der Gesamtfläche hinaus, so ist zu entscheiden, ob eine partielle Instandsetzung technisch möglich und wirtschaftlich sinnvoll ist. Bekannte Beispiele für eine vollflächige Instandsetzung sind das Zweite Goetheanum des Anthroposophen Rudolf Steiner in Dornach bei Basel, 1924–1928 (Abb. 2), und die St. Antoniuskirche von Karl Moser in Basel, 1925–1927 (Abb. 3), der erste Schweizer Kirchenbau in Sichtbeton – beides Bauwerke, bei denen schalungsrauer Sichtbeton innen wie außen zur Anwendung kam. Anlass für die Entscheidung zu einer ganzflächigen Erneuerung der Außenfassaden der St. Antoniuskirche waren die sehr umfangreichen Oberflächenschäden als Folge der Korrosion der Bewehrung

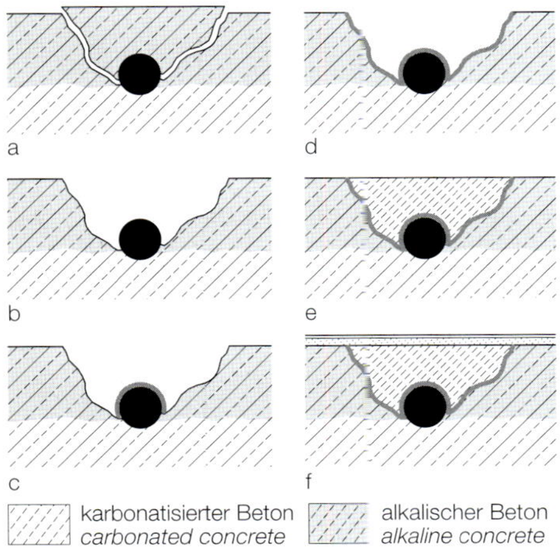

1 Ablauf einer konventionellen Betonsanierung (Bundesverband Deutsche Zementindustrie, 1985)

Maßnahmen im engeren Schadensbereich:
a Aufsuchen und Freilegen aller erkennbaren Schadensstellen bis auf den tragfähigen Beton
b Entrosten der freigelegten Bewehrungsstäbe und Reinigen der vorgesehenen Reparaturflächen von allen verbundmindernden Bestandteilen
c Konservieren der entrosteten Bewehrung durch einen zweifachen Korrosionsschutzanstrich
d Herstellen einer Haftbrücke zwischen Altbeton und Reparaturmörtel
e Reprofilieren der Ausbruchstellen mit Reparaturmörtel

Maßnahmen im erweiterten Schadensbereich:
f Porenschluss und ggf. Strukturangleichung durch Feinspachtel oder Schlämme bzw. Karbonatisierungsschutz und Farbangleichung durch mehrschichtigen Anstrich

1 Conventional concrete renovation (Federal Concrete Industry Association)

Close-up of damage area:
a Detection and exposure of all recognisable damage areas down to structural concrete
b De-rusting of exposed reinforcement bars, cleaning of surfaces to be repaired, and removal of all components that may reduce bonding capacity
c Conservation of de-rusted reinforcement bars by double-layer corrosion-proof coating
d Application of bonding agent between existing concrete and repair mortar
e Re-profiling of demolished areas with repair mortar

Expanded area:
f Pre sealing and, if required, surface compensation with spackling compound, scratch coat, or carbonation protection, colour matching by multilayer coating

3

Vorbereitung der gesamten Fassade, lokale Behandlung an zehn Stellen gleichzeitig
Preparation of entire facade, simultaneous local treatment of 10 locations

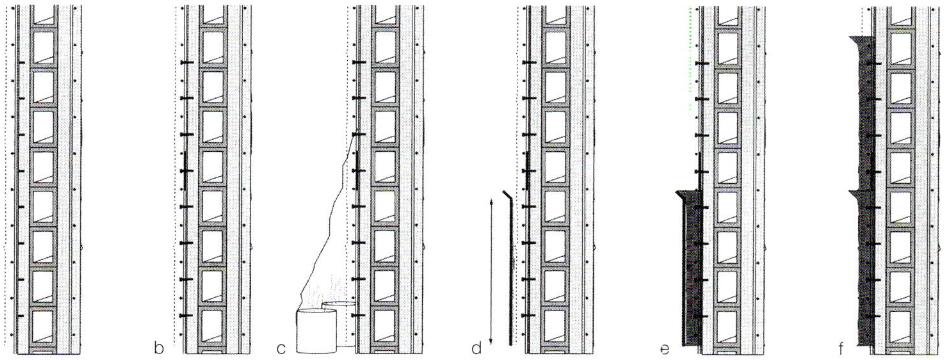

4a b c d e f

(Abb. 5, 6). Eine kleinteilige Reparatur wurde als wenig sinnvoll angesehen, weshalb man sich dafür entschied, die gesamte äußere Betonoberfläche durch eine neue Betonschicht zu ersetzen. Hiermit sollte nicht nur das alkalische Milieu im Altbeton wieder hergestellt werden, sondern der neue Beton sollte aufgrund seiner im Vergleich zum Altbeton deutlich besseren Qualität in Zukunft keine kritische Karbonatisierungstiefe mehr erreichen. Der Altbeton wurde mit dem Handluftpresshammer in einer Dicke von 3 bis 5 cm bis zur Bewehrung abgetragen, die Bewehrung freigelegt, und entrostet (Abb. 4 a). Eine dauerhafte Verbindung der neu vorbetonierten 6 cm dicken Betonschicht zum Altbeton stellte ein durch Klebeanker befestigtes Armierungsnetz (Abb. 4 b) und die 24-stündige Bewässerung (Abb. 4 c) her. Die Rekonstruktion der ursprünglichen Schalungsstruktur versuchte man durch einzelne Kunststoffmatrizen zu erreichen, die von den originalen Oberflächen abgenommen und in die Schalung eingelegt wurden (Abb. 4 d). Das Betonieren mit Fließbeton geschah in 90 cm hohen Etappen (Abb. 4 e, f). Trotz all dieser Maßnahmen besteht ein Unterschied in der Farbe und der Oberflächenstruktur zwischen dem alten Beton und der neuen Betonschicht. Die Denkmalpflege stand, aus ihrer Erfahrung mit angeblich »originalgetreuen« Kopien heraus, dem Verfahren von Anfang an skeptisch gegenüber, konnte jedoch keinen denkmalgerechteren Instandsetzungsvorschlag machen. »Es ist streng genommen ein reduzierter Denkmalwert, den wir hier überliefern«, schreibt Alfred Wyss, denn »verloren geht die originale Oberfläche, die Patina, die alte kiesnesterbesetzte Unregelmäßigkeit des ursprünglichen Betons, die man aber im Inneren voll erleben kann.« Kritik an diesem Verfahren kam auch von den Baustofftechnologen. Sie wiesen darauf hin, dass die Härte und Dichte der neuen Betonschicht im Verhältnis zum porösen Altbeton mit geringer Festigkeit zu hoch sei und so keine monolithische Schicht entstehen würde. Der große Unterschied zwischen den neuen und alten Oberflächen zeigt, wie schwer es ist, eine »originalgetreue« Oberfläche neu herzustellen.

Rudolf Steiners zweites Goetheanum in Dornach, zu gleicher Zeit wie die St. Antoniuskirche errichtet, ist einer der bedeutendsten Sichtbetonbauten in der Schweiz. In den 1980er-Jahren zeigten sich erste Schäden. Die Karbonatisierungstiefe hatte an einigen Stellen den Bewehrungsstahl erreicht und Fosroc NCT (Norwegian Concrete Technologies) schlug als neuartige und zerstörungsfreie Instandsetzungsmethode ein elektrochemisches Realkalisierungsverfahren vor. 1988 wurden auf der Nord- und Ostseite zwei insgesamt circa 100 m^2 große Probeflächen angelegt. Der Erfolg war nicht sehr groß, da einige Jahre zuvor ein Schutzanstrich auf Silikonharzbasis aufgetragen worden war, was die Saugfähigkeit des Betons einschränkte. Deshalb entschloss man sich Anfang der 1990er-Jahre, Instandsetzungsmaßnahmen wie an der St. Antoniuskirche durchzuführen, nach der Methode und unter Leitung des gleichen Basler Ingenieurbüros, der Eglin Ristic AG. In den Jahren 1993 bis 1996 wurden die Fassaden des rückwärtigen Bühnentrakts (Nord-Ost-, Ost- und Süd-Ostseite) erneuert. Die senkrechten Flächen wurden bis zu einer Tiefe von 4 cm mit dem Wasserstrahlverfahren abgetragen und eine neue, 7 cm dicke Schale aus Fließbeton vorbetoniert, wobei die neue Oberfläche durch vorher abgenommene Silikonharz-Matrizen der alten Fassadenstruktur angeglichen werden sollte. Hierfür wurden zehn unterschiedliche Matrizen mit einer Breite von ca. 3,20 m und einer Höhe von 1,10 m hergestellt und in die Schalung eingelegt. Doch die Stöße der einzelnen Matrizen (Schalungstafeln) zeichnen sich deutlich ab und entsprechen in keiner Weise den alten Mustern der Holzschalung.

Lassen sich großflächige Erneuerungen von Sichtbetonflächen nicht vermeiden, stellt sich die Frage, ob sie immer mit einem derart ambitionierten Verfahren, wie bei den beiden vorherigen Beispielen beschrieben, durchgeführt werden müssen. Eine Alternative ist der vollflächige Auftrag von Spritzbe-

4a äußere Schicht (4–8 cm) abspitzen
b Epoxy-Klebeanker versetzen, Beton und bestehende Armierung sandstrahlen, neue Armierung mit Netz und eventuell Zugabeeisen anbringen
c Betonfläche bewässern (24 h)
d Gummimatrizen-Schalungen anbringen (Etappenhöhe 90 cm)
e Fließbeton einfüllen, verdichten, 7 Tage wässern
f Überzähne der Einfülltrichter abspitzen, mit Kosmetikmörtel ausbessern

4a Exterior layer (4–8 cm), bush-hammered
b Relocation of epoxy adhesive anchors, sandblasting of concrete and reinforcement, new wire mesh reinforcement, additional reinforcement as required
c Spraying of concrete surface with water (24 h)
d Application of rubber moulds (height 90 cm)
e Infill of liquid concrete, compaction, ponding or sprinkling for 7 days
f Removal of protrusions along infill area, patching with cosmetic mortar

5

6

Hartwig Schmidt hat an der TU Berlin Architektur studiert und anschließend promoviert. Er war Mitarbeiter am Deutschen Archäologischen Institut, im Berliner Denkmalamt und an der Universität Karlsruhe im Sonderforschungsbereich »Erhalten historisch bedeutsamer Bauwerke«. Von 1993 bis 2006 war er Professor für Denkmalpflege an der RWTH Aachen.

Hartwig Schmidt studied architecture and received his doctorate at the TU Berlin. He has worked for the German Archaeological Institute (DAI), in the Berlin Monument Authority, and at the University of Karlsruhe, Special Research Area "Preservation of Buildings of Historic Relevance". He was Professor for Historic Building Conservation at the RWTH Aachen from 1993–2006.

7

ton, wie er z.B. 1993 am Schwesternwohnheim des Universitätsspitals Zürich von E. Laich SA aus Avegno im Tessin erfolgreich durchgeführt wurde. Bei dem 20-geschossigen Gebäude des Architekten Jakob Zweifel aus dem Jahr 1959 traten wegen der teilweise nicht ausreichenden Betonüberdeckung der Bewehrung – trotz relativ geringer Karbonatisierungstiefe von ca. 10 mm – die bekannten Schäden auf. Für die Instandsetzung wurde der schadhafte Beton mit dem Wasserdruckverfahren (Wasserdruck > 2000 bar) abgetragen, die Bewehrung mit einem Korrosionsschutz beschichtet und auf den aufgerauten Altbeton großflächig eine erste Lage (1 bis 2 cm) Spritzbeton aufgetragen, eine zweite am nächsten Tag. Die Zusammensetzung des Spritzbetons war dem alten Beton angepasst und bestand aus einer Mischung von 300 kg Weißzement und 30 kg hydraulischem Kalk auf 1000 l Zuschlagsstoffe mit einem Maximalkorn von 8 mm. Um das ursprüngliche Erscheinungsbild soweit wie möglich wieder herzustellen, wurden die neuen Oberflächen unmittelbar nach dem Auftrag so bearbeitet, dass sie der ursprünglichen Struktur – senkrecht stehende Schalbretter von 12 bis 15 cm Breite und eine geschossweise waagerechte Unterteilung – wieder entsprachen.

Kleinteilige »behutsame« Betoninstandsetzung
Als Gegensatz zu den bisher beschriebenen Verfahren wird man bei Sichtbetonfassaden von Baudenkmälern eher eine kleinteilige, auf die einzelnen Schadensstellen bezogene Reparaturmaßnahme vorziehen. Ein frühes Beispiel hierfür ist die Instandsetzung der Fassade der Beethovenhalle der Stuttgarter Liederhalle 1991 bis 1993 (Abb. 7, 9). Ziel war eine Instandsetzung, bei der so viel wie möglich von der originalen Oberfläche erhalten bleiben sollte. Die Stuttgarter Liederhalle wurde 1955/56 nach dem Entwurf der Architekten Rolf Gutbrod aus Stuttgart und Adolf Abel aus München als Ersatz für den im Krieg zerstörten Vorgängerbau als Mehrzweckbau mit drei unterschiedlich großen Sälen errichtet, deren Fassaden sich durch unterschiedliche Materialien – Sichtbeton, Naturstein und Keramik – unterscheiden. Der »Beethovensaal«, der größte der drei Säle, besteht auf der Süd- und Westseite aus einer konvex gekrümmten Sichtbetonwand, die von einem Band aus Keramikplatten gekrönt wird, und auf der Nordostseite aus einer hohen, konkav gekrümmten Wand, die mit farbigen Keramikteilen verziert ist. Süd- und Westseite sind durch unterschiedlich breite Rechteckfelder gegliedert, die durch Nuten voneinander getrennt sind. Im Detail wird diese Struktur durch den Abdruck der Schalbretter, die Komposition der Brettstöße, die Beschaffenheit und Eigenfarbe des Betonkorns, die Farbe des Zements und durch die gespitzte, sehr raue Betonoberfläche bestimmt.
Den Auftrag für die im Zuge der Modernisierung der Liederhalle vorgesehene Fassadensanierung hatte das Karlsruher BfB Büro für Baukonstruktionen erhalten. Gemeinsam mit Hubert K. Hilsdorf vom Institut für Massivbau und Baustofftechnologie der Universität Karlsruhe entschloss man sich, auf eine großflächige Betoninstandsetzung zu verzichten und, soweit technisch vertretbar, die nicht geschädigten originalen Bauwerksoberflächen zu erhalten. Die Idee, die man verfolgte, bestand darin, die traditionellen Methoden der Natursteininstandsetzung auf das Material Stahlbeton zu übertragen. Das bedeutete, dass, ähnlich wie bei der Herstellung von Vierungen durch den Steinmetz, auch hier die einzelnen Schadensstellen in Form von rechtwinkligen Ausbrüchen erneuert werden sollten. Und wie bei der Untersuchung eines steinernen Gebäudes begann man mit ausführlichen Voruntersuchungen zur Geschichte des Bauwerks, der Analyse der Schadensursachen und einer Prognose der Dauerhaftigkeit der bisher nicht geschädigten Bereiche. Als von zentraler Bedeutung für den Erfolg der Maßnahme wurde die Eigenschaft des Instandsetzungsmörtels angesehen, dessen Zusammensetzung und materialtechnischen Kennwerte weitestgehend denen des Originalbetons entsprechen sollten, um Mörtelschäden und »Plombenbildungen« zu vermeiden. Die Instandsetzungsmaßnahmen wurden mit der Säuberung der Betonoberflächen begonnen. Danach wurden die Instandsetzungsbereiche durch vertikale und horizontale Linien, die sich aus der architektonisch vorgegebenen Gliederung der Oberflächen ergaben, festgelegt und begrenzt. Der Beton wurde entlang dieser Linien eingeschnitten, abgetragen und die Bewehrung bis in den nicht karbonatisierten Bereich freigelegt. Aus konstruktiven Gründen nicht mehr erforderliche Bewehrung (z.B. Schwindbewehrung) wurde entfernt. Zur Instandsetzung wurde die so vorbereitete Ausbruchsstelle vorgenässt, eine zementgebundene Haftbrücke aufgetragen und der Reparaturmörtel mit einer Kelle eingebracht. Der Instandsetzungsmörtel wurde mehrere Tage lang feucht nachbehandelt und dann steinmetzmäßig bearbeitet, um den reprofilierten Bereich an die ursprüngliche Oberflächenstruktur anzugleichen. Im Altbeton vorhandene Kiesnester wurden nur dann bearbeitet, wenn dies aus Gründen des Korrosionsschutzes der Bewehrung erforderlich war. Risse, insbesondere Zwängungsrisse, wurden nicht bearbeitet, da sie die Standsicherheit und die Dauerhaftigkeit des Bauwerks nicht beeinträchtigen. Dass das für die Liederhalle gewählte Konzept einer »behutsamen« Instandsetzung richtig war, zeigt heute nicht nur der überzeugende Gesamteindruck des Gebäudes, sondern auch die Schadensfreiheit nach jetzt gut 20-jähriger Standzeit. Der Eindruck ist sogar im Lauf der Jahre noch besser geworden, denn die neuen Mörtelflächen, die gleich nach Fertigstellung etwas heller als die originalen Flächen waren, haben sich im Farbton diesen angeglichen und es ist heute schwer, die Reparaturstellen mit bloßem Auge zu erkennen.
Nach diesem Verfahren, das in der Zwischenzeit weiter verbessert wurde, sind bereits eine größere Anzahl von Bauwerken instandgesetzt worden, z.B. bei die Fassaden der Münchener Alten Anatomie der Ludwig Maximilians Universität aus den Jahren 1905–1907, einer der ersten Eisenbetonbauten Deutschlands. Doch ist diese Methode für alle schadhaften Betonoberflächen anwendbar? Sicherlich nicht, denn in der Praxis

7, 9 Beethovensaal der Liederhalle in Stuttgart 1955/56, Architekten: Rolf Gutbrod und Adolf Abel, Sanierung 1991–1993
8 schematische Darstellung der Wirkungsweise elektrochemischer Instandsetzungsverfahren (nach Raupach/Ortmanns 2001)
a kathodischer Korrosionsschutz mit leitfähiger Beschichtung
b Chloridextraktion, Realkalisierung (NTC-Verfahren) mit im Aufbeton eingelegtem Stahl- bzw. Titannetz

7, 9 Beethoven Auditorium, Liederhalle in Stuttgart 1955/56. Renovation 1991–1993, Architects: Rolf Gutbrod and Adolf Abel.
8 Schematic illustration, function of electrochemical remediation methods (cf. Raupach/Ortmanns 2001)
a Cathodic corrosion protection with conductive coating
b Chloride extraction, realkalisation (NTC method) with integrated conductive anode mesh within mortar layer

Literatur/*Literature*:
Hillemeier, B. u. a.: Instandsetzung und Erhaltung von Betonbauwerken. In: Betonkalender 1999, Teil II. Berlin 1999
Hassler, Uta (Hrsg.), Institut für Denkmalpflege und Bauforschung IDB der ETH Zürich: Was der Architekt vom Stahlbeton wissen sollte, Zürich 2010
Schröder, Manfred (Hrsg.): Schutz und Instandsetzung von Stahlbeton, Renningen 2006
Stark, J.; Wicht, B.: Dauerhaftigkeit von Beton. Der Baustoff als Werkstoff, Basel/Boston/Berlin 2001
Bundesverband der Deutschen Zementindustrie e. V. (Hrsg.): Instandsetzen von Stahlbetonoberflächen. Ein Leitfaden für Auftraggeber, Köln 1997
Müller, Harald S.; Nolting, Ulrich (Hrsg.): Instandsetzung bedeutsamer Betonbauten der Moderne in Deutschland, Universität Karlsruhe, 2004
Müller, Harald S.; Nolting, Ulrich; Haist, Michael (Hrsg.): Sichtbeton – Planen, Herstellen, Beurteilen. 2. Symposium Baustoffe und Bauwerkserhaltung. Universität Karlsruhe, Karlsruhe 2005

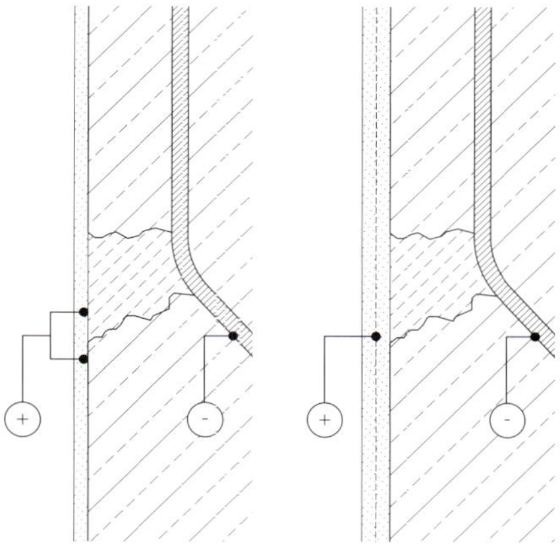

8a b

bedarf es im Einzelfall einer sorgfältigen Risikoabwägung bzw. der sachkundigen Abschätzung des Ausmaßes künftiger Korrosionsschäden, wenn trotz kritischer örtlicher Gegebenheiten nur geringfügige Eingriffe in die Bausubstanz angestrebt werden. Um zu einer Beurteilung der unterschiedlichen Korrosionsbedingungen am Bauwerk zu kommen, sind deshalb sehr detaillierte Voruntersuchungen erforderlich. Dies ist von besonderer Wichtigkeit, da zwischen dem Karbonatisierungsfortschritt und dem Feuchtegehalt des Betons eine Wechselbeziehung besteht, die »je nach Lage eines Bauteils und den örtlichen Gegebenheiten am selben Bauwerk sehr unterschiedlich ausgeprägt sein kann. Gleichermaßen unterschiedlich ist dann das Ausmaß bzw. Risiko eines künftigen Korrosionsfortschritts. Zudem können an verschiedenen Bauteilen unterschiedliche Schädigungsprozesse, z. B. Bewehrungskorrosion, Frost- und Verwitterungsschäden, einzeln oder auch in Kombination auftreten. Eine realistische Lebensdauerprognose für ein Bauwerk muss diese heterogenen Ausgangssituationen sowie das Zusammenwirken der einzelnen Bauteile berücksichtigen.«
Der Einwand, dass eine »behutsame« Instandsetzung wegen des hohen Arbeitsaufwandes den vertretbaren Kostenrahmen sprengt, konnte in der Praxis entkräftet werden. Da der Flächenanteil, der reprofiliert wird, wesentlich geringer ist als bei einer richtliniengemäßen Instandsetzung mit ganzflächiger Beschichtung, liegen die Kosten – trotz einem höheren Preis pro m² – unterhalb der Kosten einer konventionellen Instandsetzungsmaßnahme. Außerdem entfallen die Kosten für eine regelmäßige Erneuerung der Beschichtung.

9

Elektrochemische Instandsetzungsverfahren
Neben den konventionellen Instandsetzungsverfahren, bei denen Schäden durch das Entfernen der geschädigten und das Aufbringen einer neuen Mörtel- oder Betonschicht beseitigt werden, werden immer wieder Verfahren auf elektrochemischer Grundlage als »denkmalgerecht« und »zerstörungsfrei« propagiert. Mit diesen Methoden sollen ohne zerstörende Eingriffe in die Oberfläche eine Realkalisierung bzw. Chloridextraktion des geschädigten Betons und eine Wiederherstellung des Korrosionsschutzes der Bewehrung erzielt werden. Ausgangspunkt der Überlegungen war die Methode des kathodischen Korrosionsschutzes, die als vorbeugende Maßnahme im Stahlbau für beschichtete Stahloberflächen und neue Stahlbetonkonstruktionen eingesetzt wird. Erste Versuche, dieses Verfahren auf die Instandsetzung geschädigter Betonbauwerke zu übertragen, wurden in den USA bereits in den 1970er-Jahren unternommen. Eine Weiterentwicklung fand in Norwegen statt, wo das Verfahren 1986 von der Firma Noteby unter dem Namen »Norcure« zum Patent angemeldet wurde. Die Patente werden heute von Fosroc NCT (Norwegian Concrete Technologies), Oslo, genutzt, sodass die elektrochemischen Methoden des Chloridentzugs wie auch der elektrochemischen Realkalisierung oft als »NCT-Verfahren« bezeichnet werden.

Elektrochemische Realkalisierung
Die Hauptaufgabe dieses Verfahrens besteht darin, das verlorengegangene alkalische Milieu in der Umgebung der Bewehrung wieder herzustellen, damit sich auf dem Stahl eine neue Passivschicht bilden kann. Das Verfahren kann nur ganzflächig angewendet werden, wenn vorher alle hohl liegenden Bereiche entfernt und instand gesetzt wurden. Anschließend wird eine Elektrolytschicht aus Zellulosefasern auf die Betonoberfläche aufgespritzt, in die ein Metallnetz aus Stahl oder Titan eingelegt wird (Abb. 8). Der Minuspol eines Gleichrichters wird mit der Bewehrung, das Metallnetz mit dem Pluspol des Gleichrichters verbunden. Durch diese Schaltung fungiert die Bewehrung als Kathode und das Metallnetz als Anode. Die Elektrolytschicht wird mit einer wässrigen Natriumkarbonat-Lösung getränkt. Dann wird eine elektrische Spannung angelegt, die zu einer Elektrolyse des Porenwassers in Bewehrungsnähe führen soll. Nach Abschluss der Behandlung wird die Elektrolytschicht mit einem Hochdruckwasserstrahl wieder entfernt. Mittels Laboruntersuchungen wurde nachgewiesen, dass bei einer elektrochemischen Realkalisierung – eine ausreichend hohe Stromdichte und Behandlungsdauer vorausgesetzt – eine stabile Passivierung des Stahls im karbonatisierten Beton möglich ist, doch haben »weitere Untersuchungen gezeigt, dass durch diese Realkalisierung keine dauerhafte Repassivierung von bereits korrodiertem Bewehrungsstahl erzielt werden kann. Insbesondere kann eine stark korrodierte Stahloberfläche nicht repassiviert werden. Insofern kann diese Methode eine vorbeugende Maßnahme darstellen, aber als Instandsetzungsmethode bei bereits eingetretener Korrosion der Bewehrung ist sie nicht geeignet.« Zur Kontrolle der mit diesem Verfahren erzielten Ergebnisse wurden 1994/95 Nachuntersuchungen an sechs schweizerischen Bauten durchgeführt. Die Autoren kamen zu einem ähnlichen Ergebnis: »Fasst man die Ergebnisse in wenigen Wörtern zusammen, so sind die hier untersuchten Realkalisierungsmethoden derzeit ganz allgemein für eine Instandsetzung nicht zu empfehlen. Unter bestimmten Umständen ist der Zustand eines Bauwerkes nach der Instandsetzung sogar schlechter als zuvor. Das bedeutet jedoch nicht, dass einzelne Elemente einer Realkalisierung in Ausnahmefällen und in Kombination mit weiteren Schritten nicht sinnvoll sein können.«

10
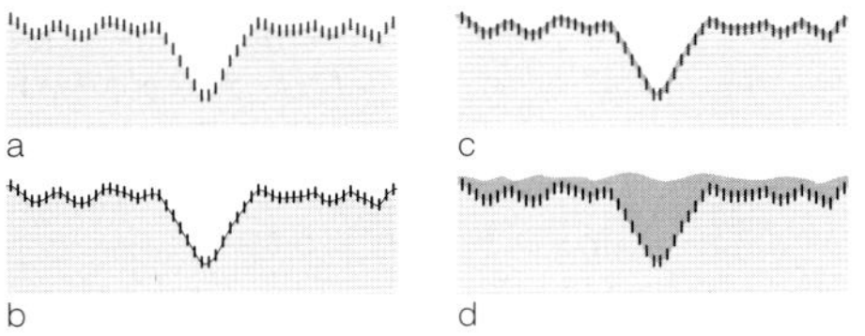

11
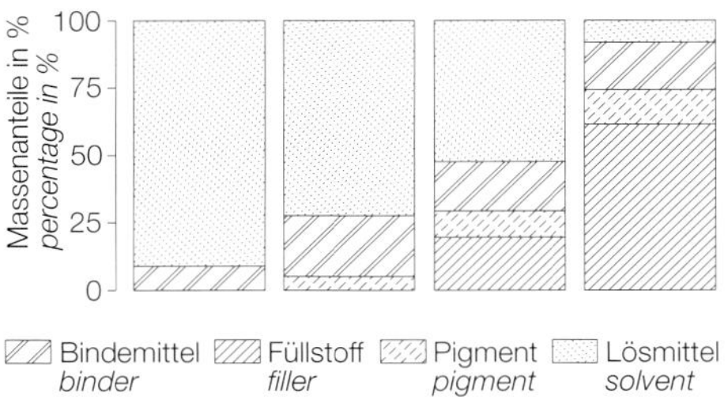

10 Maßnahmen zum Oberflächenschutz Schemazeichnung (nach Klopfer 1984):
a nicht filmbildende Imprägnierung (Hydrophobierung)
b filmbildende Imprägnierung, Poren nicht gefüllt
c durchgehender Film auf der Oberfläche, Poren teilweise gefüllt (farblos oder pigmentiert)
d gleichmäßige Schicht auf der Oberfläche, Poren vollständig gefüllt

11 Typische Mischverhältnisse von Imprägniermitteln, Lasuren, Anstrich- und Beschichtungsstoffen (nach Klopfer 1984):
a Imprägniermittel (Silikon)
b Lasur
c Anstrichstoff
d Komponentenbeschichtungsstoff

10 Measures for surface protection, from hydrophobation (above) to coating (below). Schematic (cf. Klopfer 1984):
a Non-film-forming impregnation (hydrophobation)
b Film-forming impregnation, pores not infilled
c Continuous film along surface, pores partially infilled (colourless or pigmented)
d Uniform layer along surface, pores completely infilled

11 Typical mix ratios of impregnation agents, glaze, finish, coating (cf. Klopfer 1984):
a Impregnation agent (silicone)
b Glaze
c Finish
d Component coating

Bei Überlegungen zur Anwendung elektrochemischer Verfahren ist zu bedenken, dass bei frühen Stahlbetonbauten die Menge des Bewehrungsstahls viel geringer ist als heute und das Bewehrungsnetz nicht so dicht geknüpft ist – die Voraussetzung dafür, dass der zugeführte Strom alle Bewehrungsstähle erreicht. Ein weiteres Problem besteht darin, dass die historischen Oberflächen durch die Chemikalien stark verunreinigt, teilweise auch zerstört werden. Außerdem entsteht durch den Eintrag der Chemikalien ein problematischer Untergrund für eventuell vorgesehene Anstriche und Putze.

Korrosionsinhibitoren

Zu den neueren Methoden der Betoninstandsetzung gehört die Anwendung von Korrosionsinhibitoren. Nach EN ISO 8044: 1999 sind Inhibitoren chemische Substanzen, wie Aminoalkohole, Natriummonofluorphosphat oder eine Kombination von beiden, die die Korrosionsgeschwindigkeit des Bewehrungsstahls mindern können, wenn sie in ausreichender Konzentration im korrodierenden System vorhanden sind, ohne jedoch die Konzentration der vorhandenen korrosionsfördernden Stoffe deutlich zu verringern. Die Substanzen werden als wässrige Lösung auf die Betonfläche aufgetragen, um von dort durch kapillares Saugen bis zur Bewehrung transportiert zu werden. Bisher sind noch keine Langzeituntersuchungen bekannt, die Wirksamkeit der Anwendung wird derzeit unterschiedlich beurteilt. Untersuchungen an Referenzobjekten, beispielsweise von Andreas Hermann Gerdes, zeigten keine signifikanten Einflüsse auf Beton und Bewehrung durch diese Maßnahme. Der Grund hierfür wird darin gesehen, dass neben dem Transport auch die chemische Reaktivität der Porenlösung einen erheblichen Einfluss auf die Wirksamkeit und Beständigkeit dieses Verfahrens hat. Deshalb kommt Gerdes zu dem Schluss, dass zum derzeitigen Zeitpunkt ein allgemeiner Einsatz von Korrosionsinhibitoren beziehungsweise Realkalisierungsmethoden nicht zu empfehlen sei.

Oberflächenschutz

Zum Schluss soll auf die Möglichkeiten eines Oberflächenschutzes hingewiesen werden. Grundsätzlich werden in der Praxis drei Schutzsysteme unterschieden (Abb. 10):

- wasserabweisende Imprägnierung (Hydrophobierung)
- Versiegelung
- Beschichtung

Da durch die Versiegelung wie die Beschichtung neue filmbildende Oberflächen geschaffen werden, kann nur die Hydrophobierung als denkmalgerechte Maßnahme angesehen werden. Anfängliche Glanzeffekte vergehen mit der Zeit, sodass man von einer »unsichtbaren« wasserabweisenden Schutzschicht sprechen kann. Da die Verringerung der Wasseraufnahmefähigkeit auch für Sichtbetonoberflächen als positiv angesehen wird, um die Korrosionsvorgänge zu reduzieren, konnte es nicht ausbleiben, dass die Hydrophobierung auch für die Betoninstandsetzung propagiert wurde. Vorgeschlagen werden überwiegend Einkomponentensysteme auf Polyurethan-, Silan-, Siloxan-, Silikonharz- oder Kieselsäureester-Basis, die nach dem Verdunsten des Lösungsmittels in den Porenwandungen einen hauchdünnen, wasserabweisenden Film bilden sollen. Die Hydrophobierungsstoffe dringen – je nach Betongüte und Porosität – 5 bis 8 mm in den Betonuntergrund ein und führen zu einer Verminderung der Wasseraufnahme, wobei die Wasserdampfdiffusionsfähigkeit praktisch nicht behindert wird. Die Praxis hat gezeigt, dass eine Langzeitwirkung nur schwer nachzuweisen ist. Aus diesem Grund muss die Hydrophobierung als eine zeitlich begrenzte Schutzmaßnahme angesehen werden, die in regelmäßigen Abständen zu wiederholen ist. Ein weiteres Problem liegt in der unterschiedlichen Saugfähigkeit der einzelnen Bestandteile des Betons begründet – Kies, Splitt, Sand, Zementstein und Bewehrungsstahl –, die eine gleichmäßige Materialaufnahme nicht zulassen und damit verhindern, dass sich ein einheitlicher Film bilden kann. Entsteht eine undichte Stelle, wird hier das Wasser weiterhin und konzentriert in den Beton eindringen.

Zusammenfassung

Die normgerechten Instandsetzungsverfahren sind nicht geeignet, Sichtbetonflächen in ihrem originalen Zustand zu erhalten. Die vorgestellten Beispiele zeigen jedoch, dass die technischen Voraussetzungen für eine denkmalgerechte Instandsetzung vorhanden sind, deren Erfolg aber von umfangreichen baustofftechnologischen Voruntersuchungen und einer sorgfältigen Ausführung und Überwachung abhängt. Eine »behutsame« Instandsetzung einzelner Schadensstellen ist bei einem Schadensumfang bis zu 20 % finanziell zu vertreten, darüber hinaus wird man sich mit einer großflächigen Erneuerung anfreunden müssen. Elektrochemische Realkalisierungsverfahren haben sich wegen der damit verbundenen Oberflächenveränderungen und der bisher nicht nachgewiesenen Dauerhaftigkeit als nicht empfehlenswert erwiesen. Die Verwendung von Korrosionsinhibitoren ist weiterhin umstritten, da eine langfristige Wirkung bisher nicht nachgewiesen ist. Was ist angesichts dieser Erkenntnisse zu tun, um eine denkmalgerechte Instandsetzungsmaßnahme von Sichtbetonoberflächen zu veranlassen? Das Wichtigste ist sicherlich, ein Ingenieurbüro zu finden, das in der Lage und willens ist, eine »behutsame« Instandsetzung als erste Priorität zu planen und einen Bauherrn, der die damit verbundenen Risiken auf sich nimmt, da es sich um keine normgerechte Ausführung handelt. Die Instandsetzungsarbeiten sollten nicht von einer Baufirma, die gerne Presslufthammer oder Spritzkanone einsetzt, sondern durch eine Steinmetz- oder Restauratorenfirma ausgeführt werden, die sich mit Betoninstandsetzung auskennt. Instand gesetzte Bauten sollten persönlich besichtigt werden, um den Erfolg oder Misserfolg verschiedener Instandsetzungsmethoden auch nach längerer Standzeit beurteilen zu können. Rückblickend auf fast zwanzig Jahre sind die Kenntnisse und Erfahrungen bei der Instandsetzung von Stahlbetonbauten und Sichtbetonoberflächen heute soweit fortgeschritten, dass es möglich sein sollte, die richtige Entscheidung bei der Auswahl der Verfahren und Methoden zu treffen. DETAIL 11/2012

In the 1980s historic preservation was confronted with an until then unknown problem: the exposed concrete facades of post-war buildings were increasingly deteriorating. Rusting reinforcement bars and the concrete covering them splitting and chipping off resulted in facades that had been designed with their aesthetic appearance in mind losing their visual appeal. However, the means and measures defined in corresponding codes and regulations for the repair of concrete construction were of only limited use to listed buildings and memorials. This is due to the fact that their completion typically comprised sealing the entire concrete surface with a CO_2-proof coating imperme-able to water and gas and intended as carbonation and corrosion protection. Yet, this is not permissible for listed buildings with exposed concrete surfaces, since the goal of restoring them for historic preservation purposes – aside from making constructions resilient – is to protect the original exposed concrete surfaces as an aspect of the artistic expression the architects intended for their buildings. Still, can exposed concrete facades be remediated at all by preserving the original surfaces? This question can't be answered in general, since the success of repairs for historic preservation purposes depends on numerous factors: degree of damage, skill and experience of contracted company, planning architect and responsible engineer, as well as – of course – costs that owners are willing to cover.
Two principally different procedures are currently available for the restoration of exposed concrete facades:

- conventional techniques based on the use of mineral materials and ranging from small-scale repairs to large-scale new application of mortar or concrete layers (Fig. 1);
- seemingly damage-free electrochemical processes for realkalisation of carbonated concrete (Fig. 8), use of 'corrosion inhibitors' as preventive protection and hydrophobation as invisible surface protection (Fig. 10).

Large-scale concrete remediation

If the degree of deteriorated concrete surfaces exceeds a particular percentage (roughly above 20 percent) of the overall surface, a decision needs to be made whether partial restoration is technically feasible and economically sensible. Common examples for a full-surface large-scale restoration are St Anthony's Church in Basel (Karl Moser, 1925–1927) and Rudolf Steiner's Goetheanum in Dornach (1924–1928). Both buildings feature rough-cast exposed concrete on interiors as well as exteriors.
The very extensive surface damages of St Anthony's Church caused by corroding reinforcement bars led to selecting a full-surface renovation of the exterior facades (Fig. 3–6). Eventually, the entire building exterior received a new concrete layer. The aim was to re-establish the alkalinity within the existing concrete. In addition, the assumption was made that the new concrete, due to its significantly improved quality compared to the existing concrete, would no longer reach critical carbonation depths in the future. The existing concrete was removed to a depth of 3 to 5 cm. The reinforcement bars were exposed, rust was removed (Fig. 4a), and a 6 cm strong new concrete layer was precast. A wire mesh with adhesive anchor (Fig. 4b) and 24 hours of sprinkling (Fig. 4c) provide a durable connection to the existing concrete. The attempt was made to recreate the original cast structure by using individual plastic moulds that were cast from the original surfaces and set into the new formwork (Fig. 4d). Fluid concrete was poured in 90 cm deep strata (Figs. 4e, f). From the very beginning, due to their everyday experience with copies supposedly 'true to the original', historic preservation officials were sceptical regarding the procedure. However, they were also unable to provide a remediation alternative appropriate to historic preservation needs. The big difference between old and new surfaces indicates the difficulty in newly creating surfaces that are 'true to the original'.
Rudolf Steiner's second Goetheanum in Dornach is one of the most significant exposed concrete structures in Switzerland (Fig. 2, see also p. 8). Early damages were observed in the 1980s. The carbonation depth had reached the reinforcement steel in a number of locations. Fosroc NCT suggested an electrochemical realkalisation procedure as an innovative and damage-free renovation method. In 1988 two test surfaces covering a total of approximately 100 m^2 were set up on the northern and eastern sides of the building. This test wasn't particularly successful: A few years earlier, a protective silicone resin coating was applied to the surface, and as a result, reduced the absorption capacity of the concrete.
In the early 1990s the parties responsible decided on a remediation procedure following the method already applied to St Anthony's Church under the supervision of the same firm in Basel, Eglin Ristic Ingenieurbüro AG. The renovation of the facade of the rear stage area took place from 1993 to 1996: the vertical surfaces received water jet treatment to remove concrete up to a depth of 4 cm. A new 7 cm strong surface layer was cast in fluid concrete. The new surface was intended to match the existing facade structure by use of silicone resin moulds prepared earlier. For this purpose, ten different moulds approximately 3.20 m wide and 1.10 m tall were created and set into the formwork. However, the joints of the individual moulds (formwork boards) are clearly visible and by no means match the patterns of the wood formwork originally used.
If large-scale renovation of exposed concrete surfaces is unavoidable, this raises the question whether employing such highly ambitious procedures as in the case of the previous two examples is always required. One alternative is the full-surface application of shotcrete, successfully applied in 1993 to the Sisters' Dormitory of the University Hospital in Zurich by a company from Avegno in Ticino, E. Laich SA. Due to partially insufficient concrete layers covering reinforcement bars – despite relatively low carbonation depths of approximately 10 mm – typical damages occurred along the 20-storey building (Jakob Zweifel, 1959). For the renovation, damaged concrete was removed by water jet treatment (water pressure exceeding 2,000 bar), and reinforcement bars received a corrosion proof coating. An initial, 1 to 2 cm strong layer of shotcrete was applied to the exposed and roughened existing concrete and an additional second layer on the following day. The composition of the shotcrete was adapted to the existing concrete and consisted of a mix of 300 kg white cement and 30 kg of hydraulic lime per 1,000 l of aggregate with a maximum grain size of 8 mm. In order to recreate the original appearance as far as possible, immediately after applying the shotcrete the new surfaces were treated to match the original structure – vertical wood formwork boards 12–15 cm wide reaching from storey to storey and with corresponding vertical joints.

Small-scale, 'cautious' concrete renovation

In the case of exposed concrete facades of listed buildings, and in contrast to the procedures described above, a small-scale repair procedure in relation to particular areas of damage is preferable. An early example for this procedure is the renovation of parts of the Liederhalle in Stuttgart from 1991–1993 (Figs. 7, 9). Here, the goal was to preserve the original surface as far as possible. The Cul-tural and Congress Centre Liederhalle was built in 1955/56 following Rolf Gutbrod and Adolf Abel's design for a multipurpose building with three differently sized auditoriums. Their facades are differentiated by the employed materials – exposed concrete, natural stone, and ceramic. The Beethoven Auditorium is the largest of the three and on its southern and western sides consists of a convexly curved exposed concrete wall with a parapet clad in ceramic tile. On its north-eastern side, it features a tall, concave wall adorned with colourful ceramic tile. Southern and western facades are structured by broad rectangular fields of varying size and separated by grooves. The details of this structure are defined by how the formwork impresses the surface, the arrangement of formwork joints, the composition and original colour of the concrete aggregate, the colour of the cement, and the bush-hammered, very rough concrete surface.
The construction specialists Wenzel, Frese, Pörtner, Haller from Karlsruhe received the commission to restore the facade of the Lie-

derhalle. In collaboration with the Institute for Solid Building Construction and Construction Material Technology at the University of Karlsruhe (TH), Prof. Hubert K. Hilsdorf, the decision was made to avoid large-scale concrete remediation and – as far as technically feasible – preserve the undamaged original surfaces of the building. The underlying idea was to transfer the traditional methods of natural stone remediation to reinforced concrete. As a result, the damaged areas were to be renovated by removing rectangular cavities, similar to how stone cutters create 'ornamentation'. An in-detail preliminary study of the history of the building, an analysis of damage causes, and a prognosis on the durability and longevity of heretofore undamaged areas served as the basis for the procedure. According to the working hypothesis of the project, the characteristics of the repair mortar, its composition, and the technical key figures in terms of material, firmness, and colour were supposed to match those of the original concrete as far as possible. This was of central importance in order to prevent mortar damage and the creation of 'inlays'. After cleaning the concrete surfaces, the areas to be restored were outlined and delimited by vertical and horizontal lines that resulted from the architecturally defined structuring of the surfaces. According to these lines the concrete was cut, removed, and reinforcement exposed up to the uncarbonated concrete. For construction-related purposes, reinforcement that was no longer required (e.g. to prevent shrinkage cracks) was removed. Next, the now prepared demolition area was sprinkled, a cement-based concrete bonding agent was applied, and repair mortar was infilled with a trowel. The repair mortar was kept wet for a number of days and then treated with stone-cutting methods to adapt the reprofiled area to the original surface structure as far as possible. Aggregate build-ups in the existing concrete were only treated if required to provide corrosion-proofing for the reinforcement. Cracks, and tension cracks in particular, weren't treated, since they didn't impair the load-bearing characteristics and the durability of the building. The fact that the concept of a 'cautious' restoration selected for the Liederhalle was the correct one is indicated not only by the convincing overall impression of the building, but also by the absence of damage nearly 20 years after completing the procedure. The overall impression has, over the course of time, become even more convincing: The new mortar areas, which had a lighter colour than the original surfaces after application, have begun to match the existing material. At this point, the repaired areas can hardly be discerned visually.

The argument that 'cautious' restoration exceeded justifiable costs due to the increased labour investment critique was invalidated in practice. Since surface areas that were subject to reprofiling were smaller than in the case of a full-surface restoration according to typical guidelines, costs were lower than in the case of a conventional procedure – despite increased costs per m^2. In addition, there are no costs for recoating surfaces at regular intervals.

Electrochemical remediation procedures

Aside from conventional procedures that include the removal of damaged areas and application of new mortar or concrete layers, an increasing number of methods based on electrochemical processes are advertised as 'appropriate for historic preservation means' and 'damage-free'. These methods are intended to achieve re-alkalisation or chloride extraction of the damaged concrete and also restoration of the corrosion protection of the reinforcement without damaging the original surface. The main purpose of this procedure is to restore the depleted alkalinity surrounding the reinforcement, so that a new alkaline passive film can form around the steel. However, this procedure can't be limited to partial surfaces and is applicable only after all cavities have been removed and restored. Then, an electrolytic layer of cellulose fibre is sprayed onto the concrete surface, and a wire mesh of steel or titanium is set into it (Fig. 8). The negative pole of a rectifier is connected to the reinforcement and the wire mesh to the positive pole of the rectifier. As a result of this connection, the reinforcement serves as cathode and the wire mesh as anode. The electrolytic layer is immersed in an aqueous sodium carbonate solution prior to applying an electrical charge, which is supposed to lead to electro-lysis of pore water surrounding the reinforcement. After completion of the procedure, the electrolyte is later removed by high-pressure water jet treatment.

Corrosion inhibitors as concrete remediation method

The application of corrosion inhibitors is one of the 'new' methods for remedial treatment of concrete. Inhibitors are chemical substances such as amino alcohols, sodium monofluorophosphate, or a combination of both. If these are present within the system subject to corrosion at a sufficient concentration, they can slow down the corrosion process of reinforcement steel without significantly reducing the concentration of substances present that facilitate corrosion. The agent is applied to the concrete surface as aqueous solution and transported to the reinforcement through capillary absorption.

Surface protection

In closing, different options for surface protection will be outlined briefly. Generally, three protection systems are identified (Fig. 10):

- *water-repellent impregnation (hydrophobation)*
- *sealing*
- *coating.*

Since sealing and coating result in the creation of new film-forming surfaces, only hydrophobation can be considered a means true to historic preservation demands.

Summary

Remediation procedures that conform to current norms are not suitable for preserving the original condition of exposed concrete facades. However, the examples introduced here indicate that the technical preconditions exist for a remediation of buildings with exposed concrete facades that corresponds to historic preservation demands. The success of related measures depends on detailed preliminary analyses of construction material technology, as well as diligent application and supervision. The extent of damage is decisive and limits the selection of applicable methods. A 'cautious' remediation of individual damaged areas becomes financially feasible if the degree of damage doesn't exceed 20 percent. Otherwise, renovation means appropriate for large surfaces should be considered. Electrochemical re-alkalisation procedures are not recommended, due to the corresponding alteration of surfaces and the fact that their durability hasn't yet been validated. Use of corrosion inhibitors continues to be a contested issue, since their long-term effectiveness has not yet been confirmed. If a remediation measure that meets historic preservation demands is supposed to be used on exposed concrete facades, it is important to first find an engineering consultant capable and willing to prioritise the planning and execution of a 'cautious' remediation method. Work should be conducted by a professional stonecutter or restoration firm specialised in concrete remediation and experienced in dealing with listed buildings, rather than a construction firm that is used to working with different equipment, such as jackhammers or jet guns, and favours their use. The client, in return, has to cover the potential risks that may arise, since these applications don't correspond with existing norms. Since remediation problems of reinforced concrete significantly differ from those of traditional construction materials, it is necessary at first to become acquainted with the material's characteristics. The extent of necessary preliminary analyses in terms of construction and material technology may be available for study in related publications.

However, remediated buildings published in specialist literature should be scrutinised in person. This is the only way to evaluate success or failure of each individual applied method, particularly the longer the project has been completed. Within nearly 20 years, knowledge and experience in the remediation of reinforced concrete buildings and exposed concrete surfaces has now advanced so far that it should be possible to make an individually appropriate decision on available procedures and methods.

Fragmente einer Sprache der Liebe – Brasilianische Architektur und Stahlbeton

Fragments of a Lover's Discourse – Brazilian Architecture and Reinforced Concrete

Fernando Serapião

1

Der Titel eines brasilianischen Hochbau-Lehrbuchs für Studenten im Grundstudium »Concreto armado: eu te amo« (»Stahlbeton: Ich liebe dich«)[1] veranschaulicht die innige Beziehung zwischen der zeitgenössischen Architektur in Brasilien und diesem Baustoff. Entgegen der Tatsache, dass das Land gegenwärtig zweitgrößter Eisenerz-Produzent der Welt ist, wird in Brasilien wenig mit Stahl gebaut. Das Interesse von Regierung, Bergwerksgesellschaften und Stahlkonzernen richtet sich eher auf den Export als darauf, die inländische Nachfrage der Bauindustrie zu decken. Daher verhindern Steuern, Gesetzgebung und hohe Preise die Verwendung von Metall- und Stahlbauelementen in größerem Maßstab. Andererseits besitzt der südamerikanische Gigant Wälder und damit Holz im Überfluss, doch das Material wird, zur Freude der Umweltschützer, kaum für Bauwerke eingesetzt (was die Verwendung von Holz für weniger hehre Zwecke nicht ausschließt). Es gibt zwar talentierte brasilianische Planer, die sich auf Holz- und Stahlbau spezialisieren, doch aufgrund der Popularität des Stahlbetons fristen diese eher ein Schattendasein.
Dennoch war die leidenschaftliche Beziehung zwischen brasilianischer Architektur und Stahlbeton keine Liebe auf den ersten Blick. Erst nach einem 30 Jahre währenden Flirt sprang der Funke über und verband architektonische Expression mit baukonstruktiver Tektonik. Es ist schwierig, das Geheimnis hinter dieser Verbindung rational zu begründen, aber es gibt einige Faktoren, die zum Verständnis der Bestimmung füreinander beitragen. Zunächst traf eine Vielzahl preiswerter Arbeitskräfte zur Realisierung von Schalungs- und Armierungsarbeiten mit der aufblühenden brasilianischen Bauindustrie in der ersten Hälfte des 20. Jahrhunderts zusammen und trug zur Entwicklung der Industrialisierung im Bausektor bei. Zusätzlich begünstigt das Fehlen von Erdbeben in Brasilien die Ausführung schlank dimensionierter Betonbauteile, die mit ihrem leichten Erscheinungsbild die Vorstellungskraft von Architekten beflügeln.

Der Urknall
Die Verwendung von Stahlbeton in Brasilien reicht bis in das erste Jahrzehnt des 20. Jahrhunderts zurück, als Brücken im ganzen Land und kleine Bürobauten in Ballungsräumen errichtet wurden. Eines der bedeutendsten Bauwerke dieser Zeit ist die Maurício-de-Nassau-Brücke in Recife, einer Stadt im Nordosten des Landes. Erbaut wurde sie von Lambert Riedlinger, der das deutsche Unternehmen Wayss & Freytag in Brasilien vertrat. Die Berechnungen für die Brücke wurden unter Mithilfe eines Ingenieurstudenten deutschen Ursprungs durchgeführt, der sich auf Beton spezialisieren wollte, Emílio Baumgart, der zehn Jahre später das erste brasilianische Unternehmen gründete, das sich auf die Berechnung von Betonbauten spezialisierte. Baumgart ging im Zusammenhang mit den Entwicklungen auf diesem Gebiet international in die Geschichte ein mit dem Tragwerk für das A-Noite-Gebäude in Rio de Janeiro (1928), zu jener Zeit das weltweit höchste Betongebäude.

Baumgarts Beziehung zur modernen Architektur begann kurz danach, im Jahr 1936, als er an der Planung für den Hauptsitz des Bildungs- und Gesundheitsministeriums in Rio de Janeiro beteiligt war (Abb. 1, 2). Das Ministerium wurde von einem von Lucio Costa geleiteten Team entworfen (mit Le Corbusier als Berater) und wirkte als Türöffner für die brasilianische Moderne. Diese verband die Grundsätze Le Corbusiers – freistehendes Tragwerk, Pilotis, Dachgarten etc. – mit Elementen, Farben und Materialien der portugiesisch-brasilianischen Architektur, wie etwa Keramikfliesen oder Holzgitter. Hinsichtlich des Tragwerks bestand die Hauptschwierigkeit, mit der sich Baumgart konfrontiert sah, in der Aussteifung – bedingt durch die Höhe der Pilotis von zehn Metern und die dünnen Deckenplatten ohne Tragbalken. Zu dem jungen Architektenteam gehörten Personen wie Oscar Niemeyer und Affonso Eduardo Reidy, die später zu bedeutenden Protagonisten der Architekturszene werden sollten.

2

1, 2 Ministério da Educação e Saúde MES in Rio de Janeiro, 1936–1945, Architekten: Lucio Costa, Oscar Niemeyer, Affonso Eduardo Reidy, Carlos Leão, Jorge Machado Moreira, Ernani Vasconcellos
3 Igreja de São Francisco de Assis in Pampulha, Belo Horizonte, 1940–43, Architekt: Oscar Niemeyer, Tragwerksplaner: Joaquim Cardozo
4, 5 Edifício Itália, Bürogebäude in São Paulo, 1956–65, Stahlbetontragsystem, Architekt: Adolf Franz Heep

1, 2 Ministry of Education and Health MES in Rio de Janeiro, 1936–1945, architects: Lucio Costa, Oscar Niemeyer, Affonso Eduardo Reidy, Carlos Leão, Jorge Machado Moreira, Ernani Vasconcellos
3 Chapel of St Francis of Assis in Pampulha, Belo Horizonte, 1940–1943, architect: Oscar Niemeyer, structural engineer Joaquim Cardozo
4, 5 Edifício Itália, office building in São Paulo, 1956–65; reinforced concrete structure, architect: Adolf Franz Heep

3

Während das Ministerialgebäude den Beginn der Moderne in Brasilien definiert, steht Niemeyers Pampulha-Ensemble für Expressivität und Charakter in der brasilianischen Architektur. Der Gesamtkomplex am Ufer eines künstlichen Sees in Belo Horizonte wurde von Niemeyer in den frühen 1940er-Jahren erschaffen und umfasst vier eigenständige Gebäude: eine Kapelle, ein Kasino, einen Club und einen Tanzsaal. Auf der Grundlage der Formensprache Le Corbusiers – mit Elementen wie »Brise-soleil«, freien Grundrissen und Schmetterlingsdächern – überwand Niemeyer die europäische Moderne und verlieh der rigiden Betonarchitektur Anmut und Leichtigkeit. So wird die Kapelle aus einer Abfolge von Betonschalendächern gebildet (Abb. 3), der Tanzsaal hingegen hat eine geschwungene Dachplatte. Hier zeigt sich Niemeyers Persönlichkeit – leicht, kompromisslos und kreativ –, die in gewissen Fällen zum Stereotyp der Nation selbst wird: sinnlich, smart und heiter. Die Strahlkraft des Entwurfs von Pampulha wird noch gesteigert, wenn man berücksichtigt, dass die Bilder des Gebäudeensembles in Europa nach der dunklen Periode des Zweiten Weltkriegs veröffentlicht wurden. In den nächsten sieben Jahrzehnten entwickelte Niemeyer sein Werk weiter, indem er die Möglichkeiten der plastischen Formbarkeit von Stahlbeton vorantrieb und skulpturale Bauwerke erschuf.

Darüber hinaus markiert Pampulha den Beginn von Niemeyers Zusammenarbeit mit Joaquim Cardozo – einem der wichtigsten Tragwerksplaner in Brasilien, der auch als Dichter bekannt war (seine Gedichte wurden beispielsweise in »The New Yorker«, in der Übersetzung von Elisabeth Bishop publiziert). Gemeinsam schufen sie das Werk, das Niemeyers Ruhm begründete, wie etwa die Casa das Canoas (Abb. 14). Den Unterschied zwischen dem rationalen europäischen Denken und der Haltung Niemeyers verdeutlicht die Anmerkung von Walter Gropius nach dem Besuch des Hauses. Canoas, als Wohnsitz des Architekten konzipiert, ist ein verglaster Pavillon, eingefügt zwischen den umliegenden Bäumen, mit einer geschwungenen Deckenplatte als Dach. Gropius konstatierte, das Haus sei schön, aber nicht zur seriellen Fertigung geeignet. Niemeyer, der deutscher Abstammung war, spottete bei jeder Gelegenheit über die Analyse des Bauhaus-Gründers: »Ich habe ein Zuhause für mich selbst geschaffen und auf die Bedürfnisse meiner Familie abgestimmt, ein Haus, das an das Gelände adaptiert ist, sich zum Wald öffnet, das Sonnenlicht von Rio de Janeiro filtert und Gropius hätte es gefallen, wenn es multiplizierbar wäre. Er konnte nicht weggehen, ohne Unsinn von sich zu geben.«

Über die statischen Berechnungen für Pampulha und Canoas hinaus arbeitete Cardozo mit Niemeyer an zahlreichen Projekten, wie etwa den Bauten in Brasilia. Er war sein wichtigster Mitarbeiter, der Projektverantwortliche für die Errichtung der bedeutendsten skulpturalen Bauwerke Niemeyers, dem von vielen – nicht nur von Gropius – vergeworfen wurde, den Beton nicht rational zu verwenden. Das Verhältnis zwischen Architekt und Ingenieur, häufig schwierig, beruhte auf gegenseitigem Respekt. So wie eine Mutter, die ihr geliebtes Kind hätschelt, erfüllte Cardozo alle Wünsche Niemeyers. Denn dieser hätte kein »Nein« des Tragwerksplaners akzeptiert – für jede neue Herausforderung fand Cardozo einen Weg. Die letzten Jahre seines Lebens war der Poet-Ingenieur verbittert, nachdem er für den Tod von 64 Arbeitern infolge des Einsturzes des Tragwerks einer von Niemeyer entworfenen Turnhalle verantwortlich gemacht wurde. Nach Cardozos Tod arbeitete Brasiliens wichtigster Architekt mit anderen Fachingenieuren, wie Bruno Contarini (verantwortlich für die Konstruktion des Museums für Zeitgenössische Kunst in Niterói) und José Carlos Sussekind, der am Spätwerk Niemeyers einen wesentlichen Anteil hatte.

Der Paulista-Brutalismus

Eine andere wichtige Persönlichkeit, die mit dem Entwurf für das Ministerialgebäude die Bühne betrat, war Affonso Eduardo Reidy, der in Brasilien als erster Sichtbeton in der Architektur einsetzte. Für den Hauptpavillon des Museu de Arte Moderna (MAM) in Rio de Janeiro schuf Reidy mit dem Tragwerksplaner Arthur Jerman aus Emílio Baumgarts Unternehmen eine ingeniöse Abfolge aus V-förmigen Rahmen (Abb. 6, 7). Während der jeweils innere Stützenarm des V das erste Obergeschoss ablastet, tragen die äußeren Stützen das Dach, von ihnen wiederum ist das Mezzaningeschoss abgehängt. Reidys brutalistische Architektursprache war inspiriert von Le Corbusiers Unité d'Habitation in Marseille, aber ebenso geprägt von den skulpturalen Formen Niemeyers. Umgekehrt beeinflusste der Sichtbeton des MAM eine brasilianische Architekturentwicklung, die

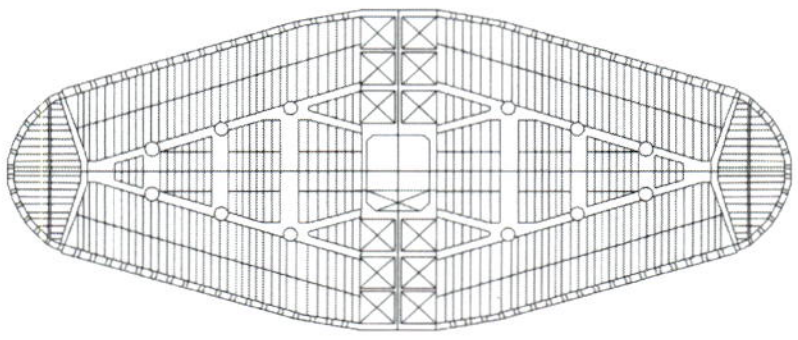
4

5

6, 7 Museu de Arte Moderna, Museum für Moderne Kunst (MAM) in Rio de Janeiro, 1953–67
Querschnitte: Ausstellungshalle, Tragwerk
Architekt: Affonso Eduardo Reidy
Tragwerksplaner: Arthur Jerman
8, 9 Congresso Nacional in Brasilia, 1958–60
Teilschnitt: Dach Abgeordnetenhaus
Architekt: Oscar Niemeyer
Tragwerksplaner: Joaquim Cardozo

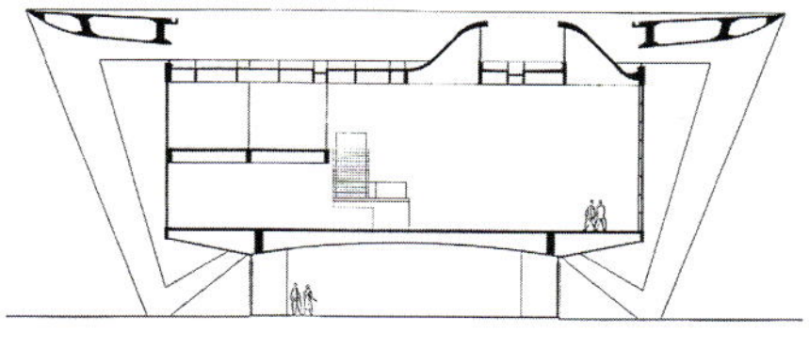

6

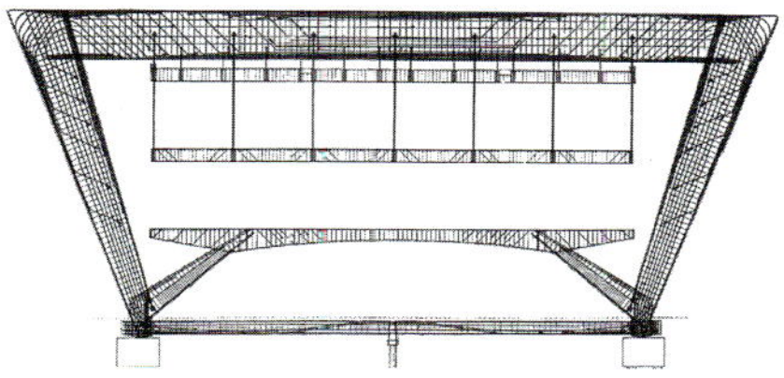

sich von der Niemeyers unterschied. Gemeint ist das Werk der Architekten in São Paulo ab den späten 1950er-Jahren, das von Kritikern »Paulista (aus São Paulo stammend) Brutalism« oder »Escola Paulista« – Paulista-Schule – getauft wurde, im Gegensatz zur »Escola Carioca« (aus Rio stammend), mit Lucio Costa, Niemeyer und Reidy selbst. Im Gegensatz zu Niemeyer, dessen Architektur die sozialen Probleme Brasiliens nicht aufgriff, hatten die mit der Paulista-Schule verbundenen Architekten eine politisch linksgerichtete Tendenz – und vielleicht wurden sie von Reidys brutalistischem Architekturstil deshalb geprägt, weil er Beamter und seine Arbeit eng mit sozialen Fragen verknüpft war. Ungeachtet der Unterschiede im politischen Diskurs zwischen der Gruppe aus São Paulo und Niemeyer ist unbestreitbar, dass die tektonische Brillanz der von ihm geschaffenen Werke die Architekten aus São Paulo beeinflusste. Insofern sehen viele der Protagonisten der Paulista-Schule ihre Bewegung eher als Fortführung oder Weiterentwicklung seiner Arbeit und nicht als Gegensatz dazu. Jedenfalls vertraten die Architekten aus São Paulo weiterhin den Ansatz, das Tragwerk als Hauptelement der brasilianischen Architektur zu propagieren. Allerdings entwickelten die Paulistas anstelle von Niemeyers Plastizität eine eigene Form des Brutalismus, die auf der Verschmelzung scheinbar gegensätzlicher architektonischer Entwicklungen basierte: Von Mies van der Rohe übernahmen sie die strukturelle Klarheit, mit wenigen Auflagerpunkten, von Le Corbusier die Poesie des Sichtbetons, von Frank Lloyd Wright die introvertierte Räumlichkeit.

In diesem Kontext ist es unerlässlich, noch einen anderen Ansatz zum Verständnis der Gegensätzlichkeit dieser Bewegungen – der beiden wichtigsten Architekturströmungen des 20. Jahrhunderts in Brasilien – darzulegen. Es gibt einen fundamentalen Unterschied im Ursprung der Architekturfakultäten von Rio de Janeiro und São Paulo: Während die Architekturlehre in Rio aus einer Lehrveranstaltung der Schönen Küste hervorging, wurde sie in São Paulo den Ingenieurschulen als erweiterter Fachbereich angefügt. Dies erklärt den freien und künstlerischen Ton der Cariocas im Gegensatz zur mehr cartesianischen und rationalen Haltung der Paulistas. Vilanova Artigas, der intellektuelle Leiter der Paulista-Schule, war ein Ingenieur-Architekt mit einem Abschluss der Escola Politécnica da Universidade de São Paulo (USP). Eines seiner Hauptprojekte ist ebendieser Hauptsitz der staatlichen Architekturfakultät, der Faculdade de Arquitetura e Urbanismo in São Paulo (Abb. 15, 16). Das FAU/USP-Gebäude zeigt all die Elemente, die die Bauten der Paulista-Schule charakterisieren: Sichtbeton, ein introvertiertes, von Dachöffnungen belichtetes Raumkontiunuum im Inneren und Rampen zur Verbindung der Stockwerke. In konstruktiver Hinsicht ist der Paulista-Brutalismus geprägt von großen tragenden Wänden, die eine Betonbox abschließen. Das Tragwerk des FAU/USP-Gebäude plante der Ingenieur Figueiredo Ferraz, der auch für einige von Niemeyers Werken verantwortlich war, etwa für den Ausstellungspavillon Oca im Parque do Ibirapuera.
Eines der Hauptwerke dieses Ingenieurs ist das Museu de Arte de São Paulo (MASP), entworfen von Lina Bo Bardi (Abb. 13).
Für das markante Rahmentragwerk – gebildet aus Pfeilern an den Stirnseiten, die verbunden sind durch einen jeweils 70 m überspannenden Träger – entwickelte der Tragwerksplaner eine vorgespannte Konstruktion.

Ein anderer markanter Unterschied zwischen der Entwicklung von Paulista und Carioca besteht darin, dass der Paulista-Brutalismus eine Schule hervorgebracht hat, mit Dutzenden von Artigas' Schülern, während die Architektur in Rio nur eine Generation umspannte. Dem Einflussbereich von Artigas – er war Professor an der FAU/USP – entstammen Architekten wie Pedro Paulo de Melo Saraiva, Abrahão Sanovicz, Paulo

7

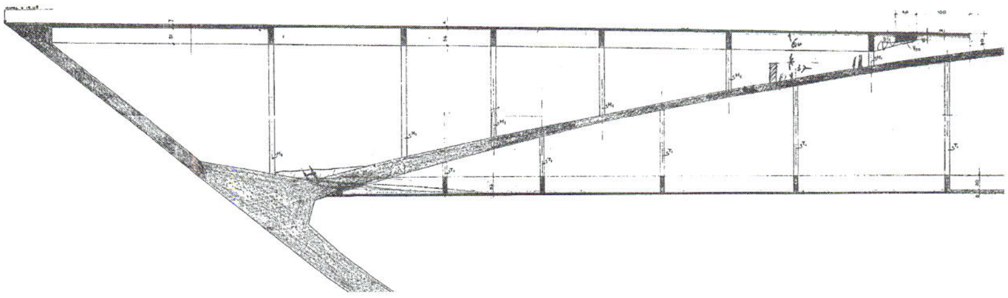

8

6, 7 *Museu de Arte Moderna, Museum of Modern Art (MAM) in Rio de Janeiro, 1953–67 crosssections: exhibition hall structure architect: Affonso Eduardo Reidy structural engineer: Arthur Jerman*
8, 9 *Congresso Nacional in Brasilia, 1958–60; section through portion of roof structure of Chamber of Deputies; architect: Oscar Niemeyer structural engineer: Joaquim Cardozo*

Bastos, Ruy Ohtake, Sérgio Ferro, Miguel Juliano und viele andere. Der bekannteste ist Paulo Mendes da Rocha, der 2006 den Pritzker-Preis gewann. Er ist der Architekt des Skulpturenmuseums (MuBE) in São Paulo, das von einem weitgespannten Rahmenträger aus Beton gekennzeichnet ist. Für das statische Konzept des Gebäudes waren Mario Franco und Julio Kassoy verantwortlich, zwei der wichtigsten Tragwerksplaner, die mit der Paulista-Schule verbunden sind. Weitere ihrer Projekte waren das Elza Berquó-Haus – entworfen von Vilanova Artigas, mit einer Betondecke, die von Baumstämmen getragen wird, der Club XV von Pedro Paulo de Melo Saraiva und das Hotel Unique von Ruy Ohtake. Dutzende anderer Ingenieure sind bedeutsam, wie Roberto Zuccolo, Luis Pita, Siguer Mitsutani, Arnald Pestalozzi, Ugo Tedeschi und Yokio Ogata.
Ebenso ist das Werk der nach dem Krieg immigrierten Architekten in São Paulo erwähnenswert, die in der offiziellen Geschichtsschreibung der brasilianischen Architektur jener Zeit ausgespart wurden, als es das zentrale Anliegen war, die nationale Kultur zu beschwören. Neben Lina Bo Bardi muss man das Werk von polnischen, italienischen und deutschen Architekten festhalten, wie Adolf Franz Heep, dem Urheber des Itália-Hochhauses (Abb. 4, 5) – das ingeniös errichtete Bauwerk, eines der interessantesten der Metropole, hielt den Weltrekord für das höchste Stahlbetongebäude – und Hans Broos, der so emblematische Entwürfe wie die São Bonifácio-Kirche in São Paulo oder die Hering-Textilfabrik Blumenau realisierte.

Neue Generationen
Doch die innige Beziehung zwischen zeitgenössischer Architektur in Brasilien und Stahlbeton endet damit noch nicht, sondern steht weiter in voller Blüte. Die Architektur von João Filgueiras Lima, bekannt unter dem Spitznamen Lelé, ist eine der bemerkenswertesten Episoden dieser Geschichte. Lelé war Schüler von Niemeyer und begann direkt nach dem Studium bei der Planung Brasilias mitzuarbeiten. Sein Meister übergab ihm mehrere Projekte, in denen Betonfertigteile verwendet wurden. Der Lernprozess ermutigte Lelé, sein eigenes Vokabular an industrialisierten Bauteilen und eine kostengünstige Alternative für die Rationalisierung des Bauens in Brasilien zu entwickeln. So verwendete er Fertigteilelemente bei der Planung und Ausführung von Schulen, Krankenhäusern und einer Vielzahl öffentlicher Bauten (Abb. 12).

Eine neue Generation von Architekten und Tragwerksplanern trägt dazu bei, die Poesie von Artigas und Mendes da Rocha weiterleben zu lassen. Gemeint ist die Generation der 50-jährigen, beispielsweise Angelo Bucci und Álvaro Puntoni, die Planer des Carapicuíba-Hauses. Bucci hat auch das Ubatuba-Haus entworfen, das, auf drei Stützen aufgelagert, an einem Hang am Strand zu schweben scheint (Abb. 21). Das

9

10 Casa Butantã, Wohnhaus in São Paulo, 1964–66
Architekt: Paulo Mendes da Rocha
11 Casa de Vidro, Wohnhaus in São Paulo, 1950–51
Architektin: Lina Bo Bardi
12 Elementbauweise Edifício Camargo Corrêa e Morro Vermelho in Brasilia, 1974
Architekt: João Filgueiras Lima (Lelé)
13 Museu de Arte de São Paulo (MASP) in São Paulo, 1957–68, Architektin: Lina Bo Bardi
14 Casa das Canoas, Wohnhaus in Rio de Janeiro, 1951–53, Architekt: Oscar Niemeyer
15, 16 Faculdade de Arquitetura e Urbanismo, Universidade de São Paulo FAU/USP in São Paulo, 1961–68, Architekten: João Batista Vilanova Artigas, Carlos Cascaldi
Tragwerksplaner: Figueiredo Ferraz
17, 18, 19 Praça das Artes, Kulturzentrum in São Paulo, 2006–12, Architekten: Brasil Arquitetura, Marcos Cartum

10 Casa Butantã, residence in São Paulo, 1964–66 architect: Paulo Mendes da Rocha
11 Casa de Vidro, residence in São Paulo, 1950–51 architect: Lina Bo Bardi
12 Prefabricated elements, architect: Lelé
13 Museu de Arte de São Paulo (MASP) in São Paulo, 1957–68, architect: Lina Bo Bardi
14 Casa das Canoas, residence in Rio de Janeiro, 1951–53, architect: Oscar Niemeyer
15, 16 Faculdade de Arquitetura e Urbanismo, Universidade de São Paulo FAU/USP in São Paulo, 1961–68 architects: João Batista Vilanova Artigas, Carlos Cascaldi structural engineer: Figueiredo Ferraz
17, 18, 19 Praça das Artes, cultural centre in São Paulo, 2006–12, architects: Brasil Arquitetura, Marcos Cartum

10

Haus ist das Ergebnis eines Dialogs zwischen dem Architekten und Ibsen Puleo Uvo, einem Ingenieur, der die Courage und die Leidenschaft hat, die Joaquim Cardozo auszeichneten.

Im urbanen Maßstab São Paulos wurde kürzlich ein großer Kulturkomplex als eine Art technischer Annex des Stadttheaters fertiggestellt. Der Bau mit dem Namen »Praça das Artes« wurde vom Büro Brasil Arquitetura entworfen, das von Marcelo Ferraz und Francisco Fanucci geleitet wird. Die Schüler von Lina Bo Bardi entwarfen große Sichtbetonvolumina, in drei Farben eingefärbt, mit unregelmäßiger Fensteranordnung (Abb. 17–19). Der Betonkomplex, ein kraftvolles Element zur Revitalisierung der Innenstadt, füllt die große Baulücke wie ein Amalgam.

In einem anderen Teil Brasiliens stellt die jüngste Generation von Architekten unter Beweis, dass die Liebe zum Beton noch nicht schwindet. Beispielhaft dafür sind zwei der Pavillons von Inhotim – einem privaten Museum mit einer beeindruckenden Sammlung zeitgenössischer Kunst. Im ländlichen Umfeld von Brumadinho, einer kleinen Stadt nahe Belo Horizonte gelegen, besteht das Museum aus einzelnen, verstreut in einem Park platzierten Pavillons. Zwei kontrastierende Pavillons, beide als »Betonboxen« konzipiert, zeugen von der gestalterischen Vielfalt der neuen Generation brasilianischer Architekten. Während Rodrigo Cerviño eine schwebende und regelmäßig geformte Box für die Werke der brasilianischen Künstlerin Adriana Varejão errichtete (Abb. 22), planten die Architekten des Büros Rizoma ein verwundenes Volumen für die Arbeiten der brasilianischen Künstlerin Lygia Pape (Abb. 20). Rizoma wird von einem jungen Paar geleitet, Maria Paz und Thomaz Regatos, beides Architekten um die 30. Ihr Pavillon liegt kaum 50 km von Pampulha entfernt, wo die Leidenschaft der brasilianischen Architekten für Stahlbeton begann und seither unvermindert anhält. Manche glauben, dass sie ewig währt. Eines ist gewiss: auch wenn wir wissen, wo, wann und warum diese innige Verbindung begann, gibt uns das keinen Aufschluss darüber, wann oder wie sie enden wird.
DETAIL 06/2014

[1] Manoel Botelho, Osvaldemar Marchetti, Concreto armado: eu te amo, Porto Alegre, 2013

Fernando Serapião wurde 1971 in São Paulo geboren und hat dort an der Universidade Presbiteriana Mackenzie Architektur studiert. Danach war er 13 Jahre lang Chefredakteur des Architekturmagazins »Project Design«. Anschließend gründete er mit Alessandra Serapião »Monolito«. Er schreibt regelmäßig über Architektur für zahlreiche andere Fachmagazine, für Zeitungen und Publikumszeitschriften und ist Autor verschiedener Bücher sowie Jurymitglied von Architekturwettbewerben.

11

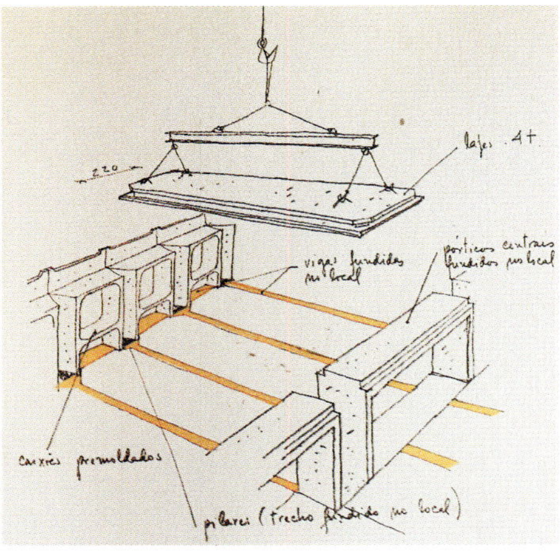

12

13

The title of a Brazilian textbook on structural engineering for undergraduate students, “Concreto armado: eu te amo” (Reinforced concrete: I love you)[1] demonstrates the love affair between this structural element and contemporary architecture in Brazil. Despite the fact that the country is currently the world’s second largest producer of iron ore, metal structures are seldom used in Brazil, where the mining and steel companies and the government are more concerned with exporting than with meeting domestic demand for use in construction. Therefore, taxes, legislation and elevated costs hinder the use of metal components. On the other hand, the South American giant possesses forests with abundant timber reserves, but, to the great satisfaction of environmentalists, its use in building structures is rare (this, however, does not preclude the use of wood for less noble purposes). There are talented Brazilian professionals who specialise in wood and steel structures, but they remain in the shadows due to the popularity of reinforced concrete.
However, the affair between Brazilian architecture and reinforced concrete was not love at first sight: it was a long courtship, more than 30 years in the making, until a spark ignited the relationship between architectural expression and structural tectonics.
It is difficult to rationalise the chemistry behind passion, but there are some factors that help us understand why one was meant for the other. First, in the early twentieth century, the abundance of cheap labour to fashion formwork was accompanied by the burgeoning Brazilian construction industry, contributing to the development of industrialisation within the construction sector. Second, the absence of earthquakes in Brazil favours the execution of thin concrete components that, with their light appearance, tickle architects’ fancy.

Big Bang

The use of reinforced concrete in Brazil dates back to the first decade of the twentieth century, in bridges throughout the country and small office buildings in major centres. One of the most significant structures of that period is the Maurício de Nassau Bridge, in Recife, a city in the northeastern region of the country. Built by Lambert Riedlinger, who was employed in Brazil by the German firm Wayss & Freytag, the calculations for the bridge were made with the help of an engineering student of German origin who wished to specialise in concrete. His name: Emílio Baumgart. Ten years later, he created the first Brazilian firm to focus on concrete calculations and, in turn, entered world history vis-à-vis the development of the sector with the structure for the “A Noite”, a high-rise in Rio de Janeiro and the world’s tallest concrete structure at the time of completion.
Baumgart’s involvement with contemporary architecture began shortly thereafter, in 1936, with his participation in the design of the headquarters for the Ministry of Education and Health in Rio de Janeiro (Figs. 1, 2). Designed by a team led by Lucio Costa (with Le Corbusier as a consultant), the ministry building opened the floodgates for Brazilian modernism, which combined Corbusian precepts – freestanding structure, pilotis, roof garden, etc. – with elements, colours and materials of Luso-Brazilian architecture (ceramic tiles, wood trellises, among others). Regarding the structure, the main challenge Baumgart faced was the bracing, due to the pilotis’ height (10 metres), and the thin beamless slabs. The young team responsible for the architectural design included the likes of Oscar Niemeyer and Affonso Eduardo Reidy, who would both later become distinguished figures in the architecture scene.
While the ministry building marked the beginning of contemporary architecture in Brazil, the Pampulha Complex bestowed personality to the development of the Brazilian architectural expression. Created in Belo Horizonte by Niemeyer in the early 1940s, the complex,

14

15

16

situated on the banks of an artificial lake, is made up of four separate buildings: a chapel, a casino, a club and a dance hall. Starting with a set of Corbusian elements – brise-soleil, free plans and butterfly roofs – Niemeyer subverted European rationalism, bestowing grace and lightness to the rigid concrete architecture. The chapel, for example, is formed by a series of concrete shells (Fig. 3); the dance hall, in turn, possesses a sinuous roof slab. In Pampulha, Niemeyer let his own personality flow – lightweight, uncompromised and creative – which, in certain instances, takes on the stereotype of the nation itself: sensual, smart and cheerful. The power of Pampulha's design increases when we remember that Europe didn't see images of the complex until after World War II. During the next seven decades, Niemeyer developed his work; he gave rise to sculptural structures using reinforced concrete to push the boundaries of fluidity in regards to reinforced concrete.
Moreover, Pampulha marked the beginning of Niemeyer's collaboration with Joaquim Cardozo – one of the leading structural engineers in Brazil, who was also renowned in the country as a great poet (his poems, translated by Elisabeth Bishop, were published in The New Yorker). Together they created the works – for example, the Canoas House (Fig. 14) – that made Niemeyer famous. To illuminate the difference in reasoning between European rationalism and Niemeyer, who was of German ancestry, it is important to remember a comment Walter Gropius made when he visited the Canoas House. Situated in the mountains of Rio de Janeiro, the house was designed to be the architect's home. Upon looking at the thin sinuous slab that covers a glazed pavilion embedded within the surrounding trees, the creator of the Bauhaus told his Brazilian colleague that although the house was beautiful, it was not multipliable. Niemeyer, at every opportunity, mocked the German's analysis: "I made a home for myself, fit for my family, adapted to the terrain, which opens up to the forest and filters the sunlight of Rio de Janeiro, and Gropius would have liked for it to be multipliable. He could not leave without uttering nonsense."

In addition to calculating the structural concrete for Pampulha and the Canoas House, Cardozo worked with Niemeyer on numerous projects, such as the buildings in Brasilia. He was his main collaborator, the man in charge of erecting the most important sculptural buildings imagined by Niemeyer – who was accused by many, not just Gropius, of not making a rational use of concrete. The relationship between architect and engineer, though often difficult, was one of mutual respect. Such as with a mother who pampers her beloved child, Cardozo satisfied all of Niemeyer's whims. The architect refused to take "no" for an answer, and Cardozo would find a way to respond to each new challenge. After the death of the poet-engineer – who spent the last years of his life ostracised after being held accountable for the deaths of 64 labourers caused by the collapse of a structure for a gymnasium designed by Niemeyer – Brazil's leading architect worked with other professionals, such as Bruno Contarini (responsible for the structure of the Museum of Contemporary Art in Niterói) and José Carlos Sussekind, who played an integral role in the final phase of his career.

Paulista Brutalism

Another important character who blossomed with the design of the ministry building was Reidy, the first to utilise exposed reinforced concrete in Brazil. In the main pavilion of the Museum of Modern Art (MAM) in Rio de Janeiro, calculated by engineer Arthur Jerman, who was part of Emílio Baumgart's firm, Reidy created an ingenious sequence of structural V-shaped supports (Figs. 6, 7). While the inside arm of the "V" functions as a brace to support the first floor, the outside arm serves as a support for the roof, which, in turn, supports the mezzanine via cables. Reidy was influenced by Le Corbusier's Unité d'Habitation in Marseille, but his brutalist architecture was also inspired by Niemeyer's sculptural forms. Conversely, the exposed concrete of the MAM influenced a Brazilian architectural trend different from Niemeyer's: the works created by São Paulo architects from the late 1950s that were baptised by local critics as "Paulista" (which means: hailing from São Paulo) Brutalism or Paulista School, as opposed to the "Carioca" (hailing from Rio) School (Lucio Costa, Niemeyer and Reidy himself).
In opposition to Niemeyer, who did not connect his architecture with the country's social problems, the architects associated with the Paulista School had left-wing political leanings (and perhaps this is why they were influenced by Reidy's brutalism; he was a civil servant and was well acquainted with social issues). Despite the political differences between the group from São Paulo and Niemeyer, it is undeniable that the tectonic splendour of his works has influenced the Paulistas. For this reason, many of its protagonists see their movement as a continuation or evolution of his work rather than in opposition to it. At any rate, the architects from São Paulo continued with the idea that promotes the structure as a major theme in Brazilian architectural production. However, instead of Niemeyer's plasticity, the Paulistas developed a brutalism of their own, based on the agglutination of seemingly contrary architectural trends: from Mies van der Rohe, they inherited structural clarity, with few support points; from Le Corbusier, the poetry of exposed concrete; and from Frank Lloyd Wright, the introverted spatiality and the honest use of materials.
In this context, it is crucial to describe another way of understanding the dichotomy between these movements – the two most important architectural trends in the twentieth century in Brazil. There is a fundamental difference in the origins of the architecture faculties of Rio de Janeiro and São Paulo: while the instruction of architecture in Rio emerged from a course on Fine Arts, in São Paulo it was assembled as an extension of the engineering schools. This succinctly explains the free and artistic tone of the Cariocas, as opposed to a more Cartesian and rational attitude of the Paulistas. Vilanova Artigas, the intellectual leader of the Paulista School, was an engineer-architect, with a degree from the Escola Politécnica da Universidade de São Paulo (USP). One of his most important projects is precisely the FAU/USP, the main building of the faculty of architecture at the USP (Figs. 15, 16). It features all the ele-

17

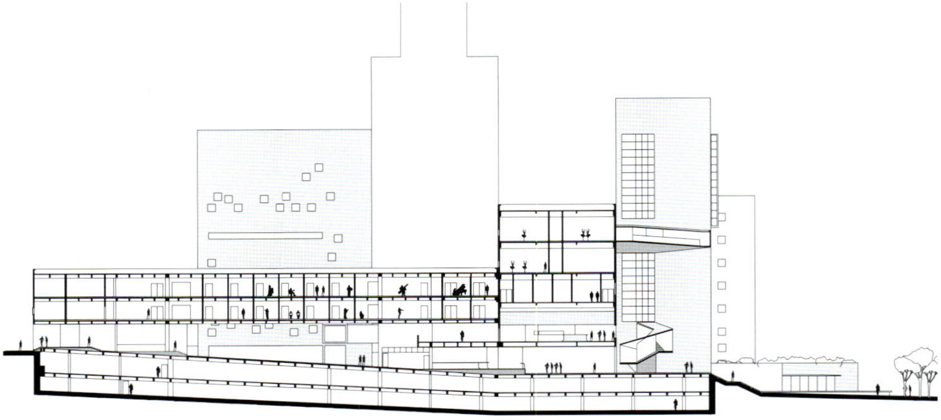

18

ments that characterise the buildings of the Paulista School: exposed reinforced concrete, introspective space lit up by zenithal openings, fluid spaces without doors, and ramps interconnecting floors. From a structural standpoint, large load-bearing end walls that delimit a concrete box set the Paulista School apart. The calculations for FAU/USP were carried out by engineer Figueiredo Ferraz, who was also responsible for some of Niemeyer's works (for example, Oca in Ibirapuera Park). One of this engineer's main works is the São Paulo Art Museum (MASP), designed by Lina Bo Bardi (Fig. 13). The building is characterised by the two large beams that span 70 metres; the floor decks of the structure utilise a prestressing technique developed by the structural engineer.

Another striking difference between the Paulista and Carioca trends is that Paulista Brutalism actually gave rise to a school, with dozens of disciples under Artigas, while in Rio the architecture spanned only one generation. Within Artigas's sphere of influence – he was a professor at FAU/USP – were architects such as Pedro Paulo de Melo Saraiva, Abrahão Sanovicz, Paulo Bastos, Ruy Ohtake, Sérgio Ferro, Miguel Juliano, among many others. The most well-known is Paulo Mendes da Rocha, who won the Pritzker Prize in 2006. He designed the Brazilian Museum of Sculpture (MuBE) in São Paulo, which is marked by its long-span concrete trusses. The calculations for the museum were done by Mario Franco and Julio Kassoy, two of the most important structural engineers associated with the Paulista School. Among many other projects, they made the calculations for the Elza Berquó House (designed by Vilanova Artigas, with a concrete slab supported by tree trunks), Club XV (Pedro Paulo de Melo Saraiva) and Hotel Unique (Ruy Ohtake).

Dozens of other engineers are of historical significance, including Roberto Zuccolo, Luis Pita, Siguer Mitsutani, Arnald Pestalozzi, Ugo Tedeschi and Yokio Ogata. Also noteworthy is the work of post-war immigrant architects in São Paulo who were left out of the official historiography of Brazilian architecture at a moment when the main concern was to assert a national cultural identity. Along with Lina Bo Bardi, we must mention the work of Polish, Italian and German architects, such as Adolf Franz Heep – the author of the Itália Building (Figs. 4, 5), one of the most interesting in the city – who held the record for the tallest reinforced concrete building in the world, and Hans Broos, who created emblematic designs such as the São Bonifácio Church in São Paulo, or the Hering Plant in Blumenau.

New generations

The love story between contemporary architecture in Brazil and reinforced concrete does not end here. Their romance is in full bloom, they renew their vows every day. Currently, one of the most interesting episodes of this story is the architecture created by João Filgueiras Lima, known by his nickname Lelé. A disciple of Niemeyer, he was a recent graduate when he joined the team working on Brasilia. His master put him in charge of some projects that

19

20 Lygia Pape-Pavillon, Inhotim, Brumadinho, 2010–11
Architekten: rizoma arquitetos
21 Casa Ubatuba, Wohnhaus in Ubatuba, 2006–09, Architekt: Angelo Bucci
22 Galeria Adriana Varejão, Inhotim, Brumadinho, 2004–08, Architekt: Rodrigo Cerviño

20 Lygia Pape Pavilion, Inhotim, Brumadinho, 2010–11
architects: rizoma arquitetos
21 Ubatuba House, residence in Ubatuba, 2006–09 architect: Angelo Bucci
22 Gallery Adriana Varejão, Inhotim, Brumadinho, 2004–08, architect: Rodrigo Cerviño

20

21

made use of precast concrete components. The learning process encouraged Lelé to create his own vocabulary of industrialised components, developing an inexpensive alternative to the rationalisation of construction in Brazil. Lelé achieved this feat by selecting reinforced-mortar components to erect schools, hospitals and a variety of public buildings of his own design (Fig. 12).
Currently in São Paulo, a new generation of architects and structural engineers is in full development, helping Artigas and Mendes da Rocha's poetry survive. These professionals – such as Angelo Bucci and Álvaro Puntoni, the authors of the Carapicuíba House – are now in their fifties and have matured in their careers. Bucci also designed the Ubatuba House: supported by three pillars, it seems to hover above a slope at the beach (Fig. 21). The house is the result of a dialogue between the architect and Ibsen Puleo Uvo, an engineer of the calibre of Joaquim Cardozo.
On an urban scale, a large cultural complex in downtown São Paulo has recently been completed. Built to be a type of technical annex for the Municipal Theatre, the complex named Praça das Artes was conceived on the drawing boards of the Brasil Arquitetura firm, directed by Marcelo Ferraz and Francisco Fanucci. These disciples of Lina Bo Bardi created massive reinforced concrete structures with irregularly arranged windows and three shades of concrete (Figs. 17–19). Like an amalgam that fills the cavities in a mouth, the concrete complex is a powerful element in the revitalisation of downtown São Paulo.
In another corner of the country, a brand new generation proves that the love is not fading. I am referring to Inhotim, a private museum that houses an impressive collection of contemporary art. Located in the countryside of Brumadinho, a small city near the capital Belo Horizonte, the museum consists of pavilions scattered throughout a lush garden. The contrast between two of the pavilions, which are executed as concrete boxes, proves that the new generation of Brazilian architects is also heterogeneous. While Rodrigo Cerviño created a floating box containing the work of Brazilian artist Adriana Varejão (Fig. 22), the architects from the firm Rizoma designed a warped volume to house the work of compatriot Ligia Pape (Fig. 20). Rizoma is run by a young couple, Maria Paz and Thomaz Regatos, both in their thirties. Their pavilion is less than 50 km from Pampulha, where the romance between Brazilian architecture and reinforced concrete began. There has never been a break-up between the lovers – Brazilian architects and concrete. Some believe in everlasting love. One thing is certain: though we know why, when, and where this love affair began, there are no clues as to how or if it will end.

[1] Manoel, Botelho, Osvaldemar Marchetti, Concreto armado: eu te amo, Porto Alegre, 2013.

Fernando Serapião was born in São Paulo in 1971, studied architecture at the Mackenzie University and then served as editor-in-chief of the architecture magazine "Project Design" for thirteen years. Together with Alessandra Serapião he founded "Monolito" and he regularly writes about architecture for numerous journals and newspapers. He is the author of a variety of books and also serves as jury member in architecture competitions.

22

Neue Impulse für das Bauen mit Beton

Building with Concrete: New Impulses

Andreas Gabriel

1

Die Weiterentwicklung von Baumaterialien und Konstruktionsweisen hat die gestalterischen Möglichkeiten der Architektur immer wieder bereichert. Gerade das Konstruieren mit Beton hat sich oftmals durch bautechnologische Innovationen verändert. Beispiele wie die Weiterführung von Pier Luigi Nervis Ferrozementforschungen durch Renzo Piano, die zu den filigranen Lichtlenklamellen am Menil-Museum in Houston führte, oder aktuelle Neuinterpretationen der Vorspanntechnik wie bei der Sporthalle in Chiasso von Baserga und Mozzetti (siehe S. 92ff.) lassen erwarten, dass auch in Zukunft neue Wege beschritten werden. Selbstverdichtende Betone oder raffinierte Verfahren der Oberflächengestaltung haben ihre Spuren bereits in zahlreichen Bauwerken hinterlassen, auch die Möglichkeiten von Dämmbeton wurden in den letzten Jahren intensiv erprobt. Fragt man nach der weiteren Entwicklung, lohnt ein Blick auf aktuelle Forschungsergebnisse. Dabei kristallisieren sich vor allem drei Ansatzpunkte heraus:

- neue Materialien zur Bewehrung, die sehr filigrane Bauteile ermöglichen
- Alternativen zur starren Schalung: der zunehmende Wunsch nach freigeformten Flächen, wie beim Roca-Pavillon in London (Abb. 1), verlangt nach neuen Schalungsverfahren.
- Variation der Betonmatrix, sei es als ultrahochfester Beton, wie beim Weinberghaus der TU Kaiserslautern (siehe S. 114f.), als gewünschte Porenverteilung oder durch Verwendung neuer Zuschlagstoffe.

Im Folgenden werden einige vielversprechende Ansätze vorgestellt, mit denen die Beteiligten die Grenzen des Machbaren erweitern. Sie alle unterstreichen den hohen Stellenwert der Bauforschung für die Architektur und zeigen, dass das Bauen mit Beton noch lange nicht ausgereizt ist.

Konstruieren mit Textilbeton
Als Verbundwerkstoff aus sehr feinkörnigem Beton (Größtkorn 1 mm) und textiler Bewehrung (meist Glas- oder Carbonfasern) erlaubt Textilbeton die Herstellung äußerst leichter und filigraner Bauteile. Die hochflexible Bewehrung erleichtert die Umsetzung freier Formen. Die neuen Möglichkeiten des Materials werden seit Jahren am Lehrstuhl für Baukonstruktion der RWTH Aachen im Rahmen eines Sonderforschungsbereichs untersucht. Neben der Erforschung materialgerechter Gestalt- und Konstruktionsprinzipien steht dabei die exemplarische Entwicklung von Bauteilen aus Textilbeton im Vordergrund. Ungewöhnliche Anwendungen konnten bereits mit gekrümmten Gitterstrukturen oder im Bereich des mobilen Bauens und des Möbelbaus demonstriert werden. Als jüngster Prototyp entsteht zur Zeit ein Ausstellungspavillon. Bereits fertiggestellt ist seine Tragstruktur in Form von vier quadratischen Textilbeton-Schirmen mit jeweils 7 m Kantenlänge und 60 mm dicken, auskragenden Flächen (Abb. 2, 3). In solch purer Form, ohne zusätzliche Elemente, lassen sich Leistungsfähigkeit und Zukunftspotenzial der Technologie besonders gut ablesen.

Frei formbare Schalungselemente aus Wachs
Im Rahmen des europäischen Forschungsprogramms TailorCrete wurden an der Professur für Architektur und Digitale Fabrikation der ETH Zürich frei formbare Schalungselemente aus Wachs entwickelt, die immer wieder eingeschmolzen und neu verwendet werden können. Damit wird eine vollständig abfallfreie Schalungsmethode für frei geformte Ortbetonbauteile mit komplexer Geometrie vorgeschlagen. Für die Herstellung von Prototypen wurde eine justierbare Form entwickelt, auf die das erhitzte Wachs in Rahmen gegossen wird. Die ausgehärteten Wachselemente werden in eine Standard-Schalungsstruktur eingebracht und der Hohlraum mit Beton verfüllt. Nach dem Ausschalen folgt das Einschmelzen der Wachselemente für den nächsten Einsatz. Umfangreiche Untersuchungen von Schrumpfungs- und Verformungsverhalten oder Druckfestigkeit des Wachses und entsprechende Anpassungen dienten der Verfeinerung des Herstellungsprozesses. Das Verschmelzen der Schalungsfugen erlaubt

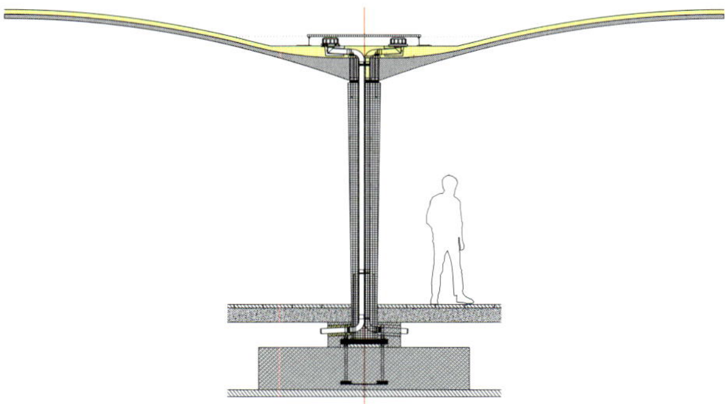

2

3

1 Roca London Gallery, Zaha Hadid Architects
2, 3 Textilbeton-Pavillon SFB 532, RWTH Aachen, Lehrstuhl Baukonstruktion / *Textile concrete pavilion SFB 532, RWTH Aachen, Chair of Building Construction,* Prof. Hartwig Schneider, Christian Schätzke, Till Joachim
www.bauko.arch.rwth-aachen.de
4–9 Schalungstechnik mit Wachselementen, ETH Zürich, Professur für Architektur und Digitale Fabrikation / *Formwork technology with wax components, ETH Zurich, Chair of Architecture and Digital Fabrication,*
Prof. Fabio Gramazio, Prof. Matthias Kohler, Silvan Oesterle, Ammar Mirjan, Axel Vansteenkiste, Selen Ercan, Aejmelaeus Lindström
www.dfab.arch.ethz.ch, www.tailorcrete.com

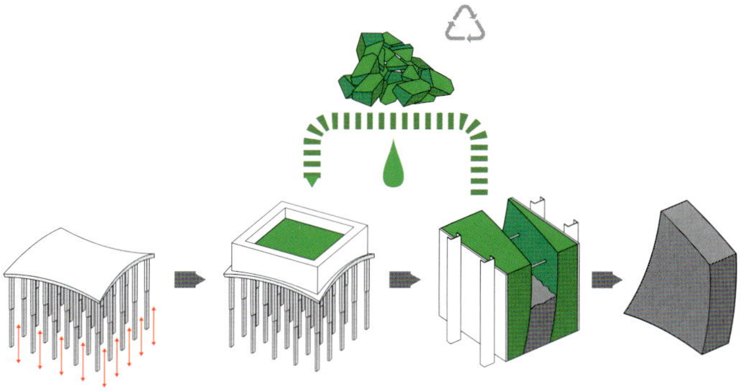

4

die Herstellung größerer nahtloser Betonoberflächen. Die neue Methode ist kompatibel mit den konventionellen Arbeitsweisen und Werkzeugen vor Ort, erlaubt zugleich aber den Einsatz modernster Technologien für die Herstellung der Wachselemente, wie die computer- und roboterbasierte Ansteuerung der Formtische. Für die Steuerung der gesamten Prozesskette vom Entwurf bis zur Produktion erstellten die Forscher eine geeignete Software. Mit einer Reihe erfolgreich gefertigter Prototypen erweist sich das System als bemerkenswerte Erweiterung des Repertoires an Herstellungstechniken für mehrachsig gekrümmte Betonbauteile.

Textile Schalungen für Betonkonstruktionen
Ein Forschungsschwerpunkt des Centre for Architectural Structures and Technology (CAST) der University of Manitoba sind innovative Betonschalungen aus Textilien. Der Gründer und Leiter, Mark West, schildert die Besonderheiten und Vorteile des Systems: »Seit Erfindung durch die Römer wird Beton in starren Schalungen geformt. Der einfache Austausch der starren Form gegen eine flexible Membran jedoch verändert unser Verständnis von Beton und Betonarchitektur grundlegend. Frischer Beton bevorzugt keine bestimmte Formgebung. Die prismatischen, rechtwinkligen Formen, die wir meist mit Beton verbinden, haben nichts mit dem Material an sich zu tun, sondern sind von den starren Geometrien üblicher Schalungssysteme geprägt.« Anders als steife Materialien kann eine flexible Membran nur Zugspannung aufnehmen, textile Schalungen folgen daher auf natürliche Weise den räumlichen Kurven des Spannungsverlaufs. Zugspannung ist die absolut effizienteste Art der Lastaufnahme und ein in der Natur verbreitetes Prinzip. Textilschalungen sind daher hundertfach effizienter als konventionelle biegesteife Schalungen. Der Einsatz flexibler Membranschalungen für Betonkonstruktionen eröffnet zwei neue Perspektiven zugleich: Zum einen den ressourcenschonenden Materialeinsatz, zum anderen eine völlig neue formale Sprache, mit Geometrien, die biologischen oder anderen natürlichen Strukturen ähneln. Mark West weist auf den fließend eleganten, sinnlichen Charakter von textilgeschaltem Beton hin, der die Empfindung und Wirkung von Betonarchitektur neu definiert.
Konstruktionsmethoden und Details für die Herstellung dieser textilen Gussformen können komplex oder äußerst einfach sein und die Ergebnisse reichen von hohem Perfektionsgrad bis zu unbestimmter, freier Formgebung, abhängig von den jeweils gewählten Materialien und der Art ihrer Befestigung. Für Architekten, Ingenieure und Bauunternehmen stellt dies ein Gefilde dar, in dem neue Entdeckungen und Erfindungen als »low hanging fruits«, wie Mark West es

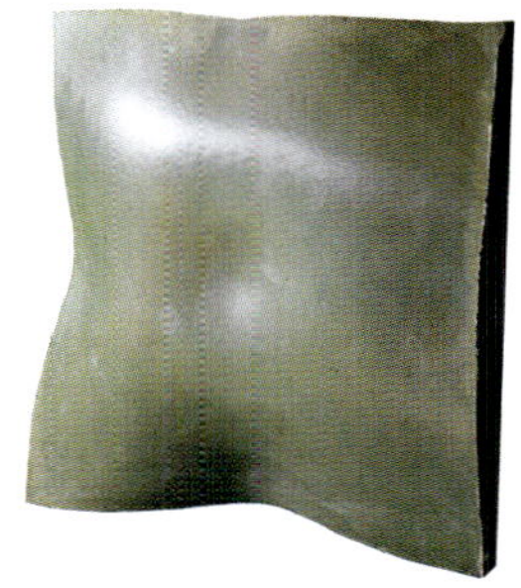

5

6

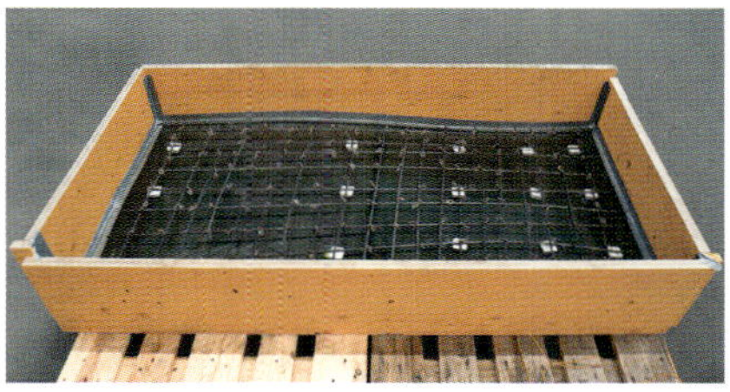

7

8

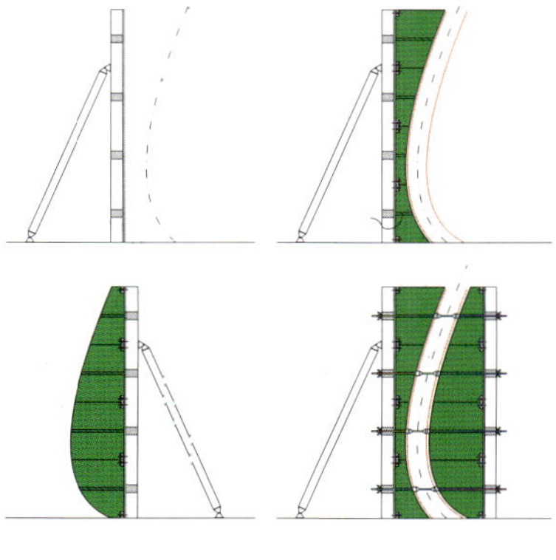

9

10 Prototypen im Centre for Architectural Structures and Technology (CAST), University of Manitoba, Leitung Prof. Mark West www.umanitoba.ca/cast_building
11 mit Textilschalung vorgefertigte Betonpaneele
12 textilgeformte dünne Schale
13 prototypische Schalung für 12 m langen Träger
14 Vergleich des nach Biegemomenten ausgeformten, 12 m langen Trägers mit Standardform
15 textile Schalung für 5 m lange Plattenbalken mit wechselndem Querschnitt

10

nennt, darauf warten, erschlossen zu werden. Aufgrund der Neuheit liegt das größte Hindernis für die breite Umsetzung textilgeformter Konstruktionen derzeit darin, ausführende Firmen zu finden, die bereit sind, dieses Verfahren anzubieten – obwohl die Konstruktionsweise grundsätzlich sehr einfach ist. Der Beton und seine flexible Gussform wirken zusammen als System, das dynamisch ausgeformte Konstruktionen produziert. So wird eine Architektur mit einer gewissen erzählerischen oder dramatischen Erscheinung begünstigt, in deren Formen die von der Schwerkraft erzeugten Lastverläufe abgelesen werden können. Oft lässt sich bei diesen Konstruktionen nur schwer zwischen architektonischer Form, Ornament und Struktur unterscheiden.

11

12

Als Gestalter kann man die Form einer aus Gewebebahn hergestellten Schalung verändern, indem man die Randbedingungen der Gewebebefestigung verändert, Zwischenstützpunkte einfügt oder Art und Stärke der Vorspannung des Gewebes einstellt. Weitere skulpturale oder strukturierende Effekte können durch gezieltes Beulen oder Falten der Gewebebahn vor dem Verfüllen mit Beton erreicht werden. Bevorzugtes Material für textile Schalungen sind Polyethylen-Gewebe (PE) oder Geotextilien aus Polypropylen (PP), wie sie üblicherweise für den Landschafts- oder Straßenbau eingesetzt weden. Sie sind in großen, bis zu 5 m breiten Rollen erhältlich, was große Formen ohne Nähte ermöglicht. Diese Gewebe haften nicht am Beton und verhalten sich risshemmend. Die kräftigen, widerstandsfähigen Bahnen können mit üblichen Werkzeugen und Befestigungsmitteln verarbeitet werden, auch »gebundene« Verbindungen sind möglich.
Mark West betont auch, dass solche Gewebe weltweit verfügbar und relativ preiswert sind. Sie können vielfach wiederverwendet werden, erfordern keine Trennmittel wie Schalöl, und wenn sie nicht mehr als Schalungsform benötigt werden, können sie noch für ihren ursprünglichen Zweck als Geotextil dienen. Dies ermöglicht eine völlig abfallfreie Schalungsmethode.
Die Materialkosten textiler Schalungen liegen bei lediglich einem Zehntel der Kosten von Sperrholz. PE- und PP-Gewebe sind entweder als wasserdichtes, beschichtetes oder als unbeschichtetes teildurchlässiges Material erhältlich. In permeabler Form erlaubt die Textilschalung Luftblasen und überschüssigem Anmachwasser durch die Schalungshaut zu entweichen, was zu fehlerlosen Oberflächen aus dichterem, höher belastbarem Beton führt.
Bei allen hier gezeigten Beispielen wurde die Gussform mit ebenen, nicht zugeschnittenen Gewebebahnen hergestellt, um den Konstruktionsprozess einfach und kostengünstig zu halten. Die Vielfalt der Formen und Anwendungsmöglichkeiten, die mit einfachen Bahnen erreichbar sind, ist bemerkenswert. Sie wurden bereits für Wände, Träger und Stützen eingesetzt sowie für Decken, Paneele und dünne Schalen – als Fertigteile oder in Ortbeton-Konstruktion. Die Kostruktionsweise ist mittlerweile sowohl in Prototypen im vollen Maßstab als auch in kommerziellen Anwendung intensiv erprobt. Digitale Werkzeuge zur Berechnung und Bestimmung der Geometrie textilgeschalter Betonbauteile werden derzeit im Rahmen von Hochschulforschungsprogrammen in Großbritannien und der Schweiz entwickelt.
DETAIL 11/2012

The advancement of construction materials and applications has, time and time again, enriched the architectural discipline. Particularly building with concrete has often changed due to innovations in construction technology. A number of promising approaches, in which the parties involved have pushed the limits of what is currently possible, are introduced below. They all emphasise the high significance of construction research for the architectural discipline and indicate that there still are ample opportunities for progress in building with concrete.

Building with textile concrete
Textile concrete, a composite material comprised of very fine grain concrete (maximum grain size 1 mm) and textile reinforcement, permits manufacturing extremely light and delicate construction components. The highly flexible reinforcement supports the creation of free forms. The new opportunities this material offers have been subject to research for a number of years at the Chair of Building Construction and Design at the RWTH Aachen within the framework of a special research area. The newest prototype is an exhibition pavilion comprised of four square screens made of textile concrete each 7 m wide and with 60 mm strong cantilevered surfaces.

Freely shapable formwork made of wax
Within the European Union's research project TailorCrete, freely shapable formwork made of wax was created at the Chair of Architecture

13

14

10 Prototypes, Centre for Architectural Studies and Technologies (CAST), University of Manitoba, Director Prof. Mark West (www.umanitoba.ca/cast_building)
11 Concrete panels, prefabricated with textile formwork
12 Textile-formed thin shell
13 Prototype formwork for 12 m long beam
14 Comparison, standard form and 12 m long beam formed according to bending moment
15 Textile formwork for 5 m long T-beam with alternating cross section

and Digital Fabrication at the ETH Zurich. It permits repeated melting and reuse. As a result, a completely zero-waste formwork method is proposed for free-form concrete construction elements poured on site. This new method is compatible with conventional modes of operation and tools used on site. At the same time, it permits integration of state-of-the-art technology for the creation of wax elements, including computer- and robot-controlled adjustable moulds. A set of successfully created full-scale prototypes indicates that this system comprises a remarkable expansion of the existing repertoire of production techniques for free-form concrete construction.

Textile formwork for concrete constructions

Innovative types of concrete formwork made of textile are part of a research focus of the Centre for Architectural Structures and Technology (CAST) of the University of Manitoba. Founding Director Mark West describes the particularities and advantages of the system: "Ever since concrete was invented by the Romans, rigid moulds were used to form it. Exchanging a rigid mould with a flexible membrane alters our understanding of concrete and concrete architecture in a fundamental way. The prismatic and rectangular forms that we typically associate with concrete have nothing to do with the material as such". Different from rigid materials, a flexible membrane can only bear tensile stress. Thus, textile formwork follows the spatial curves of tensile resistance in a natural way. Tension is the absolutely most efficient way of resisting stress and a principle found everywhere in nature. Therefore, fabric moulds are hundreds of times more efficient than conventional rigid formwork in terms of material usage. The use of flexible membrane formwork for concrete construction offers two perspectives at the same time: for one, efficient and sustainable use of materials; in addition, a completely new formal language with geometries that resemble biological or other natural structures. Concrete and its flexible mould act together as a system that produces dynamically formed constructions. In this regard, a type of architecture is supported that features a particular narrative or dramatic appearance. Load curves resulting from gravity become visible in its forms. A designer can change forms resulting from fabric formwork by altering the boundary conditions of the textile, by introducing intermediate fixation points, or altering the type or the prestretching of the textile. Further sculptural or structuring effects can be created by targeted buckling or folding of the textile sheet prior to pouring concrete. Preferred materials for textile formwork include woven polyethylene (PE) or polypropylene (PP) geotextiles typically used in landscape architecture or road construction. They permit repeated reuse, require no release agents such as formwork oil, and when no longer needed as formwork, they can also serve their original purpose as geotextile. This makes a completely zero-waste formwork method a reality. All examples displayed here were created with formwork comprised of simple, flat, untailored textile sheets. The multitude of forms and applications that can be achieved by using simple sheets is remarkable. They have been used for walls, beams, and columns, as well as ceilings, panels, and thin shell structures – as prefabricated components or poured on site. This construction technique has been tested in full-scale prototypes and commercial applications. Digital tools to calculate the geometry of textile formwork are currently under development.

15

Gradientenbetone wurden am Institut für Leichtbau Entwerfen und Konstruieren, Universität Stuttgart, Leitung: Prof. Werner Sobek, im Zuge der Forschungsarbeit »Gradientenwerkstoffe im Bauwesen« von Walter Haase, Pascal Heinz, Michael Herrmann und Werner Sobek erforscht. www.uni-stuttgart.de/ilek

16 funktionale Gradierung von Bauelementen in der Raumfahrttechnologie
17 Beispiel eines Gradientenwerkstoffs der Natur
18 porositätsgradierter Beton
19 kontrolliertes Entmischen durch Zentrifugieren
20 Schema gradiertes Mischen/gradiertes Sprühen
21 Schema Verhältnisgradient
22 funktional gradierter Wandaufbau
23 Gradientenbetonträger und zugehörige Dichteverteilung

16

17

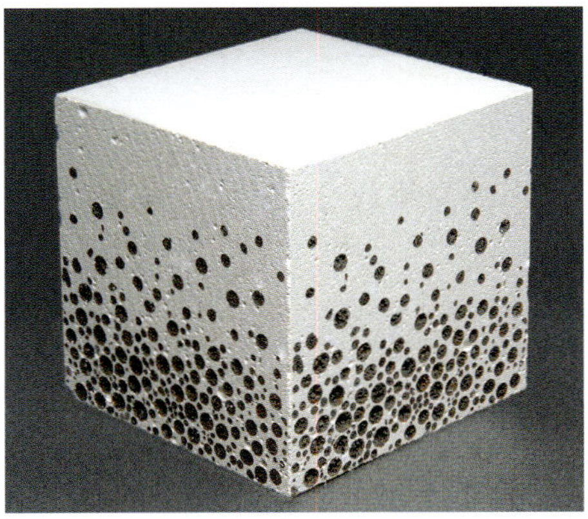
18

19

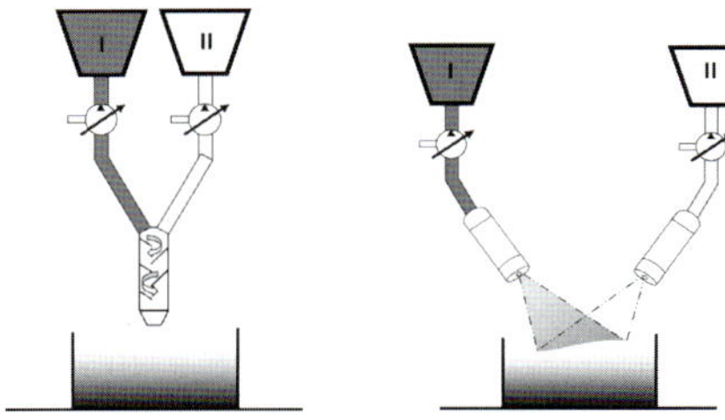

20

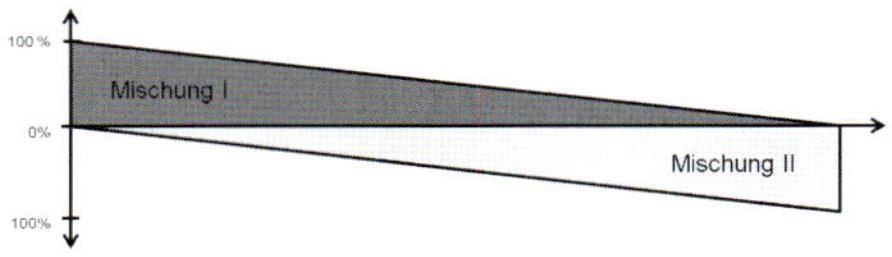

21

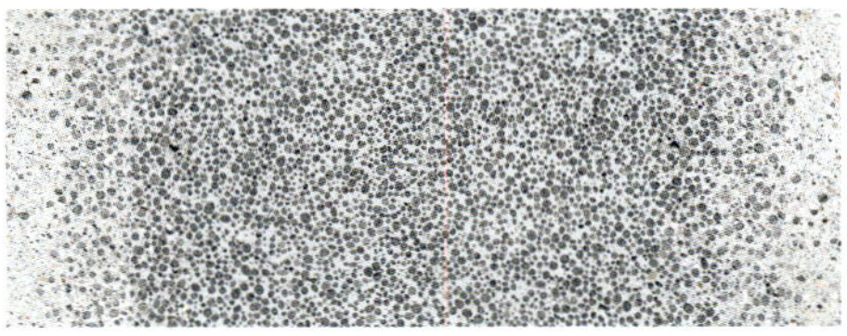
22

Gradientenbeton – Baustoff mit optimiertem Innenleben

Durch gezielte stufenlose Anpassung der Porosität im Inneren von Betonbauteilen können die Materialeigenschaften wie Dichte, Festigkeit und Wärmeleitfähigkeit präzise an die tatsächlich auftretenden Beanspruchungen angepasst und überschüssiges Material vermieden werden. Die Technologie der Gradientenbetone wurde am Institut für Leichtbau Entwerfen und Konstruieren (ILEK) der Universität Stuttgart entwickelt und wird dort umfassend erforscht. Prinzipiell kann zur Gradierung von Beton sowohl die Anordnung verschiedener Porositäten oder das Einbringen unterschiedlichster Zuschlagstoffe als auch die Kombination mehrerer Betonarten genutzt werden. Gibt man gezielt Luftporenbilder, vorgefertigten Schaum oder Mikrohohlkörper zu, erreicht man über diese Steuerung des Luftporengehalts eine Variation der Dichte. Zudem sind Verfahren wie kontrolliertes Entmischen des Betons, etwa durch Zentrifugieren, möglich oder Sprühverfahren, bei denen die Gradientenbildung aus zwei Ausgangsmischungen im Sprühkopf oder im Sprühnebel erfolgt.

Neben dem Vorteil ressourcenschonender, geringerer Bauteilmassen bei gleicher Leistungsfähigkeit, wie bei Geschossdecken, die – dem Lastverlauf entsprechend gradiert – etwa 60 % Gewicht einsparen können, sind gut recycelbare multifunktionale Bauteile möglich, wie Wandaufbauten mit gezielter Verteilung von tragenden und wärmedämmenden Eigenschaften. Ein sortenreines Bauteil mit dichter Sichtbetonoberfläche kann so einen dämmenden Kern erhalten. Wird im Kernbereich Aerogelbeton eingesetzt, entsteht ein passivhaustaugliches Bauteil mit 37 cm Wandstärke und einem U-Wert von 0,1 W/m²K. Damit eröffnet der Ansatz auch eine Perspektive, die über homogene Dämmbetonbauteile mit ihren wirtschaftlich kaum mehr zu vertretenden Wandstärken hinausweist. Zu den Chancen, die in einer solchen inneren Optimierung von Betonbauteilen liegen, äußert sich Werner Sobek als Leiter des ILEK im Gespräch:

Mit Gradientenbetonen schlagen Sie zwei Fliegen mit einer Klappe. Man kann das Material sowohl an statische als auch an thermische Anforderungen anpassen. Was gab den Anstoß zu dieser Entwicklung?

Sobek: Betone zu gradieren ist eigentlich ein relativ naheliegender Gedanke. Dass man zugleich Trageigenschaften und bauphysikalische Eigenschaften beeinflussen kann, ist sehr reizvoll. Diese Gradientenbetone lassen sich jedoch nicht mit unausgebildeten Arbeitern vor Ort herstellen. Wir benötigen hierzu neue Maschinen, an denen wir auch bereits arbeiten.

Wie realistisch ist es, dass auch Aerogelbetone eingesetzt werden?

Sobek: Bei den Aerogelen als eine Möglichkeit, hochwärmedämmende Betonkonstruktionen herzustellen, sind wir noch relativ am Anfang, da müssen wir noch zwei, drei Jahre grundlegend forschen, um seriös sagen zu können, es macht Sinn oder nicht. Möglicherweise muss man diese Füllstoffe auch noch durch andere ersetzen, damit es schließlich zielführend wird.

Wie wählen Sie die Forschungsthemen aus, die Sie weiterverfolgen?

Sobek: Ein Forscher muss erkennen, ob in einer Problemstellung tief verborgen eine Chance liegt. Dieses »Wittern« einer Chance, das Aufnehmen eines Problems und das folgende harte Erarbeiten einer Lösung, die man zuvor nicht kennt, sind wesentlich. Auch wenn viele sagen, das wird scheitern, muss man den Mut haben zu scheitern.

Wie lange dauert es in der Regel, bis Forschungsergebnisse des ILEK in die Realisierung einfließen?

Sobek: Etwa 10, 15 Jahre – den Atem muss man haben. Das Bauschaffen ist in gewissser Weise konservativ, und das ist auch richtig so, weil wir mit den Budgets unserer Bauherrschaft nur äußerst limitierte Risiken eingehen dürfen. An den Gradientenbetonen arbeite ich selbst schon seit 20 Jahren. Die Idee war, ein Bauteil nicht in seiner äußeren Silhouette zu verändern, um es

Types of gradient concrete were explored at the Institute for Lightweight Structures and Conceptual Design, University of Stuttgart, Directorship Prof. Werner Sobek, by Pascal Heinz, Michael Herrmann and Werner Sobek within the research project "Gradient Materials in Construction" ("Gradientenwerkstoffe im Bauwesen") www.uni-stuttgart.de/ilek

16 Functional gradation of construction components in space technology
17 Gradient materials in nature, examples
18 Concrete, porousness gradation
19 Controlled demixing by centrifugation
20 Schematic, mixed or sprayed gradation
21 Schematic, gradient relation
22 Wall construction, functionality gradation
23 Gradient concrete, corresponding density distribution

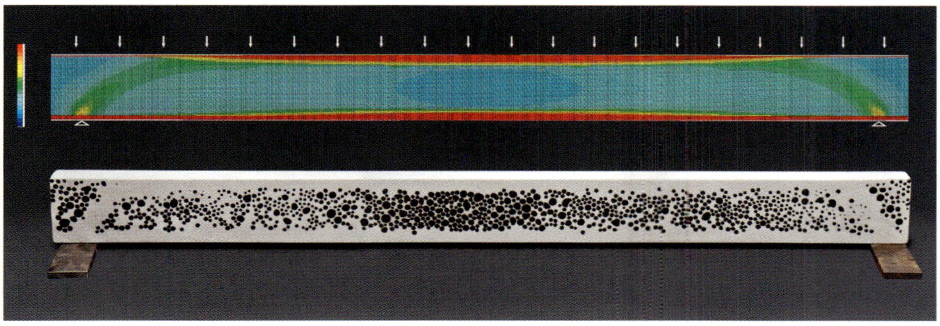
23

leistungsoptimal oder gewichtsminimal zu gestalten, sondern den gleichen Optimierungsprozess als Optimierung des Innenraums auszubilden. Daraus entstehen drei Fragenkomplexe. Die erste Frage ist, wie gelange ich zu einer Vorhersage der erforderlichen Porositätsverteilung, wo ist der Hohlraum? Die zweite Frage lautet, wie weise ich als Tragwerksplaner die Standsicherheit nach, und die dritte betrifft die Herstellung. Für manche Fragestellungen hat man nach zwei, drei Jahren schon einen Pfad gefunden, im Bereich der Herstellung haben wir mehr als 15 Jahre gebraucht.

Ab wann dürfen Forschungsergebnisse nach außen getragen werden?
Sobek: Wir haben das Prinzip des offenen Zugangs zum Institut. Wer eine Frage stellt, bekommt eine offene Antwort über den Stand unseres Wissens. Bei Publikationen, Ausstellungen und ähnlichem sind wir aber natürlich sehr zurückhaltend. Die Idee des Gradientenbetons haben wir erst publiziert, als ich zusammen mit meinen Assistenten sicher war, dass wir alle Teilbereiche ausreichend beherrschen, um sicher sein zu können, dass das Prinzip letztlich funktioniert. Das gehört zur notwendigen Seriosität.

Spüren Sie ein Interesse der Bauindustrie an den Gradienentenbetonen?
Sobek: Ja, sehr. Es gibt natürlich auch in den Firmenspitzen kluge Leute, die sagen, wir müssen Dinge entwickeln, die uns ermöglichen, Verantwortung zu übernehmen für die Gesellschaft und kommende Generationen. Und wenn man mit dem Gradientenbeton je nach Situation 20, 30, oder 50 % Gewicht einsparen kann und damit auch den Energieverbrauch zur Herstellung des Zements und die damit verbundenen Emissionen reduziert, dann ist es ein Gebot der Stunde, uns dort zu engagieren.

Forschung kann also der Anstoß zu verantwortungsvollem Handeln sein, und nicht nach Neuem zu suchen wäre unverantwortlich?
Sobek: Das wäre tatsächlich nicht verantwortbar.

Gradient concrete – construction material optimised internally

By targeted, gradual adaptation of porousness within concrete construction components, material characteristics such as density, firmness, and thermal conductivity can be precisely optimised to meet actual load-bearing requirements, and excess material can be avoided. The technology behind gradient concrete was developed and is extensively researched at the Institute for Lightweight Structures and Conceptual Design (ILEK) at the University of Stuttgart. In principle, the arrangement of different degrees of porousness, the introduction of varying aggregate materials, or the combination of multiple kinds of concrete can be used for the gradation of concrete. When air entrainment agents, prefabricated foam, or hollow microstructures are introduced in a targeted way, this kind of control of air entrainment leads to variations in density. In addition, controlled demixing of concrete by e.g. centrifugation is possible, as well as spray techniques that enable gradation by incorporating two basic mixes within a spray nozzle or within the aerosol. Advantages include resource conservation through reducing the mass of construction components, e.g. ceiling slabs that – when gradation relates to load-bearing – can lead to savings of up to 60 percent in weight. Also, highly recyclable, multifunctional construction components can be created, such as wall constructions with targeted distribution of load-bearing and thermal insulation characteristics. As result, a uniform construction component with dense exposed concrete surface can contain a core with thermal insulation properties. If aerogel concrete is used within the core area, a construction component with passive house capacity is created with a wall thickness of 37 cm and a U-value of 0.1 W/m²K. Thus, the approach introduces a perspective that transcends homogeneous thermal insulation concrete components with wall thicknesses that are no longer economically feasible. An interview with Werner Sobek, Director of the ILEK, offers his insight on the opportunities presented by such an internal optimisation of concrete construction components:

What prompted these developments?
Sobek: The idea of a gradation of concrete is actually not that far-fetched. Being able to influence load-bearing characteristics and building physics characteristics at the same time is very appealing. However, gradient concrete can't be created by unskilled labourers on site. For this purpose, we require new machines, something we are already working on.

How realistic is the use of aerogel concrete in this context?
Sobek: While comprising a possibility to create highly thermally insulating concrete constructions, we are still pretty much at the beginning with aerogels. We need two to three more years of fundamental research in order to seriously say whether it makes sense or not. Perhaps these fillers need to be replaced by others in order to reach projected goals.

How long does it typically take until research results at the ILEK become part of construction practice?
Sobek: Approximately 10 to 15 years. You need to be patient. Gradient concrete is something I've already been working on for 20 years now. The idea was to optimise the performance and minimise the weight of a construction component, yet not by altering its exterior silhouette, but instead, by employing the same procedure to optimise its inside. This resulted in formulating three fields of inquiry. The first question is: how can I develop a prognosis on the required distribution of porousness? The second question deals with how to determine structural integrity. The third question relates to manufacturing. For some questions, an answer is found already after two to three years. In manufacturing, however, this took more than 15 years.

Do you sense an interest in gradient concrete within the construction industry?
Sobek: Yes. Naturally, there are smart people at the top of companies who say, if gradient concrete permits saving 20, 30 or 50 percent of weight, and thus, also the energy required to create cement and related emissions, it becomes an obligation to be involved.

24 Experimentalbau green:house,
Professur Entwerfen und Wohnungsbau der Bauhaus-Universität Weimar,
Prof. Walter Stamm-Teske, Katja Fischer, Tobias Haag, Jessica Christoph
www.uni-weimar.de/architektur/wohnbau
www.greenhouse-weimar.de
25 Schema Geschossaufbau
26 Probekörper Wandaufbau (die Außenwandkonstruktion besitzt einen U-Wert von 0,16 W/m²K)
27 Anlieferung und Montage der vorgefertigten Elemente auf der Baustelle

24

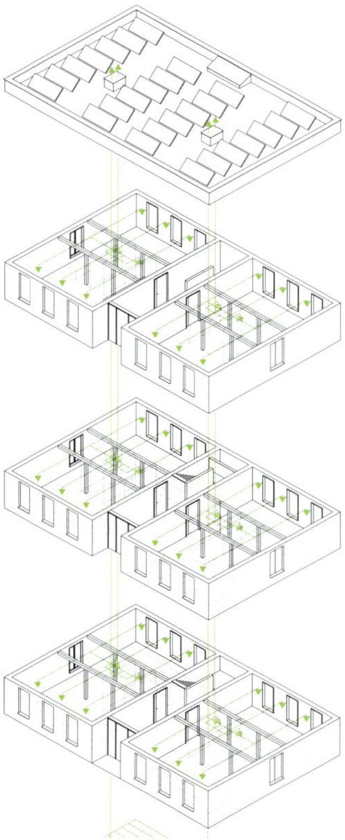

25

Experimentalhaus aus Holzbeton

Um die Möglichkeiten des Materials Holzbeton auszuloten, entwickelte eine Projektgruppe um Prof. Stamm-Teske, Professur für Entwerfen und Wohnungsbau an der Bauhaus-Universität Weimar, ein prototypisches Testgebäude, das Platz für 50 vor allem studentische Arbeitsplätze bietet. Das green:house ist Teil einer Campuserweiterung, im Zuge derer auch neue zukunftsfähige Wege in Konzeption, Konstruktion und Materialwahl aufgezeigt werden sollten. Anknüpfend an bekannte Vorläufermaterialien wurde nach einer neuartigen Rezeptur aus Holzhäckseln und Zement ein neuer Baustoff entwickelt, der sowohl bauphysikalisch als auch für den Produktionsprozess eine interessante Alternative innerhalb der vorgefertigten Bauweisen verspricht. In Kombination mit Holzrahmenbauweise können seine bauphysikalischen Eigenschaften mit Massivbauten konkurrieren. Durch weitgehende Vorfertigung mit Maschinen aus der Holzbearbeitung sind kurze Rohbaumontagezeiten und ein hoher Installationsgrad möglich. Der feuerhemmende und schwer entflammbare Baustoff wurde hierzu in Form 8 cm dicker Platten im Format 1,25 × 1,25 m beidseitig auf insgesamt 26 großformatige gedämmte Holzrahmenelemente aufgebracht und konnte nach sechs Tagen Montagezeit direkt als Putzgrund verwendet werden. Tests ergaben für Holzbeton eine Wärmeleitfähigkeit von 0,11 W/mK, womit das Material Porenbeton übertrifft. Am Modellprojekt im Passivhausstandard waren über 20 Industriepartner, Firmen, Fachplaner und Hochschulpartner beteiligt. Die Mitarbeit von Studenten bei der Ausführung steht als Wissenstransfer über praktische Tätigkeit ganz in der Werkstatttradition des Bauhauses.

Experimental house made of wood concrete

In order to explore the possibilities offered by "wood concrete", a mix of cement and wood chips or shavings, a research group at the Chair of Housing Design at the Bauhaus University Weimar developed a prototype test building that offers room for 50 new workplaces. The green:house is part of a campus expansion that is also intended to demonstrate new future-oriented ways of conceptualisation, construction, and material selection in architecture. A new type of wood concrete was developed that offered an interesting alternative within prefabricated construction techniques. In combination with wood frame construction, its building physics characteristics can compete with solid construction. The high degree of prefabrication permits short shell construction times and a high degree of installation. More than 20 partners in the industry, in companies, among specialist consultants, and the university were involved in the realisation of this model project that matches the passive house standard.

24 Experimental building green:house, Chair of Housing Design, Bauhaus University Weimar, Prof. Walter Stamm-Teske, Katja Fischer, Tobias Haag, Jessica Christoph (www.uni-weimar.de/architektur/wohnbau www.greenhouse-weimar.de)
25 Schematic, floor construction
26 Test component, wall construction (exterior wall construction comprises a U-value of 0.16 W/m²K)
27 Delivery and assembly of prefabricated elements on site

26

27

Boomtown Montpellier – Ein Kreuzfahrtschiff auf der Startbahn in die Zukunft

Boomtown Montpellier – a Cruise Ship on the Runway to the Future

Frank Kaltenbach

Architekten / *Architects*:
Zaha Hadid Architects, Blue Tango, Chabanne & Partenaires
Tragwerksplaner / Structural engineers: Arup

Das Grundstück ist austauschbar und typisch für die Peripherie jeder beliebigen südfranzösischen Stadt: reihenweise billig erstellte Massenwohnquartiere für niedrige Einkommensschichten, eine Ausfallstraße, gesichtslose Gewerbehallen und Brachflächen. Was den Ort besonders macht? Er liegt in Montpellier, der am schnellsten wachsenden Stadt Frankreichs. Das neue Selbstbewusstsein bringen die Verantwortlichen durch architektonische Landmarken zum Ausdruck: Im Süden thront der achtgeschossige dunkelblaue Stahlkubus des neuen Rathauses von Jean Nouvel wie ein Eingangstor über dem Park, im Osten wurde von Massimiliano Fuksas ein in glänzendes Aluminium verpacktes Quartier mit Hotelfachschule, Wohntürmen und Sporthalle eröffnet. Mit dem Archivgebäude von Zaha Hadid ist das zuerst konzipierte dieser Projekte als letztes fertig geworden.

Lebende Steine
»Pierresvives« heißt das neue Entwicklungsgebiet im Nordwesten, was so viel bedeutet wie »lebende Steine«, benannt nach einem Zitat des Humanisten François Rabelais, der mit Menschen als lebenden Bausteinen eine neue Gesellschaft errichten wollte. Hier sollen einmal 900 zusätzliche Wohnungen entstehen mit Büros und Ladenflächen im Erdgeschoss, eine Esplanade, außerdem ein öffentlicher Platz und in die Landschaft integrierte Sporteinrichtungen.
Steinern und dennoch lebendig dynamisch wirkt auch der Sichtbeton-Neubau von Zaha Hadid Architects. Die Dimensionen sind mit 195 m Länge, 46 m Breite und 24 m Höhe beeindruckend. Ausschlaggebend für den Wettbewerbsgewinn im Jahr 2002 war die Entscheidung der Architekten, die drei unterschiedlichen Funktionen – das Archiv des Departement Hérault, die Bibliothek und die Verwaltungsräume des Sportveranstalters Hérault Sport – in einem einzigen Bauwerk zu vereinen, um Synergieeffekte wie gemeinsame Foyers und Veranstaltungsräume zu schaffen. Die Baukosten haben sich von zuerst geschätzten 42 Millionen Euro auf 125 Millionen erhöht, doch das Konzept ging auf: Was heute die Qualität des Baus ausmacht, sind vor allem die öffentlich zugänglichen Erschließungs- und Erlebnisräume, die sich an den Fassaden als unterschiedlich hohe, verglaste Bänder abbilden und den fünfgeschossigen Baukörper mit insgesamt 26000 m² Nutzfläche spannungsvoll gliedern. Als erster Bauabschnitt von »pierresvives«, der wohl auch nachfolgende Investoren anlocken soll, steht das Gebäude seit seiner Eröffnung Mitte September noch isoliert wie ein Kreuzfahrtschiff auf dem Trockendock, etwas unvermittelt zwischen Schnellstraße, Wohngebieten und Grünflächen. Während der Baukörper von Weitem wie ein hochskaliertes, am Heißdraht geschnittenes Styrodurmodell wirkt und von der höher liegenden Straße noch den Eindruck einer plakativen, etwas gewollten Geste in der Formensprache der 1970er-Jahre macht, weckt er beim Näherkommen die Neugierde auf die Materialisierung und die Innenräume. Seine Spannung erhält die Raumskulptur durch die disziplinierte Beschränkung der Rundungen und Schrägen in einer Richtung – die Grundrisse sind dagegen orthogonal und sämtliche Längswände lotrecht.

Ein Bau ohne Rückseite
Bestechend ist die skulpturale Qualität vor allem durch die Gleichwertigkeit der Hauptfassade im Osten und der Anlieferungsseite im Westen. Entsprechend den unterschiedlichen Nutzungen entwickelt sich der Baukörper von der senkrechten Nordfassade mit den geschlossenen gestapelten Archivräumen – 35 km Akten können hier maximal untergebracht werden – zu den Tageslichtbereichen der Mediathek und den Büros im Süden, wo sich der Baukörper weiter auflöst und mit einem umlaufenden Fensterband wie auf der Kommandobrücke eines Kreuzfahrtschiffs mit der abgeschrägten Südfassade zum Park hin orientiert. Der Haupteingang liegt in der Mitte des Gebäudes, wo im Erdgeschoss Studienräume des Archivs und ein verglaster, 300 m² großer Ausstellungsbereich angeordnet sind. Hier in der bewusst geduckten Eingangshalle beginnt die Promenade architecturale, hier befördern Rolltreppen den Besucher unter der wie ein Flügel geschwungenen Decke hinauf in die große zweigeschossige, bis zu 20 m hohe Halle im ersten Obergeschoss. Hier fließt der Außenraum quer durch das ganze Gebäude. Wie von einem Plateau überblickt man den Vorplatz im Westen und die Stellplätze im Osten. In die Glashalle ist eine dynamisch abgeschrägte Betonwelle gesteckt, die zehn Meter über die Gebäudeflucht auskragt und das Vordach des darunterliegenden Haupteingangs bildet. In ihrem Inneren, das wie ein eingestelltes Möbel mit schwarz lackierten Eichenbrettern an Boden, Wand und Decke beplankt ist, befindet sich das Auditorium mit 210 Plätzen. Auf glänzend grauen Böden sticht der Besucher wie in eine Schleuse in die Betonwelle, um in die 1000 m² große Mediathek zu gelangen oder den diagonalen Weg nach oben über breite Sitzstufen fortzusetzen bis zur Dachterasse der Büros, die als Verlängerung des Fassadeneinschnitts gestalterisch in die Raumskulptur integriert ist. Der durch die kräftigen Sonnenschutzlamellen eingeschränkte Blick nach unten fällt auf der Westseite über die herausgeschobenen schrägen Betonwellen der Lkw-Anlieferung auf die markante Grafik und baumartigen Beleuchtungskörper der Parkplätze, die Erinnerungen an Flugzeugflügel und den Blick auf eine Startbahn wachrufen.

Skelettbau mit Fertigteilen
Während der Bau außen keinen Schluss auf die Tragstruktur zulässt und die Betonkörper zwischen den Glasfugen zu schweben scheinen, bildet sich im Inneren das Raster der quadratischen Stützen des Stahlbeton-Skelettbaus nicht nur in der Vertikalen, sondern auch als Unterzüge unter den ebenen und schrägen Deckenabschnitten ab. Nicht einmal aus der Nähe wird erkennbar, dass die monolithisch scheinende Betonskulptur mit ihrer homogenen Oberfläche und den scharfen präzisen Kanten nicht in Ortbeton gegossen, sondern aus mehr als 1000 vorgehängten, 2,70 m breiten und bis zu 12 m hohen individuellen Betonfertigteilen mit flächenbündigen Fugen wie ein dreidimensionales Puzzle zusammengesetzt ist.
DETAIL 11/2012

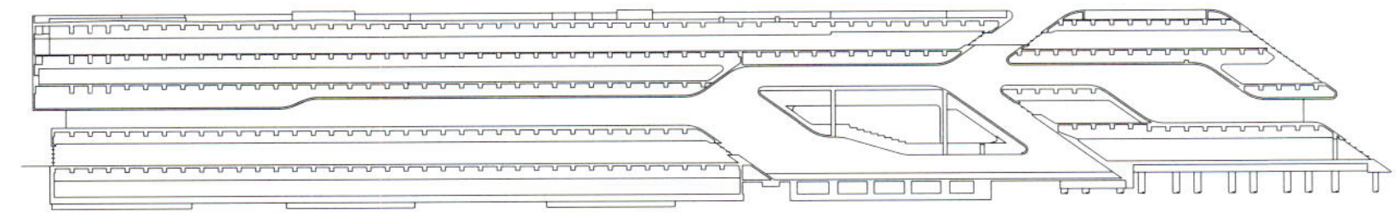

aa

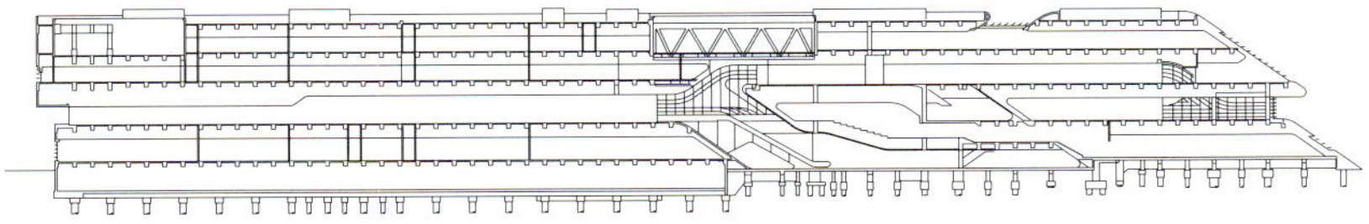

bb

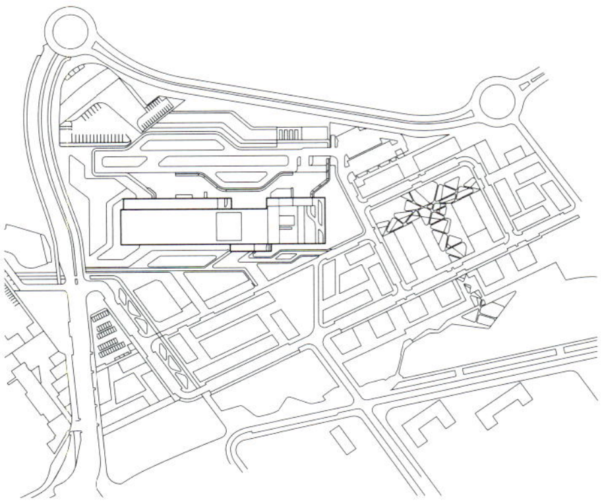

The site is nondescript and typical of the periphery of cities in southern France. There are rows and rows of inexpensively built housing for the lower income brackets, a thoroughfare heading out of town, generic commercial structures, and vacated premises. What makes this an out-of-the-ordinary setting? The fact that it is in Montpellier, one of the fastest growing cities in all of France. The city's newly acquired self-confidence is expressed by the increasing number of architectural landmarks: on the south side of the city, an eight-storey, dark-blue steel cube designed by Jean Nouvel looms like an entrance gate above the park, and on the east side, a shiny, aluminium-clad development – accommodating a school of tourism, residential towers, and a sports hall – has been opened. The concept for Zaha Hadid's building predated these two projects, but took the longest to be completed.

The multi-use building named Pierresvives – literally "living stones" – is set in an area under development in the northwest part of the city. The name is in reference to a quote by François Rabelais: "I build only living stones: men." In addition to nine hundred new residential units, this area is to receive an esplanade, a public square, and sports facilities integrated in the landscape. Hadid's building – 195 m long, 46 m wide and 24 m high – appears to be solid as a rock, yet alive. In 2002 a competition was held; the fact that Hadid's design incorporated three different functions – public archives, a public library, and administrative offices for the sports department – in a single building with shared foyers and event spaces led the jury to award it first prize. Although construction costs far exceeded the original estimates, the concept has been embraced: the building's high standard stems from the dramatic circulation spaces that are open to the public and legible in the facades. As the first phase of a process likely intended to attract subsequent investors, the building has, since its opening in mid-September, stood in isolation – calling to mind a cruise ship in dry dock – unmediated between the ring road, residential quarters, and green space. While from a distance the building

Lageplan Maßstab 1:10 000
Grundrisse • Schnitte Maßstab 1:2000
1 Eingangshalle
2 (Lkw-) Anlieferung
3 Archiv
4 Foyer
5 Auditorium
6 Bücherei
7 Lesesaal Archiv
8 Büros

Site plan scale 1:10,000
Layout plans • Sections scale 1:2,000
1 Entrance hall
2 (Truck-) Delivery
3 Archive
4 Foyer
5 Auditorium
6 Library
7 Archive's reading room
8 Offices

massing could be mistaken for the oversized results of an encounter with a hot wire foam-cutter, and from the higher-lying road, for a rather wilful gesture involving the formal vocabulary of the 1970s, upon approaching it, one's curiosity – particularly with respect to materiality and interior spaces – is piqued. With its restraint in terms of curves and oblique surfaces, Pierresvives – as spatial, sculptural construct – keep us in suspense. This restraint also extends to the floor plans, which are orthogonal, and to the longitudinal walls, which are plumb.
What makes the sculptural quality striking is, above all, the fact that the main facade (facing east) and the facade opposite it (where deliveries are made) were given equal attention. Corresponding to the different functions, the development of the building massing begins at the north facade (which is also plumb and encloses the stack of windowless archives, containing a maximum of 35 km of shelf space), then progresses to the mediacentre and the offices in the south (both with daylighting), where the building massing becomes less and less massive, and the wrap-around strip window in the oblique southern facade facing a park is reminiscent of a cruise ship's bridge. The main entrance is situated at midpoint in the facade; on the ground floor, study spaces belonging to the archive and a glazed, 300 m² exhibition zone are arranged around it. Here the ceiling of the entrance hall is deliberately kept low. And it is here that the architectural promenade begins. Via escalator the visitor is pulled up – underneath the wing-shaped undulating ceiling – and into the vast hall on the first floor, which is up to 20 metres high. While the exterior of the building gives no clue to its structural system, inside one finds a grid of reinforced concrete columns (frame construction), employed not only vertically, but also as downstand beams beneath the level and oblique sections of the ceiling slab. Even from close up, one cannot tell that the monolithic-seeming concrete sculpture was not cast on site, but is made up, like a puzzle, of more than 1,000 precast concrete units, some of them 9 metres high – the skin cladding the frame.

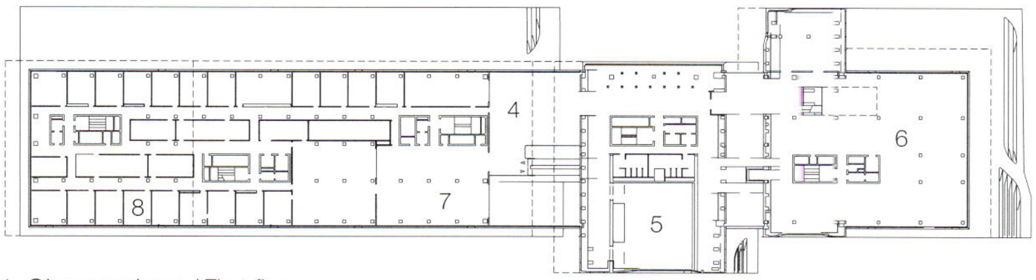

1. Obergeschoss / *First floor*

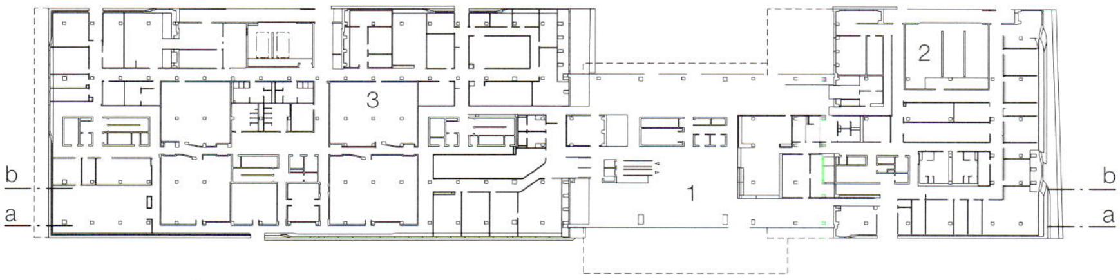

Erdgeschoss / *Ground floor*

Betonblüten am Vorarlberg Museum – Die Umsetzung einer künstlerischen Idee

Concrete Flowers along the Vorarlberg Museum – Realising an Aesthetic Idea

Julia Liese

A

Architekten / *Architects*:
Cukrowicz Nachbaur Architekten, Bregenz
Tragwerksplaner / *Structural engineers*:
Mader Flatz ZT, Bregenz

Außergewöhnliche Fassaden haben Cukrowicz Nachbaur Architekten für das umgebaute Landesmuseum Vorarlberg in Bregenz geschaffen: Eine Vielzahl von unregelmäßig angeordneten, reliefartig hervorstehenden »Blüten« ziert die glatte Sichtbetonhaut und verleiht ihr durch ein lebendiges Licht- und Schattenspiel eine plastische Wirkung mit enormer haptischer Präsenz. Gleichzeitig gibt die Erscheinung Rätsel auf: Während man von Weitem nur gleichförmige Noppen wahrnimmt, offenbaren sich bei näherem Hinsehen kreisförmige Erhebungen mit blütenartiger Struktur, die sich als Abgüsse verschiedener PET-Flaschenböden entpuppen.
Genau genommen überziehen die Betonblüten nur einen Teil des Vorarlberg Museums, nämlich den Neubau, der sich zum neu gestalteten Vorplatz in Richtung Altstadt orientiert und das alte Museumsgebäude ersetzt (Abb. D). Ein wesentliches Ziel des Umbaus war es, den angrenzenden, zum Bodensee ausgerichteten, denkmalgeschützten Altbau aus dem Jahr 1905 zu integrieren, der vorher als Sitz der Bezirksverwaltung diente und jetzt u.a. die Verwaltung des Museums aufnimmt (s. DETAIL 9/2013, S. 918f.). Eine Aufstockung des Altbaus um zwei Geschosse lässt die beiden Rücken an Rücken stehenden Gebäudeteile zu einem prismenförmigen Baukörper verschmelzen – nicht zuletzt durch die einheitliche Farbgebung von hellem, fast weißlichem Grau. Dabei vermittelt die Aufstockung geschickt zwischen Alt und Neu: Einerseits setzt sich hier der glatte Sichtbeton der Neubaufassade fort – jedoch ohne florales Muster –, andererseits nimmt sie mit Vor- und Rücksprüngen Elemente der historischen Lochfassade auf (Abb. A).

Vom Tongefäß zur PET-Flasche
Bereits beim 2007 ausgelobten Wettbewerb war der Entwurfsgedanke, die vorgeschriebene »Kunst am Bau« mit dem Bauwerk verschmelzen zu lassen, da aus Sicht der Architekten ein eigenständiges Kunstwerk in Konkurrenz zu den Ausstellungsstücken des Landesmuseums hätte stehen können. Die für den Wettbewerb entwickelte Idee eines Fassadenreliefs aus Buchstaben bzw. Wörtern wurde bei der Überarbeitung des Entwurfs jedoch wieder verworfen, weil sie zu plakativ erschien. Stattdessen wurde in enger Zusammenarbeit mit dem Südtiroler Künstler Manfred Alois Mayr die Idee der Flaschenbodenabgüsse entwickelt. Als Inspirationsquelle dienten Fundstücke aus der Sammlung des Museums: Tongefäße aus der Römerzeit, die damals schon in großen Mengen produziert wurden und in den heute gebräuchlichen Getränkeflaschen aus Polyethylenterephthalat (PET) ein zeitgemäßes Pendant finden (Abb. E, F).

»Quasichaotische« Gesamtordnung
An den drei Fassaden des Neubaus bilden dreizehn verschiedene PET-Flaschenbodenmotive ein scheinbar zufälliges Streumuster und wirken in ihrer Gesamtheit wie ein großes Meer aus Betonblüten. Für ihre Anordnung wurde der Schweizer Geometrie-Ingenieur Urs Beat Roth hinzugezogen. Ausgangspunkt war die Frage, nach welcher Ordnung die Tausende von Punkten über die drei Fassaden verteilt werden sollten. Es kristallisierte sich der Wunsch nach einer Mischung aus Systematik und Zufall heraus: Einerseits wurde eine zufällige Ordnung ohne durchgängiges Muster angestrebt, andererseits sollte die konstante Anzahl an Blüten eine gewisse Regelmäßigkeit erzeugen. Aus diesen Vorüberlegungen sowie dem vorgegebenen Schalungsraster von 2 m und den bereits festgelegten Höhenkoten der Betonieretappen entwickelte Urs Beat Roth die Gesamtordnung für ein Schalungsmodul. Diese basiert auf der Fibonacci-Teilung eines 1 × 1-Meter-Quadrats in zwei verschieden große Quadrate und zwei gleich große Rechtecke (Abb. G). Im zweiten Schritt ging es um die Anordnung der Betonblüten auf diesen vier Feldern. Aus fünf verschiedenen Vorschlägen des Ingenieurs wählten die Architekten das Ordnungssystem »Domino 13« aus, das sich aus drei Elementen zusammensetzt: kleines Quadrat mit zwei Punkten, Rechteck mit drei Punkten und großes Quadrat mit fünf Punkten. Auf diese Weise enthält jedes große 1 × 1-Meter-Quadrat 13 Punkte. Diese Elemente lassen sich beliebig zu einer unregelmäßigen Struktur kombinieren, die jedoch durch die gleichmäßige Verteilung pro Quadratmeter eine gewisse Systematik aufweist. Zusätzlich achtete der Geometrie-Ingenieur bei der Verteilung der Punkte darauf, dass wiederkehrende Figuren entstanden, wie z. B. eine Ellipse mit Mittelpunkt oder kollineare Punktreihen, welche die einzelnen Schalungsfelder optisch zusammenbinden. Unabhängig davon mussten auch die Ankerlöcher bei der Anordnung berücksichtigt werden. Insgesamt 16656 einzelne »Blüten« wurden auf diese Weise über die drei Fassaden des Neubaus verteilt (Abb. K).
Die größte Schwierigkeit bestand jedoch darin, mit möglichst wenigen Schalungsmatrizen auszukommen, da ihre Herstellung aufwändig und teuer ist. Statt unzählige verschiedene Positive zu bauen und von diesen Schalungsmatrizen abzugießen, wurden sämtliche Matrizen als Überlagerung auf einem einzigen großen Positiv entwickelt (Abb. H). Letztlich gelang es durch die ausgeklügelte Systematik, mit drei verschiedenen Hauptmatrizen auszukommen. Nur für die Fenster- und Randbereiche waren zusätzliche Matrizen erforderlich (Abb. I).
Auch die Herstellung der Schalungsmatrizen verlangte eine besondere Vorgehensweise. Üblicherweise werden deren Vorlagen mit CNC-Maschinen aus MDF-Platten gefräst. Aufgrund der Größe der Erhebungen kam dieses Verfahren jedoch nicht in Frage. Stattdessen wurden die PET-Flaschenböden mit Polyurethan ausgegossen und die so hergestellten Positivabgüsse mittels Holzzapfenverbindungen auf einer MDF-Trägerplatte montiert (Abb. N).

Ausführung mit stehender Schalung
Von Anfang an hatten die Architekten die klare Zielvorstellung, dass die Fassade eine monolithische Wirkung – wie aus einem Guss – haben sollte, nicht zuletzt, um Alt und Neu überzeugend zu einem Ganzen zu verbinden. Somit schieden Fertigteile, die sich zwar leicht hätten herstellen lassen, je-

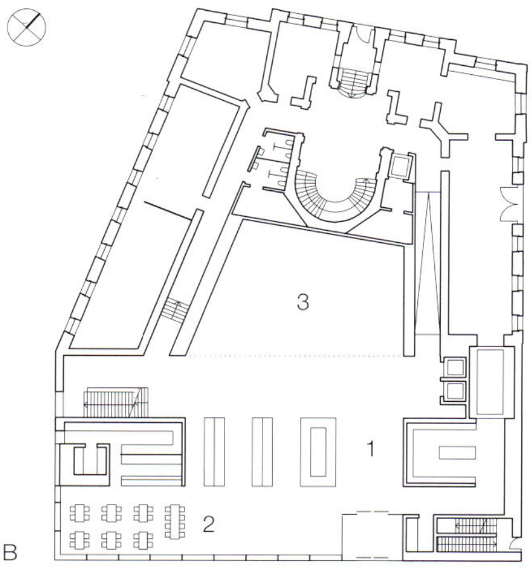

B

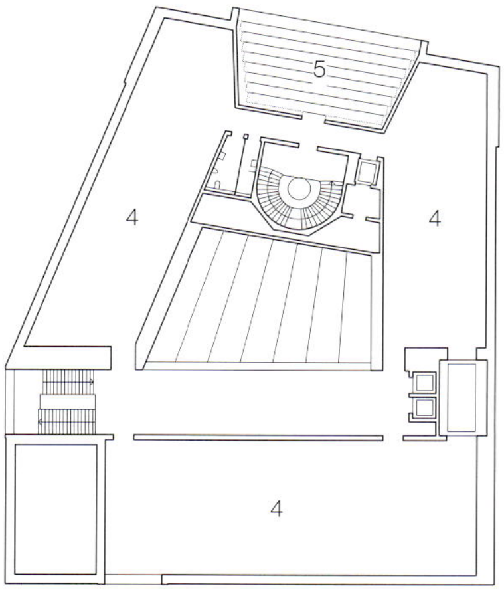

C

A zum Bodensee orientierte Nordwestfassade
B Grundriss EG Maßstab 1:750
C Grundriss 4. OG Maßstab 1:750
D zur Altstadt orientierte Südostfassade

1 Foyer
2 Café
3 Atrium
4 Ausstellungsräume
5 Panoramaraum

A Northwestern facade facing Lake Constance
B Ground floor plan scale 1:750
C 4th floor plan scale 1:750
D Southeastern facade oriented towards historic city

1 Foyer
2 Café
3 Atrium
4 Exhibition spaces
5 Panorama room

doch mit deutlich sichtbaren Fugen hätten montiert werden müssen, für die Realisierung der Fassade aus. Auch über eine einschalige Ausführung der Außenwand in Dämmbeton wurde nachgedacht, allerdings ließen sich damit die geforderten Energiekennwerte nicht einhalten. Daher wurde schließlich eine zweischalige Fassadenkonstruktion mit Kerndämmung gewählt, wobei die besondere Herausforderung darin bestand, die Sichtbetonwand mit den bis zu 4,5 cm hervorstehenden Blüten stehend zu schalen. Dadurch war die Entlüftung der Ausstülpungen erheblich schwieriger als bei einem liegenden Guss. Um ein perfektes Resultat zu erzielen, wurden verschiedenste Betonmischungen ausprobiert. Zum Einsatz kam letztlich ein selbstverdichtender Beton mit einer sehr hohen Viskosität.
Anhand der genau ausgearbeiteten Schalungspläne wurde die Fassade schrittweise mit geschosshohen und bis zu 6 m breiten Schaltafeln vor der Wärmedämmung gegossen (Abb. P, Q). Dabei wurde der Beton langsam – um Blasen zu vermeiden – in die hochdruckfesten, vollkommen dichten Schalungselemente gefüllt, die aufgrund der Betonierabschnitte von bis zu 6 m Höhe einem enormen Innendruck standhalten mussten. Um ein farblich einheitliches Gesamtbild zu realisieren, war bei der Ausführung höchste Sorgfalt und Präzision geboten. Insgesamt waren vier Firmen an der Ausführung der Fassade beteiligt. Abschließend wurden die in regelmäßigen Abständen angeordneten Ankerlöcher retuschiert, bevor die gesamte Fassade hydrophobiert und mit einer Lasur überzogen wurde, die sie farblich mit dem Altbau verbindet.
Obwohl man bei genauer Betrachtung die Ränder der einzelnen Schaltafeln und jeweils eine Dehnfuge auf der Ost- und Westseite erkennt, überzeugt der Gesamteindruck der Fassade sowohl durch die präzise Ausführung als auch durch die gestalterische Idee. Die faszinierende Haptik der millimetergenauen Abdrücke veranlasst die Besucher nah an die Fassade heranzutreten und macht auf diese Weise neugierig auf das Innere des Vorarlberg Museums.
DETAIL 06/2014

D

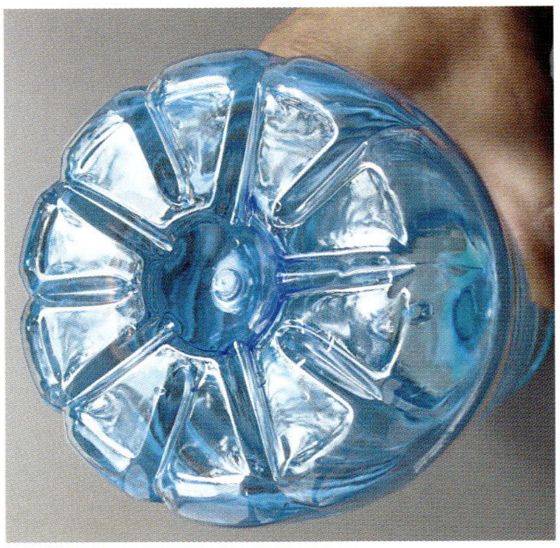

E

F

Cukrowicz Nachbaur Architekten have created an extraordinary facade for the addition and renovation of the vorarlberg museum in Bregenz: a multitude of irregularly arranged, relief-like protrusions adorn the even surface of the exposed concrete facade. Its vivid play of light and shadow provide it with a three-dimensional impression with enormous haptic presence. At the same time, the appearance is mysterious: from afar only uniformly distributed dots are visible. At a closer glance circular moulds with a floral structure become apparent that reveal themselves to be casts of various PET bottle bottoms. To be precise, the concrete flowers only cover one part of the museum – the new addition. It is oriented towards the newly designed entry plaza directed at the historic city and replaces the old museum building. A major goal of the alteration was to integrate the adjacent listed building from 1905 facing Lake Constance. By adding two further storeys to the existing building, the two building parts, placed back to back, merge into a prismatic structure – emphasised by the uniform colour scheme with a light grey that almost appears white. By doing so, the addition to the existing building communicates adeptly between old and new: on the one hand, the even surface of the new exposed concrete facade construction is continued here – yet, without the floral pattern. On the other hand, its protrusions and recesses adopt elements of the historic solid facade penetrated by windows.

Already during the competition phase in 2007 the design concept was to merge the prescribed architectural art with the building. The idea of the bottle bottom casts was developed in close collaboration with the South Tyrolean artist Manfred Alois Mayr. The source of inspiration were various finds from the museum collection: clay pots from the Roman era that had been produced in large quantities back then and find their contemporary equivalent today in typical everyday beverage bottles made of polyethylene terephthalate (PET). Along the three facades of the new addition, thirteen different PET bottle bottom images

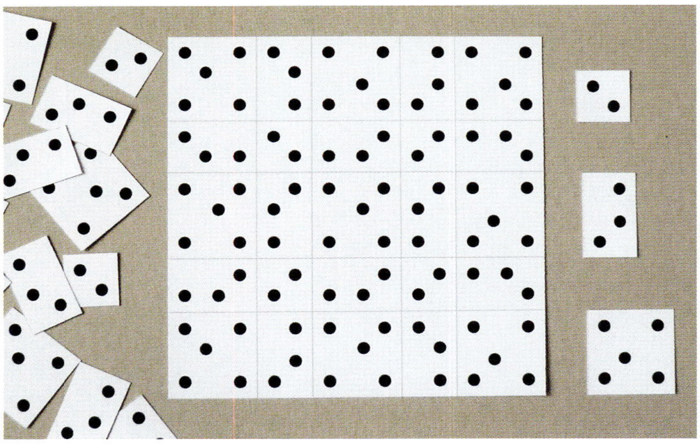

G

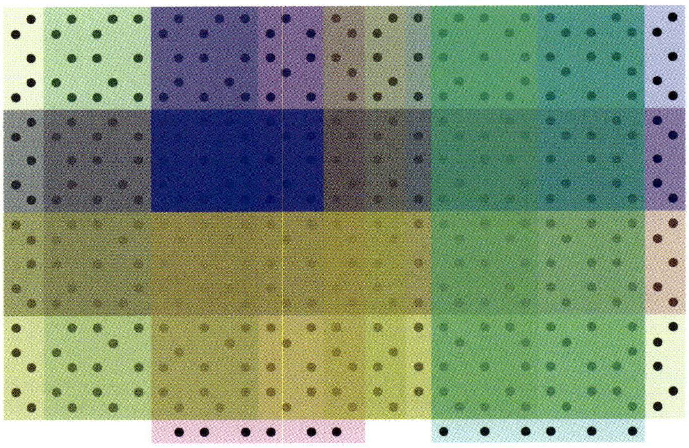

H

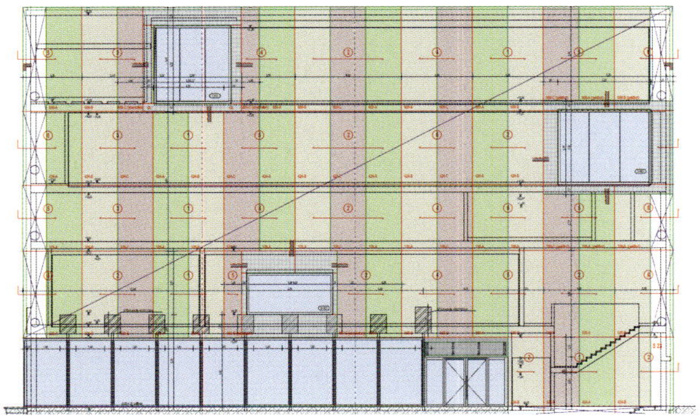

I

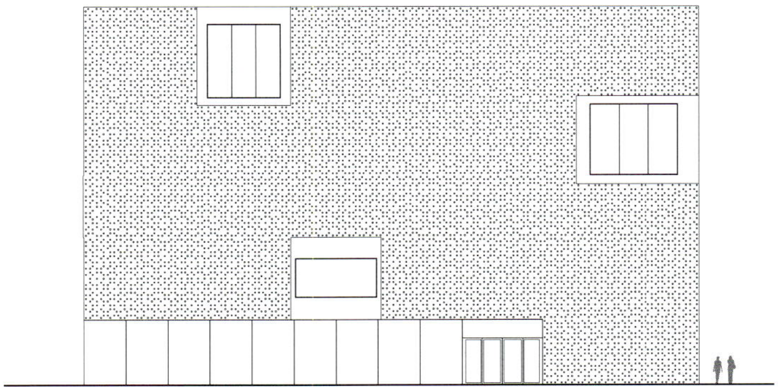

J

E, F Ausgangsmaterial: handelsübliche PET-Flaschen verschiedener Getränkehersteller
G Die Fassadengeometrie basiert auf der Kombination dreier Grundelemente, die zusammengesetzt ein Quadrat ergeben.
H Durch Überlagerung gelang es, alle notwendigen Matrizen von einem einzigen großen Positivabdruck abzugießen.
I Fassadenplan mit Anordnung der Hauptmatrizen
J Ansicht Südostfassade mit der endgültigen Anordnung der Betonblüten
K verschiedene PET-Flaschenbodenabdrücke in der Schalungsmatrize
L erste Abgussversuche im Atelier des Künstlers
M Die fertige Schalungsmatrize aus elastischem Polyurethan wird von der Form abgenommen.

E, F Base material: typical PET bottles, various brands
G The facade geometry is based on the combination of three principal elements that comprise a square when placed together.
H Superimposition enabled casting all required matrices from one large positive mould.
I Facade plan, main matrix arrangement
J Southeastern elevation, final arrangement of concrete flowers
K Various PET bottle casts within the formwork matrix
L Initial cast experiments in the artist's studio
M Manufacturing of polyurethane formwork matrix

K

produce a random pattern. The Swiss geometrical engineer Urs Beat Roth was consulted to develop their placement. Point of origin was the question on which order the thousands of dots were supposed to follow in their distribution across the three facades. The desire for a mix of order and randomness emerged: One the one hand, the goal was a random order without coherent pattern. On the other hand, a constant number of flower petals was supposed to create a certain degree of regularity. Based on these preliminary considerations, as well as the 2 metre formwork grid as had been agreed on, and the already determined elevations of concrete pour sections, Urs Beat Roth developed the overall order for a formwork module. According to the Fibonacci sequence a 1 × 1 square metre area was divided into two squares of different size and two rectangles of identical size (Fig. G). In a second step, the arrangement of the concrete flowers along these four fields was determined. The architects selected one of the engineer's five different suggestions – the order system "Domino 13". It is comprised of three different elements: one small rectangle with two dots, one rectangle with three dots and one large square with five dots. This way, each 1 × 1 m square contains 13 dots. These elements permit random combination into an irregular structure that, however, demonstrates a certain systematic order through its homogeneous distribution per square metre. As if this procedure wasn't complex enough, the geometry engineer took care that the distribution of points resulted in the creation of repetitive figures such as an ellipse with a centre. Independently of this, the anchor bolt holes also had to be considered within the arrangement. This way altogether 16,656 individual "flowers" were distributed along the three facades of the new construction.
Instead of building countless different positive moulds and producing formwork matrices on their basis, all matrices were developed by superimposition of one single large positive mould (Fig. H). Eventually the sophisticated system led to limiting the amount of different formwork matrices to three. Additional matrices only became necessary for areas along windows and borders. The manufacturing of formwork matrices also comprised a special challenge. Typically, their prototype is milled from MDF panels by use of CNC machinery. However, due to the size of protrusions this procedure wasn't applicable. Instead, by filling PET bottles with polyurethane, positive casts were produced and attached to the MDF carrier board via wood dowel connections. From the very beginning the architects had the concise vision that the facade should have a monolithic impression – as if created in a single pour – also to convincingly unite old and new. Hence, prefabricated parts that could have been produced easily, yet would have resulted in visible joints due to their assembly, were not an acceptable option for building the facade. A single layer version of exterior walls with insulation concrete was also discussed. However, it didn't permit achieving the required energy performance figures. This is why a double-layer facade construction with interior insulation was selected. Here, the particular challenge was to create the exposed concrete wall with its flowers protruding up to 4.5 cm via vertical formwork. As a result, venting air from the protrusions was significantly more difficult than in the case of a horizontal pour. In order to achieve a perfect result, different concrete mixes were tested. Eventually a self compacting concrete was employed that features very high levels of viscosity and a high degree of white pigment in order to match the colour scheme of the overall complex.
Based on precisely developed formwork plans, the facade was poured step by step into formwork comprised of up to 6 m wide floor-height formwork panels placed in front of the insulation layer. Concrete was poured slowly – in order to prevent the creation of bubbles – into the high-pressure resistant and sealed-off formwork elements. Due to the size of the up to 6 m tall pour sections, they had to withstand an enormous interior pressure. In order to realise an overall impression with a uniform colour scheme, work needed to be careful and precise to the highest degree. Altogether four companies collaborated in the construction of the facade. As final steps, the regularly distanced anchor holes were retouched, the entire facade received hydrophobic treatment and was covered in a finishing glaze in order to provide colouration matching the existing building. Although the borders of individual formwork panels and a single expansion joint each along the eastern and western flanks can be identified upon closer inspection, the overall impression of the facade is a convincing one, due to the precise craftsmanship and the design concept. The fascinating haptic quality of the casts, precise to the millimetre, inspires visitors to approach the facade closely, and it serves to awaken visitors' curiosity for the interior of the vorarlberg museum.

L

M

N

Fassadenschnitt
Maßstab 1:20

Facade section
scale 1:20

N frisch ausgeschalte Sichtbetonrelieffassade
O Die Schalung wird vor der tragenden Betonwand und der Wärmedämmung montiert.
P Abschnittsweise wird die Sichtbetonfassade mit den in die Schalung eingelegten Matrizen gegossen und ausgeschalt.

N Freshly cast exposed concrete relief facade
O Formwork is placed in front of the load-bearing concrete wall and the thermal insulation layer.
P Section by section the exposed concrete facade is poured into to the formwork with its inlaid matrices.

O

P

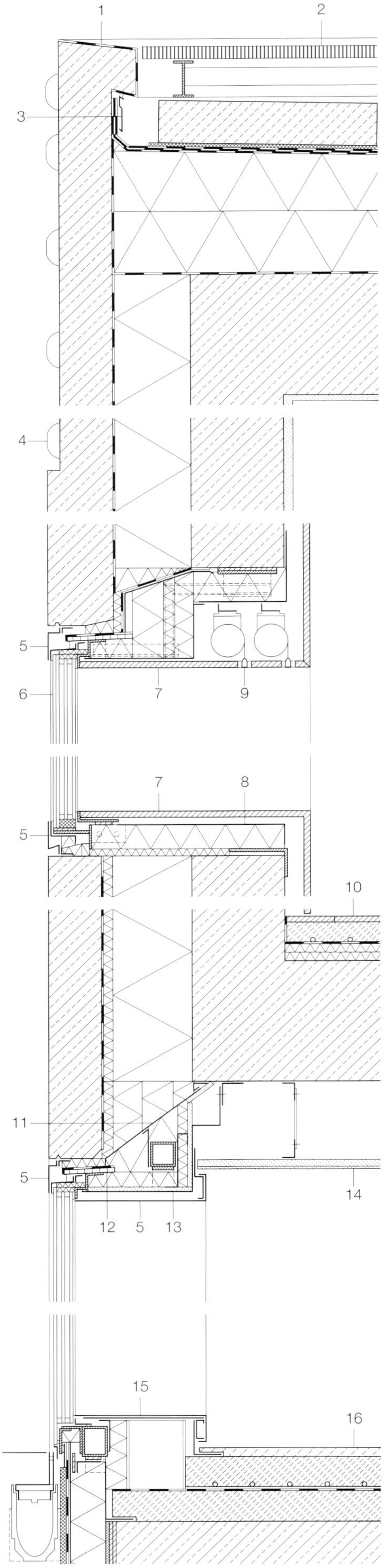

1 Flüssigabdichtung
2 Gitterrost 40 mm
Unterkonstruktion 285–445 mm
Bitumendachbahn dreilagig, oberste Lage beschiefert
Gefälledämmung XPS 40–200 mm
Wärmedämmung XPS 200 mm
Dampfsperre
Stahlbetondecke 400 mm mit Bauteilaktivierung
Lehmputz 20 mm
3 Edelstahlblech fünffach gekantet
4 Vorsatzschale Sichtbeton 170 mm mit Relief aus PET-Flaschenbodenabdrücken $\leq$ 45 mm
Fassadenbahn diffusionsoffen
Wärmedämmung XPS 250 mm
Außenwand Stahlbeton tragend 300 mm, mit Bauteilaktivierung
Lehmputz 30 mm
5 Messingblech angeschliffen
6 Dreifachisolierverglasung VSG 2× 10 mm + SZR 16 mm + ESG-H 10 mm + SZR 16 mm + ESG-H 10 mm, $U_g = 0{,}6\ W/m^2K$
7 Verkleidung Eichenholz 20 mm
8 Stahlblech 3 mm
9 Senkrechtmarkise
10 Dielen Eiche sägerau 20 mm
Zementheizestrich 70 mm
Trennlage PE-Folie
Trittschalldämmung 30 mm
Splittschüttung 30 mm
Stahlbetondecke 400 mm
11 Aluminiumblech 2 mm mit seitlicher Aufkantung zur kontrollierten Entwässerung
12 Spanplatte zementgebunden 15 mm
13 Gipsfaserplatte 20 mm
14 abgehängte Decke:
Lehmfeinputz 8 mm, Lehmbauplatte 22 mm
15 Messingblech geschlitzt 2 mm
16 Bitumenterrazzo geschliffen 30 mm
Zementheizestrich 100 mm
Trittschalldämmung 8 mm
Dampfbremse
Verbundzementestrich 102 mm,
Bodenplatte Stahlbeton 300 mm

1 liquid sealant
2 metal grating 40 mm
framing 285–445 mm
3-ply bituminous layer, top layer slated
tapered insulation XPS 40–200 mm
thermal insulation XPS 200 mm; vapour barrier
ceiling slab reinforced concrete 400 mm with thermal activation
loam render 20 mm
3 sheet metal, stainless steel 5-fold canted
4 exterior facade layer exposed concrete 170 mm including relief made of PET bottle bottom casts $\leq$ 45 mm; diffusion-open facade layer
thermal insulation XPS 250 mm
interior layer of exterior wall: load-bearing reinforced concrete 300 mm with thermal activation
loam render 30 mm
5 sheet metal, brass, honed, spray-painted
6 triple thermal glazing: laminated safety glass 2× 10 mm + cavity 16 mm + toughened glass 10 mm + cavity 16 mm + toughened glass 10 mm, $U_g = 0.6\ W/m^2K$
7 cladding, oak 20 mm
8 sheet metal, steel 3 mm
9 vertical awning
10 floor boards, oak sawcut 20 mm
cement-based heating screed 70 mm
separation layer PE foil
impact sound insulation 30 mm; gravel layer 30 mm
ceiling slab reinforced concrete 400 mm
11 sheet metal, aluminium 2 mm with lateral canting for controlled drainage
12 particle board, cement-based 15 mm
13 gypsum fibre board 20 mm
14 hung ceiling:
loam fine render 8 mm
loam building board 22 mm
15 sheet metal, brass, chamfered 2 mm
16 bituminous terrazzo flooring, honed 30 mm,
cement-based heating screed 100 mm
impact sound insulation 8 mm
vapour barrier
cement composite screed 102 mm
floor slab reinforced concrete 300 mm

Klein, aber fein – die Sancaklar-Moschee in Istanbul

Small but Beautiful – the Sancaklar Mosque in Istanbul

Olaf Bartels

Architekten / *Architects:*
Emre Arolat Architects, Istanbul

Die kleine Moschee, die der Architekt Emre Arolat für Büyükçekmece am Stadtrand von Istanbul entworfen hat, ist mittlerweile zu einem internationalen Medienstar geworden. Sowohl Tageszeitungen als auch das Fernsehen haben in Deutschland über das ungewöhnliche Gebetshaus berichtet. Allenthalben war noch vor seiner offiziellen Eröffnung am 31. Januar 2014 zu erfahren, dass mit diesem Bau ein neues Kapitel in der türkischen Moscheenarchitektur aufgeschlagen worden sei. Angesichts der Vehemenz, mit der Ministerpräsident Erdoğan die Rekonstruktion historischer Bauformen vorantreibt, die ihren Exzess in einem überdimensionierten Bauprojekt nach dem Vorbild von Mimar Sinans Selimiye-Moschee aus dem 16. Jahrhundert findet, mag man mit dem vergleichsweise bescheidenen Projekt eine leise Hoffnung auf Modernisierung hegen. Wird diese aufgehen?

Die Sancaklar-Moschee ist von der Straße her schwer auszumachen. Außer einigen frei stehenden, niedrigen Mauern aus schwarzem Schiefer tritt nur das Minarett in Erscheinung. Als hoher, schlanker Quader markiert es das Bauwerk in seiner ansonsten kargen und baulich wenig definierten Umgebung. An seiner Spitze ist die prächtige Kalligraphie einer Koransure angebracht, die von der Größe Allahs kündet und bei Dunkelheit leuchtet. Erst langsam erschließt sich der Komplex beim Herabgehen vom Parkplatz an der Straße in den Hof. Dabei eröffnet sich ein grandioser Blick über das Tal und den großen See, um den sich die enorme Siedlungsmasse der Stadt selbst hier am Stadtrand drängt.
Vom grünen Hof, den man wie das ganze Grundstück dem uferlosen Siedeln förmlich abgerungen hat, betritt man das Gemeindezentrum sowie die Moschee selbst. Ein kleiner Wasserlauf durchfließt diesen Hofgarten, bildet hier und dort kleine Seen und einen Wasserfall, der einer Schiefermauer entspringt. Der schwarze Stein aus Bodrum sowie unverkleidete Betonoberflächen und

Schnitt • Grundriss
Erdgeschoss
Maßstab 1:750

Section • Layout plan
Ground floor plan
scale 1:750

1 Eingang Männer
2 Eingang Frauen
3 Schuhregal
4 Gemeinschaftsbereich
5 Teehaus, Bibliothek
6 Gebetsraum Frauen
7 Gebetsraum Männer
8 Kanzel (Minbar)
9 Gebetsnische (Mihrab)
10 Minarett
11 Waschräume Männer
12 Waschräume Frauen
13 Wohnung Imam

1 Men's entrance
2 Women's entrance
3 Shoe shelves
4 Common deck
5 Tea house / Library
6 Women's prayer hall
7 Men's prayer hall
8 Pulpit (minbar)
9 Prayer niche (mihrab)
10 Minaret
11 Ablution area for men
12 Ablution area for women
13 Imam's residence

Holzwände bestimmen das Bild zusammen mit dem Grün der Rasenoberflächen. Aufrichtigkeit und Bescheidenheit sind die beiden großen Themen dieser Architektur. Die Ruhe und Besinnlichkeit, die sich im Hof einstellen, sind eine Einstimmung auf das Erlebnis im Inneren der Moschee. Männer und Frauen betreten das Gebäude durch getrennte Eingänge. Sie entledigen sich ihrer Schuhe in eigenen Räumen, aber sie beten unter einem Dach, nur durch eine Sichtblende getrennt. Die Frauen sitzen höher als die Männer, deren größerer Gebetsraum abgetreppt ist, sodass jeder Mann und jede Frau den Imam während seiner Predigt im Blick behalten kann.

Über ihnen allen wölbt sich eine längliche, der Form einer Ellipse folgende und abgestufte flache Kuppel aus Stahlbeton, und sie alle blicken beim Beten auf eine durch Streiflicht von oben beleuchtete, leicht nach außen geneigte Wand aus Beton. Darin eingelassen ist die Mihrab, die nach Mekka ausgerichtete Gebetsnische. Über eine halbrunde Treppe und den einzigen Durchgang in dieser Wand betritt der Muezzin den Aufzug oder die Treppe, die zur Spitze des Minaretts führen, um dort fünfmal am Tag zum Gebet zu rufen.
Das natürliche Licht, das zwischen Decke und Wand in den Raum fällt, ist seine einzige natürliche Belichtung. Sie verleiht dem Gebetsraum eine erhabene, ruhige Atmosphäre. Den Eingängen gegenüber steht die Kanzel, von der herab der Imam seine Predigt hält. Sie ist in eine Wand eingelassen, die als einzige eine glänzend schwarze Oberfläche trägt. Die goldene Kalligraphie einer weiteren Koransure überstrahlt den Gebetsraum in ihrer eindringlichen Form und Größe. Diese Schrift, das Licht und die Oberflächen von Wand, Decke und Boden sind dessen einziger Schmuck.
Beeindruckend ist die Reduktion von Materialeinsatz und Details, mit der Emre Arolat große atmosphärische Wirkung erzielt. Gerade im Vergleich zur Pracht historisch orientierter Moscheeausstattung ist diese hier bescheiden in der Materialwahl, hinterlässt jedoch einen umso größeren ästhetischen Eindruck. Dieser scheint allerdings noch gewöhnungsbedürftig zu sein. Damit teilt die Sancaklar-Moschee ihr Schicksal mit vielen Bauten, die nach den Prinzipien moderner Architektur gebaut wurden. Trotz der hohen atmosphärischen Raumqualitäten fehlt so manchem Besucher offenbar die direkte emotionale Ansprache durch die Formenvielfalt herkömmlicher Moscheen. Aber die Klarheit der Form war ganz im Sinne der Bauherren, die sich vor Aufnahme der Entwurfsarbeit bei Emre Arolat über die sinnlos überbordende Gestaltlast in erst kürzlich entstandenen Moscheen beklagt hatten. Die Industriellenfamilie Sancak, deren zahlreiche Mitglieder in den umliegenden Siedlungen wohnen, nutzt die Moschee besonders intensiv. Sie finanzierte das Gebäude mit ihrer Sancaklar-Stiftung, hält es jedoch für die Nachbarschaft offen.

Der Mufti von Istanbul, die oberste religiöse Instanz der Stadt, konnte es nach eigenem Bekunden kaum abwarten, in der neuen Moschee zu beten, als er die Planungen zu Gesicht bekam. Ob die Sancaklar-Moschee mit ihren etwa 700 Plätzen vorbildlich für die sakrale Architektur in der Türkei wird, bleibt fraglich. Für Moscheen mit mehr als 4000 Plätzen behält sich Ministerpräsident Erdoğan ein Mitspracherecht vor. Er sieht hier offenbar eine ähnliche Repräsentationsmöglichkeit wie die Sultane in osmanischen Zeiten. Aber um die Klasse eines Sultans wie Selim II. und seines Mimar Sinan zu erreichen, ist mehr notwendig als dessen Baukunst in Beton zu kopieren und ihre Größe zu überhöhen.

Die Größe der Bescheidenheit führt dann vielleicht noch eher zum Ziel. Diesen unter Umständen wenig populären Weg hat Emre Arolat mit seinem Bauwerk aufgezeigt. Ministerpräsident Erdoğan braucht sein Publikum und eine Architektur, die seinen Wählern gefällt. Sultan Selim II. brauchte exzellente Architektur – das Volk, sein Publikum, hatte er sowieso. Ein kleiner, aber feiner Unterschied.

DETAIL 07–08/2014

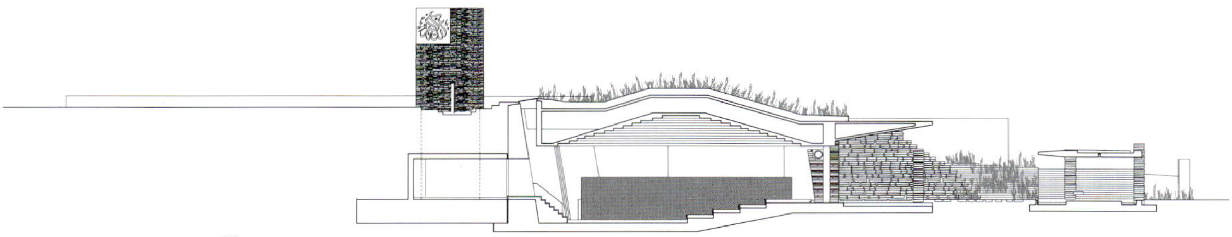

aa

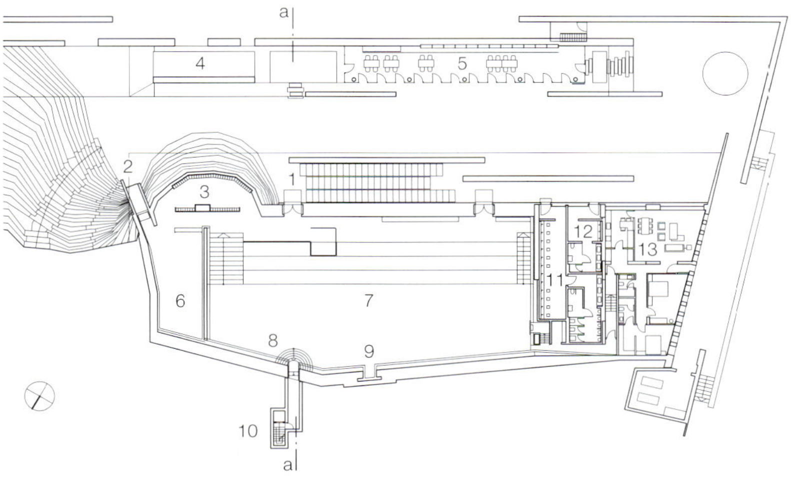

Olaf Bartels ist Architekturhistoriker und Architekturkritiker. Er lebt und arbeitet in Hamburg, Berlin und Istanbul.

Olaf Bartels is an architecture historian and architecture critic. He lives and works in Hamburg, Berlin, and Istanbul.

The small mosque, designed by architect Emre Arolat in Büyükçekmece, on the edge of Istanbul, has become an international media star. The daily press in Germany, for example, has reported widely on this unusual place of worship. Even before it was completed, claims were made that its realisation marked a new chapter in Turkish mosque architecture. In light of the zeal with which President Erdoğan has promoted historicism and monumentalism in designs for new mosques, this comparably modest example could be seen as a sign that progress is conceivable.
The Sancaklar Mosque is difficult to make out from the street. Aside from a few low, free-standing walls of black slate, only the minaret is visible. As a tall, slender block, the latter stands out in otherwise austere surroundings. Its top is adorned with the superb calligraphy of a Quranic sura, which proclaims the greatness of Allah and shines when darkness falls. As visitors progress downhill – from the street to the courtyard – they will gradually comprehend the complex, and at the same time enjoy a grand view of the valley and a large lake.
To enter the community centre and the mosque, one first passes through the green courtyard. A small watercourse traverses this garden and forms small ponds and a waterfall. The scene is set by the black slate, from which the water gushes forth, combined with exposed concrete surfaces, wood walls, and green lawns. Candour and modesty are the two major themes of this architecture. The serenity and contemplation that set in as one experiences the courtyard are intensified upon entering the mosque proper. Men and women enter the building through separate doors. They take off their shoes in separate spaces, but pray under the same roof, separated only by a screen. The women are seated slightly higher than the men, whose largest praying space is stepped, so that every man and every woman can see the imam while he gives the sermon.
Above them all is an elliptical reinforced concrete dome, and while they pray, they face a concrete wall that slants outward. This wall holds the mihrab, the prayer niche oriented toward Mecca. Via a semicircular stair and the only opening in this wall, the muezzin has access to the stairway and elevator that lead to the tip of the minaret. Five times each day the muezzin ascends it to call to prayer. The only daylight in the space enters between the ceiling and the wall; this creates a peaceful, sublime atmosphere. The pulpit – the only element with high-gloss black surfaces – is opposite the entrance. A sura embellished with golden calligraphy casts a glow in the prayer space. Emre Arolat employs a minimal palette to great effect. Particularly in comparison to the pomp of the furnishings oriented to mosques of the past, the Sancaklar Mosque is modest in its choice of materials, yet leaves a greater aesthetic impression. Some visitors to the mosque, however, miss the formal richness of conventional mosques. Be that what it may, Arolat arrived at the clarity of form in response to the clients' dissatisfaction with the exuberant ornamentation of recently completed mosques. Whether this will become a model for new mosques in Turkey remains to be seen. Erdoğan has a say in the construction of all mosques for 4,000 or more worshippers. He may see a chance to emulate the sultans of the Ottoman Empire. But perhaps it is the greatness of modesty that will help achieve transcendence. Although at present it may be the less popular route, with this building, Arat has shown the way.

Long Museum in Schanghai

Long Museum in Shanghai

Hubertus Adam

Architekten / *Architects:*
Atelier Deshaus, Schanghai

Blickt man von der Terrasse der Power Station of Art, einem zum Museum für zeitgenössische Kunst umgebauten Kraftwerk, über das Gelände der Weltausstellung von 2010, so stellt sich Ernüchterung ein. Die Expo in Schanghai, so hieß es seinerzeit, werde einmal keine Ruinen und Brachen hinterlassen, sondern zum Nukleus neuer Stadtquartiere werden. Weiträumig umzäunte Areale sprechen eine andere Sprache: Die Nachnutzung funktioniert kaum oder lässt noch auf sich warten. Lediglich die Ufer beidseits des Huangpu sind ausnahmslos begehbar und die postindustrielle Transformation setzt sich flussaufwärts fort.
»West Bund Cultural Corridor« (WBCC) heißt das ambitionierte Projekt der Stadtverwaltung, sieben Quadratkilometer ehemaliger Hafen- und Industrieareale zu revitalisieren, welche südlich an das auf der linken Uferseite liegende Expo-Gelände anschließen. Dabei setzt man auf Kultur als Standortfaktor, wobei der Begriff Kultur chinesischem Verständnis entsprechend weit gefasst ist. Westliche Vorbehalte gegenüber einer Kommerzialisierung stoßen hier, wo Monet in einer Shopping Mall seinen Auftritt haben kann, auf Unverständnis. Eine am westlichen Lebensstil orientierte und ökonomisch erfolgreiche Mittelschicht interessiert sich für prestigeträchtige und luxuriöse Brands ebenso wie für zeitgenössische Kunst. Zu einer der wesentlichen Attraktionen des WBCC soll das »Dream Center« des amerikanischen Animationsunternehmens DreamWorks werden, ein für 2,4 Milliarden Dollar geplanter Kultur- und Entertainmentkomplex, der Hotels, Restaurants und diverse Veranstaltungsorte umfasst.
In diesem Frühjahr wurden im Bereich des WBCC gleich zwei große Privatmuseen errichtet. Museen sind ein wichtiges Thema in China, nach Jahrzehnten eines durch die Kulturrevolution ausgelösten, mehr oder minder expliziten Desinteresses am kulturellen Erbe besteht Nachholbedarf. 450 neue Museen sollen allein 2012 in China eröffnet worden sein. Treibende Kräfte sind Stadt- oder Provinzverwaltungen, die sich im innerchinesischen Konkurrenzkampf profilieren wollen, aber auch private Investoren und Sammler, die ihren Status mit einem Museumsbau zementieren. Dass ein Gehäuse errichtet wird, ohne dass eine adäquate Sammlung besteht, ist dabei kein Einzelfall. Bei Prestigebauten setzt man gerne auf die Namen ausländischer Architekten. So auch beim Yuz Museum des chinesisch-indonesischen Unternehmers Budi Tek im WBCC, das von Sou Fujimoto entworfen wurde. Da die Ausführung allerdings gravierend von den Intentionen des Architekten abwich, hat dieser inzwischen seine Autorenschaft zurückgezogen.
Das nur einige hundert Meter nördlich am Flussufer gelegene Long Museum darf dagegen als Glücksfall angesehen werden. Das Unternehmerpaar Liu Yiqian und Wang Wei eröffnete 2012 ein erstes Museum im Stadtteil Pudong jenseits des Huangpu. Dass nun eine Dependance entstand, resultiert aus einer Initiative der Stadtverwaltung, die einen weiteren Baustein zur Belebung des WBCC wünschte.
Für den Entwurf zeichnet Atelier Deshaus verantwortlich, das – 2001 gegründet – zu den bemerkenswertesten zeitgenössischen Architekturbüros in China zählt und besonders durch Bauten in Qingpu und Jiading an der Peripherie von Schanghai hervorgetreten ist. Die Sorgfalt, mit der das Team um die beiden Bürogründer Liu Yichun und Chen Yifeng seine Projekte konzipiert und umsetzt, zeigt sich nicht zuletzt an einer für chinesische Verhältnisse ungewöhnlichen Ausführungsqualität, welche auch am Long Museum ins Auge sticht.
Der Museumsbau besteht aus zwei ober- und zwei unterirdischen Geschossen und ist rechtwinklig organisiert. Die beiden unterirdischen Geschosse des Sockels sind größer dimensioniert als die oberirdisch sichtbaren Teile des Museums und folgen mit ihrer Geometrie der dreieckigen Parzelle, die von der Longteng Avenue, der Ruining Road und dem Flussufer gebildet wird. Das unterste Geschoss dient als Parkgarage, während die Ebene darüber mit ihren verputzten Kunstlichtsälen vorwiegend für die Präsentation der historischen Sammlungsbestände genutzt wird. Aus dieser Basis, die auf der Logik der Parkgarage gründet, wächst der oberirdische Baukörper des Museums heraus, der aus raumbildenden T-förmigen Sichtbetonstrukturen besteht.
Dabei handelt es sich um leitungsführende Hohlwände, die am oberen Ende gekurvt in die Decken übergehen. Stoßen zwei der Elemente aneinander, entsteht ein gewölbter Raum mit einem dazwischen liegenden Lichtschlitz. Komplex und spannungsreich wird das Gefüge dadurch, dass Atelier Deshaus die einzelnen Einheiten nicht nur um 90 Grad verdreht, sondern auch abwechselnd ein- oder zweigeschossig angeordnet hat. Dadurch entstehen mal gewaltige doppelgeschossige Hallen, mal intimere eingeschossige Säle oder Kabinette. Immer wieder ergeben sich Durch- und Ausblicke auf andere Teile des Museums oder die umgebende Landschaft, was durch die in den Gesamtkomplex integrierten, als Terrasse genutzten Außenbereiche auf der Ebene des Obergeschosses noch verstärkt wird. Innen und außen sind auf geschickte Weise verzahnt, und besonders bemerkenswert ist, dass Atelier Deshaus Fragmente der industriellen Vergangenheit des Areals einbezogen haben, wie Gleisstränge und eine Reihe von Kohleschüttbunkern aus Beton, auf denen sich nun eine Aussichtsplattform befindet.
Liu Yiqian, 1963 geboren, stammt aus einfachen Verhältnissen und ist der Inbegriff eines chinesischen Selfmademans. Er ist Besitzer mehrerer börsennotierter Unternehmen und gilt als der wichtigste private Kunstsammler des Landes. Seine umfangreiche Kollektion umfasst traditionelle chinesische Kunst ebenso wie zeitgenössische Kunst aus Asien und Europa. Die Eröffnungspräsentation seines neuen Museums zeigt eine Auswahl der Sammlungsbestände: im Untergeschoss unter anderem alte Rollbilder und Kalligrafien und in den beiden oberen Etagen einen Überblick über die aktuelle chinesische Kunstproduktion mit zum Teil raumgreifenden Arbeiten.
DETAIL 11/2014

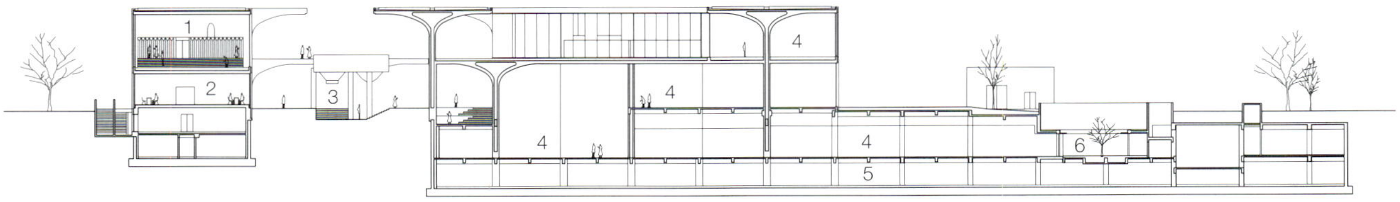

Schnitt Maßstab 1:1000 Axonometrie	*Section* *Scale 1:1,000* *Axonometry*	1 Auditorium 2 Restaurant 3 Brücke	4 Ausstellungsräume 5 Tiefgarage 6 Innenhof	*1 Auditorium* *2 Restaurant* *3 Bridge*	*4 Exhibition spaces* *5 Underground parking* *6 Courtyard*

Seen from the terrace of the Power Station of Art, a power plant converted to a museum for contemporary art, the grounds on which the world exposition was held in 2010 could give rise to disillusionment. The hosts claimed that the Expo Shanghai, as it was called at the time, would leave behind neither ruins nor wasteland. On the contrary, it would become the nucleus of new neighbourhoods. But the vast unfenced swathes of land tell another story: the post-expo uses barely function, or have yet to be introduced. But at least both banks of the river Huangpu have been made accessible to pedestrians, and the post-industrial transformation continues upstream. West Bund Cultural Corridor (WBCC) is the name of the city administration's ambitious project aiming to revitalise seven square kilometres of former port and industrial sites that adjoin the Expo grounds to the south. This is an instance of putting one's chips, so to speak, on culture as attractor, whereby the Chinese understanding of culture is defined correspondingly widely. The Chinese do not share Westerners' reservations regarding commercialisation: one might very well encounter a Monet in a shopping mall; the middle class, which is economically successful and oriented to the Western lifestyle, is equally interested in luxury goods and contemporary art. And the Dream Center, a DreamWorks project, is to become one of WBCC's most important attractions: the plans foresee a 2.4 billion dollar culture and entertainment complex complete with hotels and restaurants. This spring not just one, but two large private museums were erected in the WBCC. Museums are an important topic in China, which has some catching-up to do following decades of more or less explicit lack of interest in cultural heritage triggered by the Cultural Revolution. Reports state that 450 new museums opened in 2012 alone. The driving force: municipal or provincial administrations that want to make names for themselves in the competitive national "field", but private investors and collectors are also interested in cementing their reputations with a museum

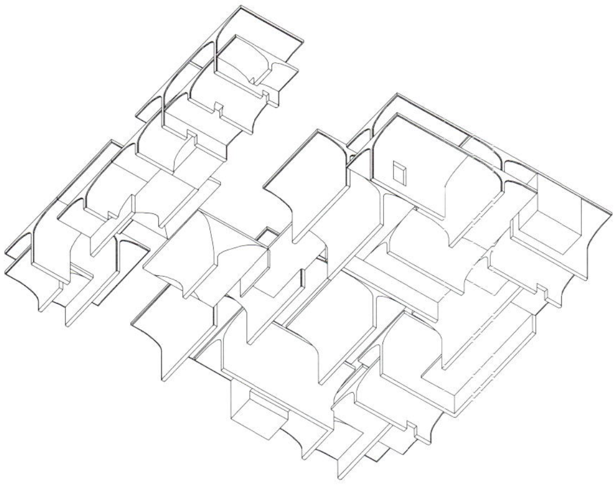

Hubertus Adam ist freiberuflicher Kunst- und Architekturhistoriker, sowie Architekturkritiker. Seit 2010 ist er gesamtverantwortlicher Direktor des S AM Schweizerisches Architekturmuseum in Basel.

Hubertus Adam is a freelance art and architecture historian, as well as architecture critic. Since 2010 he has been the head of the S AM Swiss Architecture Museum in Basel.

building; cases in which a shell is erected that lacks a suitable collection are not isolated.
In 2012, power couple Liu Yiqian and Wang Wei opened a first museum in Pudong, a district on the other side of the Huangpu. That a new branch has now been established is a result of the city administration's initiative: it wanted a further "building block" to animate the WBCC. The design stems from Atelier Deshaus, which – founded in 2001 – counts among the most exciting contemporary architecture firms in China and has gained renown for its buildings on the periphery of Shanghai. The great care with which the two founders, Liu Yichun and Chen Yifeng, and their team design and realise projects is apparent in the high standard of workmanship – and this is also evident at the Long Museum.
The museum building has two levels above ground and two below and is organised orthogonally. The two subterranean levels of the base are larger than the visible parts of the museum: their geometry follows that of the triangular parcel, which is bordered by Longteng Avenue, Ruining Road and the riverbank. The lowermost level serves as parking garage, while the level above it, with its stuccoed halls equipped with artificial lighting, are primarily used for the presentation of the collection's historical items. The museum's visible building massing grows out of this plinth, which is based on the logic of the parking garage: it consists of space-defining T-shaped reinforced-concrete structures. These possess cavities that house installations. The curves at their upper ends allow them to serve both as wall and as ceiling. Two of the elements abut: vaulted spaces, which usually have a slit of light at the centre, are the result.
Atelier Deshaus not only rotates individual units by 90 degrees, but also alternately organises one-storey or two-storey units and in this way gives the museum its complexity. Interior and exterior are skilfully interlocked. Of particular note is the fact that Atelier Deshaus has incorporated fragments of the site's industrial past, for example, train tracks and a series of concrete coal-conveying platforms, in its design.

Betonrecycling – Recyclingbeton

Concrete Recycling – Recycled Concrete

Aldo Rota

1	Primärbeton / *virgin concrete*	RCM-Beton EMPA / SIA Hochbauamt Stadt Zürich / *RCM EMPA / SIA Building Department of the City of Zurich*
Anteil RC-Gesteinskörnung / *degree RC aggregate*	0	100 %
Hohlraumgehalt / *void content*	24 bis / *to* 27 Vol-%	36 bis / *to* 40 Vol-%
Zementdosierung / *cement content* [kg/m³]	300	bis / *to* 350
W/Z-Wert / *water-cement ratio approx.*	ca. / *approx.* 0,45 bis / *to* 0,60	ca. / *approx.* 0,60 bis / *to* 0,80
Druckfestigkeitsklasse / *compressive strength class*	C 35/45	C 35/45
Druckfestigkeit / *compressive strength* [N/mm²]		40–45
E-Modul / *elasticity modulus* [N/mm²]	ca. / *approx.* 35 000	ca. / *approx.* 25 000
Schwinden / *shrinkage* [‰]	ca. / *approx.* –0,30	ca. / *approx.* –0,55
Kriechen / *creep* [‰]	ca. / *approx.* –0,40	ca. / *approx.* –0,80

Die Wiederverwertung von Baustoffen ist keine Errungenschaft des postindustriellen Zeitalters, sondern wurde schon immer auf unterschiedliche Weise praktiziert. Dabei waren meist wirtschaftliche Überlegungen oder knappe Verfügbarkeit ausschlaggebend. Nachhaltigkeit im Sinn einer Schonung natürlicher Ressourcen war lediglich eine Begleiterscheinung.
Nur beim wichtigsten Massenbaustoff der Moderne wurden bis in die 1960er-Jahre kaum Überlegungen zur Wiederverwertung angestellt: Beton, insbesondere Stahlbeton, galt nicht nur als unzerstörbar, sondern auch als nicht wiederverwertbar, was in Zeiten des ungebremsten Wachstums auch kaum als Nachteil empfunden wurde. So endeten Tausende Tonnen Beton und Stahl auf Deponien, von denen sie nicht mehr in einen Stoffkreislauf zurückgeführt werden können.
In den letzten Jahren jedoch wurde immer deutlicher, dass die sich abzeichnende Ressourcenverknappung nur durch die Wiederverwertung von abgebrochenem Beton ausgeglichen werden kann. Die Betonindustrie war gezwungen, Wege für die Wiederverwertung von Beton zu suchen. Technisch ist dies durchaus möglich und der neue Baustoff Recyclingbeton (RC-Beton) ist heute, zumindest bei kurzen Transportwegen zu Aufbereitungsanlagen, preislich durchaus konkurrenzfähig. Eindeutige Preisvorteile werden RC-Betone aber wohl erst in einigen Jahren in Regionen mit besonders deutlicher Verknappung des natürlichen Kiesangebots bieten. Letztlich wird Recyclingbeton jedoch einer der wichtigsten Massenbaustoffe der nächsten Jahrzehnte sein.

Was ist moderner Beton / RC-Beton?

Genau wie konventioneller Beton ist RC-Beton ein Verbundbaustoff, bei dem harte Gesteinskörnungen in eine weichere Matrix, den Zementstein, eingebettet sind. Die Gesteinskörnungen sind nach Korndurchmessern in Klassen von 0,163 bis 128 mm sortiert und die einzelnen Fraktionen werden, meist gemäß genormten Sieblinien, anteilsmäßig so gemischt, dass die Mischung den Raum möglichst vollständig ausfüllt. Beim RC-Beton ist lediglich die Herkunft der Gesteinskörnungen anders: anstatt aus natürlichen Lagerstätten werden diese bei Abbrucharbeiten auf der Baustelle gewonnen. Die anfallenden Betonbruchstücke werden in Brechern zerkleinert und anschließend in Prallmühlen auf dieselben Korngrößen reduziert wie sortierte natürliche Gesteinskörnungen. Wegen der höheren Porosität des Zuschlags sind der Wasserbedarf und der Zementbedarf von RC-Beton höher als bei konventionellem Beton. Da gebrochene Körner im Vergleich zu runden Kieskörnern schlechter fließen, ist auch eine höhere Zugabe von Fließmittel erforderlich.
Bauchemische Zusatzmittel spielen in der heutigen Betontechnologie eine entscheidende Rolle, ohne sie lässt sich kein leistungsfähiger Beton und auch kein RC-Beton herstellen. Die wichtigsten Wirkungsgruppen sind Verflüssiger (erleichtern die Verarbeitung des Frischbetons, insbesondere bei selbstverdichtendem Beton), Beschleuniger und Verzögerer (wirken auf die Erhärtungsgeschwindigkeit ein) sowie Luftporenbildner (erhöhen die Frostbeständigkeit des erhärteten Betons). Ohne Verflüssiger, die als Schmiermittel zwischen den eckigen RC-Körnern wirken, könnte RC-Beton weder vollständig gemischt noch sauber vergossen oder gepumpt werden.
Schließlich beinhalten die meisten modernen Betonrezepturen noch Zusatzstoffe, meist als feines Pulver oder Staub. Diese Zusatzstoffe verbinden sich intensiv mit dem Zementstein, erhöhen seine Dichtigkeit und Festigkeit und verringern die Reibung zwischen den Gesteinskörnungen noch weiter.

Verarbeitung von RC-Beton

Befürchtungen, RC-Beton sei wegen eines schlechteren Fließverhaltens schwieriger zu verarbeiten, sind unbegründet. Dieses Problem konnte durch die Anpassung der Rezepturen und die Entwicklung abgestimmter Zusatzmittel behoben werden. Beim heutigen Stand der Technik besteht für die Praktiker am Bau kein Unterschied, ob sie nun RC-Beton oder konventionellen Beton einbringen. Entscheidend ist, dass die Normen und Anwendungsvorschriften der Produktehersteller eingehalten werden.
Beton für kleine und mittlere Baustellen wird größtenteils als Transportbeton in halbindustriellen Betonwerken nach festgelegten Rezepturen produziert und mit Fahrmischern zur Baustelle gebracht. Durch diese standardisierten Produktionsprozesse sind moderne Betone durchwegs normenkonform und lokale Abweichungen fallen kaum ins Gewicht. Auch die neuen RC-Betone können flächendeckend nach geprüften Rezepturen normengerecht hergestellt werden.
In den letzten Jahren wird der ursprünglich für besonders anspruchsvolle Bauteile mit hohem Bewehrungsgehalt entwickelte selbstverdichtende Beton (SCC, Self Compacting Concrete) zunehmend auch für Massenbauteile im Hochbau verwendet. Das besondere Fließverhalten, das auf der Baustelle den Arbeitsgang des Verdichtens einspart, verdanken diese Betone einer neuen Generation von Fließmitteln (so genannten Superverflüssigern). Die bauchemische Industrie bietet inzwischen auch für das etwas schlechtere Fließverhalten der RC-Gesteins-

2 

3

4

1 Zusammensetzung von Recycling (RC)-Beton
2 Wohnsiedlung Werdwies in Zürich, 2007 Adrian Streich Architekten
3 Rückbau mit Betonbeißer
4 Abbruch großformatiger Betonbauteile zur anschließender Zerkleinerung vor Ort
5 Ausbildungszentrum Rohwiesen, Brandhaus II in Zürich, 2011, Staufer Hasler Architekten

1 Composition of recycled concrete (RC)
2 Residential development Werdwies in Zurich, 2007 Adrian Streich Architekten
3 Demolition via concrete crusher
4 Demolition of large concrete construction components, successive on-site crushing
5 Training centre Rohwiesen, Brandhaus II in Zurich, 2011, Staufer Hasler Architekten

körnungen angepasste Qualitäten an.
Wie alle modernen Betone muss auch RC-Beton sorgfältig nachbehandelt werden – etwa durch Abdecken, Feuchthalten oder Berieseln –, um schadhafte Oberflächen und Schwindrisse zu verhindern.

Warum Recyclingbeton?
Beton enthält normalerweise natürliche Zuschlagstoffe (Kies, Sand, Steine, Fels, Kalkstein etc.), die nicht nachwachsend und nur in begrenzter Menge verfügbar sind. Zudem kann die Mehrzahl der Lagerstätten in vielen Regionen infolge Überbauung oder wegen gesetzlicher Restriktionen nicht mehr genutzt werden. In Fachkreisen wird immer wieder darauf hingewiesen, dass die natürlichen Kies- und Sandlager in wenigen Jahren abgebaut sein werden. Politisch und ökonomisch vertretbare, alternative Beschaffungsmöglichkeiten sind nicht in Sicht. Die Versorgungslage für diese Rohstoffe ist in einigen Regionen Westeuropas inzwischen dramatischer als bei den fossilen Brennstoffen. Mit der Entdeckung neuer Lagerstätten (die bei den Brennstoffen die Erschöpfung aller Vorräte vielleicht noch ein oder zwei Generationen hinausschieben kann) ist bei den Gesteinskörnungen nicht zu rechnen. Die Wiederverwertung von Betonabbruchmaterial ist derzeit der einzige gangbare Weg, um den Bestand von Betonbauwerken in den kommenden Jahrzehnten erneuern und maßvoll ausbauen zu können. Im Vergleich zu Deutschland ist die Kiesversorgung in der Schweiz besonders kritisch, weil weniger natürliche Lager existieren und diese bereits in höherem Ausmaß abgebaut sind. Auch das verfügbare Deponievolumen für die korrekte Endlagerung von Betonabbruch und gemischtem Bauschutt wird bald ausgefüllt sein – umso stärker drängt sich die Wiederverwertung der Materialien auf. Aus dieser Zwangslage heraus wurde in der Schweiz bereits Ende des 20. Jahrhunderts das Potenzial für die Wiederverwertung von Beton nicht nur als Hinterfüllmaterial, sondern auch als Konstruktionsbeton ausgelotet.

Gewinnung von Recycling-Gesteinskörnungen
Die Rückbau-Technologie hat in den vergangenen zwei bis drei Jahrzehnten insbesondere im urbanen Umfeld grundlegende, von der breiten Öffentlichkeit aber wenig beachtete Veränderungen erfahren.
Die zunehmende Dichte der Städte, verschärfte Umweltstandards und permanenter Kostendruck haben zur Einführung neuer »sanfter« Technologien und Geräte für den Betonabbruch geführt. Diese sind leiser und präziser, sodass ein Rückbau in sensibler Umgebung heute mit nahezu chirurgischer Präzision durchgeführt werden kann.
Eine Revolution im Betonrückbau löste Ende der 1990er-Jahre die Kommerzialisierung der Höchstdruck-Wasserstrahltechnologie (HDW) aus. Vom punktuellen Einsatz mit der Handlanze bis zum flächendeckenden Abtrag ganzer Parkdecks vervielfachten sich die Abbauraten und -volumen gegenüber den konventionellen mechanischen Verfahren, gleichzeitig fielen Erschütterungen und Schäden an umgebenden Strukturen praktisch weg. Bei Stahlbeton hat das Verfahren den Vorteil, dass nur der Beton abgetragen wird und die Bewehrung stehen bleibt und bereits auf der Baustelle abgetrennt und separat gesammelt werden kann. Allerdings lohnt sich der Aufwand für das Auffangen des Wassers sowie den Lärm- und Splitterschutz (was meist eine Einhausung des Bauwerks erfordert) in der Regel erst für größere Bauwerke. Die dabei entstehenden kleinen Bruchstücke und Splitter können meist ohne weitere Arbeitsgänge direkt ab Baustelle zur Aufbereitungsanlage transportiert werden, wo sie mit anderen Betonabbruchmaterialien gemischt und zu Gesteinskörnungen aufbereitet werden.
Ein wichtiges neues Abbruchgerät ist der hydraulische Betonbeißer, mit dem viele Hydraulikbagger ausgerüstet werden können. Dieses Werkzeug nutzt die geringe Plastizität des Betons und trennt mit einer relativ stumpfen »Schere« durch konzentrierten Druck kleine Betonbruchstücke samt Bewehrung vom Baukörper. Das Verfahren ist lärm- und staubarm, nahezu erschütterungsfrei und präzise und für den Rückbau von bis zu sechs Geschossen einfach einsetzbar. Die dabei anfallenden groben Bruchstücke lassen sich auf der Baustelle leicht stapeln und transportieren, enthalten

5

6 Silo- und Dosieranlage Beton-Recycling
7 Freestyle-Park Allmend in Zürich, 2012
vxarchitects / Vital Streiff Architekten
8 Einsatzmöglichkeiten von Recycling (RC)-Beton

Aldo Rota ist Werkstoffingenieur und freier Publizist. Nach Tätigkeit in der Baustoffprüfung und der Entwicklung bauchemischer Produkte, mehrjährige Praxis in der Überprüfung, Erhaltung und Instandsetzung von Infrastrukturbauten. 2001 bis 2014 Redakteur der Fachzeitschrift TEC21 (Schweizerische Bauzeitung).

Aldo Rota is a materials engineer and a freelance author. He was active in construction materials testing and the development of construction chemicals products and in the field of survey, preservation and restoration of infrastructures. From 2001 to 2014 he was editor for the professional journal TEC21 (Schweizerische Bauzeitung).

6

aber kurze Bewehrungsabschnitte und müssen in der Aufbereitungsanlage zuerst vorgebrochen und elektromagnetisch sortiert werden.
Neben erhöhter Effizienz und geringerer Umweltbelastung haben diese Rückbaumethoden auch günstige Voraussetzungen für das Recycling des Betonabbruchs geschaffen. Das Abbruchmaterial wird bereits auf der Baustelle weitgehend zerkleinert und grob in die hauptsächlichen Stoffgruppen sortiert, die dann getrennt abtransportiert und weiterverarbeitet werden. Dieses vielerorts auch gesetzlich vorgeschriebene Vorgehen optimiert den Transportaufwand und minimiert die Umweltbelastung. Bei gedrängten Platzverhältnissen im urbanen Umfeld ist der Platzbedarf für die Sammlung der verschiedenen Komponenten vor Ort jedoch oft kritisch. Auf größeren Baustellen werden meist folgende Stoffgruppen gesammelt:

- Beton für die Gewinnung von Betongranulat, Verwendung für RC-Beton
- sonstige mineralische Baustoffe (Backsteine, Dachziegel usw.) für die Herstellung von Mischabbruchgranulat, Verwendung für RC-Beton oder Hinterfüllmaterial
- Bewehrungsstahl, Baustahl, Nichteisen-Metalle (Aluminium, Kupfer, Zink usw.) werden im Werk getrennt und wieder eingeschmolzen, Verwendung für beliebige Neuteile – im Bauwesen beträgt die Recyclingrate von Metallen meist über 90 %.
- Holzabbruch ist meist nicht rein, sondern mit anderen Baustoffen gemischt und / oder chemisch behandelt. In der Regel ist die Energiegewinnung durch Verbrennung die einzige Verwertungsmöglichkeit.
- Kunststoffe im Abbruchmaterial können in der Regel nicht sortiert und wiederverwertet werden; wie beim Holzabbruch bleibt nur die Verbrennung.

Betonabbruch und mineralisches Abbruchmaterial werden in zentralen Aufbereitungsanlagen gebrochen, gewaschen, gesiebt und analog zu natürlichen Gesteinskörnungen in Fraktionen sortiert, aus denen die Mischungen gemäß Sieblinien zusammengestellt werden.

Recyclingbeton setzt sich durch – dank der Stadt Zürich
Die ersten Versuche mit RC-Beton gehen bis in die 1960er-Jahre zurück, blieben aber wenig beachtete Einzelfälle. Seit etwa 1990 begann die Empa (Eidgenössische Materialprüfungs- und Forschungsanstalt) in Zürich mit der systematischen Erforschung der Möglichkeiten und Grenzen von RC-Beton in Labor- und Feldversuchen. Die durchwegs ermutigenden Resultate, die zunächst auf die Verwendung von reinem Betongranulat (RCB-Beton) fokussierten, stießen bei der Stadt Zürich auf großes Interesse für Neu- und Ersatzbauten. In der Folge ist die Einführung des RC-Betons in der Schweiz weitgehend vom Amt für Hochbauten der Stadt Zürich, in enger Zusammenarbeit mit der Empa, initiiert und gegen zahlreiche Widerstände durchgesetzt worden. Die Stadt Zürich hat diesbezüglich landes- und auch europaweit eine Vorreiterrolle übernommen. Bereits seit 2002 werden alle Neubauten grundsätzlich mit Recyclingbeton (zunächst RCB-Beton) erstellt. Inzwischen ist RCB-Beton als Stand der Technik anerkannt und hat sich vor allem bei den öffentlichen Bauherren weitgehend durchgesetzt.
Einen wichtigen Meilenstein setzte das Amt für Hochbauten der Stadt Zürich in den Jahren 2005 bis 2007 mit den Neubauten der Wohnsiedlung Werdwies. Bei den sieben mehrgeschossigen Wohnhäusern mit insgesamt 152 Wohnungen wurde nach umfangreichen Vorversuchen in Zusammenarbeit mit der Empa erstmals Konstruktionsbeton aus Mischabbruchgranulat (RCM-Beton) für tragende Wände eingesetzt – hier zunächst nur in den oberen Geschossen und nur in Innenräumen ohne Witterungseinflüsse. Inzwischen ist auch der RCM-Beton soweit optimiert worden, dass er für alle nicht direkt bewitterten und nicht dynamisch beanspruchten Bauteile eingesetzt werden darf. Das Amt für Hochbauten der Stadt Zürich ist weiterhin führend bei der Anwendung von RC- und insbesondere RCM-Beton. Die rund 100 jährlich ausgeführten großen, kleinen und auch kleinsten Bauprojekte werden ausnahmslos, soweit technisch möglich und zulässig, mit RCM-Beton realisiert. Die dynamische Entwicklung des Betonrecyclings bleibt ungebrochen und es dürfte nur eine Frage der Zeit sein, bis alle größeren (und viele kleinere) Gemeinden mitziehen. DETAIL 06/2014

7

6 Silo and batcher for concrete recycling
7 Freestyle park Allmend in Zurich, 2012, vxarchitects / Vital Streiff Architekten
8 Fields of application for recycling concrete (RC)

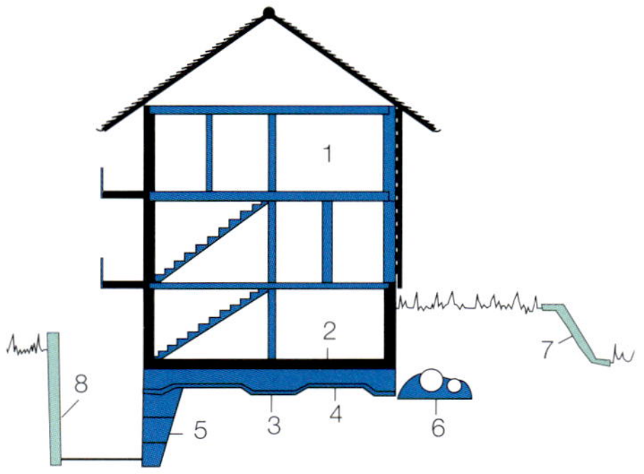

8

	Expositionsklasse *exposure class*	Beispiel *example*		
1	XC1, XC2	Wände, Decken, Treppen bewehrt, innen trocken / *walls, ceilings, reinforced staircases, interior dry*	[1] ■	■
	XC3	Vor Regen geschützter Beton im Freien / *concrete in open space, protected from rain*		■
	XC4	Wasserbenetzte Flächen im Freien / *areas in open space, exposed to rain*		■
2	XC1, XC2	Bodenplatte nicht wasserdicht / *floor slab not waterproof*	■	■
	XC4	Wasserdichter Beton / *waterproof concrete*		■
3	XC2	Gründungen / *foundations*	■	■
4	X0	Sauberkeitsschicht / *subbase*	■	■
5	XC1, XC2	Unterfangungen / *shoring*	■	■
6	X0	Füll- und Hüllbeton / *infill and envelope concrete*	■	■
7	X0	Temporäre Böschungssicherung / *temporary slope protection*		■
8	X0 – XC 3	Spundwände (je nach Anforderung) / *soldier pile wall (as required)*		■

[1] mit geringer Spannweite / *with narrow span*

■ Beton hergestellt mit Primärmaterial und Mischabbruchgranulat / *concrete made of virgin material and mixed recycled granulate*

■ Beton hergestellt mit Primärmaterial und Betongranulat / *concrete made of virgin material and concrete granulate*

The reuse of construction materials is not an achievement of the post-industrial age, but has always been practiced in various forms. In recent years it became increasingly clear that the looming resource scarcity could only be offset by recycling demolished concrete. Currently, the new construction material known as recycled concrete (RC) is already a competitive product, at least if transport distances to recycling facilities are short. Eventually, recycled concrete is going to become one of the most important mass construction materials of the next decades.
RC is a composite construction material with hard stone aggregate embedded within a softer matrix, the cement stone. The stone aggregate is distinguished according to diameter in classes ranging from 0.163 mm to 128 mm. The individual fractions are mixed according to standard grading to create mix designs that enable filling the available space as fully as possible. In the case of RC, only the origin of the aggregate is different: instead from natural deposits, it is gained through demolition work on construction sites. The concrete rubble is broken down by machines and further reduced in size in impact mills to grain sizes equal to sorted natural aggregate. Due to the higher degree of porosity of the aggregate, more water and cement are required for RC than for conventional concrete. Since fragmented aggregate doesn't flow as well as round aggregate, a higher rate of supplemental flow enhancers is required. Chemical additives play a decisive role in today's concrete technology. The most important product groups are plasticisers (to support the manufacturing of fresh concrete particularly in the case of self-compacting concrete), accelerators and decelerators (to influence the curing speed), as well as air porosifiers (to increase the freeze resistance of cured concrete). Without plasticisers that act as lubricant between the angular RC fragments, RC could neither be mixed completely, poured properly, nor pumped. Finally, the most modern concrete mix designs include admixtures, mostly in the form of fine powder or sand. These admixtures merge intensively with the cement stone, increase its density and stability and further reduce the friction between the aggregate.
Concrete typically includes natural aggregate (gravel, sand, stone, rock, limestone, etc.) that isn't renewable and only available in limited amounts. Professional circles have indicated repeatedly that natural gravel and sand deposits will be depleted in only a few years. Politically and economically justifiable alternative means of access are not in sight. In some regions of western Europe, the supply situation for these raw materials is already more dramatic than in the case of fossil fuel. In the case of aggregate, the discovery of new deposits (that, in the case of fuel, can delay the depletion of all resources by perhaps one or two generations) is not an option. The reuse of concrete waste is currently the only viable option to renew the stock of concrete buildings and constructions in the coming decades and modestly expand them. Compared to Germany, the gravel supply in Switzerland is particularly critical, because less natural deposits exist and they have already been exploited to a higher degree. Also, the available deposit volume for appropriate storage of concrete waste and mixed construction refuse will be soon filled. The reuse of these materials becomes all the more relevant. In Switzerland in the late 20th century this dilemma resulted in exploring the potential of reusing concrete not only as infill material, but also for construction-grade concrete.
The increasing density of cities, higher ecological standards, and permanent pressure for cost efficiency led to the introduction of new "soft" technologies and machinery for the demolition of concrete. These are more quiet and precise. As a result, demolition in a sensitive surrounding can now take place with almost surgical precision. A veritable revolution in concrete demolition occurred in the late 1990s with the commercialisation of waterjet technology. In the case of reinforced concrete, the procedure has the advantage of only removing concrete, while the reinforcement bars remain. This permits detaching and collecting them separately on the construction site. Without any additional steps, the resulting chips and fragments can be directly transported from the construction site to the recycling facility, where they can be mixed with other concrete waste and turned into aggregate. One important new demolition tool is the hydraulic concrete crusher. Many hydraulic excavators can be equipped with it. This tool makes use of the low plasticity of concrete to cut small concrete fragments and reinforcement bars off of buildings with concentrated pressure and a relatively blunt "pair of scissors". The resulting coarse fragments can be stacked easily on the construction site and transported later on. Aside from higher efficiency and lower environmental impact, these demolition methods also created advantageous preconditions for the recycling of concrete rubble. It is mostly broken down further onsite and coarsely divided into main material groups. These are transported separately and treated further. If only limited space is available in an urban context, the place required for collection of various components onsite may be critical.
Initial tests with RC took place in the 1960s, yet remained isolated cases and didn't receive much attention. Roughly around the 1990s the Swiss Federal Laboratories for Materials Science and Technology (EMPA) in Zurich began with the systematic research on the potentials and limitations of RC in laboratory and field experiments. The consistently encouraging results that initially focused on the reuse of pure concrete granulate (RCB) were highly interesting to the City of Zurich in regard to new and replacement construction. Hence, the introduction of RC in Switzerland was initiated for the most part by the Building Department of the City of Zurich in close cooperation with EMPA. Despite widespread resistance, its success prevails. In this regard, the City of Zurich has assumed a pioneering role within the country and across Europe. Since 2002 all new construction in Zurich is generally built in RC (initially RCB). The Building Department of the City of Zurich continues to assume a leading role in the implementation of RC and especially RCM. The dynamic development of recycling concrete is ongoing. It will only be a question of time until all large (and many smaller) municipalities follow suit.

MuCEM in Marseille – Haut und Knochen aus ultrahochfestem Beton

MuCEM in Marseille – Diaphanous and Structural Applications of UHPC

Frank Kaltenbach

Architekten / *Architects:*
Rudy Ricciotti Architecte, Bando

A

Das Musée des Civilisations de l'Europe et de la Méditeranée (MuCEM) ist nicht nur aus architektonischer Sicht einer der interessantesten Bauten der Kulturhauptstadt Marseille 2013. Es ist das erste Gebäude, bei dem ultrahochfester Beton in großem Maßstab eingesetzt wurde. Folgende unterschiedliche Anwendungsformen prägen das unverwechselbare Erscheinungsbild des Museums entscheidend:

- die 115 m lange, 76 m frei spannende, nur 1,80 m hohe Passarelle
- die diaphane Gebäudehülle aus 384 selbsttragenden Sonnenschutzelementen im Standardformat 3000 × 5800 mm mit einem Querschnitt von nur 80 × 70 mm
- 308 organisch geformte Baumstützen, bei denen erstmals die Nachspannung von vertikalen Tragelementen aus Faserbeton zum Einsatz kommt
- die 20 mm dünnen Laufflächen der umlaufenden, 820 m langen abgehängten Rampe zwischen Hülle und Kern.

Aufgrund seiner hervorragenden physikalischen und chemischen Eigenschaften ist ultrahochfester Beton (Ultra High Performance Concrete, UHPC) zunehmend eine Alternative zu Konstruktionen aus konventionellen Materialien. Mit einer prognostizierten Lebensdauer von 100 Jahren ist er wesentlich dauerhafter als normaler Beton, seine Druckfestigkeit ist sechs bis acht mal höher und entspricht annähernd der von Stahl. Feinste Metall- und/oder Synthetikfasern, verleihen ihm gleichzeitig eine hervorragende Zugfestigkeit. Wegen der geschlossenzelligen Struktur ist UHPC luft- und wasserdicht sowie gegen die meisten aggressiven Chemikalien oder Salzwasser resistent. Faserbeton wird seit 20 Jahren für Chemietanks, Skulpturen, Treppenstufen oder Fassadenelemente verwendet. Erste Pilotprojekte mit dem neu entwickelten Baustoff als Tragwerk stammen seit 2002 überwiegend aus dem Bereich der Fußgängerbrücken. Doch auch als Gestaltungselement eröffnet UHPC neue Möglichkeiten: Das Material lässt sich extrem verdichten,

aa

1	Eingang	*1*	*Entrance*
2	Ausstellung	*2*	*Exhibition*
3	Café	*3*	*Café*
4	Museumsshop	*4*	*Museum shop*
5	Rampe in Luftraum	*5*	*Ramp in void*
6	Dachterrasse	*6*	*Roof terrace*
7	Fußgängerbrücke	*7*	*Pedestrian bridge*
8	Restaurant	*8*	*Restaurant*
9	Luftraum	*9*	*Void*
10	Büro	*10*	*Office*

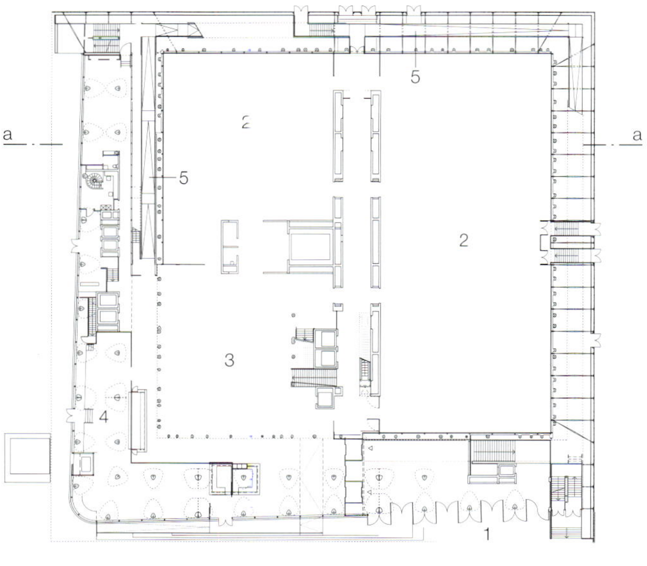

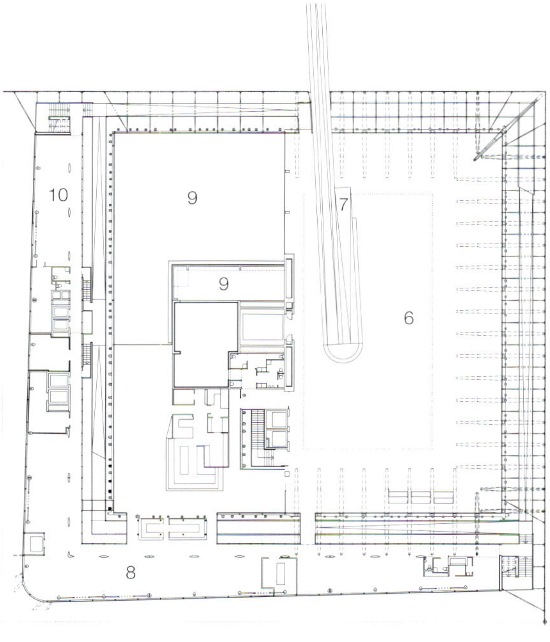

B Erdgeschoss / *Ground floor*

4. Obergeschoss, Dachterrasse / *Fourth floor, Roof terrace*

A Museum mit Verbindung zum Fort Saint-Jean
B Grundrisse • Schnitt, Maßstab 1:1000
C Gitternetzpaneel UHPC Querschnitt 80 × 70 mm
  a Standardformat 3000 × 5800 mm
    Muster in drei verschiedenen Varianten
  b Sonderformat Randbereich 2900 × 4500 mm
    Muster in zwei verschiedenen Varianten
D Ansicht Standardformate Gitternetzpaneel
E Dachterrasse mit Gitternetzüberdachung

A Museum with connection to Fort Saint-Jean
B Layout plans • Section, scale 1:1,000
C 30 mm UHPC lattice panel,
* cross section 80 × 70 mm*
* a standard format 3,000 × 5,800 mm,*
*   pattern in three different versions*
* b special format for edge 2,900 × 4,500 mm,*
*   pattern in two different versions*
D Elevation of standard lattice-panel formats
E Roof terrace with lattice roof

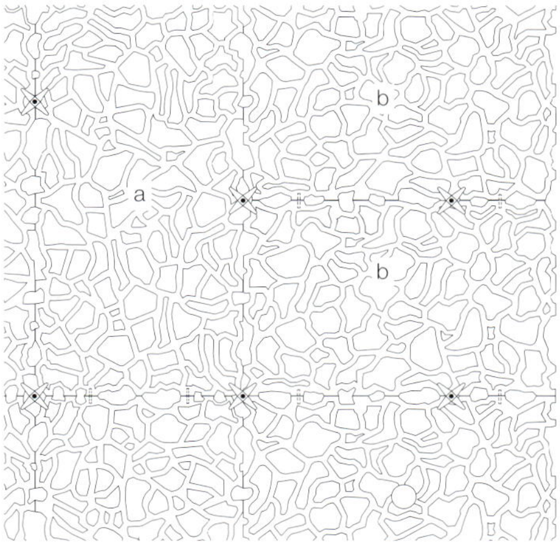

C

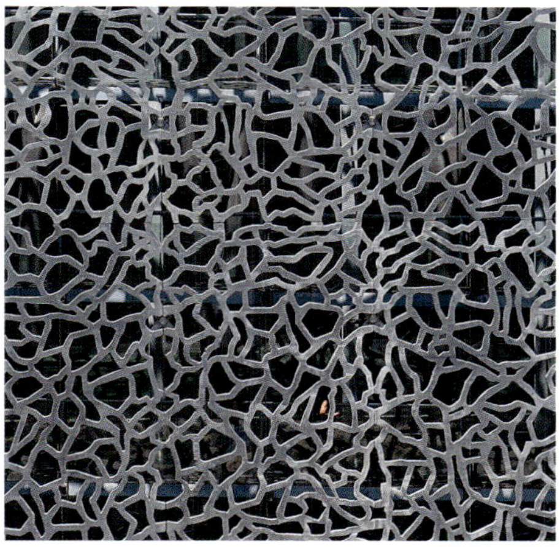
D

sodass für Beton ungewohnt scharfe Kanten und dünne Profile möglich werden. Als vorgehängter Sonnenschutz zum Beispiel lassen sich filigrane Strukturen in frei geformten Geometrien gießen.

Künstlicher Stein zwischen Hafen und Meer
Auf einer Landzunge als Eingangsbauwerk zum Vieux Port gelegen, nimmt das von außen geschlossen scheinende, maßstabs- und fugenlose Fassadennetz Bezug auf die monolithischen Mauern der Festung Saint-Jean, mit der es über einen kühnen Steg verbunden ist (Abb. A). In das 19 m hohe Volumen auf quadratischem Grundriss mit 72 m Seitenlänge ist der eigentliche Ausstellungsbereich, ein Glaskubus mit 52 m Seitenlänge eingestellt (Abb. B). Den Kontrast zwischen dem von Weitem monolithisch scheinenden Baukörper und dem arabesken Spitzenschleier der Hülle leitet Architekt Rudy Ricciotti aus dem Kontext und aus den klimatischen Anforderungen ab. Von Innen gesehen, beim Blick über den Horizont des Mittelmeers in Richtung Nordafrika, zeichnen sich durch das organische Gitternetz auf Wänden und Böden lebhafte Licht- und Schattenspiele ab, wie man es von Wasserflächen kennt, die das Sonnenlicht reflektieren (Abb. E). Assoziationen mit den Mashrabiya, geometrisch ornamentalen Holz- oder Natursteingittern des arabischen Kulturraums, sind durchaus kalkuliert – der Inhalt der Ausstellungen ist der Geschichte und der kulturellen Vielfalt der Anrainerstaaten des Mittelmeers gewidmet.
Diese durchlässige Membran ist dem Glaskubus als außenliegender Sonnenschutz nur dort vorgelagert, wo die solare Einstrahlung am stärksten ist: auf der Süd- und Westfassade sowie über der Dachfläche. Der Haupteingang liegt auf der Nordseite im Erdgeschoss. Hier beginnt die »Promenade architecturale« über die umlaufenden Rampen, die, wie bei einem Zikkurattempel im antiken Mesopotamien, zwischen den Ausstellungsräumen und dem feinen Gitternetz der Hülle nach oben führen. Das sinnliche

E

F Punkthalter Fassade mit Edelstahlstrebe zur Queraussteifung
G Gitternetzpaneel ultrahochfester Beton UHPC mit vertikaler Fuge
H, I Fußgängerbrücke aus UHPC-Trägern 115 m lang, Spannweite 76 m
J Schnitt Fußgängerbrücke Maßstab 1:50

F Point-fixed facade with stainless-steel strut as horizontal bracing
G UHPC lattice panel with vertical joint
H, I Pedestrian bridge erected of UHPC beams, overall length: 115 m, span: 76 m
J Section through pedestrian bridge scale 1:50

F

G

Erlebnis dieses Bewegungsraums zwischen verschiedenen Welten wird durch die baumartig ausgebildeten Stützen aus UHPC verstärkt, die das orthogonale Raster der Glasfassaden mit ihrer organischen Struktur überlagern (Abb. L, Q). Den Endpunkt des Rundgangs bildet die luftige Dachterrasse mit Café.

Fußgängerbrücke, scheinbar aus einem Guss
Von der Dachterrasse spannt kühn die schlanke, 115 m lange Passarelle hinüber zur Festung Saint-Jean, wo sich weitere Abteilungen der Sammlung befinden.
Der weitaus dramatischere Zugang zum Gebäude verläuft jedoch in umgekehrter Richtung, wenn man von der steinernen Materialität der historischen Festung langsam über den leicht geneigten Steg aus Hochleistungsbeton in die Welt aus künstlichem Stein eintaucht (Abb. H). Der monolithisch erscheinende Steg besteht aus zwei Trägern, die gleichzeitig als Geländer dienen. Die Trägerhöhe von 1,80 m entspricht exakt der erforderlichen statischen Höhe bei einer freien Spannweite von 76 m. 25 vorgefertigte Segmente von 4,5 m Länge werden per Nachspannung zu einem homogenen Tragwerk wie an einer Perlenschnur aufgefädelt. Entscheidend ist die Genauigkeit der Kontaktflächen zwischen den Segmenten. Die zulässige Toleranz beträgt 0,1 mm bzw. 0,1 °C (Abb. H–J).
Rudy Ricciotti ist einer der ersten Architekten, der UHPC im Ingenieurbau für tragende Bauteile eingesetzt hat. 2002 realisierte er mit der Seonyu-Fußgängerbrücke in Seoul ein international beachtetes Pionierbauwerk mit einer Bogenspannweite von 120 m. Drei Jahre später schuf er mit der 70 m spannenden und 1,80 m hohen Passarelle du Diable über die Hérault-Schlucht gestalterisch und materialtechnologisch das direkte Vorbild für die Passarelle des MuCEM.

Geometrie der elementierten Stützen
Die drei Ausstellungsebenen werden von insgesamt 308 vorgefertigten Baumstützen unterschiedlicher Formen umschlossen (Abb. P). Sie lassen sich in drei Gruppen unterteilen: gerade Stützen mit gleichbleibendem oder mit konisch zulaufendem Querschnitt, Y-förmige Stützen in neun Varianten und N-förmige Stützen in zwei Varianten. Sie können auch gespiegelt positioniert werden, sodass sich die doppelte Anzahl möglicher Varianten ergibt (Abb. S). Die Stützen haben bei Durchmessern von 0,25 m bis 0,40 m je nach Geschoss unterschiedliche Höhen von 2,79 m, 5,51 m, 6,12 m und 8,79 m.

Belastungstests der Prototypen
Insgesamt elf Zulassungen im Einzelfall, so genannte Atex (experimentelle technische Prüfungen) waren erforderlich, um für die bei diesem Gebäude entwickelten Neuerungen eine Baugenehmigung zu erhalten.
Die Monopolbildung eines einzelnen Herstellers durch die Aussschreibung sollte vermieden werden. Entscheidend war daher die Frage, ob mit allen drei am Markt erhältlichen Faserbeton-Produkten (Ductal von Lafarge, BSI von Eiffage und BCV von Vicat) die beim MuCEM zu erwartenden Lasteinträge und Beanspruchungen im Brandfall bewältigt werden können.
Letztlich gossen die Prüfer aus allen drei Mischungen Prototypen der Y-Stützen und belasteten diese auf dem Prüfstand bis zum Versagen.
Um das Verhalten und die Verformung der Stützen im Brandfall zu bewerten, wurden die Stützen über ihre gesamte Höhe 1,5 Stunden lang auf der einen Seite Temperaturen von 1000 °C ausgesetzt, während auf der anderen Seite 20 °C herrschten.

Schalung und Montage
Zu jedem Fertigteil gehört eine speziell hergestellte Schalung. Ein Modellschreiner fertigt zuerst die gewünschte Form aus Holz an (Abb. T, links im Bild). Von diesen Mutterformen wird die Negativform der finalen Betonschalungen mit glasfaserverstärktem Kunststoff abgeformt und durch einen äußeren Stahlrahmen stabilisiert (Abb. T, rechts im Bild). In die Schalungen sind Leerrohre für das nachträgliche Verlegen der Spannkabel eingelegt. Im Gegensatz zu konventionellem Beton wird bei UHPC keine schlaffe Bewehrung eingesetzt. Um der hohen Sprödigkeit des Materials entgegenzuwirken und die Zugfestigkeit zu erhöhen, sind Metallfasern und Polypropylen-Fasern in die Gussmasse gemischt. Das Beton-Fasergemisch wird in die vertikal aufgestellte Form gegossen, sodass sich die Fasern durch die Schwerkraft in Richtung der Beanspruchung des Tragwerks anordnen.

Nachspannung über die gesamte Gebäudehöhe
Während sich die Stützen aufgrund ihrer Form mit diagonalen Ästen in Fassadenrichtung selbst aussteifen, knicken sie bei exzentrischer Lasteinwirkung orthogonal zur Fassade weg. Um dieses Phänomen zu kontrollieren, werden die Stützen nachgespannt. Ursprünglich sollte jede einzelne Stütze geschossweise nachgespannt werden. Dafür waren Kabelein- und austritte an den Fuß- und Kopfenden der Stützen bzw. über und unter den anschließenden Randbalken vorgesehen. Um den 2011 in Kraft getretenen, erhöhten Anforderungen an Erdbebensicherheit zu entsprechen, wurde im Lauf der Ausführungsplanung eine Lösung entwickelt, bei der die Nachspannung über durchlaufende Kabelstränge, vom Untergeschoss bis ins Dach, durch drei übereinander liegende Stützen hindurch, erfolgt (Abb. O). Die Ausbildung der Auflager an den Kopf- und Fußenden der Stützen folgt dem Prinzip des Pioniers der Betonvorspannung, Eugène Freyssinet, als Gelenk und ebenfalls aus UHPC. Da keine unterschiedlichen Materialien aufeinandertreffen, sind diese Auflager wartungsfrei. Die Spannkabel laufen durch sie hindurch und verpressen die Stützen mit dem 400 × 600 mm großen, vorgespannten Randbalken zu einem homogenen, elastischen Tragwerk.
Die festen, aber flexiblen Stützenauflager können kontinuierliche, thermisch bedingte Materialdehnungen der 52 × 52 m großen fugenlosen Deckenplatte genauso spannungsfrei aufnehmen wie plötzlich auftretende, ruckartige horizontale Stöße der Geschossdecken bei Erdbeben.
Die Leistungsfähigkeit der Auflagerdetails

H

1 UHPC-Trägersegment, Höhe 1,80 m, Länge 4,5 m
2 Kanal für Spannkabel ∅ 67 mm im Obergurt
3 Kanal für Spannkabel ∅ 127 mm im Untergurt
4 Bodenplatte UHPC 25 mm mit eingearbeiteten Diagonalaussteifungen
5 Querträger UHPC zur Horizontalaussteifung, monolithisch mit den Hauptträgern verbunden

1 UHPC beam segment, height 1.80 m, length 4.50 m
2 Duct for tension cable (∅ 67 mm) in upper chord
3 Duct for tension cable (∅ 127 mm) in lower chord
4 25 mm UHPC panel with integrated diagonal bracing
5 UHPC beam for horizontal bracing, monolithic bond to primary beams

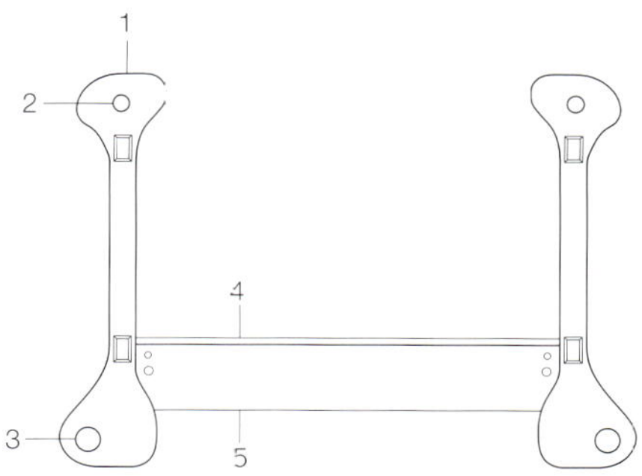

J

und der gesamten Konstruktion musste mit einer Zulassung im Einzelfall experimentell nachgewiesen werden. Parallel wurde zusammen mit der Zulassungsbehörde eine eigens angepasste Berechnungssoftware entwickelt, die auch die komplexen Formen der Stützen miteinbezieht.

Deckenplatte und Stützenanschlüsse
Die 52 × 52 m großen fugenlosen Deckenplatten der Ausstellungsbereiche bestehen aus 23 m langen vorgefertigten Deckenelementen, die untereinander und mit den 600 × 400 mm großen nachgespannten Randträgern aus Ortbeton schubfest vergossen sind. Im Wettbewerbsentwurf waren die Deckenpaneele in UHPC geplant, aus wirtschaftlichen Gründen wurden sie jedoch in Beton C70 realisiert und im Vorspannverfahren hergestellt. Dabei wird der Beton um die direkt in die Schalung eingelegten, bereits gespannten Kabel gegossen, um einen schubfesten Verbund sicherzustellen.
Die maßgenaue Verbindung und die präzise Einleitung der Kräfte von den Ortbeton-Randträgern in die vorgefertigten UHPC-Stützen war für die Konstrukteure wegen der zulässigen Toleranzen von ca. 5 mm eine große Herausforderung. Die Lösung brachte eine stützenbündige Konsole aus UHPC, die als Verbindungselement erst nach dem Einjustieren der Stützen betoniert wurde. Vor der Montage der UHPC-Stützen vergossen die Arbeiter die Deckenträger mit den Randbalken zu einer Deckenscheibe und legten sie auf provisorische Gerüstkonstruktionen auf (Abb. V). Nach Montage aller Stützen spannten sie die Kabel auf dem Dach und im Erdgeschoss mithilfe von Winden nach, abschließend verpressten sie Kabel und Hüllrohre mit einem speziellen Zementmörtel. Erst nach erfolgtem kraftschlüssigen Verbund zwischen Decken und Stützen entfernten sie die behelfsmäßigen Auflager. Der Stützenanschluss an den Randträger über Konsolen erleichtert auch die geometrische Ausbildung von Varianten, die der Konstruktion optisch eine lebendige

I

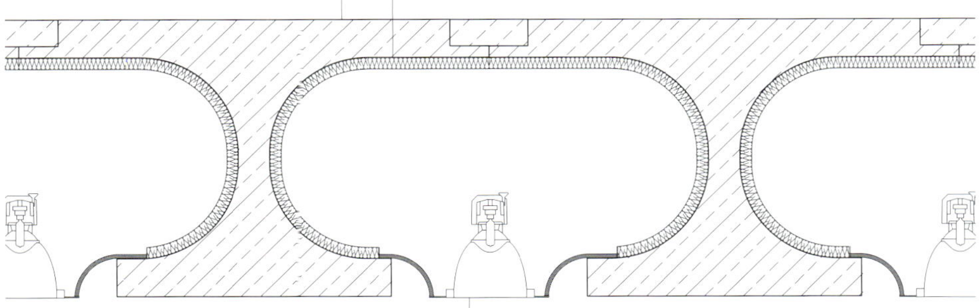

K

K Detail Geschossdecke mit Leuchtenausschnitt Maßstab 1: 20
L Blick in den Luftraum und auf die Erschließungsrampen zwischen Gitternetzfassade und den von Baumstützen umgebenen Glaskubus
M Schnitt Luftraum Gitternetzfassade und Glasfassade Ausstellung, Maßstab 1:100
N Punkthalter Gitternetzpaneel

K Detail of ceiling slab with cut-outs for luminaires scale 1: 20
L View of interstitial space and circulation ramps between the lattice facade and the glass cube bordered by tree columns
M Section through void, lattice facade and glazed facade (exhibition space) scale 1:100
N Point-fixed lattice panel

L

Plastizität verleihen: Wo die Stütze ohne Unterbrechung vor dem Deckenträger vorbeiläuft, sind keine Konsolen erforderlich (Abb. R 1). Beim zweiten Fall schließt die Stütze mit dem gesamten Querschnitt an die Konsole an (Abb. R 2), im dritten Fall liegt der Querschnitt des Stützenkopfs zur Hälfte unter dem Randträger und zur anderen Hälfte unter einer weniger tiefen Konsole (Abb. R 3).

Kontinuierliches Netz aus Elementen

Die äußere Gebäudehülle besteht aus selbsttragenden UHPC-Elementen, die in Gitternetzstrukturen aufgelöst sind. Auch hier dienten Mutterformen aus Holz als Grundlage für die Negativform mit den scharfkantigen Querschnitten von 80 × 70 mm. Das Standardformat misst 3 × 5,80 m, an den Rändern kommen Sonderformate zum Einsatz (Abb. C). Drei unterschiedliche Muster werden zu einer Endlosstruktur angeordnet, die aufgrund der minimalen Fugen als kontinuierliche Einheit erscheinen, die einzelnen Elemente sind nur aus der Nähe ablesbar (Abb. G). Die vertikal angeordneten Paneele stehen am Fassaden-Fußpunkt auf dem Boden auf und sind über je zwei eingelassene Dorne mit dem darüberliegenden Fassadenelement verbunden. Um Horizontallasten aufnehmen zu können, verlaufen diagonale Edelstahlstreben von den Stützen bzw. Pfosten der Glasfassaden über die umlaufenden Rampen hinweg zu den Gitterelementen. Kreuzförmige Punkthalter, die in zwei Richtungen beweglich gelagert sind, halten zwei benachbarte Gitterelemente in den Vertikalfugen (Abb. C, F) sowie bei Randelementen in den Horizontalfugen (Abb. N). Jedes Standardelement wird von vier solchen Streben gehalten. Die gelenkige Lagerung verhindert Spannungen im Material durch Windkräfte und Temperaturausdehnungen.
Die horizontal gelagerten Elemente des Dachs liegen – getrennt durch elastische Polyurethanauflager – auf einer Metallunterkonstruktion auf, die auf den T-förmigen UHPC-Stützen des Dachrands montiert ist (Abb. E).

1 Deckenelement Betonfertigteil C70 3 × 23 m, vorgespannt
2 Akustikdämmung
3 Deckeneinbauleuchte
4 Gitternetzpaneel UHPC horizontal Querschnitt 70 × 80 mm, Format 3000 × 5800 mm
5 Dachträger UHPC
6 Gitternetzpaneel UHPC vertikal Querschnitt 70 × 80 mm, Format 3000 × 5800 mm
7 Aussteifung Edelstahlstreben mit kugelgelagertem Punkthalter
8 Randträger Ortbeton C70, nachgespannt
9 Verbindungskonsole UHPC
10 Baumstütze UHPC, nachgespannt
11 Glasfassade Ausstellungsräume Isolierverglasung, textiler Blendschutzvorhang
12 Rampe UHPC-Platten 20 mm Unterkonstruktion Stahlträger ⊔
13 Abhängung Rampe Edelstahlstab
14 Absturzsicherung Glas
15 Auflager Netzfassade: Randbalken Stahlbeton

1 ceiling module: 3 × 23 m, pre-tensioned
2 acoustic insulation
3 recessed luminaire
4 horizontal UHPC lattice panel: 70 × 80 mm cross section, 3,000 × 5,800 mm format
5 UHPC roof beam
6 vertical UHPC lattice panel: 70 × 80 mm cross section, 3,000 × 5,800 mm format
7 stainless-steel strut, point-fixed, ball-bearing hinge
8 C70 in-situ concrete edge beam, post-tensioned
9 UHPC connecting bracket
10 UHPC tree column, post-tensioned
11 glazed facade fronting exhibition spaces: double glazing, glare-protection curtain (cloth)
12 ramp: 20 mm UHPC panel supporting structure: steel-channel beam
13 ramp suspension: stainless-steel rod
14 safety railing: glass
15 lattice-facade support: reinf.-concrete edge beam

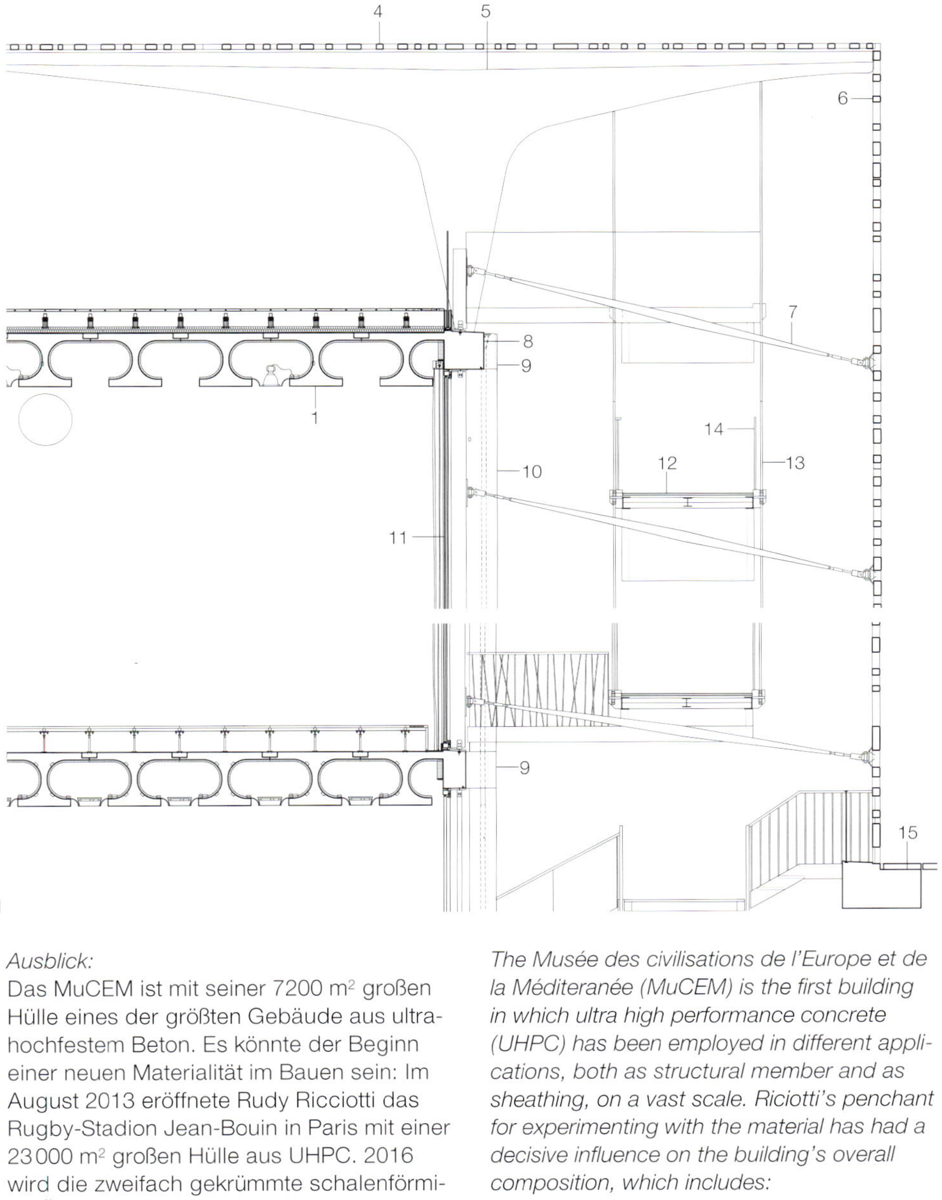

M

N

Ausblick:
Das MuCEM ist mit seiner 7200 m² großen Hülle eines der größten Gebäude aus ultrahochfestem Beton. Es könnte der Beginn einer neuen Materialität im Bauen sein: Im August 2013 eröffnete Rudy Ricciotti das Rugby-Stadion Jean-Bouin in Paris mit einer 23 000 m² großen Hülle aus UHPC. 2016 wird die zweifach gekrümmte schalenförmige Überdachung des Metroeingangs Forum des Halles von Patrick Berger eröffnet. Ultrahochfester Beton ist noch immer in der Experimentierphase. Seinen festen Platz im Repertoire der architektonisch und technologisch hochwertigen Baustoffe hat er bereits eingenommen. DETAIL 11/2013

The Musée des civilisations de l'Europe et de la Méditeranée (MuCEM) is the first building in which ultra high performance concrete (UHPC) has been employed in different applications, both as structural member and as sheathing, on a vast scale. Riciotti's penchant for experimenting with the material has had a decisive influence on the building's overall composition, which includes:

- *a 76 m free-span skywalk with a depth of just 1.80 m*
- *a building envelope made of 384 self-supporting sun-shading modules; the standard format measures 3,000 × 5,800 mm, the cross section of the latticework is only 80 × 70 mm*
- *308 tree columns in which post-tensioning of vertical fibrated-concrete elements is employed for the first time*
- *the foot-traffic-bearing surface – only 20 mm in cross section – of the 820-metre-long suspended ramp situated between envelope and core.*

Owing to its outstanding physical and chemical properties, UHPC is increasingly becoming an alternative to conventional structural materials. Testing shows it to be considerably more durable than standard concrete; its strength – approaching that of steel – is 6 to 8 times as high. In addition, the fine metal or synthetic fibres it contains give it exceptional tensional strength. Thanks to UHPC's closed

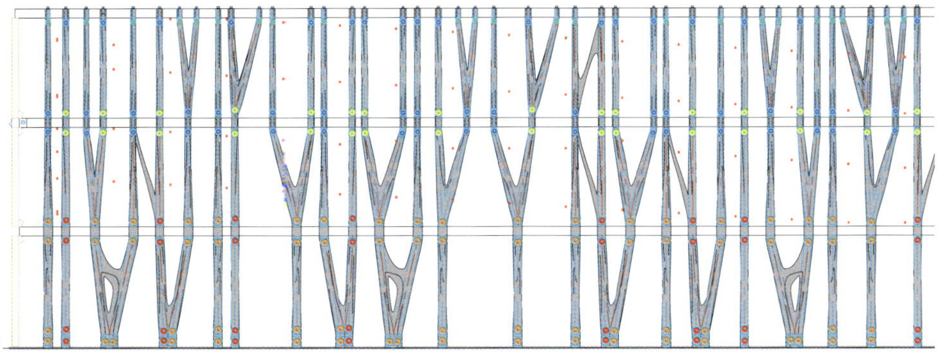

O

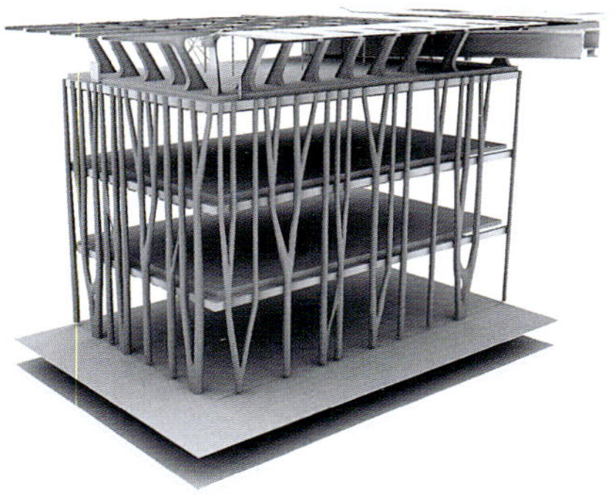

P

Q

O Ansicht Baumstützen UHPC über drei Geschosse
P 3D-Darstellung Tragwerk
Q Blick zum Dach entlang der Baumstützen
R Drei unterschiedliche Geometrien beim Anschluss der Stützen an Randbalken bzw. Konsole
1 Stütze läuft vor Randbalken frei vorbei
2 Stützenkopf schließt mit gesamtem Querschnitt an die Konsolen
3 Stützenkopf schließt mit je halbem Querschnitt an Konsole und Randbalken an

O Elevation of tree columns: UHPC across three levels
P Perspective of structural system
Q View toward roof along tree columns
R 3 different geometries where columns connect to edge beam or bracket
1 column continues past edge beam
2 entire cross section of column's top connects to bracket
3 half of column top connects to bracket, half to edge beam

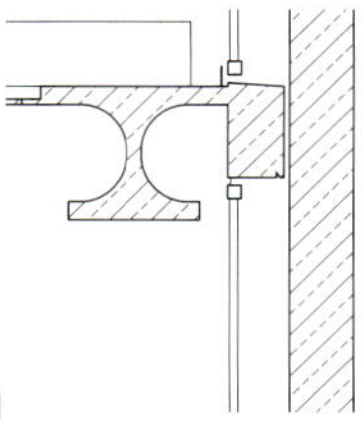

R 1

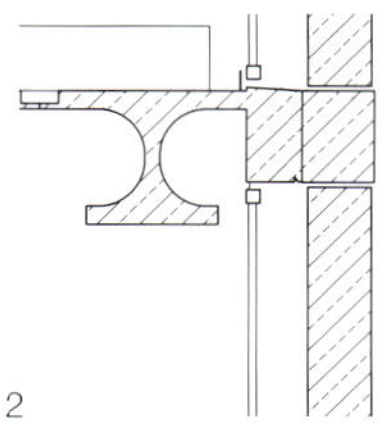

2

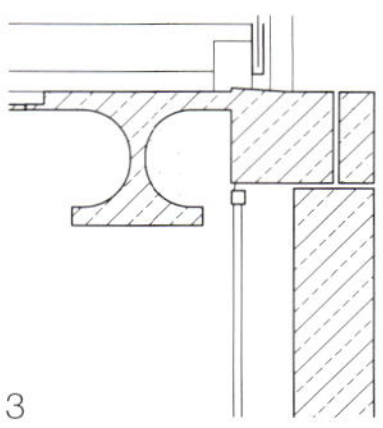

3

cell structure, it is airtight and watertight and resistant to aggressive chemicals and saltwater. Fibrated concrete has been in use for twenty years for chemical tanks, sculptures, stair steps, and facade modules. The first pilot projects with the newly developed material as structural member date to 2002 – and were typically pedestrian bridges. It turns out that UHPC opens up possibilities: the material can be compacted to an unusually high degree so that the edges are more crisp and profiles more slender than in standard concrete. It is possible, for example, to cast grilles with intricate patterns as solar protection.

Man-made stone between port and sea

On a spit of land, the new museum marks the entrance to the Old Port. The latticework that sheathes the new structure makes reference to the monolithic walls of Fort Saint-Jean; the new pedestrian bridge connects the two (Fig. A). The exhibition area is situated in the 19-metre-high volume. The sides of the outermost shell of the square floor plan measure 72 metres; those of the glass cube within 52 metres (Fig. B). On the interior, where one's eyes are directed across the Mediterranean toward North Africa, the animated play of light and shadow on the floors and walls is reminiscent of the effect of sunshine on the water's surface (Fig. E). Associations with Arabic ornamentation are deliberate: the exhibitions are dedicated to the rich cultural history of the countries bordering the Mediterranean. The transparent skin serves as sun protection. It is hung in front of the glazed cube where the solar radiation is strongest – at the south and west facades, and above the roof surface. The main entrance is on the north at ground level. This is where the architectural promenade begins: as visitors walk up the ramps, which call to mind a ziggurat in ancient Mesopotamia, they pass between the exhibition spaces and the delicate latticework. The sensual experience had while moving through this interstitial space – a space between realms – is reinforced by the tree columns superimposed on the glazed facades' orthogonal grid (Figs. L, Q). At the end of the ramp is the lofty roof terrace with café.

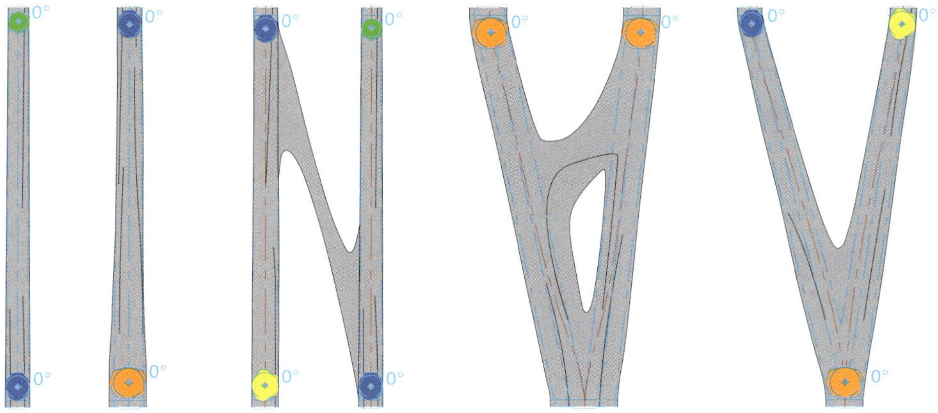

S

T

Geometry of the modular columns

The 3 exhibition levels are lined by a total of 308 precast tree columns in different shapes (Fig. P). They can be classified in 3 categories: straight columns with parallel or tapering form; Y-shaped columns (9 types); and N-shaped columns (2 types). These parts can also be inverted, doubling the number of variations (Fig. S). The columns' heights vary, depending on the storey: 2.79 m, 5.51 m, 6.12 m, and 8.79 m, with diameters of either 25 or 40 cm.

Formwork and mounting

Each type of precast unit requires custom-made formwork. First a carpenter produces the desired form in wood (Fig. T; upper left). A negative form – the final concrete formwork – is made of glass-fibre reinforced plastic from this wooden master mould (Fig. T; right). Conduit is placed in the formwork; later it will hold the post-tensioning cables. In contrast to conventional concrete, no unstressed reinforcement is used in UHPC. To counteract its extreme brittleness and to increase its tensile strength, metal and polypropylene fibres are included in the casting mix. The mix is poured into the upright form so that the force of gravity causes the fibres to align themselves with the direction of the stresses.

Post-tensioning the facade bottom to top

While the form of the columns – particularly the diagonal branches – provides stiffening in the plane of the facade, when eccentric loads are applied, they will buckle perpendicularly to it. The columns were post-tensioned to control this phenomenon. In an initial structural concept, each column was to be post-tensioned – one storey at a time – individually. To that end, entry and exit ports were to be incorporated at the base and top of each column, as well as above and below the adjoining edge beams. However, to comply with earthquake safety measures enacted in 2011, the team developed a solution in which the post-tensioning occurs via cables that run from basement to roof – through three levels of columns (Fig. O). The brackets at the base and top of the columns are fashioned according to the principles of Eugéne Freyssinnet, a pioneer in prestressed concrete: as hinged bearing. Like the columns, they are also of UHPC. Therefore, because only one material is used, these brackets are maintenance-free. The tension cables pass through them and compress the columns and pre-tensioned beams into a homogeneous yet elastic structural system. The secured – but flexible – column brackets can absorb the continual material expansion and contraction caused by temperature fluctuation, as well as sudden horizontal jolts caused by earthquakes. To receive permission to build it was necessary to demonstrate the brackets' capacity, as well as that of the overall structure, in tests. At the same time, in cooperation with the building authorities, the team developed computational software capable of taking the columns' complex geometry into account.

Ceiling slab and column connections

Each of the 52 × 52 m seamless ceiling decks is made up of 23-metre-long prefabricated ceiling components that are cast – on site – in a shear-resistant bond with the post-tensioned edge beams (Figs. K, L). In the design submitted to the competition, Riciotti foresaw ceiling panels in UHPC, but, to save costs, C70 concrete was used. They were produced in a pre-tensioning process in which the concrete is poured around the cables necessary to create the shear-resistant bond. Because the admissible tolerance was a mere 5 mm, it was a great challenge to achieve dimensionally accurate connections and precise direction of forces from the in-situ-concrete edge beams into the precast UHPC columns. The solution: a UHPC bracket flush with the respective column in which the concrete was not poured until the location of the columns had been fine-tuned. Prior to the installation of the UHPC columns, the construction workers poured the concrete ceiling and edge beams; thus, they act in unison. They also set up temporary supports. Once all of the columns were mounted, the cable was secured on the roof and ground floor and tightened with a winch. Then the supports were removed. The brackets also facilitated varying the geometry of the columns.

S vier Stützentypen und ihre Varianten: gerade, konische, N-förmige und Y-förmige Stützen, fünf unterschiedlich große Stützenquerschnitte sind durch die Farben Rot (Abb. O), Orange, Blau, Gelb und Grün gekennzeichnet
T Prototyp Baumstütze aus Holz sowie Schalung für endgültige UHPC-Stütze
U 3D-Modell einer Y-förmigen Stütze
V Montage der UHPC-Fertigteilstützen: an die bereits vorhandenen Decken mit Randbalken werden die Stützen über eine UHPC-Konsole angeschlossen.

S 4 column types and variations: straight, conical, N-shaped and Y-shaped, the 5 different column cross sections are labelled in the colours red (ill. O), orange, blue, yellow and green
T Wood prototype of tree column and formwork for definitive UHPC column
U 3D model of a Y-shaped column
V Installation of the UHPC precast columns: secured to roof decks (incorporating edge beams) by means of UHPC brackets

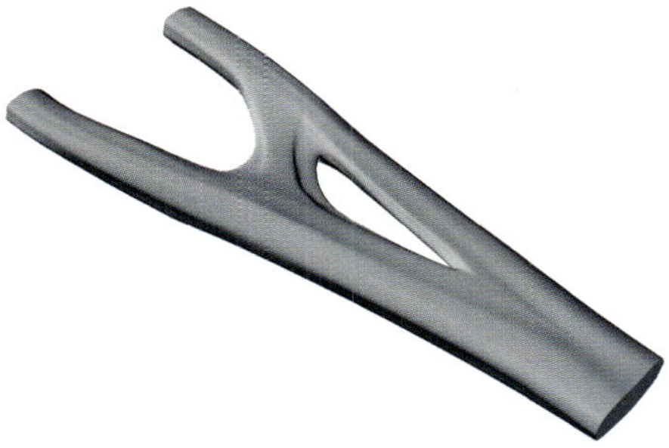

U

V

Betonfertigteile im Hochbau

Precast Concrete Components in Building

Max Bögl, Andreas Gierer

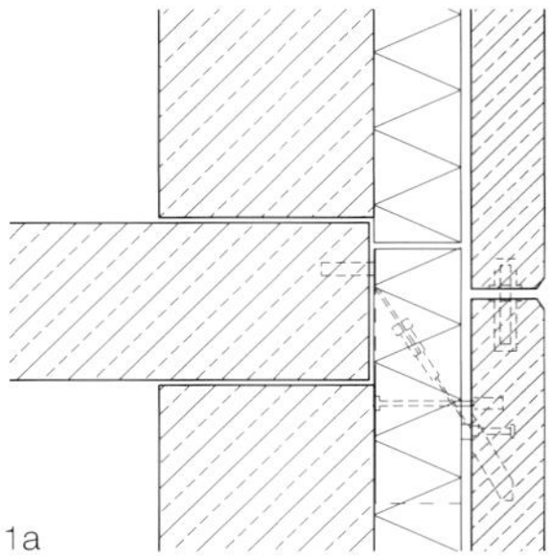

1a

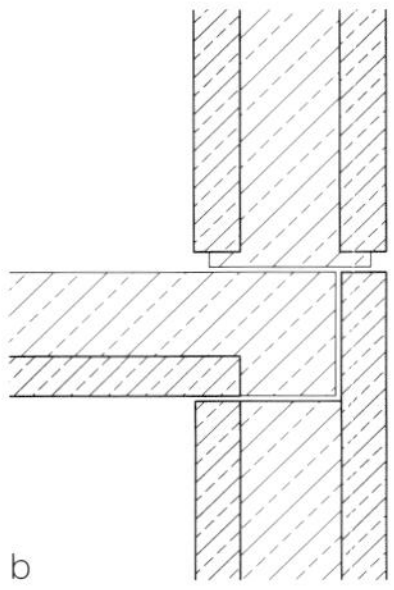

b

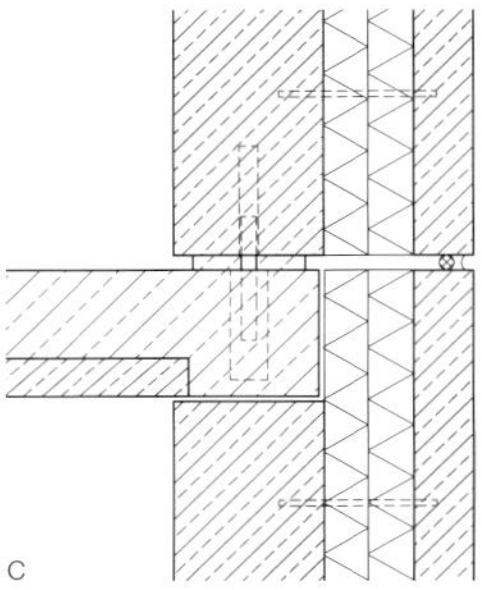

c

Betonfertigteile sind heute in vielen Bereichen des Bauens selbstverständlich. Im Gewerbe- und Industriebau werden sie aufgrund großer Spannweiten und der möglichen Serienproduktion in großem Umfang eingesetzt. Auch im kleinteiligen Hochbau sind vorgefertigte Bauteile wie Elementdecken, Treppenläufe und Balkonplatten üblich. In wirtschaftlicher Hinsicht konkurriert das Fertigteil mit dem Ortbeton. Aufgrund niedriger Lohnkosten ist dieser immer noch relativ günstig.

Die Vorteile der Vorfertigung sind

- eine verkürzte Bauzeit (kein Aushärten, Einbauteile, Leerrohre, Aussparungen für Haustechnik, Fensteröffnungen etc. werden noch im Werk eingebaut)
- eine höhere Terminsicherheit durch geringere Abhängigkeiten von Witterungseinflüssen
- eine größere Präzision und höhere Maßgenauigkeit
- bessere Oberflächenqualitäten

Der Architekt muss jedoch wissen, was die Verwendung von Fertigteilen für ihn und das Bauwerk bedeutet. Die wirtschaftlichen, technischen, logistischen, terminlichen und gestalterischen Aspekte vermengen sich im Regelfall zu einem komplexen Gefüge. Die Entwicklungen der letzten Jahre zeigen, dass Beton aufgrund der gewonnenen Präzision in der Herstellung und der hohen Druckfestigkeit auch ein Hochleistungsbaustoff sein kann, der in Zukunft in bestimmten Bereichen sogar Stahl ersetzen wird.

Die nachfolgend angesprochenen Themen erheben keinen Anspruch auf Vollständigkeit. Sie beleuchten Teilaspekte oder Details und geben einen Ausblick auf die weitere Entwicklung und die Einsatzmöglichkeiten von Stahlbetonfertigteilen.

Einstieg in den Fertigteilbau

Sinnvoll ist die Zusammenarbeit mit einem Tragwerksplaner, der Erfahrung im Fertigteilbau hat. Mit ihm kann die Konstruktion elementiert und für den Fertigteilbau optimiert werden, ebenso nichttragende Bauteile wie Fassadenverkleidungen. Auch die direkte Zusammenarbeit mit der Fertigteilindustrie ist möglich, da die Wirtschaftlichkeit von vielen Faktoren des Baubetriebs abhängt. So spielen z. B. die Transportkosten eine große Rolle. Generell gilt, je komplexer das Bauteil ist, desto weiter kann der Transportweg sein. Die hohen Wegekosten lassen sich hier leichter kompensieren als bei Standardelementen. Zu beachten sind auch die räumlichen Verhältnisse auf der Baustelle. Kräne und Lagerflächen brauchen Platz, um die Zeitersparnis bei der Montage umsetzen zu können. Wichtig ist in jedem Fall eine frühzeitige Elementierung, am besten schon im Entwurfsprozess. Das erspart spätere Umplanungen und bietet auch gestalterisch die größten Möglichkeiten.

Standardprodukte bei Wänden

Als wirtschaftliche Transportgröße haben sich Plattenformate bis maximal 10 m Länge und 4 m Breite herausgestellt, daher weisen auch die Schaltische der Fertigungen diese Abmessungen auf.

Bei den tragenden Wänden unterscheidet man:

- Einschalige Massivwand (Abb. 1a):
  Sie ist die einfachste Bauart. Ihre Sichtseite ist im Regelfall schalungsglatt, auf der Abriebseite lässt sich durch Glätten eine ähnlich ebene Oberfläche erzielen. Erhalten solche Wände außenseitig ein Wärmedämmverbundsystem (WDVS) oder eine vorgehängte Fassade, ist im äußeren Erscheinungsbild der Fertigteilcharakter nicht mehr zu erkennen. Bei einer Verkleidung aus Betonfertigteilen ist eine Vielzahl von Einteilungen, Farben und Strukturen möglich. Das Fugenraster dieser Platten ist dann völlig unabhängig von den tragenden Elementen.
- Zweischalige Doppelwand (Abb. 1 b):
  Diese Weiterentwicklung der Massivwand wird seit etwa 20 Jahren in kombinierter Fertigteil-Ortbeton-Bauweise hergestellt. Die Doppelwand besteht aus zwei statisch bewehrten Elementdecken und Gitterträgern als Abstandshalter (Abb. 14), der Verbund erfolgt im Fertigteilwerk noch im nassen Beton (Abb. 15). In dieser Form werden die Wände auf die Baustelle transportiert und montiert. Durch das Vergießen der Zwischenräume mit Ortbeton werden nicht nur Doppelwände untereinander verbunden, auch andere Bauteile wie Anschlussbewehrungen oder Fugenbänder können in diesem Arbeitsschritt eingebaut werden. Die beiden Elementdecken haben eine minimale Stärke von jeweils 6 cm. Wände mit einer Gesamtstärke von 18 bis 40 cm Dicke sind möglich. Ein großer Vorteil ist die beidseits schalungsglatte und malerfertige Oberfläche. Das obere oder untere Überstehen einer Wandschale erspart auch die Randschalung beim Betonieren der Geschossdecke (Abb. 1 a). Auch winkelförmige Bauteile zur Ausbildung von Außenecken und werkseitige Aussparungen, z. B. für Fenster, sind üblich.
- Sandwichwandplatte (Abb. 1 c):
  Dieses Fertigteil ist eine wirtschaftliche Lösung für kerngedämmte Wandkonstruktionen. Es wird – beginnend mit der Vorsatzschale – Schicht um Schicht betoniert. Zwischen der Vorsatz- und Tragschale liegt die zweilagige Dämmung mit versetzten Stößen. Je nach Anforderung ist als Dämmmaterial expandiertes oder extrudiertes Polystyrol und Mineralwolle möglich. Den statischen Verbund beider Schalen stellen im Fertigungsprozess einbetonierte Edelstahlanker her. Anker aus glasfaserverstärktem Kunststoff verbessern die Dämmeigenschaft, da sie weniger Wärme leiten. Die maximale Fertigungslänge beträgt auch bei Sandwichelementen 10 m. Die Vorsatzschale muss jedoch nach etwa 6 m unterbrochen werden, da sie wesentlich dünner ist und Risse sowie Verformungen auftreten könnten. Der Architekt muss sich bewusst sein, dass die Sandwichplatte bereits die fertige Fassadenoberfläche zeigt. Die Elementierung der tragenden Wände tritt also grundsätzlich mit dem Fugenbild nach außen in Erscheinung. Innerhalb gewisser Grenzen kann die Vorsatzschale jedoch von der Tragschale abweichen, z. B. bei Deckenauflagern (Abb. 1 c) und Außenecken (Abb. 9, 10). Bei Attikaabdeckungen und Fensteröffnungen kann die Vor-

1 Wand-Decken-Anschluss:
   a Ortbetonwand und -decke mit vorgehängter Fassade aus Betonfertigteilen
   b Doppelwand und Elementdecke mit Aufbeton
   c Sandwichfassade und Elementdecke mit Aufbeton
2 Deckenplatten mit möglichen Abmessungen und Spannweiten: a »schlaffe« Elementdecke, b vorgespannte Elementdecke, c TT-Platte
3 Schulungsgebäude mit vorgehängter Fassade in Neumarkt, 2011; Architekten: Bögl Gierer

1 Junctions between floor and wall:
   a in-situ concrete floor and wall with precast concrete curtain-wall facade
   b two-skin wall; floor units with concrete topping
   c sandwich facade; floor units concrete topping
2 Floor slabs with possible dimensions and spans:
   a non-stressed floor elements;
   b prestressed floor elements; c TT slab
3 Training centre with curtain-wall facade in Neumarkt, 2011; architects: Bögl Gierer

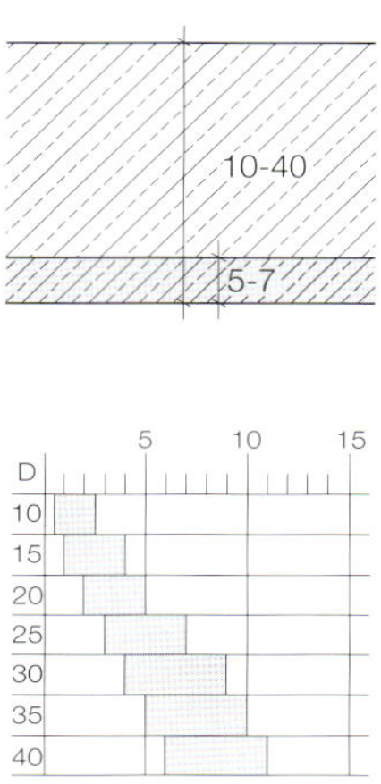

2a

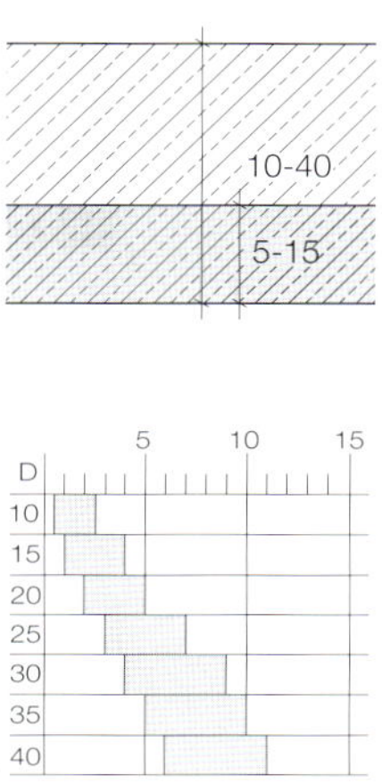

b

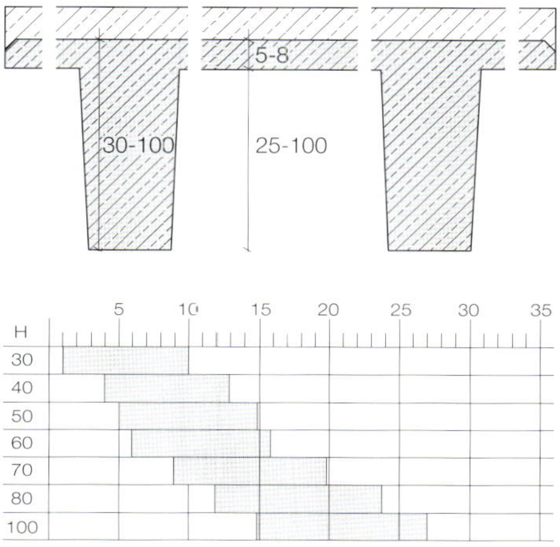

c

satzschale auch abgewinkelt werden. Zusätzliche Scheinfugen lassen gewisse Gestaltungsspielräume (Abb. 11, 12).

Standardprodukte bei Decken

Bei vorgefertigten Deckenplatten unterscheidet man zwischen Elementen mit und ohne Ortbetonergänzung. Stahlbetonvollplatten werden im Fertigteilwerk hergestellt und sind nach der Montage sofort voll belastbar. Das hohe Gewicht schränkt die Plattenabmessungen und somit den Transport und die Montage (Traglasten des Krans) jedoch erheblich ein. Daher gibt es wirtschaftlichere Lösungen, die je nach Bauvorhaben individuell zu lösen sind. Die am häufigsten eingesetzten Bauteile sind:

- Elementdecken (Abb. 2a):
  Dies sind so genannte Halbfertigteildecken. Sie bestehen aus nur 5–7 cm dicken Stahlbetonfertigteilplatten, die auf der Baustelle mit Ortbeton ergänzt werden und damit ihren statisch erforderlichen Querschnitt erhalten. Die raue Oberfläche und die Gitterträger des Fertigteils stellen die Verbindung mit dem Ortbeton her. Die aufwändige Schalung entfällt bei diesen Elementen, lediglich eine Montageunterstützung ist bis zur Aushärtung des Aufbetons erforderlich. Die Breite der Deckenplatten variiert zwischen 80 und 300 cm, die maximale Spannweite beträgt 11 m. Die Plattenstöße der ansonsten homogenen Untersichten sind zu verspachteln. Als Sichtbetonfläche ist die Elementdecke nur bedingt geeignet, zumal auch die Montagehilfen Flecken verursachen können.
- Vorgespannte Elementdecken (Abb. 2b):
  Bei diesen Fertigteilen kann die Montageunterstützung entfallen, ein Vorteil ist dies z.B. bei großen Raumhöhen. Durch die Vorspannung erhöht sich auch die mögliche Verkehrslast bei gleichzeitig geringer Durchbiegung. Abmessungen, Spannweiten und Fertigstellung gleichen der sogenannten »schlaffen« Elementdecke.
- TT-Platte (Abb. 2c):
  Diese Deckenelemente werden vorwiegend im Gewerbebau und bei besonders hohen Verkehrslasten eingesetzt. Sie sind meist vorgespannt und können mit einer entsprechend statisch bewehrten Ortbetonergänzung bis zu 27 m überspannen. Auch TT-Platten ohne Aufbeton sind möglich. Aussparungen werden generell noch im Fertigteilwerk hergestellt.
- Vorgespannte Hohlkammerdecken:
  Nach einer unterstützungsfreien Montage ist die Decke sofort voll belastbar. Durch Vergießen der bewehrten Fugenzwischenräume werden die einzelnen Elemente kraftschlüssig miteinander verbunden. Mit einer 40 cm hohen Decke kann man je nach Verkehrslast 13 bis 15 m stützenfrei überspannen.

Individualisierung der Fertigteile

Bauen mit Fertigteilen bedeutete bis in die 1990er-Jahre eine möglichst hohe Anzahl identischer Bauteile. Sonderelemente reduzierten sofort die Wirtschaftlichkeit, da Veränderungen der Schalung von Hand vorgenommen werden mussten. Aufgrund der weitgehend automatisierten Fertigungen hat sich dies stark verändert. Heute werden Abweichungen vom Standardbauteil computergesteuert auf dem Schaltisch umgesetzt. Auch die Möglichkeiten der Formgebung sind nun größer. Vor allem zweidimensional gekrümmte Geometrien können jetzt CNC-gesteuert mit höchster Präzision in die Gussform gefräst werden. Grundsätzlich gilt aber immer noch: viele Unikate reduzieren die Wirtschaftlichkeit. Schon beim Entwurf werden die Weichen gestellt. Eine mögliche Vorgehensweise ist z.B. die Fertigung eines immer gleichen Rohlings, der dann durch Weiterbearbeitung individualisiert wird.

3

4–8 Schulungsgebäude aus Fertigteilen mit vorgehängter Fassade, Neumarkt, 2011; Architekten: Bögl Gierer; Zeichnungen Maßstab 1:20
4 Außenecke mit abgewinkelter Vorsatzschale
5 Sturzausbildung mit Scheinfuge in der Vorsatzschale
6 Fassadenausschnitt mit Außenecke
7 Attika und Sturz der Schulungsräume
8 Fassadenausschnitt der Schulungsräume

4–8 Training centre in Neumarkt, 2011: precast concrete elements with curtain-wall facade; architects: Bögl Gierer; drawings scale 1:20
4 Outer corner with angled curtain-wall element
5 Detail of lintel with dummy joint in curtain wall
6 Facade at outer corner
7 Parapet wall and lintel over teaching tract
8 Facade to teaching tract

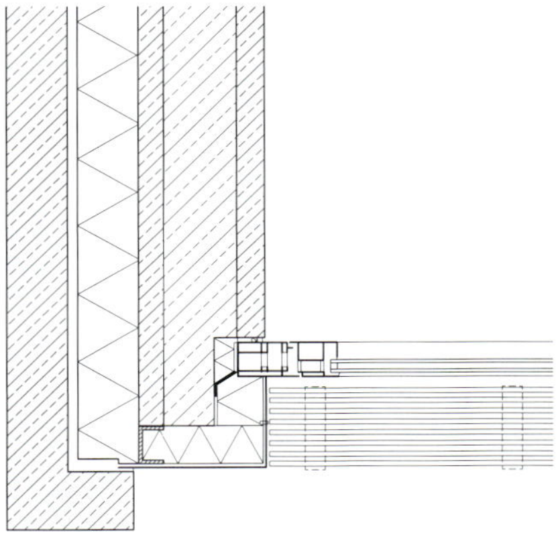
4

5

Einbauteile im Fertigungsprozess
Die Arbeitsbedingungen in Fertigungshallen ermöglichen eine hohe Präzision bei Stahlbetonfertigteilen. Daher bietet sich die Montage von Einbauteilen bereits im Werk an. Üblich ist dies vor allem bei Verankerungen und Befestigungsvorrichtungen aus Stahl, Elektroinstallationen wie Dosen oder Leuchtengehäuse sowie Bauteilaktivierungen. Diese werden auf Elementdecken verlegt und im Aufbeton eingegossen oder bei dickeren Platten gleich in das Fertigteil eingelegt. Die Leitungen der einzelnen Bauteile werden außerhalb an den Elementübergängen verbunden, z.B. im Bodenaufbau oder in einem Technikkanal.
Das Versetzen der Fertigteile und die Montageunterstützung auf der Baustelle erfordern Schraubhülsen oder ähnliche Einbauteile. Deren Position sollte der Architekt mit dem Tragwerksplaner bzw. dem ausführenden Unternehmen klären, da sie im ungünstigen Fall später sichtbar sind. Sie können aber auch ein Gestaltungselement sein.

Oberflächen
Durch die industriellen Bearbeitungsmethoden hat man im Fertigteilbau mehr Möglichkeiten zur Oberflächengestaltung als beim Ortbeton. Unterschiedliche Zuschlagstoffe oder Pigmente bestimmen das Erscheinungsbild ebenso wie in die Schalung eingelegte Matrizen. Die bei Plattenbauteilen verwendeten Stahlschalungen und ein computergesteuertes Verdichten durch Schütteln ergeben eine sehr glatte Oberfläche (Abb. 5, 10) mit kleinen Luftporen. Ein zweites Verdichten schüttelt die Poren nach innen. Nach dem Ausschalen kann die Oberfläche maschinell nachbearbeitet werden. Das Schleifen z.B. legt die Zuschlagstoffe frei, mit der intensiveren Färbung erhält der Beton den Charakter von Naturstein. Auch Stocken, Sandstrahlen oder Absäuern erhöhen das werksteinartige Erscheinungsbild.

Fugen- und Kantenausbildung
Die Qualität des Fugenbilds ist entscheidend für den Gesamteindruck der Fassade. Von besonderer Bedeutung ist aus diesem Grund die Ausführung der Plattenkante. Die Standardkante ist durch Einlegen einer Dreikantleiste in die Schalung um 45° abgewinkelt. Auch Silikonfugen mit einem Radius von 3 mm (Abb. 5, 10) und Dichtbänder profilieren die Plattenenden. Die gewählte Ausführung ist zu planen und auszuschreiben. Die Fugenbreite ist abhängig von der Länge des Bauteils und äußeren Einflüssen, z.B. sind Süd-West-Fassaden größeren thermischen Belastungen ausgesetzt als Elemente nach Nord-Osten. Da die Fassadenplatten nach der Herstellung noch transportiert und montiert werden, sind deren Kanten besonderen Gefahren ausgesetzt. Je empfindlicher eine Kante ist, desto aufwändiger sind die Schutzmaßnahmen. Eine Beschädigung der Kante lässt sich nachbessern, sie bleibt aber im Regelfall immer erkennbar.
Bei vorgehängten Fassaden kann die Fuge offen bleiben, bei Sandwichelementen muss sie allerdings dauerelastisch verschlossen werden (Abb. 9–11), da sonst Wasser unkontrolliert in die Konstruktion läuft. Um eine Schattenfuge auszubilden, kann der Dichtstoff tiefer in die Fuge gelegt werden, als Widerlager dient eine Hinterfüllschnur. In Innenräumen lassen sich Fugen mit Wandanschlüssen verdecken. Bleiben sie sichtbar, können sie verspachtelt oder auch hier zum Gestaltungselement werden.

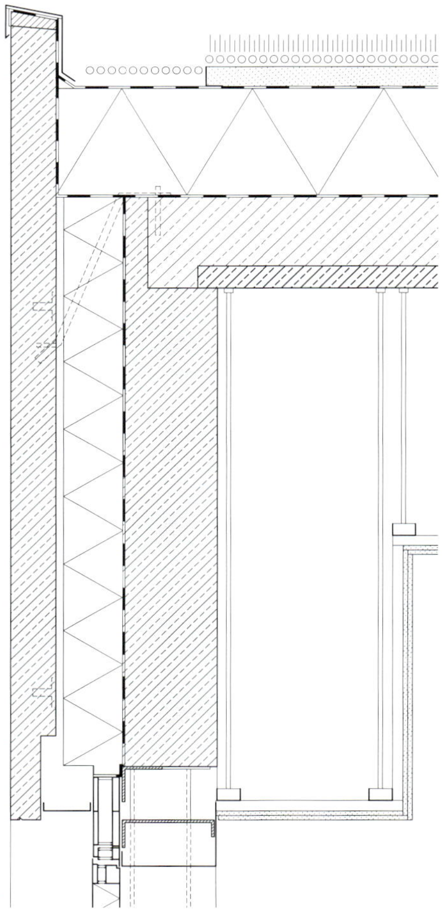
7

6

8

9–12 Bürogebäude aus Fertigteilen mit einer Sandwichfassade in Neumarkt, 2009; Architekten: Bögl Gierer; Zeichnungen Maßstab 1:20
9 Außenecke mit verlängerten Vorsatzschalen
10 Außenecke der Sandwichfassade mit vertikaler und horizontaler Fuge
11 Attika und Sturz des Eingangsbereichs
12 Südfassade mit echten Fugen und Scheinfugen, Eingang mit zweigeschossigem Stahlvorbau

9–12 Office building in Neumarkt, 2009: precast concrete elements with sandwich facade construction; architects: Bögl Gierer; drawings scale 1:20
9 Outer corner with curtain wall extended in length
10 Outer corner of sandwich facade with vertical and horizontal joints
11 Parapet wall and lintel over entrance
12 South facade with real and dummy joints; entrance with two-storey steel porch

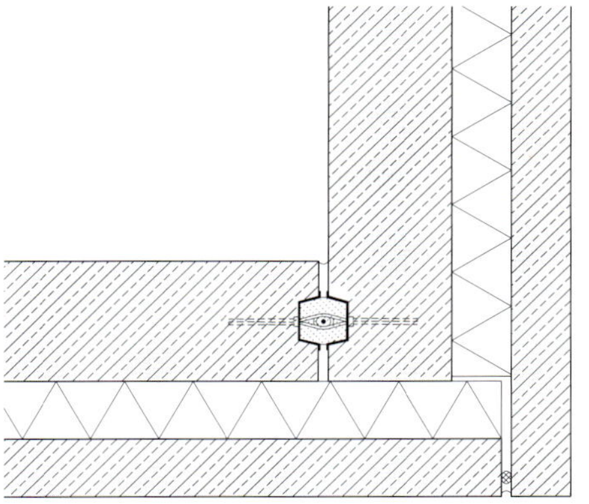

9

10

Neue Materialien und Bearbeitungsmethoden
Die in den vergangenen Jahren neu entwickelten Materialien der Zement- und Betonindustrie werden das Bauen mit Beton langfristig verändern. Zu nennen sind hier insbesondere hochfeste, selbstverdichtende Betone und Bewehrungen in Faser- und Textilform. »Hochfester Beton« bezeichnet eine Druckfestigkeit von 100 bis 200 N/mm^2 mit einem spezifischen Gewicht von rund 2,6 kg/dm^3. Durch diese Eigenschaften reduzieren sich die Querschnitte von Bauteilen drastisch. Konventionell bewehrte Fassadenplatten mit 12 cm Dicke können bei hochfestem Beton mit Textilbewehrung in einer Dicke von nur 3 cm gefertigt werden. Die bei Stahlarmierungen erforderliche Betonüberdeckung entfällt. Die Textil- und Karbonindustrie ist gerade erst dabei, diesen Bereich für sich zu entdecken. Momentan werden hochfeste Betone vor allem im Ingenieurbau bei Brücken getestet und bei der Produktion von Windkrafttürmen auch bereits umgesetzt.
Des Weiteren reduziert eine mehrtägige Wärmebehandlung nachträgliche Formänderungen auf ein Minimum. Etwa 80 % des Schwindvorgangs sind danach abgeschlossen.
Diese Neuerungen stellen hohe Anforderungen an die Verarbeitungsbedingungen und die Mitarbeiter im Fertigteilwerk.
Auch die Bearbeitungsmethoden ändern sich. Heute kann Beton auf 1/100 Millimeter genau geschliffen (Abb. 13), gebohrt (Abb. 17) und gefräst (Abb. 18) werden. Gleiches gilt für den Schalungsbau.
Eine genaue und sorgfältige Analyse und Überwachung der Betonzuschlagstoffe im Labor und der fertigen Produkte ist dabei obligatorisch. Durch die präzise Herstellung und die hohen Festigkeiten wird Beton in manchen Bereichen das Konkurrenzmaterial Stahl ersetzen.
Im Maschinenbau sind besonders die hohe Schwingungsdämpfung und das träge Verhalten bei Temperaturschwankungen von Vorteil – denn dies garantiert eine gleichbleibende Bearbeitungsgenauigkeit.

Möbel und Objekte aus Beton
Mit Faserbewehrungen lassen sich filigrane Möbel und Objekte für den Innen- und Außenbereich mit geringen Querschnitten konstruieren. Eine Stahlarmierung ist aufgrund der erforderlichen Betonüberdeckung und die dadurch entstehenden Gewichte nur in Ausnahmefällen sinnvoll. Der sehr flüssige Beton verdichtet sich ohne Rüttelmaßnahmen, allerdings können sich an hinterschnittenen Schalungsteilen Luftblasen bilden, sie müssen nachträglich ausgespachtelt werden. Auf eine leicht konische Formgebung, die das Ausschalen erleichtert, ist aus diesem Grund zu achten. Ein für den gewerblichen Bereich entwickelter Doppelwaschtisch befindet sich derzeit im Probebetrieb. Er wiegt circa 200 kg. Die Pollerleuchte für den Außenbereich (Abb. 16) wird in einem Vorgang mit dem Kopf nach unten gegossen und beinhaltet großvolumige Einbaukästen aus Blech, in denen die LED- und Elektrotechnik untergebracht ist. Sie strahlt einerseits nach unten als Wegbeleuchtung und andererseits nach hinten, um Objekte auszuleuchten. Die Stärke der Betonwandung beträgt an vielen Stellen nur 3 cm.

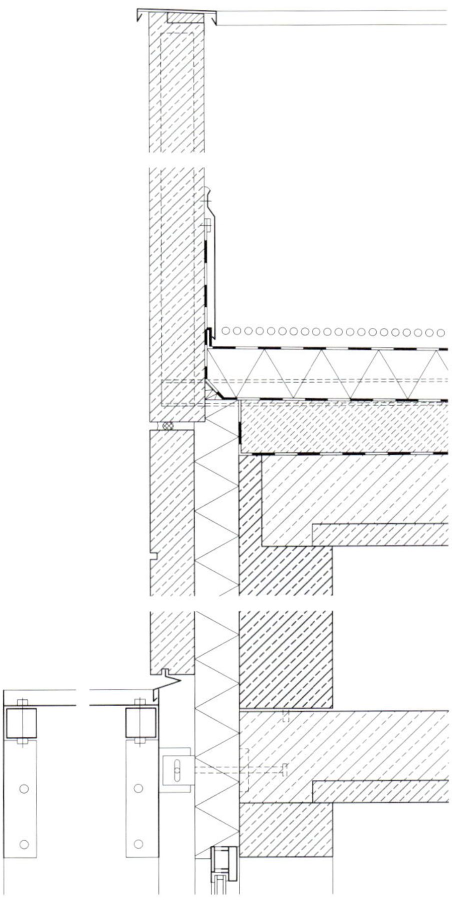

11

Ausblick
Der Betonfertigteilbau hat einen Veränderungsprozess vom groben Serienteil zum Hightech-Produkt (Abb. 13, 17, 18) vollzogen. Es lohnt sich für Architekten, das Thema Vorfertigung beim Rohbau genauer zu betrachten, da auch hier Technologie und Automatisierung weiter zunehmen werden, ähnlich wie beim Ausbau von Gebäuden. Ein weiteres Thema mit großem Entwicklungspotenzial sind Fertigteilkonstruktionen in Holz-Beton-Hybridbauweise. Sie werden bereits in unterschiedlichen Bereichen eingesetzt, zum Beispiel im Wohnungsbau, und verbinden die jeweiligen Vorteile der beiden Materialien. Die Planung und Gestaltungsmöglichkeiten sind, wie bei jeder anderen elementierten Bauweise, auch hier eine Herausforderung.
DETAIL 06/2012

12

13 computergesteuertes Schleifen eines Maschinenbauteils aus Beton
14 Betonieren einer Elementdecke bzw. der ersten Schale einer Doppelwand in der Fertigungsanlage
15 Kippstation zur Fertigung einer Doppelwand, der Verbund erfolgt im noch nassen Beton.

13 Computer-controlled smoothing of a concrete machine component
14 Concreting a floor-slab element or the first layer of a double-skin wall in the prefabrication workshop
15 Tilting station for fabrication of a double-skin wall; the bonding occurs with concrete in a wet state

13

Nowadays, precast concrete components are a common feature in building. In view of the broad spans they can cover and the scope they offer for serial production, they are widely used in industrial and commercial construction. But even in smaller structures, precast floor slabs, stair flights and balconies are not unusual and compete with in-situ work.
The advantages of prefabrication are a shorter construction period, greater reliability in meeting deadlines, increased precision and a better surface quality. One must, however, be aware of the complex relationships involved. A collaboration with a structural engineer who has experience of prefabricated forms of construction is recommended in order to determine the optimum division of a building into individual elements, including non-load-bearing elements such as facade cladding. Other factors, such as transport costs, play an important role as well. Generally speaking, the more complex a constructional unit is, the greater will be the transport distance that can be justified. Another aspect is the space available on site, for to save time during assembly, storage areas and cranes will be needed.
A division of the construction into viable elements should occur at an early stage, ideally during the design process. Maximum slab dimensions for economic transport are a length of 10 m and a width of 4 m. Formwork tables for prefabrication are, therefore, constructed to this size.

In the case of load-bearing walls, one can distinguish between the following types.

- *Solid, single-skin walls (Fig. 1 a) are the simplest form. If concrete wall elements of this kind have external thermal insulation or a facade layer in a composite form of construction, the surface finish will not usually play a role. With precast concrete cladding, a wide range of divisions, colours and textures are possible. The outer jointing pattern will depend entirely on the load-bearing elements.*
- *Double-skin walls (Fig. 1 b) have been made in a combination of precast and in-situ concrete for roughly 20 years now. Walls of this kind consist of two structurally reinforced slabs with lattice bearers as distance pieces (Fig. 14). The bonding process takes place at the prefabrication works in a wet concrete state (Fig. 15). The walls are then transported to the site and assembled. Each of the two slabs will have a minimum thickness of 6 cm. Walls with an overall thickness of 18–40 cm are possible. A smooth surface finish is another advantage of this type of element. If a wall skin projects at the top or bottom, formwork will not be necessary to the edges of concrete floors (Fig. 1 b).*
- *Sandwich slabs (Fig. 1 c) are an economic solution for walls with core insulation. They are concreted layer by layer, starting with the facing skin. The two layers of intermediate insulation should be fixed with staggered joints. Depending on the requirements, mineral wool and expanded or extruded polystyrene are suitable materials for this purpose. Stainless-steel anchors create the requisite structural bond between the two layers of concrete. Glass-fibre-reinforced plastic anchors help to improve the insulation properties. The maximum length of sandwich slabs is 10 m, but the outer facing skin must be divided at roughly 6 m intervals, since it is much thinner, and cracks and deformation could occur. The prefabrication of the load-bearing walls will, therefore, be evident in the external jointing.*

In the case of standardised prefabricated floor slabs, one distinguishes between elements with and without an in-situ concrete topping. Solid precast concrete floors are capable of bearing loads immediately after assembly. Their great weight, however, restricts the dimensions of the slabs in respect of transport and handling. More economical solutions have been developed, therefore, the most common of which are described below.

- *Prefabricated floor slabs (Fig. 2 a) consist of 5–7 cm precast concrete units to which an in-situ concrete topping is added to obtain the requisite structural thickness. The bond with the in-situ concrete is achieved through the coarse surface finish and intermediate lattice bearers on the precast units. Elements of this kind also help to avoid elaborate formwork. At most, some support may be needed until the concrete topping has hardened. The width of floor slabs ranges from 80 to 300 cm, and the maximum span is 11 m. Joints between slabs should be filled to obtain a homogeneous underside. Units of this kind are of limited suitability where exposed soffits are involved.*
- *Prestressed concrete slab elements (Fig. 2 b) do not require support during assembly. This can be of advantage where great room heights exist. Prestressing increases the live loads that can be borne and reduces the deflection of the slabs. Spans are similar to those for non-tensioned floor units.*
- *TT floor slabs (Fig. 2 c) are used mainly in commercial structures and where very great live loads occur. Slabs of this kind are usu-*

14

15

16 Pollerleuchte aus faserbewehrtem Sichtbeton, in einem Vorgang mit dem Kopf nach unten gegossen; Architekten: Bögl Gierer in Zusammenarbeit mit Lichtplaner Markus Widmann
17 Maschinenbauteil aus Beton mit polierter Oberfläche
18 Maschinenbauteil aus Beton mit gefräster Oberfläche

16 Polished luminaire bollard in fibre-reinforced exposed concrete; cast in a single process with the head downwards; architects: Bögl Gierer in collaboration with lighting planner Markus Widmann
17 Concrete machine component with polished surface
18 Concrete machine component with milled surface

Max Bögl, Studium an der TU München und ETH Lausanne, seit 1997 Architekturbüro mit Andreas Gierer, Gesellschafter und Aufsichtsratsvorsitzender der Max Bögl Bauunternehmung.
Andreas Gierer, seit 1997 Architekturbüro mit Max Bögl, seit 2005 Lehrauftrag für Methodik der Darstellung und Gestaltung an der Akademie der Bildenden Künste München, seit 2010 Professur für Entwerfen, Darstellen und Gestalten an der FH Kaiserslautern.

Max Bögl studied at the Technical University in Munich and the ETH Lausanne. Since 1997, architectural practice with Andreas Gierer; partner and chairman of board of Max Bögl construction company.
Andreas Gierer: since 1997, architectural practice with Max Bögl; since 2005, lectureship in the methodology of representation and design at the Academy of Fine Arts, Munich; since 2010, professor for design, visual representation and planning at the University of Applied Sciences, Kaiserslautern.

16

ally prestressed. With an additional in-situ reinforced concrete layer, they can span distances of up to 27 m. Openings are generally formed at works.
- *Prestressed hollow-core slabs are capable of bearing full loads immediately after assembly. No additional support is necessary during erection. The individual elements are rigidly connected by grouting the reinforced joints. Depending on the live loading, a floor slab 40 cm deep can span distances of 13–15 m without intermediate support.*

Down to the 1990s, prefabricated forms of construction could be justified only where a large number of identical elements occurred. Special units immediately reduced the economic viability of a scheme. In view of the largely automated process of prefabrication today, the situation has changed markedly. Although individual elements still reduce the economic practicability, variations can now be computer controlled. Above all, geometries that are curved in two dimensions are subject to CNC and can be formed with the greatest precision. One approach is to prefabricate standard rough castings that can be individualised through further processing. Conditions in fabrication workshops today allow a high degree of precision in the production of precast reinforced concrete elements, which makes itself apparent in aspects such as the incorporation of anchors, electrical installations, thermal activation, etc.

Assembling precast units on site and installing any supports for this purpose calls for threaded couplings or similar components. Their position should be determined in such a way that they will not be subsequently visible. Alternatively, they can be used as a design feature. With prefabricated elements, greater scope exists for surface design than with in-situ concrete. Additives and pigments can be employed to modify the appearance, or moulds can be laid in the formwork to create relief patterns. Steel shuttering and computer-controlled compaction of the concrete result in a very smooth surface (Figs. 5, 10). Subsequent grinding can bring out the aggregate, and colouration can lend the concrete a stone-like character.
The quality of the jointing pattern plays an important role in the overall impression created by a facade. The treatment of the edges of slabs is, therefore, of special importance. Standard details can be formed by inserting a 45° triangular strip in the shuttering, by using sealing strips, or by constructing silicone joints with a radius of 3 mm (Figs. 5, 10). The width of joints will depend on the length of the constructional element and other factors; e.g. the greater thermal loading to which south-west facades are subject. Care must be taken with the edges of concrete units, since they can easily be damaged during transport and assembly. Although they can be repaired, this will usually remain evident afterwards. The joints of curtain walls can be left open, whereas in the case of sandwich elements, the joints must be flexibly sealed (Figs. 9–11), otherwise moisture will enter the construction. By finishing the sealant below the surface level, shadow joints can be formed.
In recent years, the cement and concrete industry has developed many new materials. These include high-density, self-compacting concretes, and fibre and textile reinforcement. Concrete with a density of 100–200 N/mm² and a specific gravity of roughly 2.6 kg/dm³ are referred to as "high-density" types. With these, the cross sections of components can be reduced considerably. Using high-density concrete with textile reinforcement, a 12 cm conventionally reinforced facade slab could be manufactured to a thickness of 3 cm, since the covering layer can be considerably thinner. The textile and carbon industries have only just begun to explore here. In addition, subsequent thermal treatment of concrete reduces any changes of form to a minimum. Methods of working finished elements are advancing, too. Concrete can now be worked to a hundredth of a millimetre precision (Figs. 13, 17, 18). The same applies to shuttering. Concrete is becoming a rival material to steel in certain areas (Fig. 17). In mechanical engineering, for example, its property for damping vibration and its inertia when subject to temperature changes are of great advantage. Using fibre reinforcement, finely shaped concrete furnishings and other objects can be manufactured. For instance, a double washbasin, weighing roughly 200 kg, has been developed for commercial uses; and a bollard luminaire (Fig. 16), containing a large metal box with LED and electrical installations, has been cast in a single working process. Manufacturing precast concrete components has thus become a high-tech activity (Figs. 13, 17, 18), and it is worthwhile for architects to consider the subject of prefabrication more closely, since technology and automation will continue to gain ground. Similarly, wood and concrete hybrid forms of construction – already found in many realms, such as housing construction today – are yet another topic for the future.

17

18

projektbeispiele
case studies

Kirche in Kanagawa

Church in Kanagawa

Architekt / *Architects:*
Takeshi Hosaka, Yokohama
Tragwerksplaner / *Structural engineers:*
Ove Arup & Partners Japan, Tokio
Hitoshi Yonamine, Yokohama

Unweit des Ufers der Sagami-Bucht gelegen, inmitten eines beschaulichen Wohngebiets in der Region Shonan, fällt der Kirchenneubau durch seine charakteristisch geschwungene Dachlandschaft ins Auge. Obwohl die Anzahl der Christen in Japan sehr niedrig ist, konnte der 50 Jahre alte Vorgängerbau die Gemeindemitglieder nicht mehr alle aufnehmen. Die Eingeschossigkeit und die ausgewogenen Proportionen der neuen Betonkirche lassen eine harmonische Einbindung in das umliegende Wohnviertel zu. Inspiriert vom Hexaemeron der Genesis sieht der Entwurf der japanischen Architekten eine Dachkonstruktion aus sechs Kreisbogensegmenten aus Stahlbeton vor, die den 175 m^2 großen Innenraum überspannen. Die unterschiedlich großen Kreisbögen und deren spielerische, höhenversetzte Anordnung bilden eine spannende unregelmäßige Wellenform.
Abgesehen von gestalterischen Gesichtspunkten spielt die Wölbung auch eine wichtige Rolle für die Statik des Dachs. Dank der räumlichen Positionierung der Halbtonnen erreicht es eine Spannweite von 7,6 m bei einer Materialstärke von nur 25 cm. Jedes der Stahlbetonfertigteile besitzt einen Kern aus verzinkten Stahlrohren, der das Gewicht der Gewölbekonstruktion verringert. Die Kurvenform ist zudem akustisch von Vorteil: die konvex gekrümmten Flächen sorgen für eine gestreute Schallreflexion. Die seitlichen Wände, deren Oberfläche eine senkrechte Rillenstruktur aufweist, übernehmen ebenfalls eine akustische Funktion. Schlitzartige Öffnungen zwischen den Dachelementen lassen Tageslicht ins Innere des Sakralbaus dringen. Diese Oberlichter sind so angeordnet, dass das Licht im Tagesablauf gezielt einfällt: während der morgendlichen Messe als indirektes, blendfreies Licht und gegen Nachmittag als direktes Licht, das die Betonstruktur der Wände hervorhebt. Mit Hilfe einer Computersoftware wurde der Lichteintrag in 30-minütigen Intervallen über den Verlauf eines ganzen Jahres simuliert.
DETAIL 5/2015

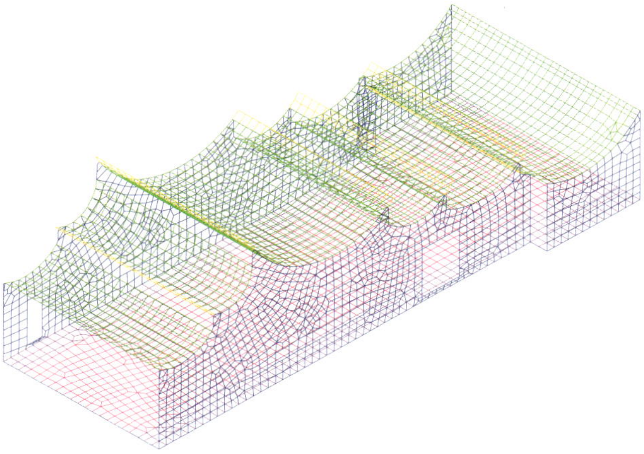

Not far from the coast of Sagami Bay, situated in a tranquil, small-scale setting in the Shonan region, is a new church whose curvaceous roofscape is an attention grabber. Although the number of Christians in Japan is very small, the previous church building – which had reached the ripe old age of fifty – could no longer hold the entire congregation. Because it is only one storey high and has well-balanced proportions, the new concrete church is harmonically integrated in the surrounding, predominantly residential neighbourhood. The Japanese architect drew inspiration from the Hexaemeron – according to the Book of Genesis, the six days in which the world was created – for the design of the roof construction, which is comprised of six reinforced-concrete arch segments that span the 175 square metre interior. The archs vary in size. By playfully staggering their height, the architect arrived at the dynamic, irregular form.
Aside from the design considerations, the curvature also plays an important role in the roof's structural engineering concept. Thanks to the spatial positioning of the partial barrel vault, the elements span 7.60 metres at a material thickness of just 25 centimetres. To reduce the weight of the vault construction, the structural concept specified that the core of each of the reinforced concrete units would contain steel pipes. The curving form is advantageous acoustically: the convex curved surfaces ensure acoustic scattering and reflection. The grooved pattern in the side walls also serves an acoustic function. Slit-like openings between the roof elements allow daylight to penetrate deep into the church's interior. These skylights are positioned in such manner that the light coming into the church throughout the day is dramatically orchestrated: during morning mass as indirect, glare-free light, and as the afternoon approaches, as direct light that accentuates the texture of the concrete wall. With the assistance of a computer program the amount of light entering the space was measured in 30-minute intervals over the course of an entire year.

Lageplan
Maßstab 1:1500
3D-Analysemodell Statik
Schnitt • Grundriss
Maßstab 1:200

1 Sakristei
2 Taufbecken
3 Altartisch
4 Sakralraum
5 Foyer
6 Eingang
7 Mehrzweckraum
8 Wickelraum
9 WC
10 Büro
11 Küche
12 Lager
13 Dienstzimmer Pfarrer

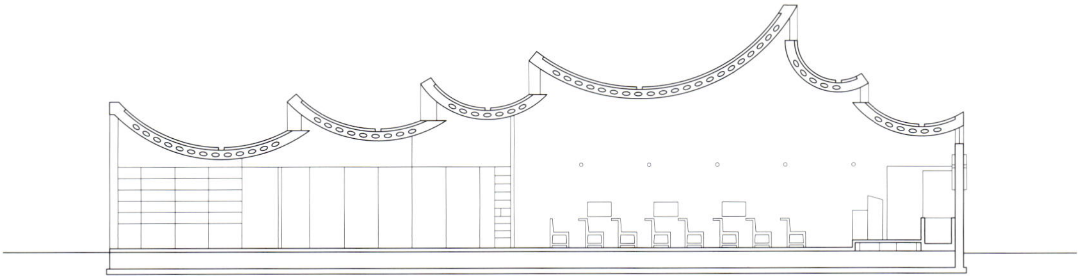

aa

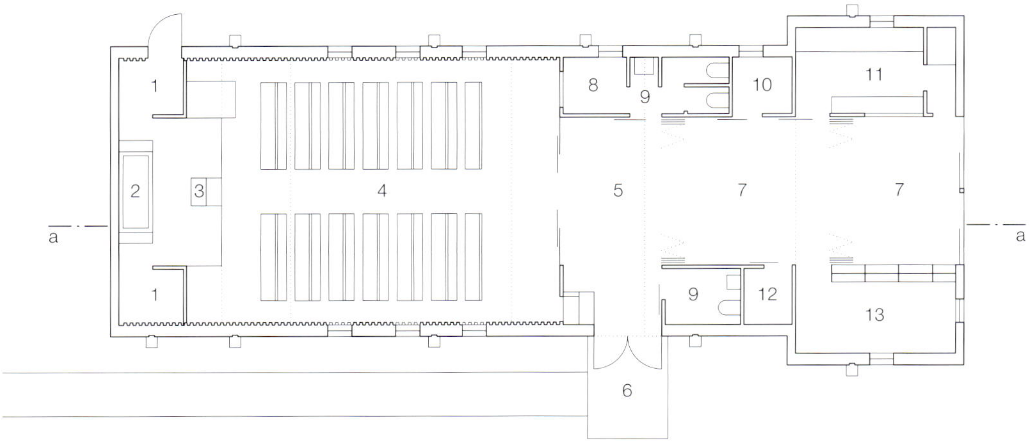

Site plan
scale 1:1,500
Structural analysis model
Section • Layout plan
scale 1:200

1 Vestry
2 Baptismal font
3 Altar table
4 Sanctuary
5 Foyer
6 Entrance
7 Multipurpose room
8 Baby-care
9 WC
10 Office
11 Kitchen
12 Storage
13 Pastor's office

Längsschnitt
Maßstab 1:50
Detailschnitt Oberlicht
Maßstab 1:20

Longitudinal section
scale 1:50
Sectional detail of skylight
scale 1:20

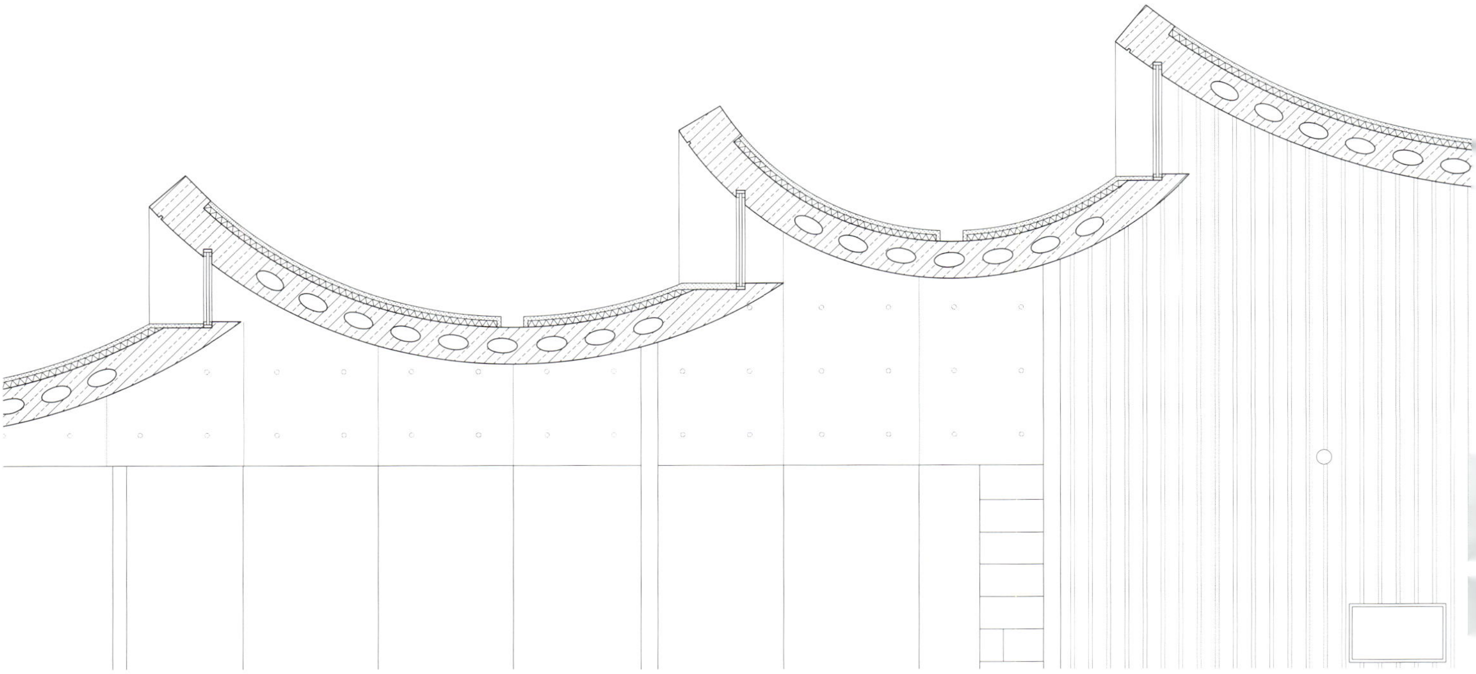

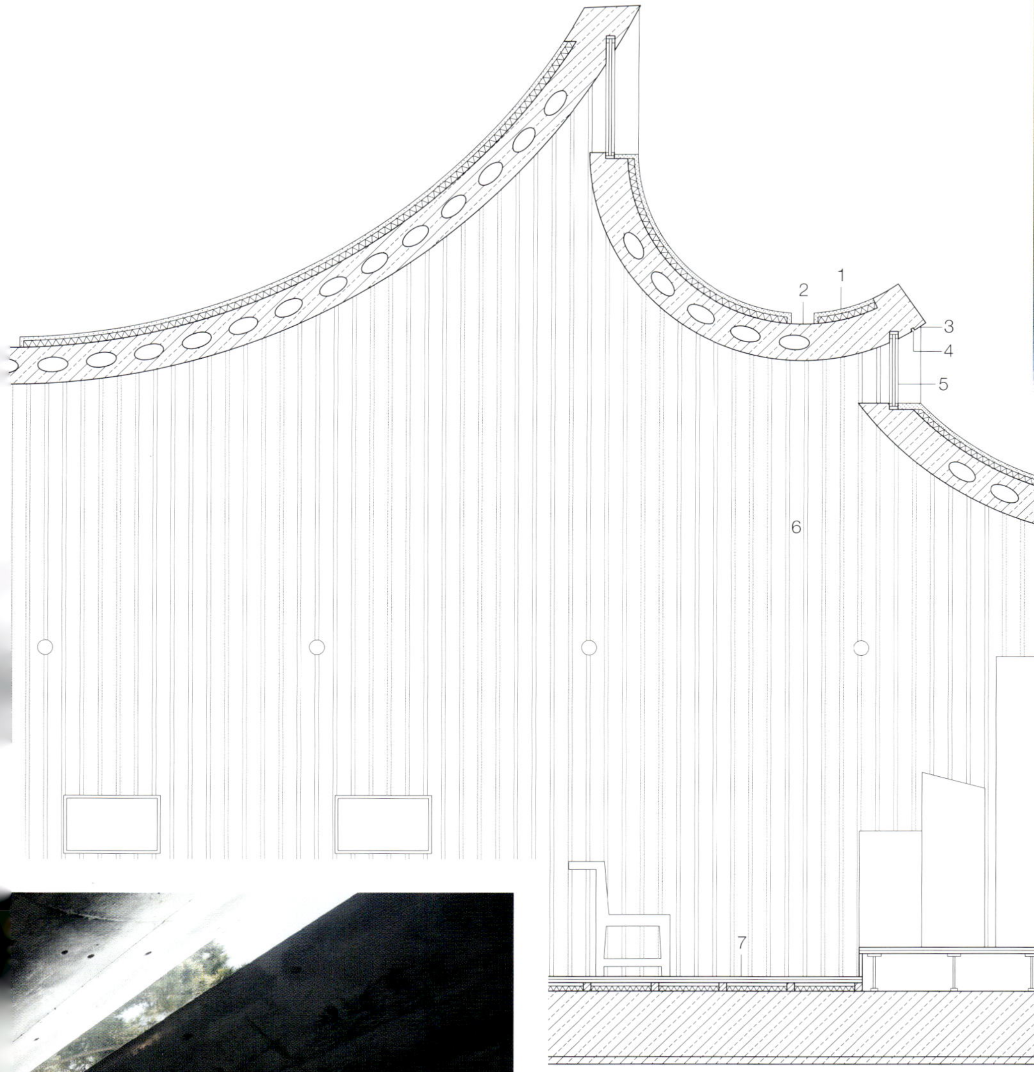

1 Dachdichtung PU-Harz, Mörtelschicht 25 mm
Dämmung 40 mm, Beton-Fertigteil 250 mm
Hohldeckenkonstruktion mit Stahlrohren verzinkt
2 Entwässerungsrinne, 150 mm breit
3 Beschichtung wasserabweisend
4 Tropfkante
5 Oberlicht: Isolierverglasung
Float 6 mm + SZR 6 mm + Float 6 mm
6 Wand Stahlbeton 370 mm, Oberfläche gerillt, Rillenbreite 45 mm, Tiefe 50 mm
mit Schallabsorber 30 mm
7 PU-Lack, Parkett Walnuss 15 mm
Sperrholzplatte 12 mm, unterseitig Fußbodenheizung, Hohlraum 12 mm, Lagerholz 60 mm/ Dämmung PU 30 mm, Stahlbeton 450 mm, Stahlbeton 50 mm, Kiesschicht 100 mm

*1 roof sealing layer: PU resin; 25 mm mortar
40 mm insulation; 250 mm precast hollow core slab with integrated galvanised-steel pipes*
2 gutter, width: 150 mm
3 water-repellent coating
4 water drip
*5 double glazing in skylight: 6 mm float +
6 mm cavity + 6 mm float*
6 370 mm reinforced concrete wall, grooved surface, groove width: 45 mm, groove depth: 50 mm, with 30 mm sound absorbers
*7 PU lacquer; 15 mm nut parquet
12 mm plywood; 12 mm cavity/underfloor heating
60 mm floor battens/30 mm PU insulation
450 mm reinforced concrete
50 mm reinforced concrete; 100 mm gravel*

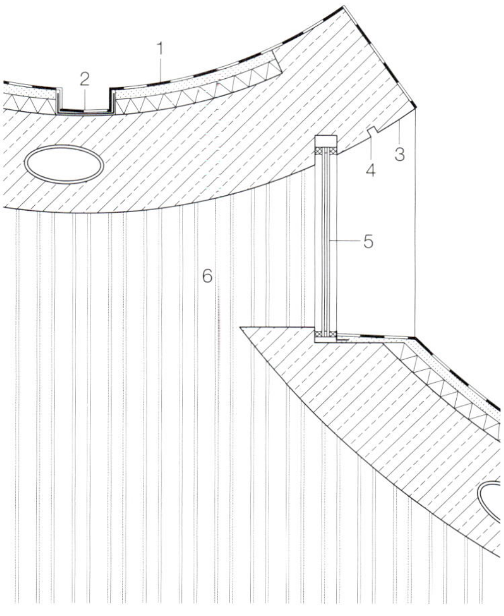

Islamischer Friedhof in Altach

Islamic Cemetery in Altach

Architekten / *Architects:*
Bernardo Bader, Dornbirn
Kunst am Bau / *Art:*
Azra Akšamija, Boston
Tragwerksplaner / *Structural engineers:*
merz kley partner ZT, Dornbirn

Lageplan
Maßstab 1:2000
Ansicht • Schnitte •
Grundriss
Maßstab 1:400

1 Aufbahrung
2 Waschung
3 Versammlungsraum
4 Innenhof
5 Gebetsraum (Mescid)
6 Lager

Site plan
scale 1:2,000
Elevation • Sections •
Layout plan
scale 1:400

1 Visitation
2 Bathing
3 Congregation space
4 Courtyard
5 Prayer space (mescid)
6 Storage

Für den islamischen Friedhof in Vorarlberg fanden die Architekten nach intensiver Auseinandersetzung mit der Glaubensrichtung und ihren gesellschaftlichen Hintergründen ein offenes, übersichtlich gestaltetes Gesamtkonzept ohne vordergründige Symbolik. Ausgehend vom konfessionsübergreifenden Bild des Friedhofs als Urgarten, in dem erstmals eine klar definierte Fläche Land abgegrenzt wird, fügten sie ein Geflecht aus Wandscheiben unterschiedlicher Höhe aus Beton in den auenartigen Landschaftsraum. Diese fassen die Grabfelder in eigenständige, aber gleichartige, nach Mekka ausgerichtete Räume, die sich wiederum in einen kompakten Grabbereich und einen kleinen Platz mit Sitzmöglichkeit gliedern. Auch alle überdachten Räume der Anlage entwickeln sich gestalterisch aus dem Thema der Mauer. Der nach Wien zweite islamische Friedhof in Österreich veranschaulicht in mehreren Schichten das Zusammenspiel zweier Kulturen. An der Längsfassade neben dem Zugang empfängt den Besucher ein ornamental durchbrochenes Wandelement in islamischer Tradition mit Achteckmotiv, ausgeführt jedoch mit Voralberger Know-How aus Holz. Mit lebendigem Licht- und Schattenspiel prägt es den Versammlungsraum. Als zusätzliche Lichtquellen dienen in ringförmige Deckenaussparungen eingefügte Leuchten mit dicken Glasabdeckungen. Im Gebetsraum (Mescid) befindet sich als Gebetsnische (Mihrab) ein Fenster Richtung Mekka. Vor der weißgekalkten Holzwand hängen drei zueinander versetzte Vorhänge aus Metallgewebe, in das goldbeschichtete Holzschindeln eingeflochten sind. Sie zeichnen in arabischer Schrift die Worte »Allah« und »Mohammed« nach.
Fugenlos monolithisch zeigt sich der mit schwarzem und rotem Pigment eingefärbte Beton der Anlage. Die Löcher der Schalungsanker sind nachträglich unauffällig verschlossen. Die äußeren Betonoberflächen weisen eine reliefartig strukturierte Textur auf, die mit einer Schalung aus sägerauen Brettern in drei unterschiedlichen Dicken

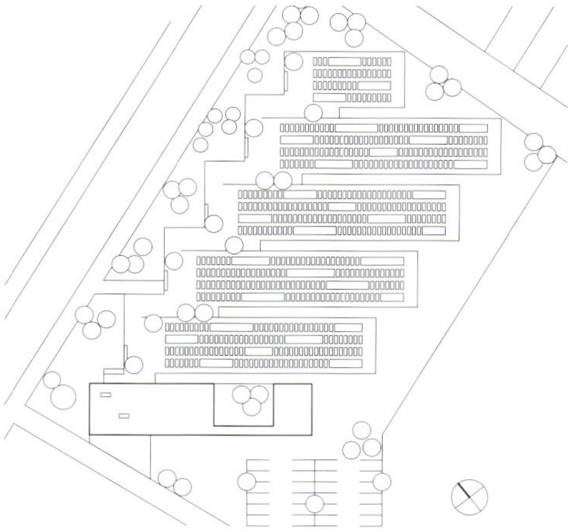

hergestellt wurde. Außen- und Innenraum sind dadurch subtil differenziert: die inneren Oberflächen sind eben, ohne Relief ausgeführt. Kleine Rissbildungen des fugenlosen Baukörpers werden akzeptiert, Art und Lage der Bewehrung verhindern jedoch allzu große Risse. Nachdem zuerst die Wände über die ganze Höhe betoniert wurden und danach die Decken, entstanden zuletzt die Betonböden der Innenräume.
Zwischen den Grabfeldern sowie in dem Gelände um die Friedhofanlage sind Grasflächen angelegt, die begehbaren Bereiche und das Dach sind dagegen mit einer farblich zum Beton passenden Kiesschüttung versehen.
DETAIL 11/2012

For this project, the architects elected to work with the notion of the cemetery as primal garden – a recurring theme across religious boundaries – in which a plot of land is clearly set off from its surroundings. To this end they inserted a lattice-like system of concrete walls of varying heights in an alpine meadow. These walls create distinct spaces – oriented toward Mecca – for the graves. The concept for the enclosed spaces adheres to the same theme. Next to the entrance in a long outer wall, the visitor is welcomed by an ornamental opening in a wall – bearing an octagonal motif in accordance with Islamic tradition. The congregation space is marked by a lively play of light and shadow. The built-in luminaires positioned in ring-shaped recesses in the ceiling are an additional source of light. In the prayer room (mescid), a prayer niche (mihrab) contains a window facing toward Mecca. Three metal-mesh curtains are situated in front of a whitewashed wooden wall; gilded wooden shingles have been woven into the curtains to spell out the words Allah and Mohammed in Arabic. The concrete was coloured with black and red pigments; the holes left by the formwork ties were filled. The outer concrete walls have a surface structure reflecting the texture of the rough-sawn boards (in three different thicknesses) used for the formwork; the inner surfaces are smooth, a subtle distinction between inside and outside.

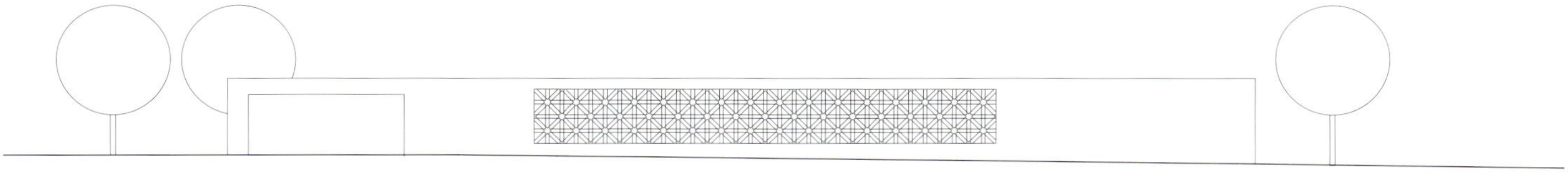

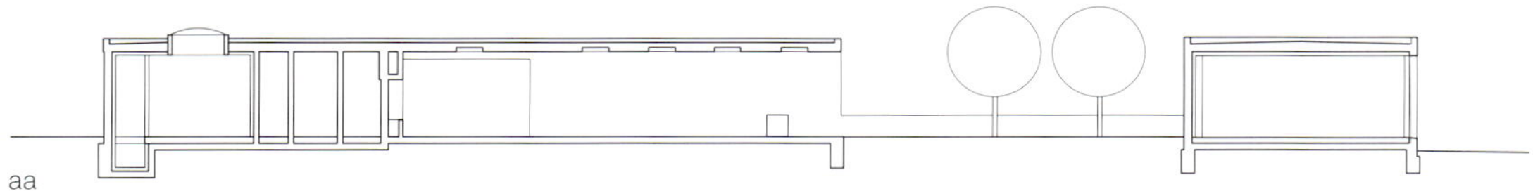

aa

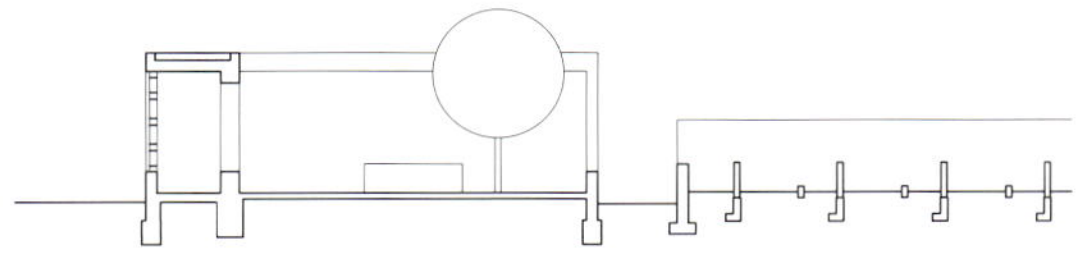

bb

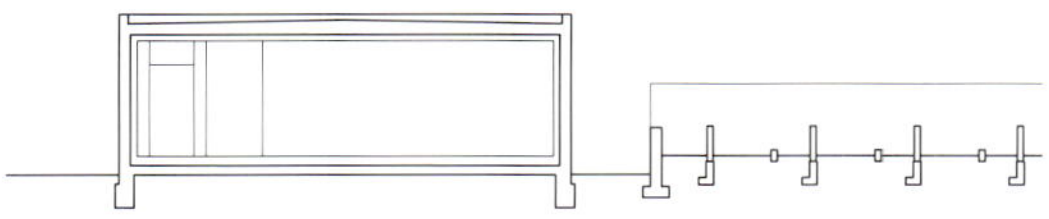

cc

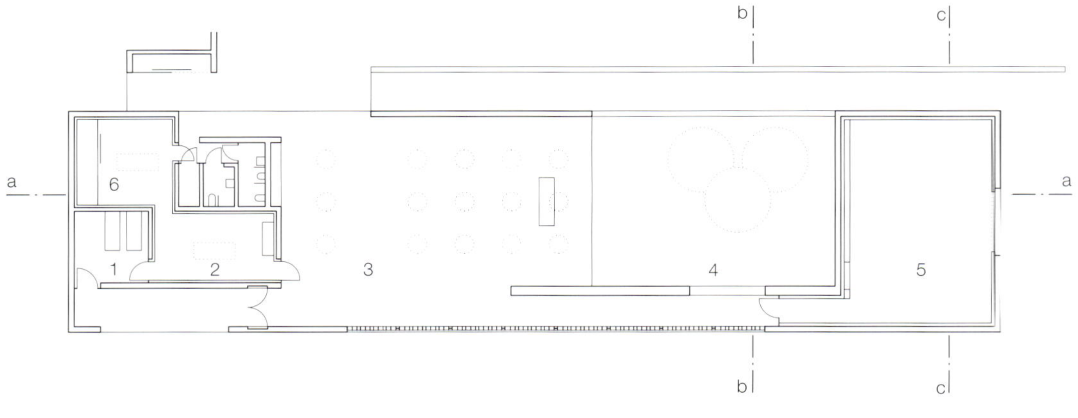

1 Kiesschüttung 160–190 mm
Dichtungsbahn
Stahlbeton 325–300 mm
2 Mashrabiya: Eichenholz CNC-gefräst, Steck- und Holzdübelverbindungen ▭ 60/200 mm
3 Stütze Stahl ▭ 80/120 mm
4 Stahlbeton mit roten und schwarzen Eisenoxidpigmenten eingefärbt, Außenseite Reliefstruktur, Innenseite eben 300 mm
5 Einbauleuchte in Aussparung ∅ 1000/70 mm
Abdeckung, Glasplatte ∅ 190 mm
6 Stahlbeton, flügelgeglättet 250 mm
Sauberkeitsschicht 50 mm
Kiesschüttung 300 mm

1 160–190 mm gravel fill
sealing layer
325–300 mm reinforced concrete
2 mashrabiya: 60/200 mm oak, CNC-milled, mortise and tenon connections
3 column:
80/120 mm steel RHS
4 300 mm reinforced concrete, coloured red and black with pigments, outer face bas-relief,
inner face smooth
5 built-in luminaire:
∅ 190 mm glass plate in ∅ 1000/70 mm recess
6 250 mm reinforced concrete, power-trowelled
50 mm sub-base
300 mm gravel fill

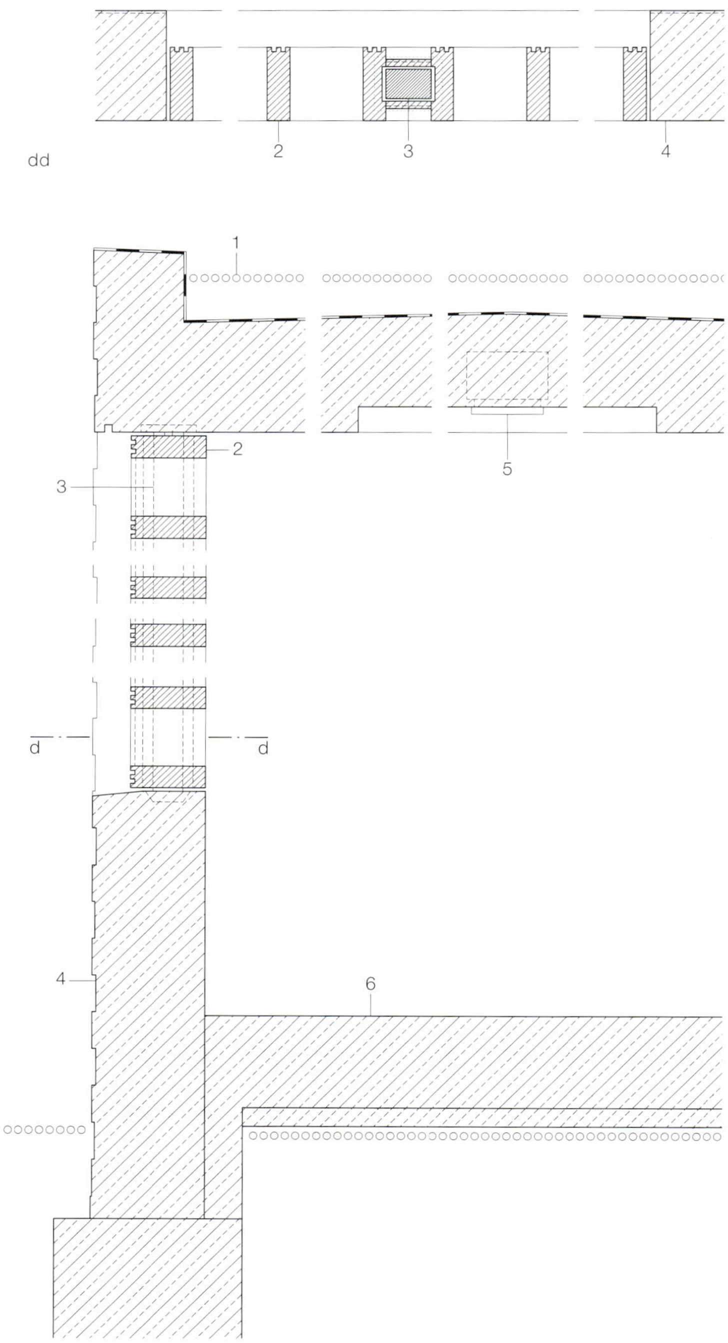

System Fügung
Holzornamentik
Maßstab 1:50
Horizontalschnitt
Vertikalschnitt
Maßstab 1:20

Connection of wood ornamentation
scale 1:50
Horizontal section
Vertical section
scale 1:20

Stadtbibliothek in Seinäjoki

Municipal Library in Seinäjoki

Architekten / *Architects:*
JKMM Arkkitehdit, Helsinki
Tragwerksplaner / *Structural engineers:*
Eero Pekkari, Ramboll Finland, Espoo

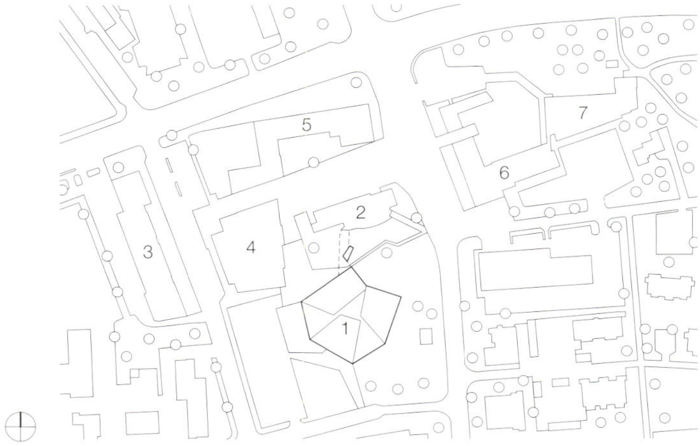

Die Kleinstadt Seinäjoki, im Westen Finnlands gelegen, hat durch das von Alvar Aalto entworfene Stadtzentrum einen gewissen Bekanntheitsgrad erlangt. Kirche, Rathaus, Bibliothek, Gemeindezentrum, Bezirksverwaltung und Theater bilden ein harmonisches Ensemble aus überwiegend weißen, kupfergedeckten Gebäuden. Nach über 40 Jahren entsprach die Stadtbibliothek durch Bevölkerungszunahme einerseits und die neuen Entwicklungen im Medienbereich andererseits nicht mehr den aktuellen Anforderungen. Aus diesem Grund entschied sich die Stadt für einen Neubau, der die Funktionen des Altbaus ergänzt und durch einen Tunnel mit ihm verbunden ist.
Die neue Bibliothek nimmt in Maßstab und Materialität Bezug auf die bestehenden Gebäude, spricht aber selbstbewusst eine zeitgenössische Architektursprache. Äußerlich gliedert sich der Baukörper in drei Gebäudeteile, die innen zu einem Ganzen verschmelzen. Zwar sind die einzelnen Bereiche durch die Grundrissgeometrie klar voneinander abgegrenzt, die Haupträume gehen jedoch nahtlos ineinander über und erlauben vielfältige Blickbeziehungen. Die unterschiedlich geneigten Ortbetondecken mit sichtbarer Schalungsstruktur verleihen den Räumen einen skulpturalen Charakter und kaschieren gleichzeitig das weitgespannte hölzerne Dachtragwerk. Konzeptionell wird die Bibliothek nicht allein als Aufbewahrungsort von Medien interpretiert, sondern vielmehr als Treffpunkt und Aufenthaltsort, um mit Medien zu interagieren. So finden sich im Jugendbereich gepolsterte, in die Wand eingelassene Nischen zum Schmökern und Musikhören. Für den Kinderbereich entwarfen die Architekten würfelförmige Möbel mit Regalen an den Außenseiten und Sitzmöglichkeiten im Innern. Herzstück des Gebäudes ist aber zweifellos die »Lesetreppe«, eine mit Sitzpolstern bestückte Freitreppe, die zum Verweilen und Lesen einlädt, aber auch als Zuschauertribüne funktioniert. Gleichzeitig schafft sie eine großzügige Verbindung der Hauptebene mit dem Untergeschoss, wo sich neben dem Jugendbereich auch der Übergang zur Aalto-Bibliothek befindet. DETAIL 06/2013

Lageplan Maßstab 1:5000	*Site plan* *scale 1:5,000*
Schnitte • Grundrisse Maßstab 1:1000	*Sections • Floor plans* *scale 1:1,000*
1 neue Bibliothek	*1 New library*
Nachbargebäude von Alvar Aalto:	*Neighbouring buildings by Alvar Aalto:*
2 alte Bibliothek (1965)	*2 Existing library (1965)*
3 Amtsgebäude (1968)	*3 Public offices (1968)*
4 Stadttheater (1987)	*4 Civic theatre (1987)*
5 Rathaus (1962)	*5 Town hall (1962)*
6 Gemeindezentrum (1966)	*6 Community centre (1966)*
7 Kirche (1960)	*7 Church (1960)*
8 Zugang zur alten Bibliothek	*8 Access to existing library*
9 Spiele	*9 Games*
10 Jugendbücher	*10 Youth section*
11 Musik, Filme	*11 Music, films*
12 Sitznischen	*12 Alcoves for sitting*
13 Lesestufen	*13 Steps for reading*
14 Ausstellung	*14 Exhibitions*
15 Information / Service	*15 Information / Service*
16 Magazin	*16 Store*
17 Café	*17 Café*
18 Zeitungen	*18 Newpapers*
19 Foyer	*19 Foyer*
20 Mehrzweckhalle	*20 Multipurpose hall*
21 Verwaltung	*21 Administration*
22 Verteilung	*22 Distribution area*
23 Lager Fahrbücherei	*23 Mobile-library store*
24 Spielbereich	*24 Play area*
25 Kinderbücher	*25 Children's books*
26 Leseraum	*26 Reading room*
27 Bücher	*27 Books*
28 Besprechungsraum	*28 Discussion space*
29 Café Mitarbeiter	*29 Staff café*

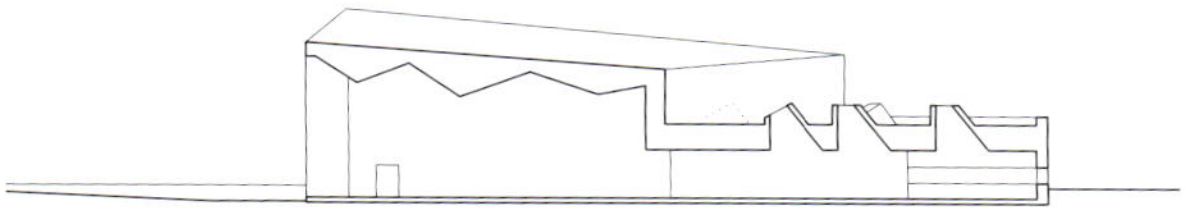

aa

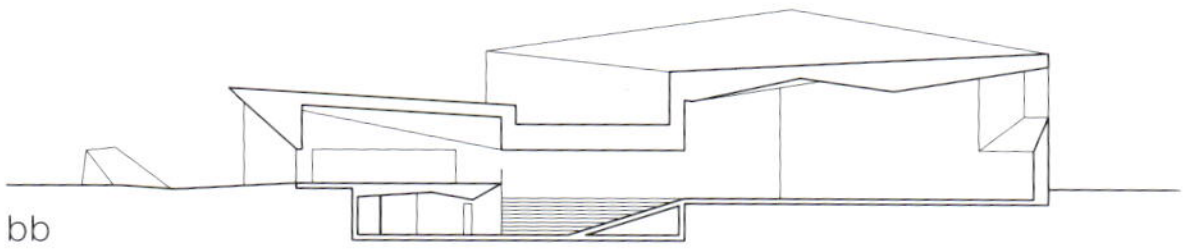

bb

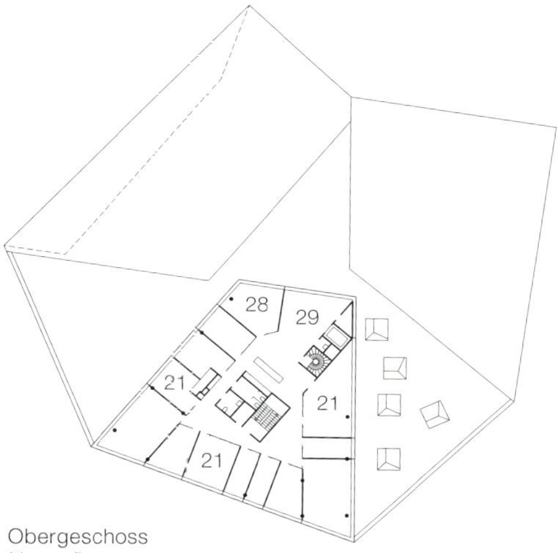

Obergeschoss
Upper floor

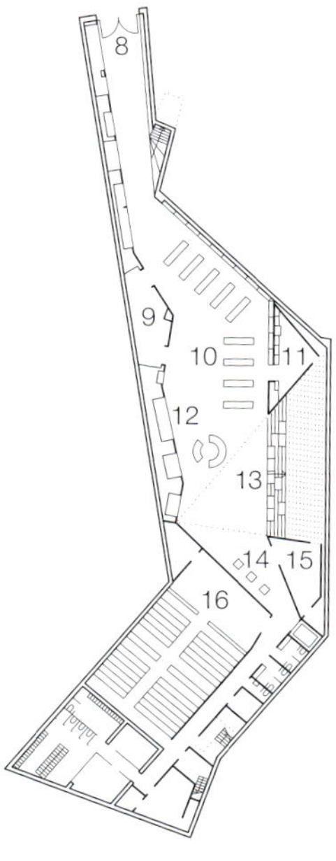

Untergeschoss / *Basement*

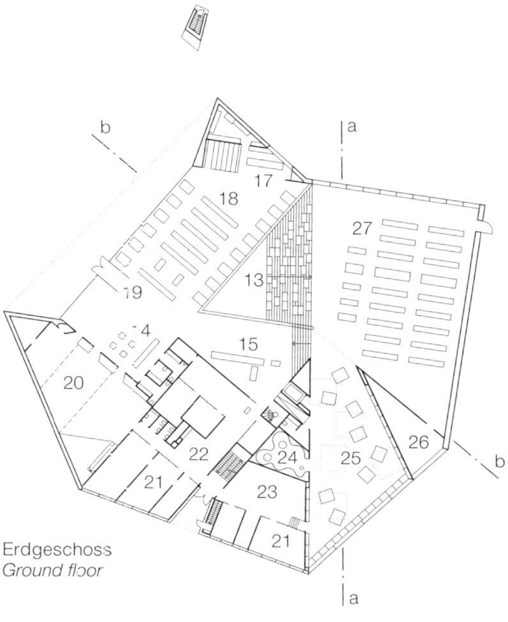

Erdgeschoss
Ground floor

lapset
children

Schnitt
Maßstab 1:20

Section
scale 1:20

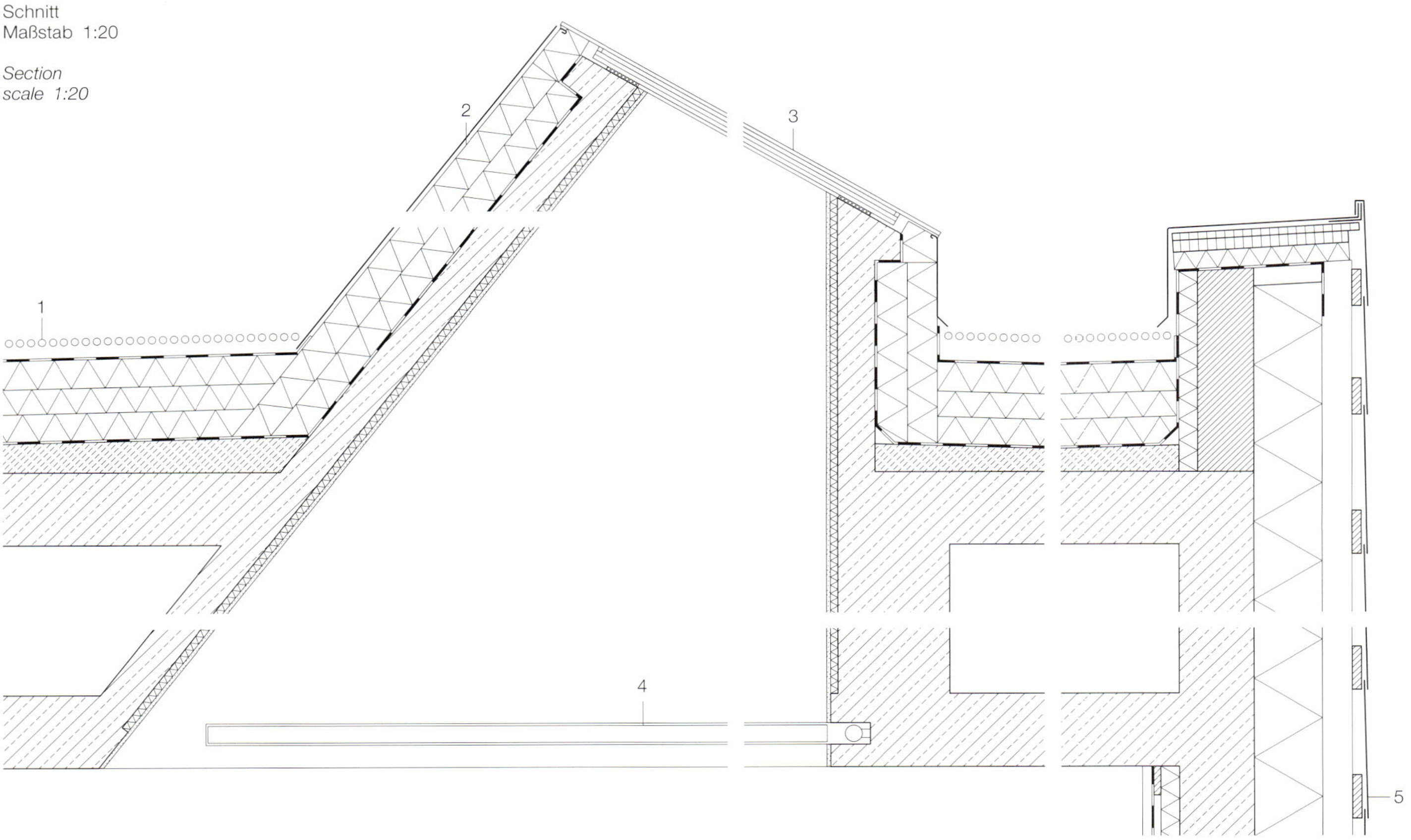

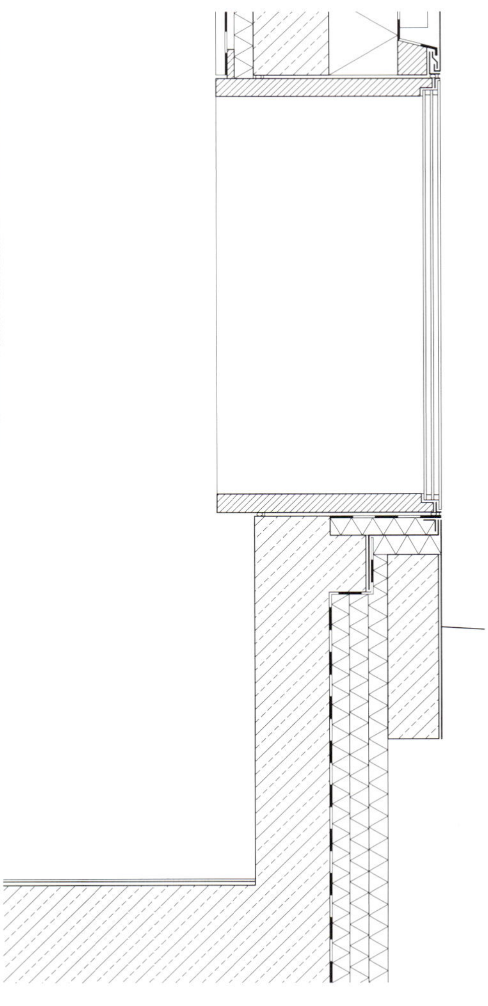

1 Kies, Filtermatte
Wärmedämmung XPS 220 mm
Abdichtung Polymerbitumen
Gefällebeton 50–150 mm
Stahlbeton 200 mm, Hohlraum
Stahlbetondecke 200 mm
2 Verkleidung Kupferblech
Wärmedämmung 2× 80 mm
Abdichtung Polymerbitumen
Stahlbeton 100 mm
Akustikdämmung 20 mm
Akustikputz 10 mm
3 Brandschutzverglasung
4 Leuchtstoffröhre
5 Verkleidung Kupferblech voroxidiert 1,5 mm, Horizontalstöße überlappend
Lattung horizontal 25 mm
Lattung vertikal / Hinterlüftung 75 mm
Wärmedämmung 180 mm
Stahlbetonwand 200 mm
Dämmung Mineralwolle 50 mm
Lattung 12/50 mm, Akustikmatte
Wandbekleidung aus Birkenlatten 22/30 mm

1 bed of gravel on filter mat
220 mm extruded polystyrene
polymer-bitumen sealing layer
50–150 mm concrete to falls
200 mm reinforced concrete roof; void
200 mm reinforced concrete soffit
2 sheet-copper roofing
2× 80 mm thermal insulation
polymer-bitumen sealing layer
100 mm reinforced concrete
20 mm acoustic insulation
10 mm acoustic plaster
3 fire-resistant glazing
4 fluorescent lighting tube
5 1.5 mm preoxidised copper cladding with lapped horizontal joints
25 mm horizontal battens
75 mm vertical battens /cavity
180 mm thermal insulation
200 mm reinforced concrete wall
50 mm mineral-wool insulation
12/50 mm battens; acoustic mat
22/30 mm birch-strip cladding

Vertikalschnitt • Horizontalschnitt
Maßstab 1:20

Vertical and horizontal sections
scale 1:20

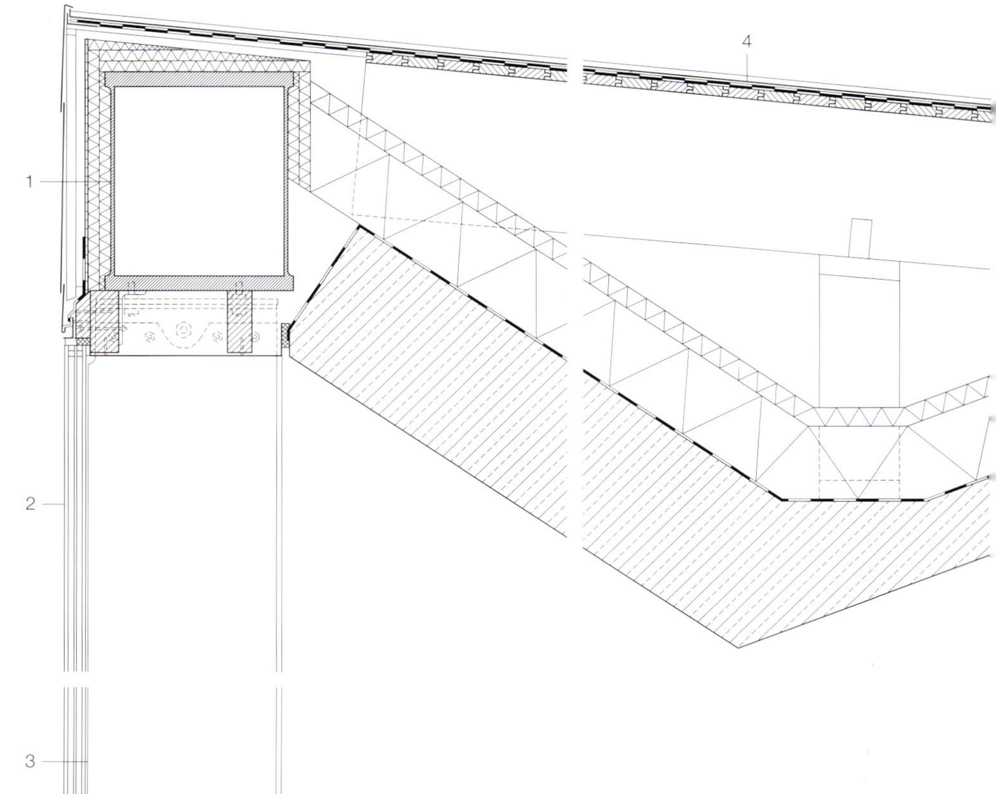

The small town of Seinäjoki in western Finland enjoys a certain recognition for its urban centre, which was designed by Alvar Aalto. The ensemble of public buildings there consists largely of white structures with copper roofs. After more than 40 years, however, population growth and modern media developments have meant that the library could no longer meet present-day needs. A new building was planned, therefore, to complement the earlier structure, with which it is linked by a tunnel. In its size and use of materials, the new library matches the existing developments, but it speaks its own contemporary architectural language. The building is outwardly articulated into three sections, and the various realms are distinguished by the geometry of their layout. The main spaces nevertheless flow seamlessly into each other, establishing many visual links. The exposed concrete soffits, with their boarded finish and different angles of slope, have a sculptural character and also conceal the beams that allow a column-free layout. The library is a meeting point and a place where people can interact with media. In the youth section, upholstered recesses in the wall provide space for browsing and listening to music. In the children's section, cubic objects were designed with shelves externally and room for sitting inside. The heart of the building, though, is a broad flight of stairs with cushions, where people can sit and read. The stairs also function as a tier of seating from where an audience can watch various events. In addition, they form a spacious link between the main level and the lower storey, in which the youth section and the tunnel to the Aalto library are located.

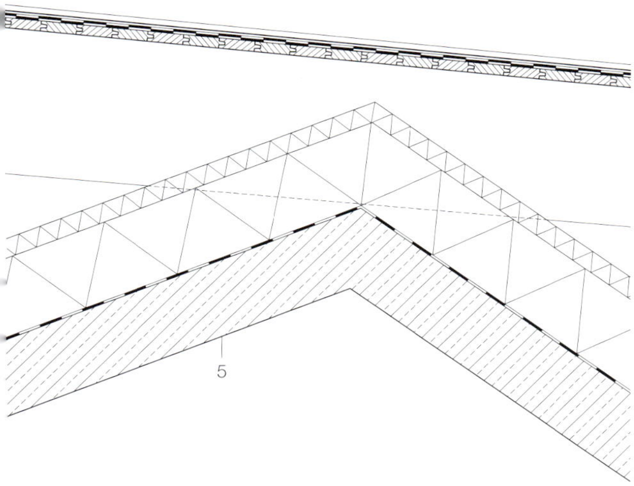

1 Hohlkastenträger Stahl 500/600 mm
2 Dreifachisolierverglasung Weißglas abgehängt, U = 0,8 W/m²K
3 Stütze Weißglas 19/500 mm
4 Dachdeckung Kupfer voroxidiert
Abdichtung Polymerbitumen 2-lagig
Holzschalung 28 mm
Träger BSH 51/400 mm
5 Stahlbetondecke 200 mm, Oberfläche mit Schalungsstruktur
Dampfsperre Polymerbitumen
Wärmedämmung Mineralwolle 200 + 50 mm

1 500/600 mm steel box beam
2 suspended flint-glass facade: triple glazing (U = 0.8 W/m²K)
3 19/500 mm flint-glass support
4 preoxidised copper roofing
two-layer polymer-bitumen seal
28 mm wood boarding
51/400 mm timber beam
5 200 mm exposed reinf. concrete roof with boarded finish to soffit
polymer-bitumen vapour barrier
200 + 50 mm mineral-wool thermal insulation

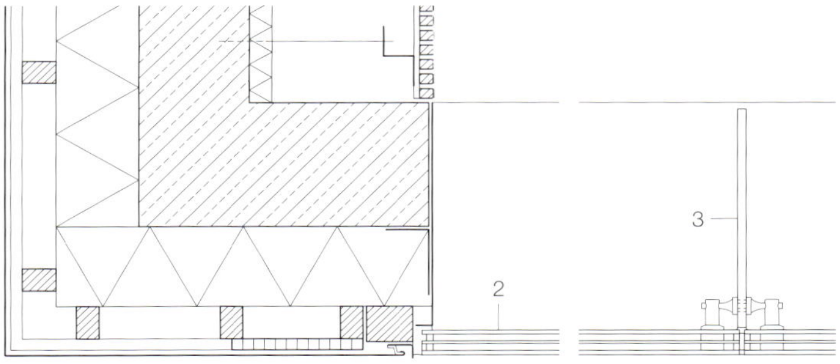

Bibliothek in Curno

Library in Curno

Architekten / *Architects:*
Archea Associati, Florenz
Tragwerksplaner / *Structural engineers:*
Studio Myallonnier, Bergamo

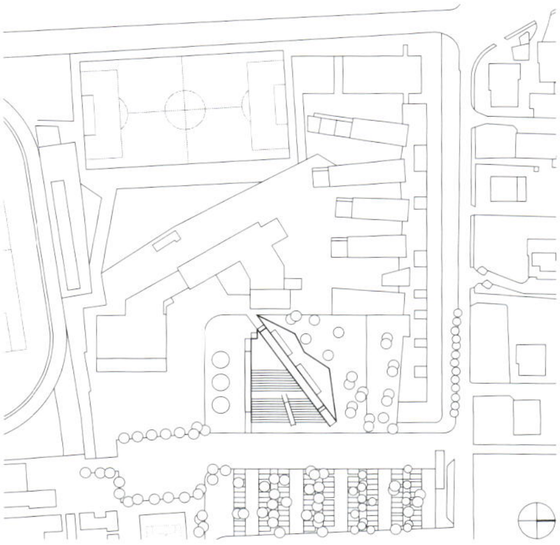

Lageplan
Maßstab 1:4000
Schnitte • Grundrisse
Maßstab 1:500

Site plan
scale 1:4,000
Sections • Layout plans
scale 1:500

1 Foyer
2 Hörsaal
3 Umkleide
4 Lager
5 Technik
6 Büro
7 Zeitschriften
8 Lesesaal
9 Lesesaal für Kinder
10 Galerie

1 Foyer
2 Auditorium
3 Dressing room
4 Storage
5 Building services
6 Office
7 Magazines
8 Reading room
9 Children's reading room
10 Gallery

Curno, vierzig Kilometer nordöstlich von Mailand gelegen, gehörte zu den wohlhabenden Kleinstädten in der Provinz Bergamo. Bereits 1997 entstand der Entwurf, der das Gelände mit öffentlichen Einrichtungen um eine Bibliothek mit Vortragssaal ergänzen sollte. Die Verwirklichung erfolgte allerdings erst zehn Jahre später. Ausgehend von der Idee, die traditionelle Cavea, den Zuschauerraum des römischen Theaters, zeitgenössisch zu interpretieren, ist das eigentliche Dach als imposante Außentreppe mit Sitzstufen ausgebildet. Die Treppe prägt den skulpturalen Bau maßgeblich und schafft in Verbindung mit dem davorliegenden Platz den Rahmen für Freiluftveranstaltungen. Ein weiteres raumbildendes Element stellt der lange, diagonal den Grundriss durchschneidende Korridor dar mit seinen über 9 m hohen, 40 cm starken Stahlbetonwänden. Neben der Aufgabe als statisches »Rückgrat« des Gebäudes erbringt er die notwendige Trennung in brandschutztechnischer Hinsicht und fungiert als Puffer zwischen den verschiedenen Bereichen – Veranstaltungsort auf der einen, ruhiges Leseareal auf der anderen Seite. Auch von außen sind die beiden Funktionen ablesbar. Während die gefaltete Fassade der Bibliothek durch drei horizontale Fensterbänder gegliedert ist, zeigt sich das Auditorium rundum geschlossen. Farbiger Beton als einheitlicher Baustoff betont die klare Geometrie des Baukörpers, dessen glatte Oberflächen an etlichen Stellen mit Buchstaben überzogen sind – eine Reminiszenz an die Bauaufgabe. Neben den Eisenoxidpigmenten für den rotbraunen Farbton mussten der Betonmischung noch spezielle Fließ- und Bindemittel beigemischt werden, damit die als Matrizen in die Schalung eingelegten Zeichen sich sauber herausbilden. DETAIL 11/2012

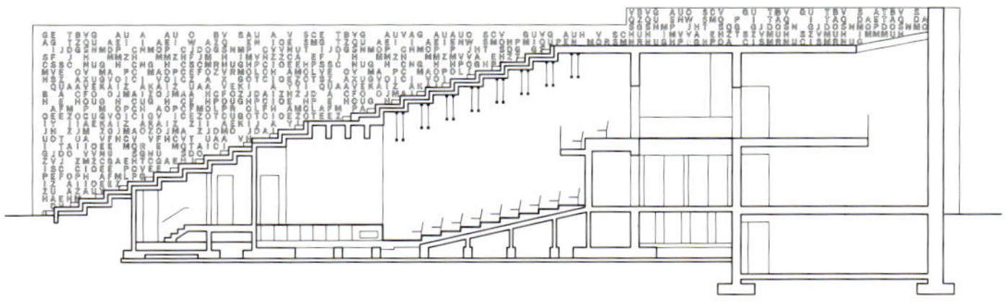

aa

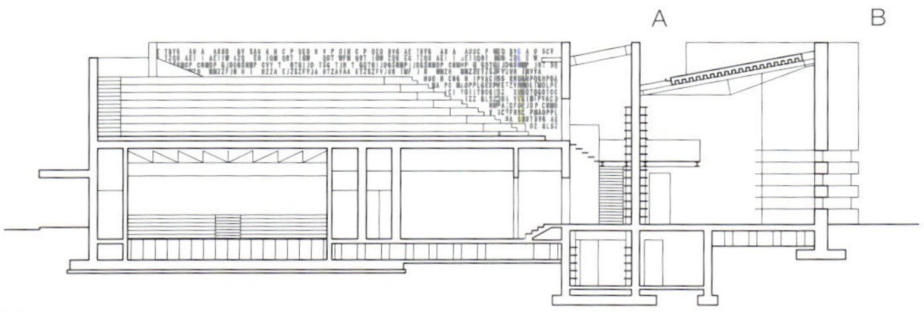

bb

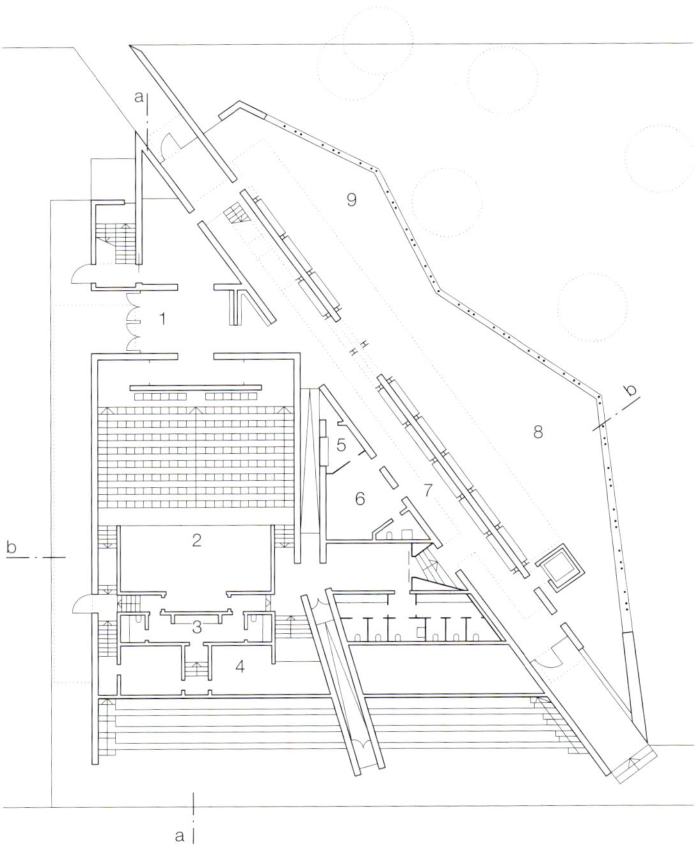

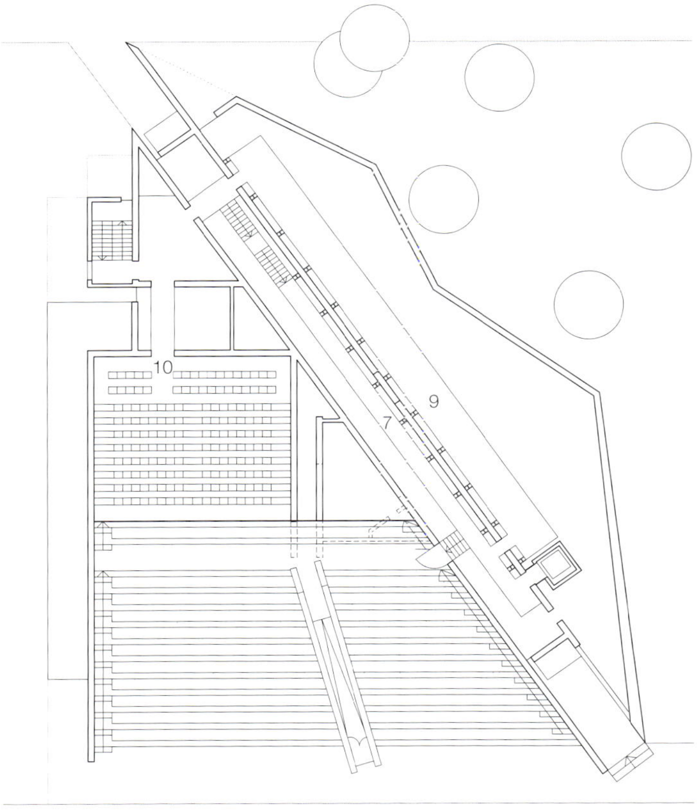

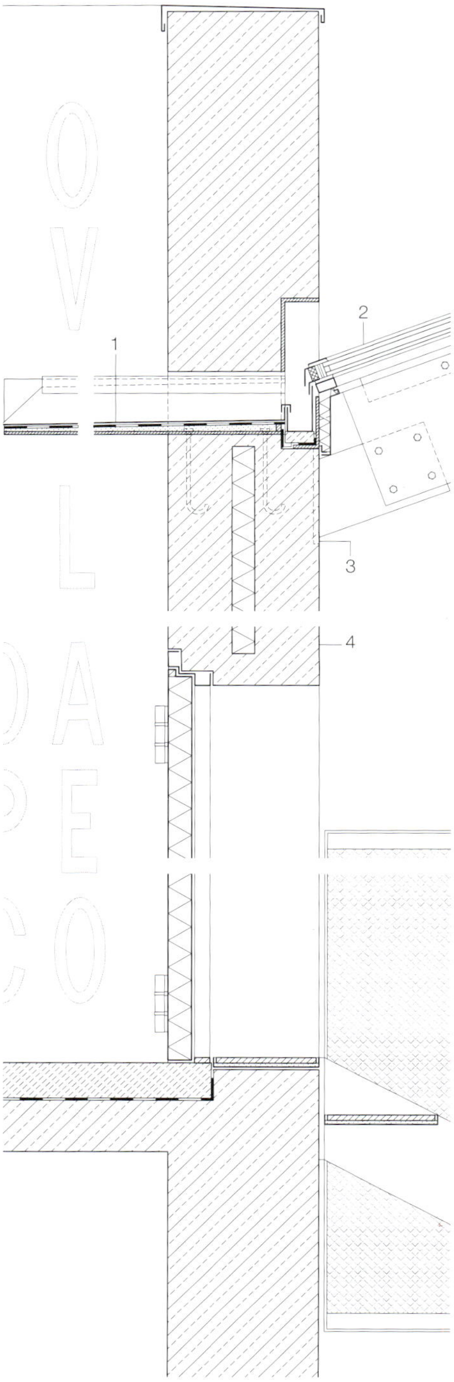

Curno, located some forty kilometres north-east of Milan, has been one of the more prosperous communities in the province of Bergamo. A concept envisioning adding a library and auditorium to the existing civic amenities was forged back in 1997, but the realisation did not begin until ten years later. Creating a contemporary interpretation of the seating in Roman theatres – traditionally known as the cavea – was the point of departure: the roof of the building doubles as a stately flight of stairs with seating steps. The stairs are the building's most outstanding feature and, in combination with the square adjoining it, provide a framework for outdoor events. The long corridor that cuts diagonally across the floor plan – its reinforced-concrete walls more than nine metres high and forty centimetres thick – constitutes a further component of the spatial concept. In addition to serving as the building's structural backbone, it provides the required separation with respect to fire safety, but also functions as a buffer between the different areas – the event zone on the one side, and the more quiet reading room on the other. Both functions can also be discerned from the exterior. While the library's "folded" facade is structured by three rows of strip windows, the auditorium is enclosed on all sides by uninterrupted walls. The architects selected coloured concrete due to its unifying quality; the material emphasises the clear geometry of the building massing. In many instances, the concrete's smooth surfaces are covered in a bas-relief containing the letters of the alphabet – paying homage to the building's function. In addition to the iron-oxide pigmentation – which brings about the reddish-brown tone – special lubricants and bonding agents were added to the concrete mix so that fluid concrete would take on the shape of the plastic matrices positioned in the formwork.

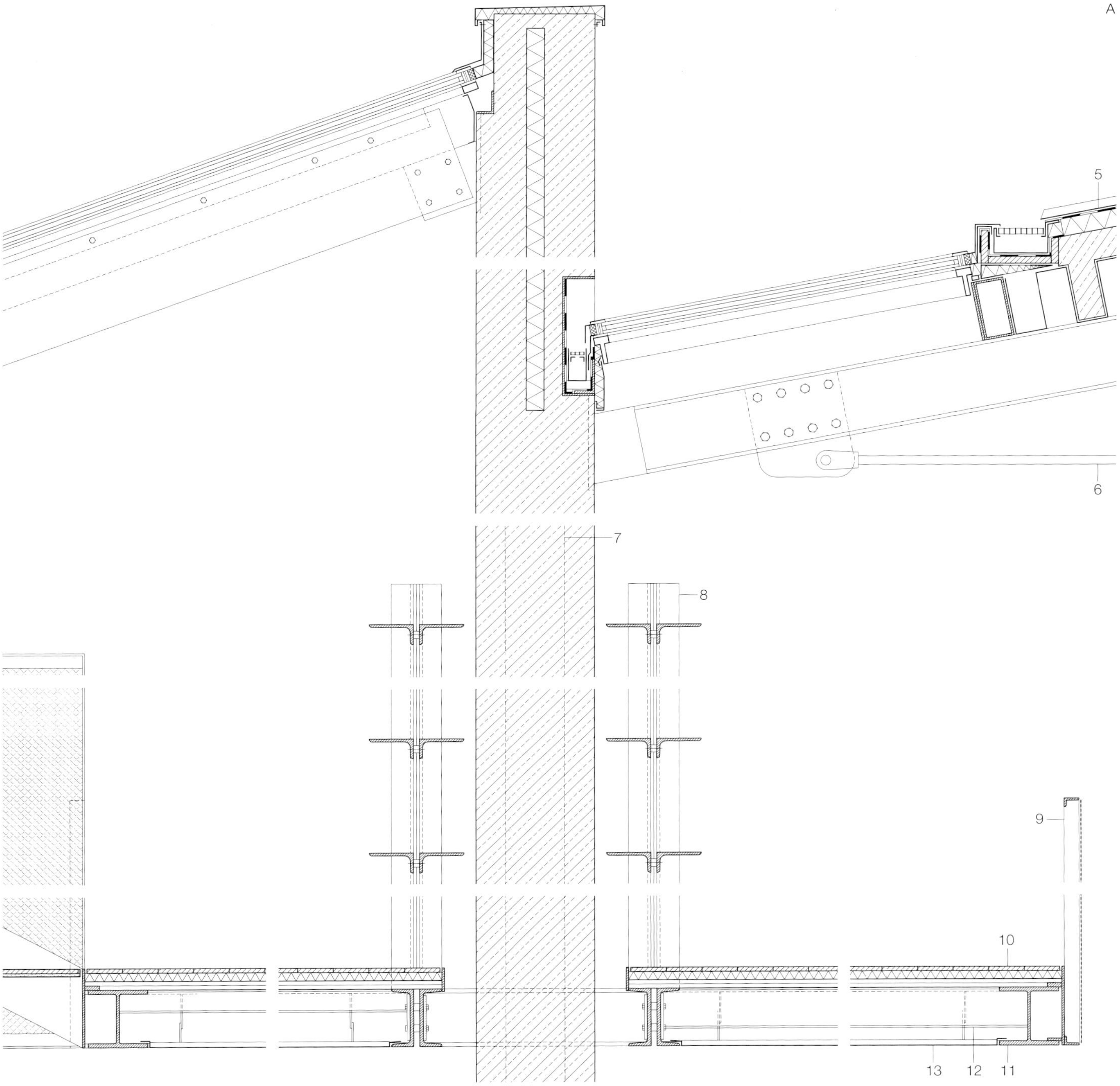

Schnitt Maßstab 1:20

1 Überlauf:
Rinne Stahlblech verzinkt
Dichtungsbahn
Gefällemörtel
Flachstahl 8 mm
2 Oberlicht: Isolierverglasung
ESG 12 + SZR 16 + VSG 2× 5 mm,
Stahlprofile verzinkt
3 Stahlblech 10 mm mit Bewehrung verschweißt
4 Wandaufbau: Stahlbeton selbstverdichtend eisenoxidpigmentiert imprägniert 400 mm, mit integrierter Wärmedämmung 60 mm
5 Dachaufbau:
Stehfalzdeckung Kupferblech
Dachdichtungsbahn
Wärmedämmung 60 mm
Aufbeton 100 mm
Profilblech 200/100/10 mm
Träger 2× Stahlprofil ⊔ 240
6 Zugstab Stahl ∅ 30 mm
7 Rohr PVC ∅ 200 mm zur Aufnahme von Versorgungsleitungen
8 Regal aus Stahlprofilen verzinkt
2× UPN 200,
2× Flachstahl 9/150 mm,
2× ∟ 150/60 mm
9 Brüstung: Rahmen aus Stahlprofil verzinkt ∟ 50/30/5 mm,
Geländerstab Flachstahl 50/5 mm
Füllung Streckmetall-Gewebe
10 Bodenaufbau Galerie:
Parkett Eiche 15 mm
Trittschalldämmung Kork 28 mm
Schalung Tanne 30 mm
11 Hauptträger Stahlprofil IPE 200
12 Nebenträger Stahlprofil IPE 140
13 Stahlblech voroxidiert 5 mm

Section scale 1:20

1 overflow: steel-sheet gutter, galvanised; sealing layer
mortar to falls; 8 mm steel flat
2 roof light: double glazing
12 mm toughened glass +
16 mm cavity + 2× 5 mm laminated safety glass; steel profiles, galvanised
3 10 mm steel sheet with reinforcement welded
4 wall construction:
400 mm reinforced concrete, self-compacting iron-oxide pigmentation, waterproofed, with
60 mm integrated thermal insulation
5 roof construction:
copper-sheet standing-seam roof cladding; sealing layer
60 mm thermal insulation
100 mm concrete topping
200/100/10 mm troughed sheeting
beam: 2× 240 mm steel channel
6 ∅ 30 mm steel tension rod
7 ∅ 200 mm PVC pipe as conduit
8 shelf of steel profiles, galvanised
2× UPN 200,
2× 9/150 mm steel flat,
2× 150/60 mm angle
9 railing: 50/30/5 mm steel-angle frame, galvanised; 50/5 mm steel-flat railing rod
infill: expanded metal mesh
10 floor construction gallery:
15 mm oak parquet
28 mm cork as impact-sound ins.
30 mm fir boarding
11 primary beam: steel I-beam, depth: 200 mm
12 primary beam: steel I-beam, depth: 140 mm
13 5 mm steel sheet, preoxidised

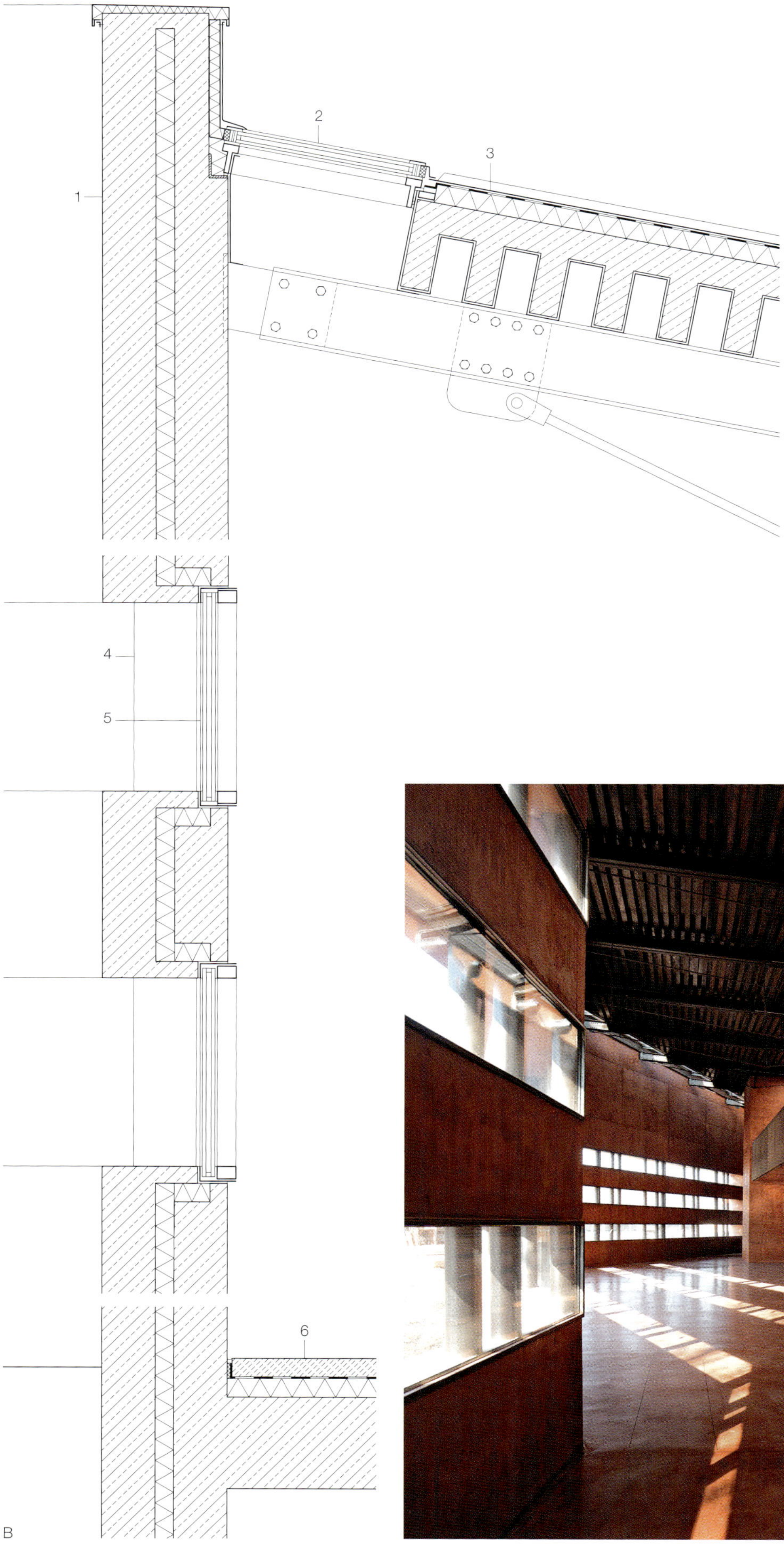

Schnitt Maßstab 1:20

Section scale 1:20

1 Stahlbeton selbstverdichtend eisenoxid-pigmentiert imprägniert 400 mm, mit integrierter Wärmedämmung 60 mm
2 Oberlicht: Isolierverglasung ESG 12 + SZR 16 + VSG 2× 5 mm, Stahlprofile verzinkt
3 Stehfalzdeckung Kupferblech Dachdichtungsbahn, Wärmedämmung 60 mm Aufbeton 100 mm, Profilblech 200/100/10 mm Träger 2× Stahlprofil ⊔⊔ 240
4 Stütze Stahlrohr ∅ 200 mm
5 Fensterband Isolierverglasung ESG 12 + SZR 16 + VSG 2× 5 mm in Rahmen Stahlprofil verzinkt
6 Estrich eisenoxidpigmentiert versiegelt 60 cm Trennlage, Dämmung 60 mm

1 400 mm reinforced concrete, self-compacting iron-oxide pigmentation, waterproofed, with 60 mm integrated thermal insulation
2 double glazing in roof light: 12 mm toughened glass + 16 mm cavity + 2× 5 mm laminated safety glass steel profiles, galvanised
3 copper-sheet standing-seam roof cladding; sealing layer; 60 mm thermal insulation; 100 mm concrete topping; 200/100/10 mm troughed sheeting beam: 2× 240 mm steel channel
4 column: ∅ 200 mm steel CHS
5 double glazing in strip window: 12 mm toughened glass + 16 mm cavity + 2× 5 mm laminated safety glass; steel profiles, galvanised
6 60 mm screed, iron-oxide pigmentation, water-proofed; separating layer; 60 mm thermal insulation

Grundschule in München

Primary School in Munich

Architekten / *Architects:*
Fink + Jocher, München
Tragwerksplaner / *Structural engineers:*
AJG Ingenieure, München

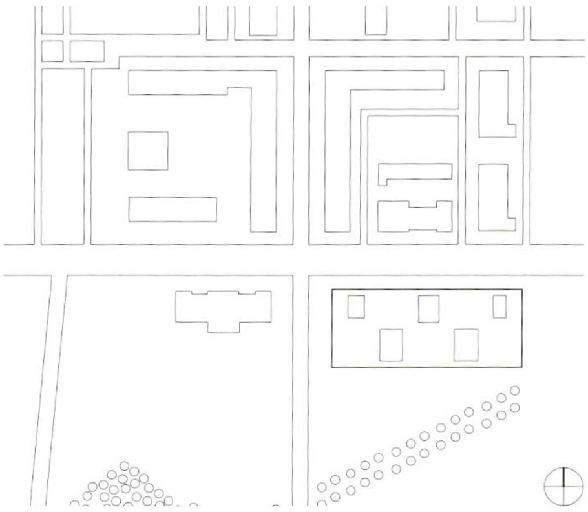

Lageplan
Maßstab 1:5000

Site plan
scale 1:5000

Am Rand des ehemaligen Bundesgartenschaugeländes in München-Riem situiert, sollte die neue Grundschule den Parkblick und die Belichtung der nördlich angrenzenden Wohnhäuser möglichst wenig beeinträchtigen. Der aus diesem Grund eingeschossig realisierte Baukörper bietet mit seinen fünf hofartigen Einschnitten im Schulalltag viele Vorteile – intensive Außenbezüge, lichtdurchflutete Innenräume und eine einfache Orientierung. Für die mäandrierend in drei Farbtönen umlaufenden Fassadenelemente waren zunächst Konstruktionen aus Holz, Mauerwerk und Beton mit WDVS im Gespräch. Nach einem materialoffenen Ausschreibungsverfahren kamen schließlich mit Weiß- bzw. Grauzement und Farbpigmenten aus Eisenoxid durchgefärbte Betonsandwichelemente zur Ausführung. Diese vereinen die Funktionen Fassade, Dämmung und Tragwerk und sorgen durch die Vorfertigung für einen schnellen witterungsunabhängigen Baufortschritt. Trotz 240 unterschiedlicher Bauteile erwies sich diese Bauweise in Herstellung und Unterhalt als wirtschaftlichste Lösung. Leichte Trennwände sowie wenige tragende Innenstützen und eine massive Deckenplatte in Ortbeton ermöglichen flexible Raumkonfigurationen – vor allem in Bezug auf die bei sinkenden Schülerzahlen bestehende Option einer Umnutzung des Gebäudes. DETAIL 06/2012

In order not to impair the view of the nearby park and the daylighting of the adjoining housing, this school was designed as an elongated, single-storey structure articulated by five open courtyards. The crenellated form of the facade was constructed with insulated, prefabricated concrete sandwich units in three different colours, permitting a swift construction process independent of weather conditions. Despite the 240 different units, this solution also proved to be the most economical. Lightweight partitions, only a few load-bearing internal columns, plus an in-situ concrete roof allow flexible spatial configurations, which is of relevance in view of a sinking number of pupils and a possible change of use in the future.

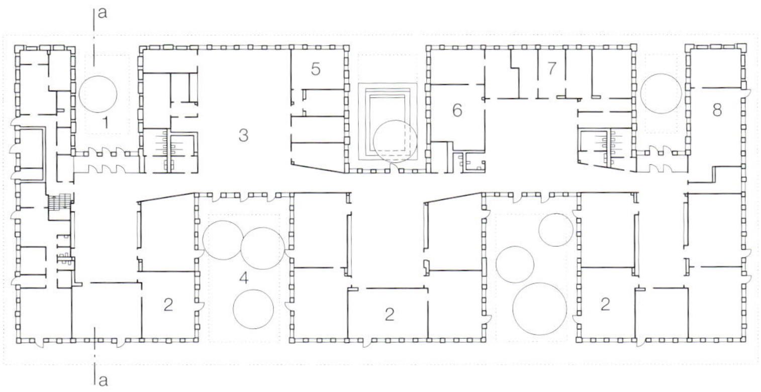

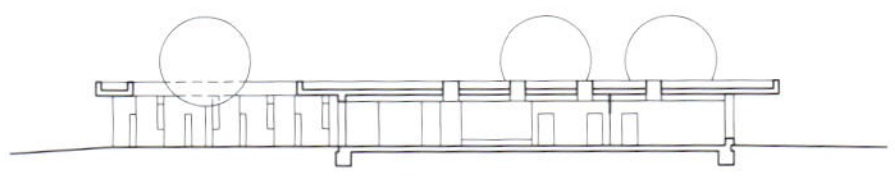

aa

Grundriss • Schnitt
Maßstab 1:1000
Vertikalschnitte
Horizontalschnitt
Maßstab 1:20

1 Haupteingang
2 Klassenzimmer
3 Pausenhalle
4 Pausenhof
5 Mittagsbetreuung
6 Lehrerzimmer
7 Schulleitung
8 Werkraum

Layout plan • Section
scale 1:1000
Vertical sections
Horizontal section
scale 1:20

1 Main entrance
2 Classroom
3 Recreation hall
4 Playground
5 Lunchtime supervision
6 Teachers' room
7 Head of school
8 Workshop

9 Dachaufbau:
Begrünung extensiv
Vegetationsschicht 100 mm
Schutz- und Speichermatte 10 mm
Schutzvlies
Dachdichtung Folie 1,5 mm
Wärmedämmung im Gefälle min. 210 mm
Stahlbeton 375 mm
(im Fassadenbereich Stahlbeton 275 mm + 100 mm Wärmedämmung + Dampfsperre)
Akustikdecke Gipskarton
10 Raffstore Aluminium
Abdeckung Aluminiumblech eloxiert
11 Wärmedämmelement druckfest 200 mm
12 Verfugung dauerelastisch
13 Fertigteil Betonsandwichelement
L-, Z- oder U-förmig:
Vorsatzschale Stahlbeton durchgefärbt außenseitig hydrophobierender Anstrich 80 mm
Wärmedämmung 160 mm
Tragschale Stahlbeton raumseitig gespachtelt und gestrichen 360 mm
14 Bodenaufbau Klassenzimmer:
Parkett 22 mm
Zementestrich 60 mm
Trennlage PE-Folie
Trittschalldämmung 30 mm
Wärmedämmung 80 mm
Abdichtung Folie
Bodenplatte Stahlbeton 150 mm
Kiesfilterschicht
15 Fassadenrinne Stahl verzinkt
16 Abdichtung Bitumenbahn

9 roof construction:
extensive roof planting
100 mm bearing layer for vegetation
10 mm protective/storage mat
protective quilt
1.5 mm sealing membrane
min. 210 mm insulation to falls
375 mm reinforced concrete roof
(275 mm + 100 mm internal insulation + vapour barrier next to facade)
plasterboard acoustic soffit
10 aluminium blind with anodised sheet-aluminium covering
11 200 mm compression-resistant thermal insulation
12 elastic seal
13 precast concrete sandwich element L, Z or U-shaped:
80 mm reinforced concrete outer skin, pigmented and with water-repellent coating
160 mm thermal insulation
360 mm reinforced concrete load-bearing member, inside face smoothed and painted
14 classroom floor construction:
22 mm parquet
60 mm cement-and-sand screed
polythene separating layer
30 mm impact-sound insulation
80 mm thermal insulation
sealing membrane
150 mm reinforced concrete floor
gravel filter layer
15 galvanised steel drainage channel along facade
16 bituminous sealing layer

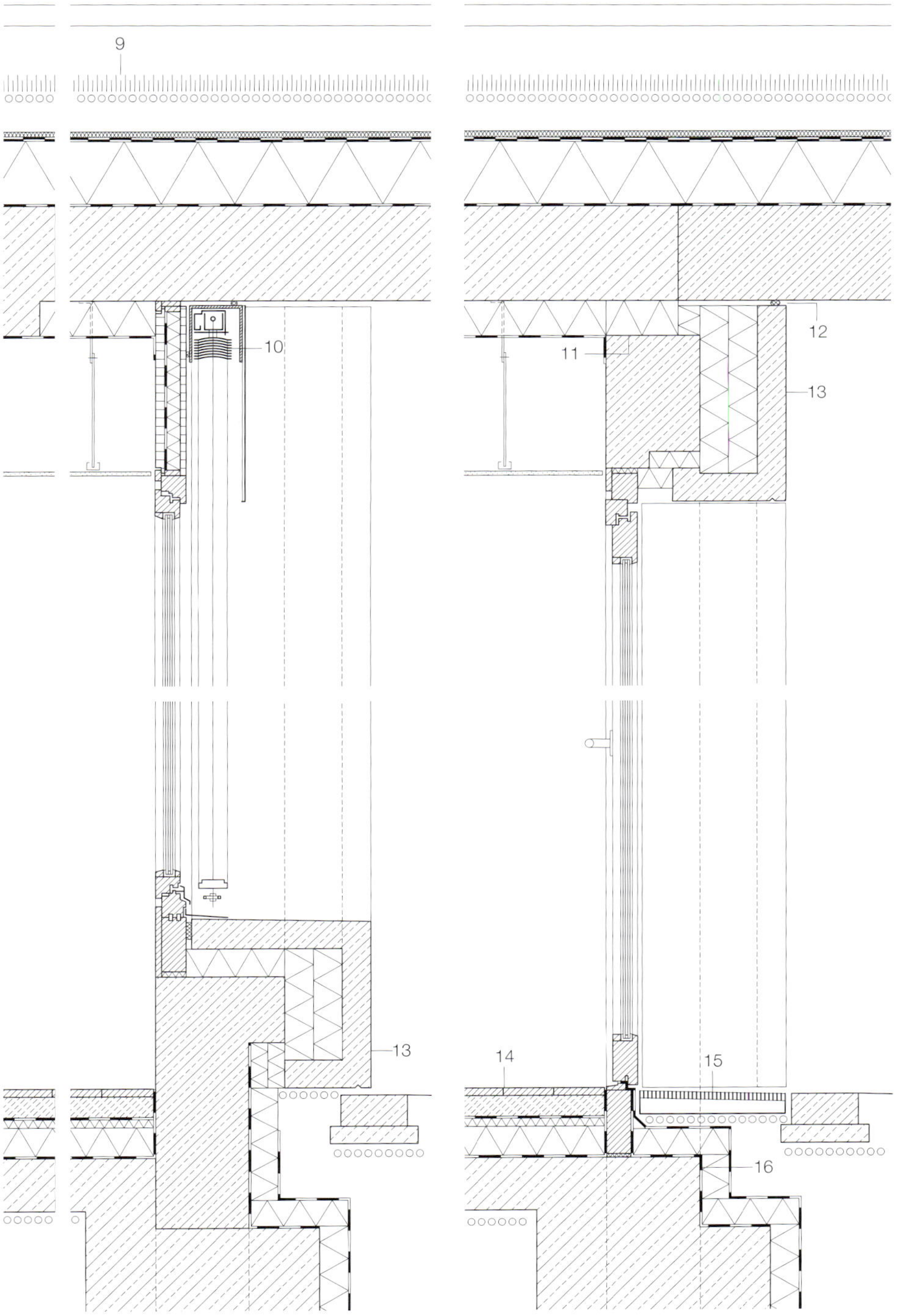
9
10
11
12
13
13
14
15
16

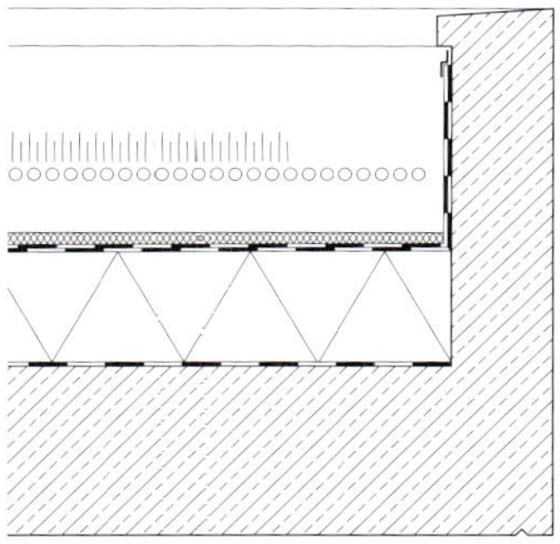

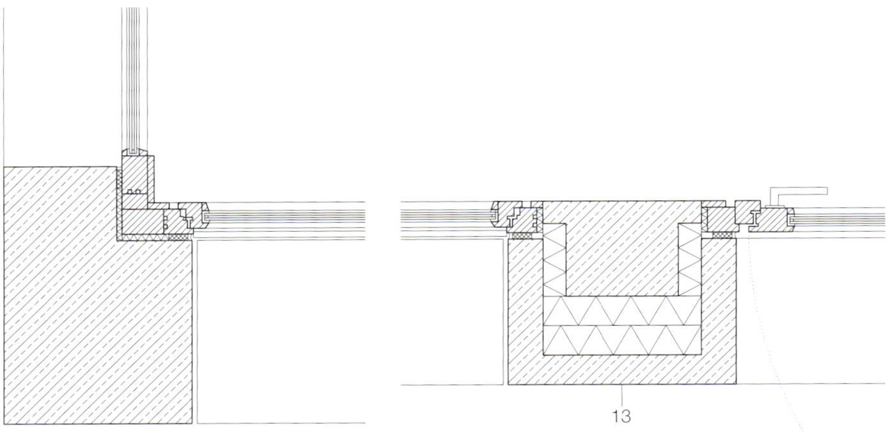
13

Internationale Schule in Seeheim-Jugenheim

International School in Seeheim-Jugenheim

Architekten / *Architects:*
Angela Fritsch Architekten,
Seeheim-Jugenheim
Tragwerksplaner / *Structural engineers:*
Tichelmann & Barillas Ingenieure, Darmstadt

In der Internationalen Schule werden bis zu 450 Schüler aus allen Kontinenten ganztägig unterrichtet, von der Grundschule bis zum Abitur. Unterrichtssprache ist Englisch. Der Neubau für die Klassen 5 bis 12 fügt sich in das seit den 1950er-Jahren gewachsene Schuldorf Bergstraße, das als »Community School« verschiedene Schultypen versammelt. Auf einem in den Hang geschobenen Sockelgeschoss aus Sichtbeton ist ein zweigeschossiger, rundum verglaster Klassentrakt aufgeständert. Vertikale Aluminiumlamellen, auf jeder Seite die Farbe eines olympischen Rings variierend, gliedern die bis zu 40 m langen Fassaden, wobei die farbigen Strichmuster ihre Wirkung je nach Standpunkt verändern. Ein Haupteingang im Sockelgeschoss und drei weitere Eingänge im Obergeschoss vernetzen das Schulhaus im Wegesystem des Campus. Im Inneren sind die Klassen entlang ein großes Atrium mit Oberlicht umlaufende Galerien angeordnet. Zentrales Element des Raumgefüges ist die trapezförmige Sichtbetontreppe, deren Sitzstufen als Pausenplatz oder als Tribüne für Schulaufführungen dienen. Die spielerisch verteilten Sitzauflagen aus dunkel gebeizter Eiche bieten jeweils drei bis fünf Kindern Platz. Den Betonbrüstungen eingepasste Treppenläufe führen in das Obergeschoss. Alle Stufen sind als Betonfertigteile mit fein gerundeten Kanten ausgeführt, die Oberfläche der Trittstufen ist zusätzlich mit rutschhemmenden Streifen versehen. Der von Sichtbetonflächen geprägte, raue Werkstattcharakter im Inneren des Hauses soll die Kinder ermutigen, selbst Lebendigkeit und Farbe ins Gebäude zu bringen. Ein Dach aus transparenten Folienkissen überspannt das Atrium. Darunter liegende, ausfahrbare Sonnensegel und ein Kranz aus Lüftungslamellen verhindern die Überhitzung des Innenraums. Im Sommer wird die Speichermasse des Betons zur Nachtauskühlung genutzt. Dank 30 cm starker Kerndämmung, Dreifachverglasung und Wärmerückgewinnung erreicht die Schule Passivhausstandard.
DETAIL 04/2014

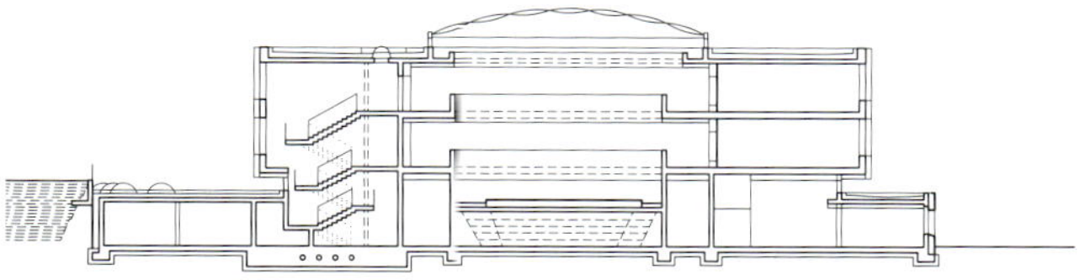

aa

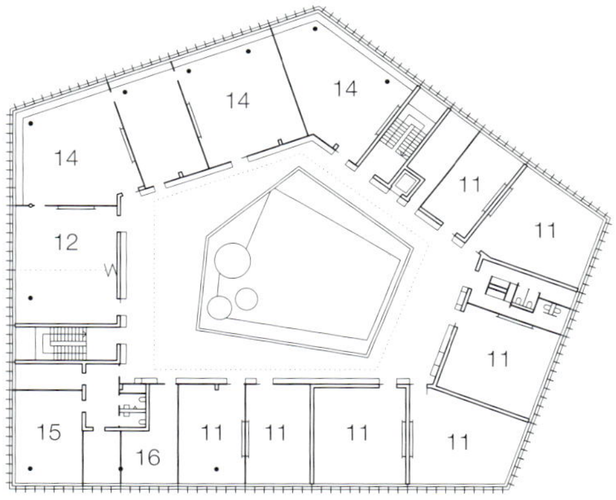

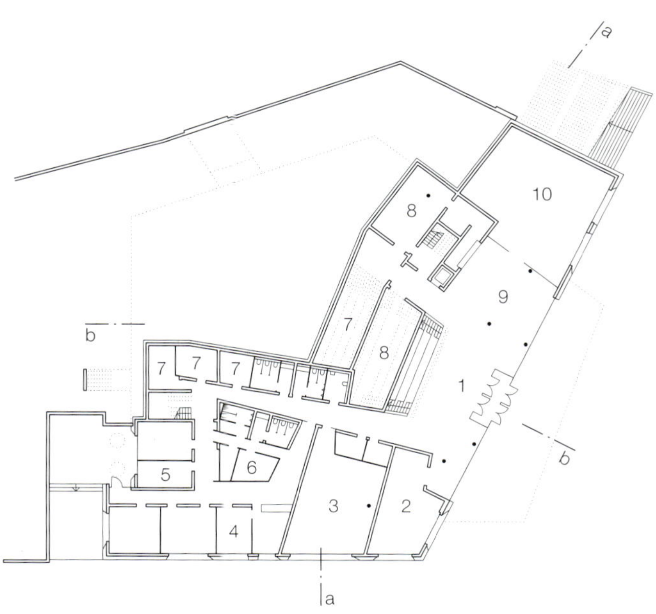

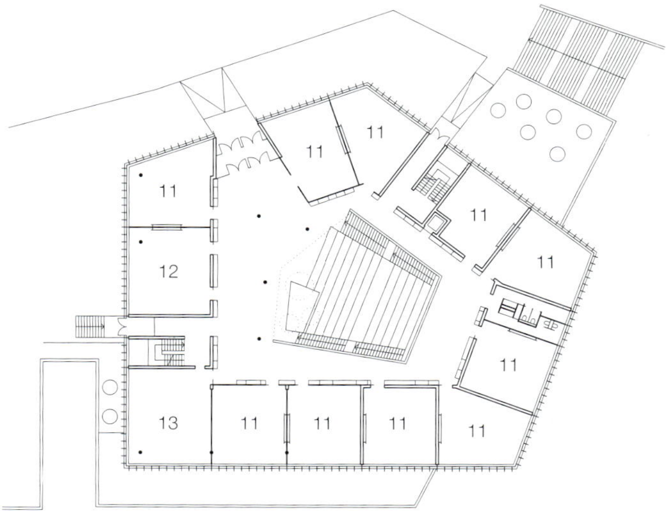

Lageplan
Maßstab 1:5000
Schnitt • Grundrisse
Maßstab 1:800

Site plan
scale 1:5,000
Section • Floor plans
scale 1:800

1 Foyer
2 Musikraum
3 Kunstraum
4 Schulleitung
5 Hausmeister
6 Kopierer
7 Technik
8 Lager
9 Cafeteria
10 Mediathek
11 Klassenzimmer
12 Präsentationsraum
13 Lehrerzimmer
14 Naturwissenschaften
15 Körperschulung
16 Schülerverwaltung

1 Foyer
2 Music room
3 Art studio
4 Head of school
5 Caretaker
6 Photocopying
7 Mechanical services
8 Store
9 Cafeteria
10 Media centre
11 Classroom
12 Presentation space
13 Teachers' room
14 Science class
15 Physical training
16 School administration

In this international school, up to 450 pupils from all over the world undergo full-time education from primary school to university entrance level. The language of teaching is English. The new pentagonal structure has been fitted into the Bergstrasse school village, which dates from the 1950s. Here, various educational types are assembled in the manner of the American community school. The new building comprises an exposed-concrete plinth storey pushed into the slope of the site, with a two-storey classroom tract on top. The latter is glazed on all sides. The outer faces of the school – up to 40 metres long – are articulated by vertical aluminium louvres in the different colours of the Olympic rings, the effect of which varies according to one's position. The main entrance in the plinth storey and three further points of access on the upper floor link the interior of the building with the network of routes across the campus. The classrooms are laid out along galleries around a large atrium with a roof light. The central feature of the spatial layout is the trapezoidal exposed-concrete staircase, the steps of which can be used as informal places to sit during breaks or as a tier of seats for school events and performances. The playfully distributed coverings in dark stained oak provide areas for three to five pupils. Next to the concrete balustrade walls are the main flights of stairs. All steps were constructed with precast concrete elements with rounded arrises. In addition, bush-hammered non-slip strips were worked into the surfaces of the treads.
The exposed-concrete interior of the school, with its rough, workshop-like character, is meant to encourage the children to bring their own vitality into the building and lend it colour. Spanned over the atrium is a roof consisting of transparent membrane cushions, beneath which extendible sunscreen sails and a ring of ventilation louvres have been installed to prevent overheating. In summer, the storage mass of the concrete is exploited for night-time cooling. Thanks to 30 cm core insulation, triple glazing and heat recovery, the school complies with passive-energy standards.

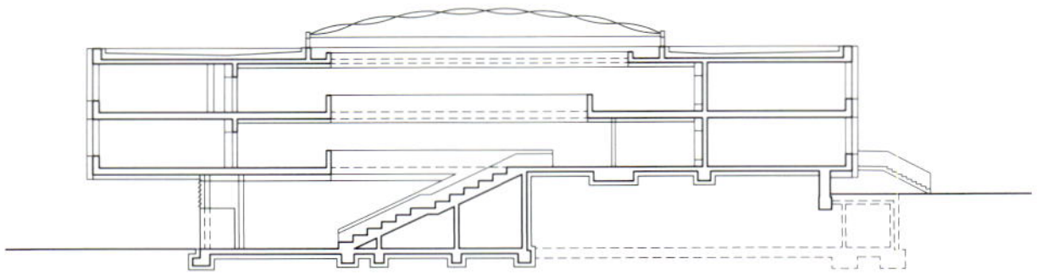

bb

Schnitt
Maßstab 1:800
Detailschnitte
Maßstab 1:20

Section
scale 1:800
Sectional details
scale 1:20

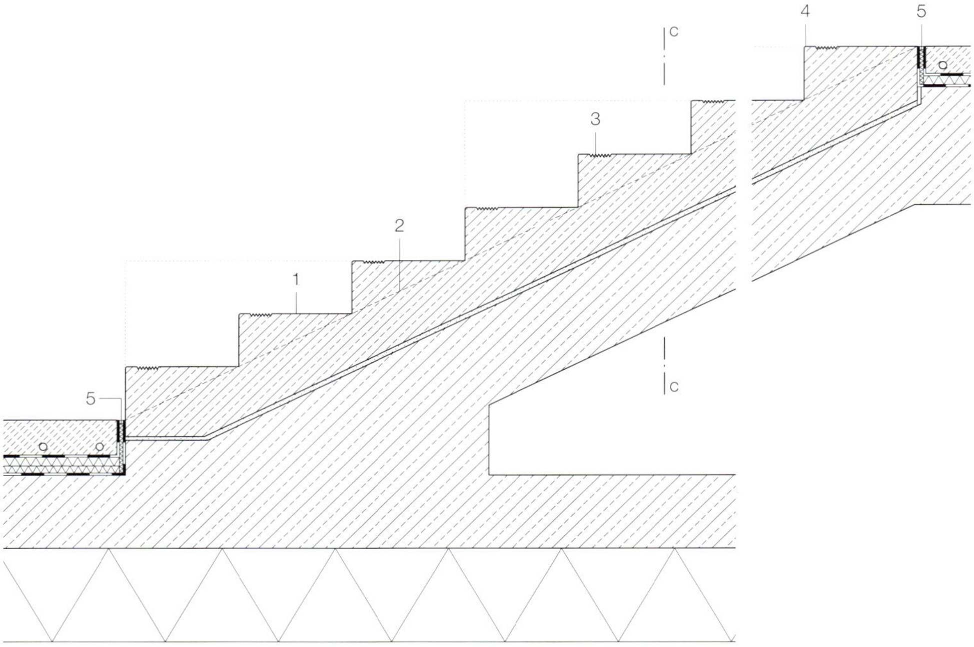

1 Betonfertigteil L = 6,20 m, Mindeststärke 130 mm Mörtelbett 15 mm Decke Stahlbeton 240 mm
2 seitliche Nut 40 mm
3 Rutschsicherung Streifen mit scharrierter Oberfläche 60 mm
4 Rundung Vorderkante 5 mm (Silikonrundung in Schalung)
5 Trennstreifen dauerelastisch verfugt 10 mm
6 Brüstung Stahlbeton 200 mm
7 Handlauf Edelstahlrohr ∅ 42,7/2 mm
8 Rundstab Edelstahl ∅ 10 mm
9 seitliche Aussparung für Einbauleuchte 155/60 mm
10 Sitzauflage Eichenholz dunkel gebeizt 24 mm
11 Betonfertigteil 100 mm
12 Mörtelbett 5 mm
13 Betonkonsole bewehrt
14 Mörtelbett 10 mm

1 prec. concrete element 6.20 m long (min. 130 mm thick) 15 mm bed of mortar 240 mm reinforced concrete
2 40 mm side rebate
3 60 mm bush-hammered non-slip strip
4 5 mm rounded arris (curved silicone strip laid in formwork)
5 10 mm dividing strip with permanent elastic seal
6 200 mm reinf. conc. balustrade
7 ∅ 42.7/2 mm tubular stainless-steel handrail
8 ∅ 10 mm stainless-steel bracket
9 155 × 60 mm side recess for light fitting
10 24 mm dark stained oak lining for sitting
11 100 mm prec. concrete element
12 5 mm bed of mortar
13 reinforced concrete support
14 10 mm bed of mortar

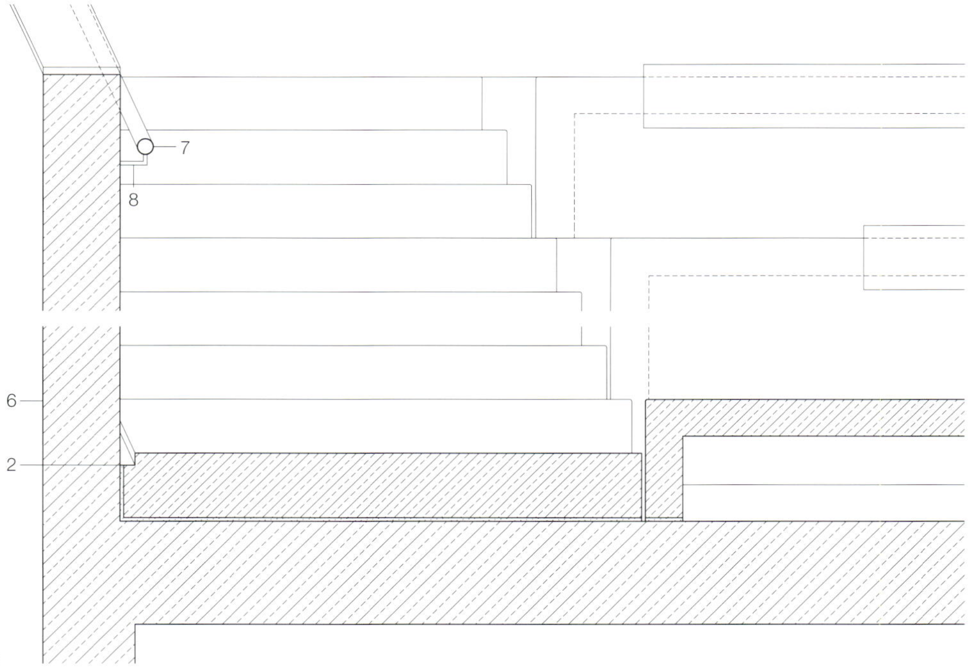

cc

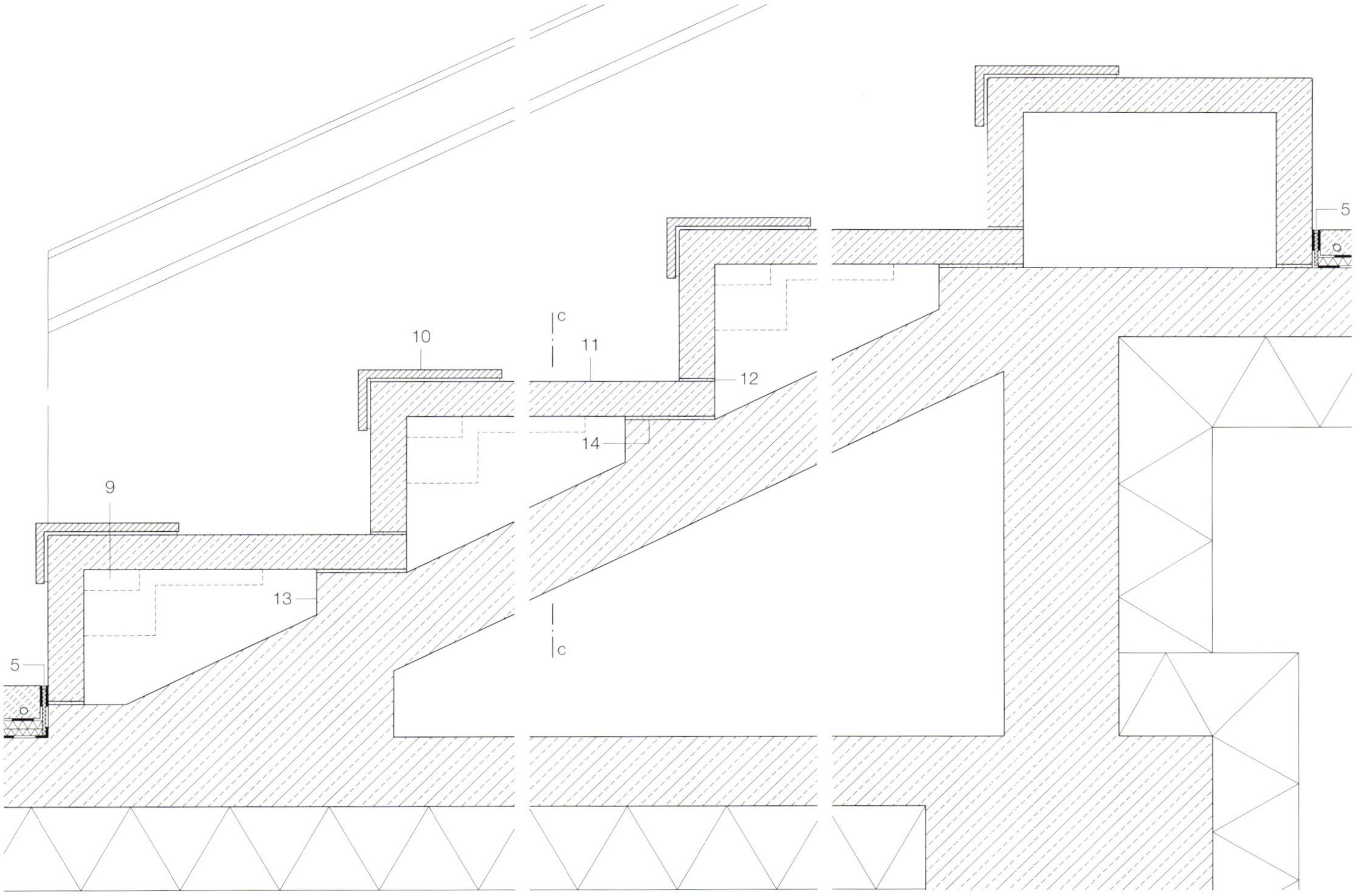
5
c
10
11
12
14
9
13
c
5

Doppelturnhalle in Chiasso

Double Gymnasium in Chiasso

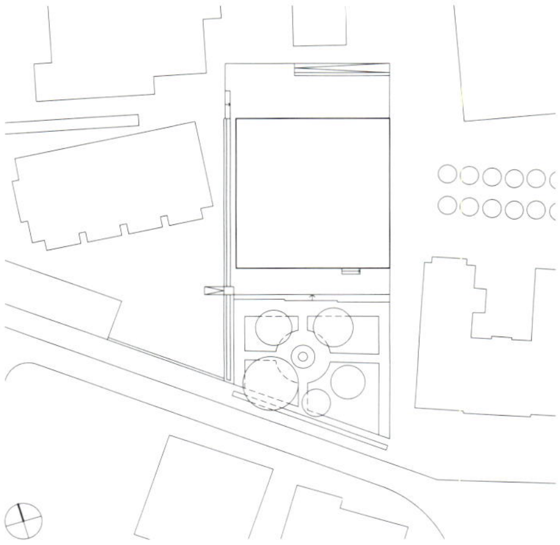

Architekten / *Architects:*
Baserga Mozzetti Architetti, Muralto
Tragwerksplaner / *Structural engineers:*
Ingegneri Pedrazzini Guidotti, Lugano

Die neue Doppelturnhalle der kantonalen Berufs- und Handelsschule liegt mitten im Tessiner Ort Chiasso, unweit der Grenze zu Italien, und bildet den letzten Baustein eines neuen Kultur- und Bildungszentrums. In direkter Nachbarschaft zu einem Kindergarten, der Schule und dem Max Museo für Kunst erhält sie öffentlichen Charakter. Dieses Bild vermittelt der Standort im Zentrum des Campus, aber auch der leicht erhöhte Betonsockel, der nördlich als Verbindungsglied zu den Schulbauten und westlich als Platzbegrenzung zum Museum dient und im Süden als Freitreppe zu einem kleinen Park angelegt ist.
Ihre architektonische Kraft erhält die quadratische, halbgeschossig im Boden versenkte Halle aber vor allem durch die wohlproportionierte Dualität von Transparenz und Schwere. So scheinen die vier äußeren Sichtbetonwandscheiben, getragen von nur vier V-förmigen Stahlbetonverbundstützen, über der umlaufenden Glasfassade zu schweben – ein Eindruck, der sich im Gebäudeinneren fast noch intensiver wiederholt, wo eine gitterförmige Deckenstruktur aus Sichtbeton das Erscheinungsbild bestimmt. Die Hallenwände sind im unteren Teil mit Lärchenholz verkleidet und oberhalb des Fensterbands mit Akustikplatten. Die Erschließung erfolgt über eine Galerieebene, die über eine Treppe und einen Luftraum mit der unteren Hallenebene verknüpft ist. Von dort führt der Weg entweder direkt in die Halle oder zu den Umkleiden unter dem nördlichen Sockel. Zu den Besonderheiten des Entwurfs zählt neben der extrem reduzierten Architektursprache vor allem die enge Zusammenarbeit von Architekten und Ingenieuren. Diese begann in der Wettbewerbsphase mit ersten Überlegungen zum Dachtragwerk und mündete in gemeinsamen Lösungen von Detailfragen – etwa zur Lage von Regenfallrohren oder Elektroleitungen zwischen Dach und Untergeschoss. Um diese nach unten führen zu können, ohne die entmaterialisierende Wirkung der Glasfassade zu stören, war es notwendig, beide unsichtbar im Inneren der V-Stützen unterzubringen. DETAIL 11/2012

This new double gymnasium for a vocational and trade school is located right in the centre of Chiasso, not far from the Italian border, and constitutes the final component of a new cultural and educational centre. Owing to its vicinity to a preschool and a museum of art, the building has a public presence. This presence is related to its position in the middle of the campus, but also to the fact that it is raised slightly on a concrete plinth. The latter serves as a link between the school buildings, as a boundary towards the museum in the west, and transforms into a stair providing access to a garden to the south. The square space, situated partially below grade, owes its architectural force above all to the well-balanced relationship between transparency and mass. Accordingly, the four outer exposed-concrete slabs, supported only by four V-shaped pairs of reinforced-concrete composite columns, appear to float above the glazed facade – an impression that is even more intensely felt inside the building, where a lattice-like ceiling texture plays a role in determining the mood. The lower surfaces of the walls in the hall are clad in larch, and the upper ones, above the windows, in acoustic board. Special characteristics of the design include the reduced palette and the close cooperation between architects and engineers, which ranged from the structural conception of the roof to the detailing of, for example, the V-shaped columns.

Lageplan
Maßstab 1:2000
Grundrisse • Schnitt
Maßstab 1:800

Site plan
scale 1:2,000
Layout plans • Section
scale 1:800

1 Eingang
2 Galerie
3 Turnhalle
4 Umkleide Lehrer
5 Umkleide Schüler
6 Duschen
7 Technik
8 Fluchttreppe
9 Geräteraum

1 Entrance
2 Gallery
3 Gymnasium
4 Teachers' changing room
5 Pupils' changing room
6 Showers
7 Building services
8 Escape stair
9 Equipment room

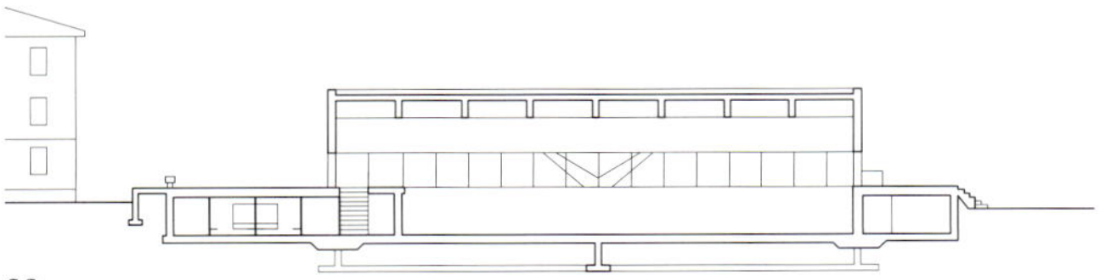

aa

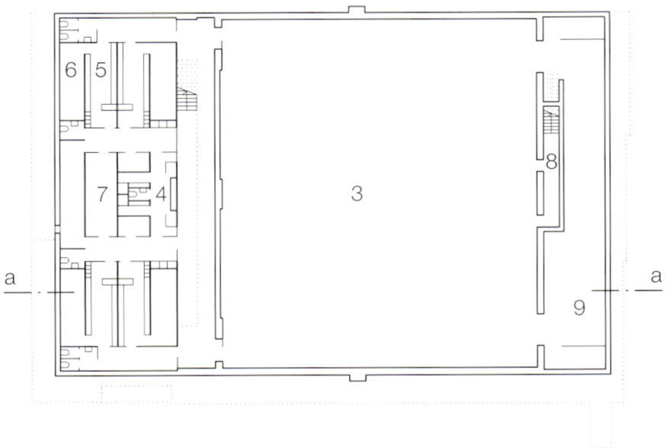

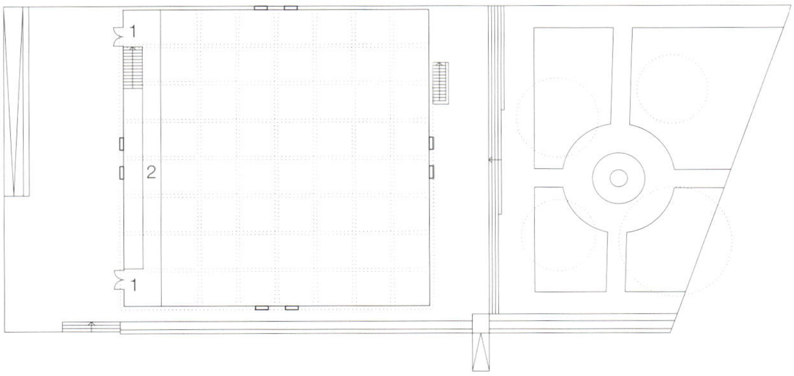

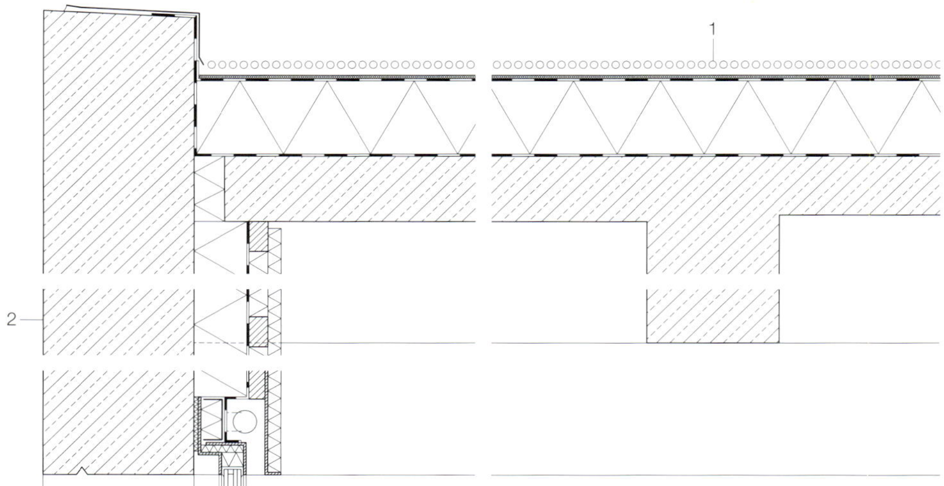

1 Drainageschicht Kies ca. 50 mm
Schutzschicht
Dachdichtungsbahn Kunststoff
Wärmedämmung 200 mm
Dampfsperre
Stahlbetondecke 180 mm
Stahlbetonunterzug
vorgespannt 1080/350 mm
2 Sichtbeton 400 mm
Wärmedämmung
mit Lattung vertikal 140 mm
Dampfsperre/Wärmedämmung mit
Lattung horizontal 50 mm
Akustikplatten 35 mm
ohne sichtbare Fugen
3 Stahlbeton 250 mm
Wärmedämmung
mit Lattung vertikal 120 mm
Dampfsperre, Wärmedämmung
mit Lattung horizontal 30 mm
Zwischenraum für Heizkörper
und vertikale Lattung 120 mm
Wandbekleidung Lärchenholz
abnehmbar 100 mm
4 Bodenbelag Polyurethan 15 mm
Zementestrich 80 mm
Trennlage PE-Folile
Wärmedämmung 80 mm
Feuchtigkeitssperre 3,5 mm
Bodenplatte Stahlbeton wasserundurchlässig 250 mm
Magerbeton 50 mm
5 Metallstruktur Stahlrohr ∅ 270 mm,
mit Hohlraum für Regenfallrohr bzw.
Elektroleitungen
ummantelt von Stahlbeton
6 Zugseil
7 Anschlussbewehrung Wandscheibe
Stahlbeton
8 Regenfallrohr

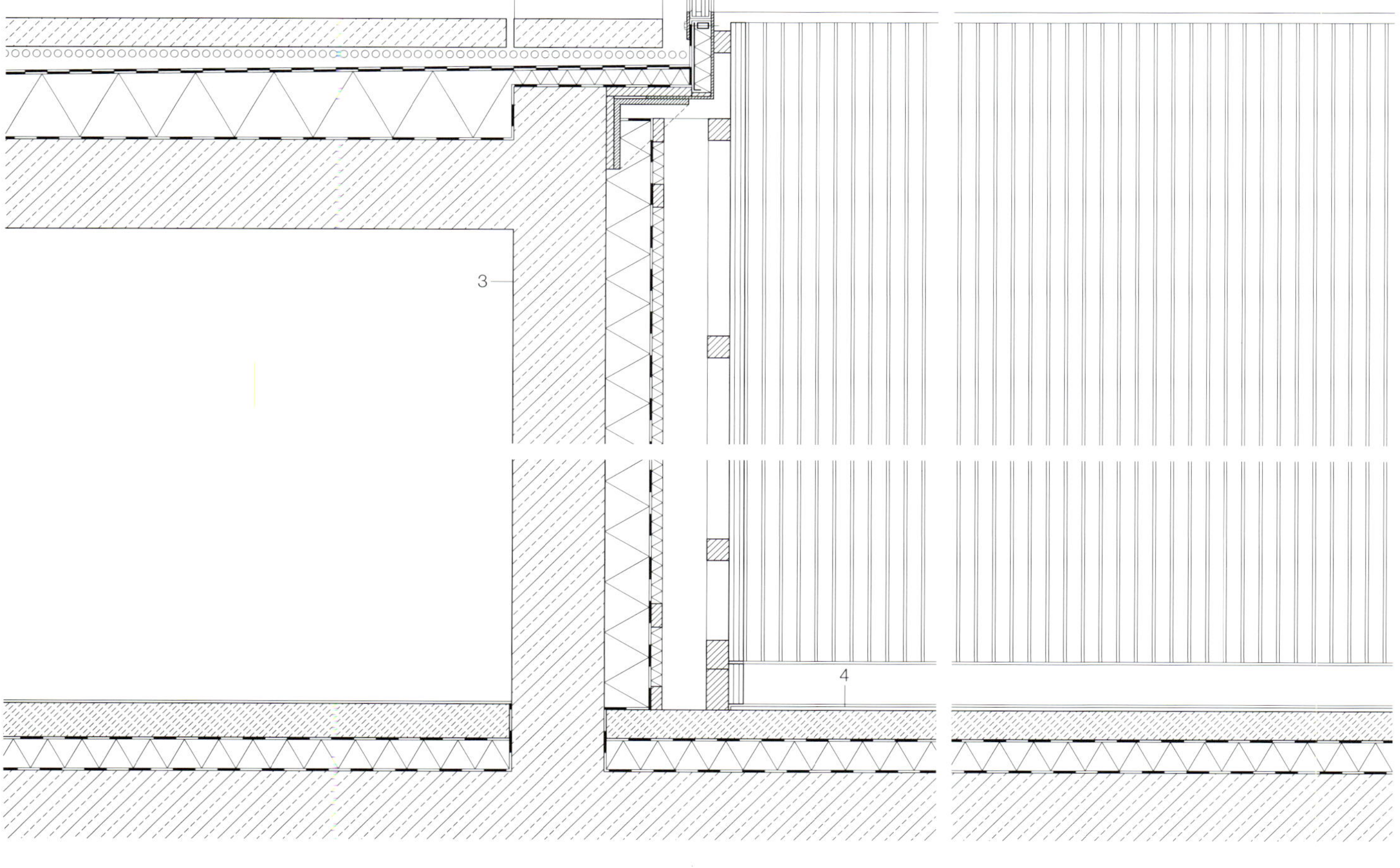

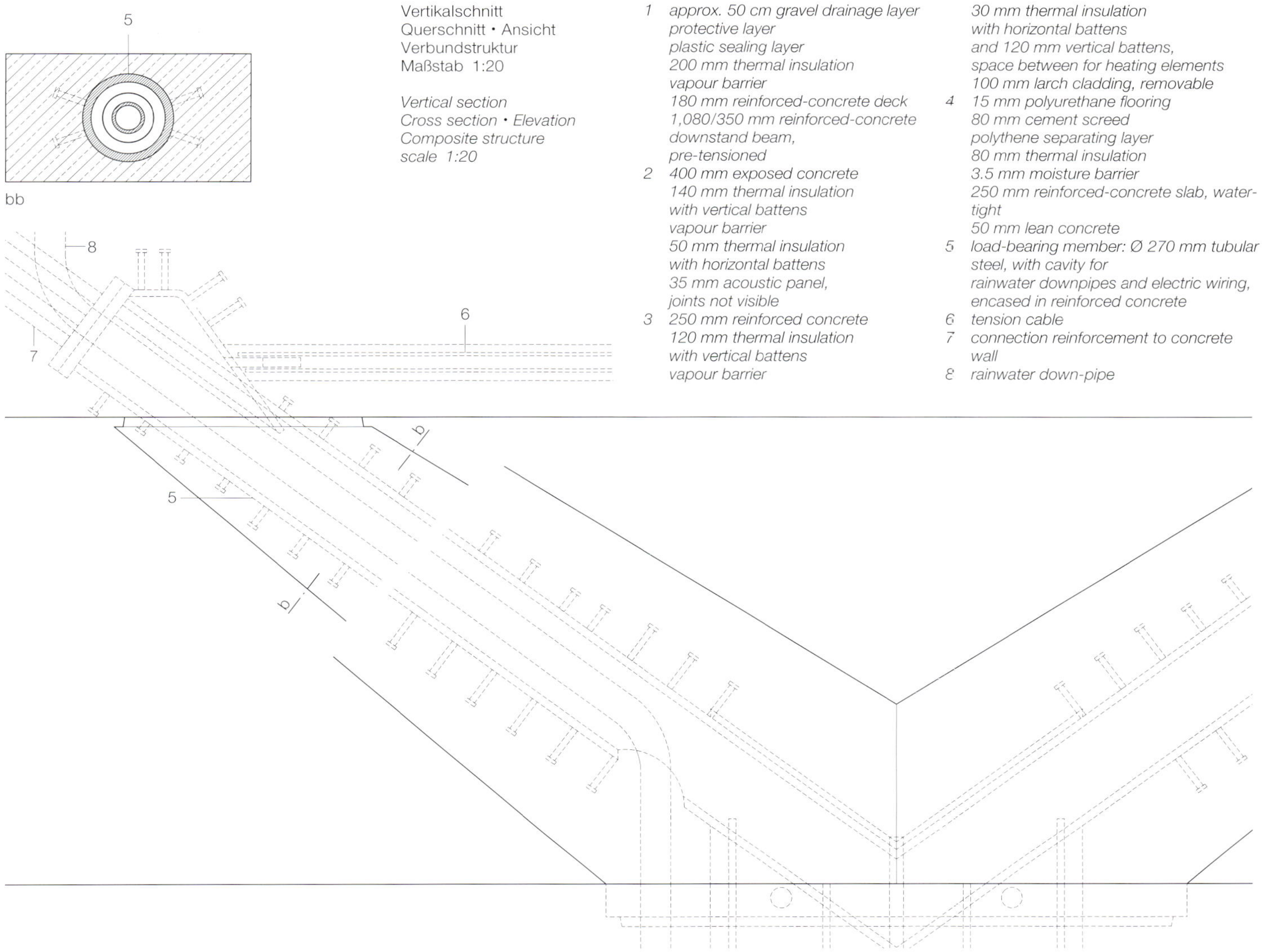

Vertikalschnitt
Querschnitt • Ansicht
Verbundstruktur
Maßstab 1:20

Vertical section
Cross section • Elevation
Composite structure
scale 1:20

1 *approx. 50 cm gravel drainage layer protective layer plastic sealing layer 200 mm thermal insulation vapour barrier 180 mm reinforced-concrete deck 1,080/350 mm reinforced-concrete downstand beam, pre-tensioned*
2 *400 mm exposed concrete 140 mm thermal insulation with vertical battens vapour barrier 50 mm thermal insulation with horizontal battens 35 mm acoustic panel, joints not visible*
3 *250 mm reinforced concrete 120 mm thermal insulation with vertical battens vapour barrier 30 mm thermal insulation with horizontal battens and 120 mm vertical battens, space between for heating elements 100 mm larch cladding, removable*
4 *15 mm polyurethane flooring 80 mm cement screed polythene separating layer 80 mm thermal insulation 3.5 mm moisture barrier 250 mm reinforced-concrete slab, water-tight 50 mm lean concrete*
5 *load-bearing member: Ø 270 mm tubular steel, with cavity for rainwater downpipes and electric wiring, encased in reinforced concrete*
6 *tension cable*
7 *connection reinforcement to concrete wall*
8 *rainwater down-pipe*

Die Tragstruktur des Untergeschosses besteht aus einer zur Hälfte im Boden versenkten Betonwanne, umgeben von einem leicht erhöhten Sockel. Aufgrund des hohen Grundwasserspiegels wurde das gesamte Untergeschoss als wasserundurchlässige weiße Wanne und mit zusätzlichen Trägern unter dem Hallenboden konstruiert.
Oberhalb des Sockels tragen vier jeweils in der Mitte der Fassaden platzierte Doppelstützen in V-Form vier Betonscheiben, auf denen sich wiederum die Dachstruktur abstützt. Das Dachtragwerk ist als Gitter aus 14 vorgespannten Stahlbetonträgern ausgeführt, wobei Achsabstände von vier Metern und die quadratische Geometrie für eine strukturell effiziente und damit ökonomische Konstruktion sorgen. Horizontalkräfte werden durch die Betonscheiben aufgefangen, die über Eck zusammen mit den Doppelstützen als steife Rahmen wirken.
Nach Fertigstellung des Kellergeschoss-Rohbaus erfolgte zunächst die Positionierung der vier auf der Baustelle vorgefertigten Doppelstützen mithilfe eines Krans. Anschließend wurden über einem auf dem Hallenboden aufgebauten, provisorischen Traggerüst die Dachträger gegossen und vorgespannt – nur auf diese Weise ließ sich eine sichtbare Verankerung der notwendigen Spannseile vermeiden. Eine solide und tragfähige Konstruktion entstand erst ganz zum Schluss, nachdem die vier Betonscheiben gegossen und mit den Doppelpfeilern und der Deckenstruktur zu einer Einheit verbunden waren.

Due to the level of the groundwater, the entire structure situated below grade was executed in watertight concrete, and additional girders were integrated below the floor slab. The roof structure consists of a grid of 14 pre-tensioned reinforced-concrete beams; thanks to the 4-metre square bays, the structure is efficient – and, consequently, economical. Horizontal forces are directed into the concrete slabs.
After the concrete work was completed at the basement level, the next step was to employ a crane to position the 4 precast columns. Then the roof beams were poured and pre-tensioned. It wasn't until the very end – after the four slabs were poured – that the structure became unified and self-supporting.

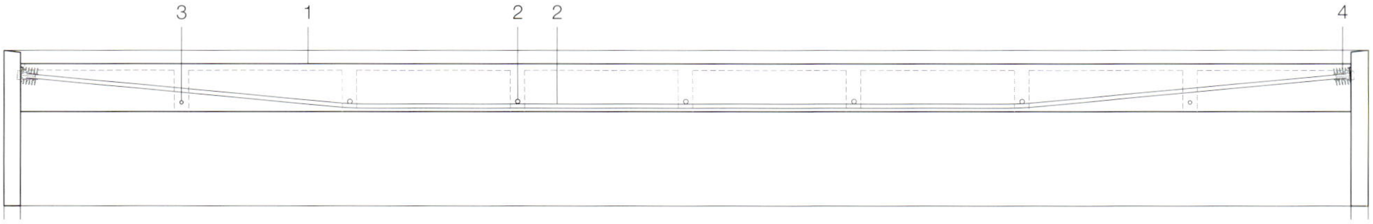

Position Vorspannseile Dachträger/Außenwand
Maßstab 1:200

1 Dachträger
2 Spannseil Stahl in Hüllrohr ∅ 116 mm
3 Spannseil Stahl in Hüllrohr ∅ 91 mm
4 seitliche Spannseilverankerung
5 Stahlbeton-Wandscheibe
6 Spannseil Stahl in Hüllrohr ∅ 73 mm

Pre-tension cables
Roof beams/Exterior wall
Scale 1:200

1 roof beam
2 steel tension cable in ∅ 116 mm tube
3 steel tension cable in ∅ 91 mm tube
4 lateral tension-cable anchor
5 lateral reinforced-concrete slab
6 steel tension cable in ∅ 73 mm tube

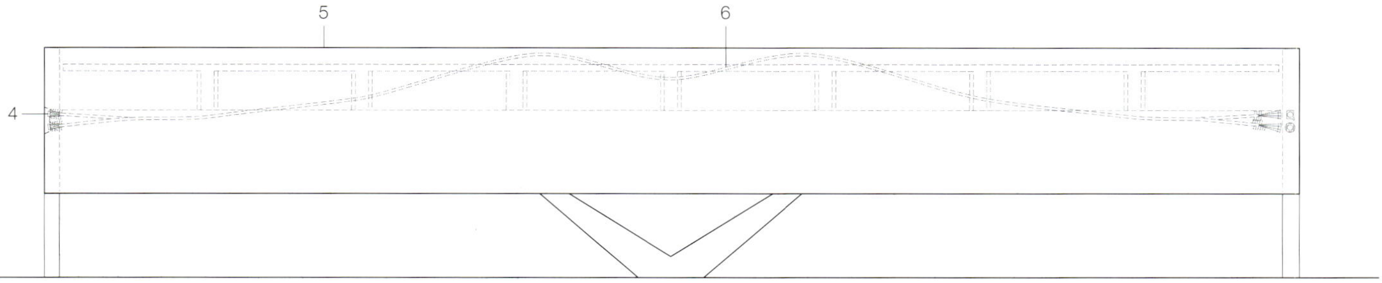

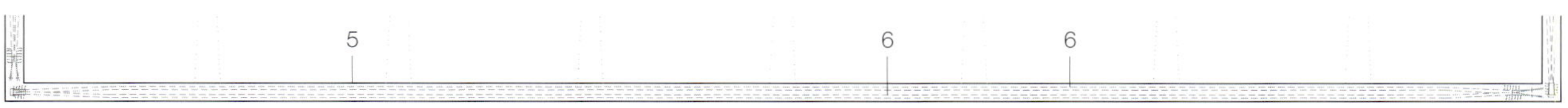

Büroerweiterung in Berlin

Office Extension in Berlin

Architekten / *Architects:*
David Chipperfield Architects, Berlin
Tragwerksplaner / *Structural engineers:*
Reiner von Polheim, Berlin

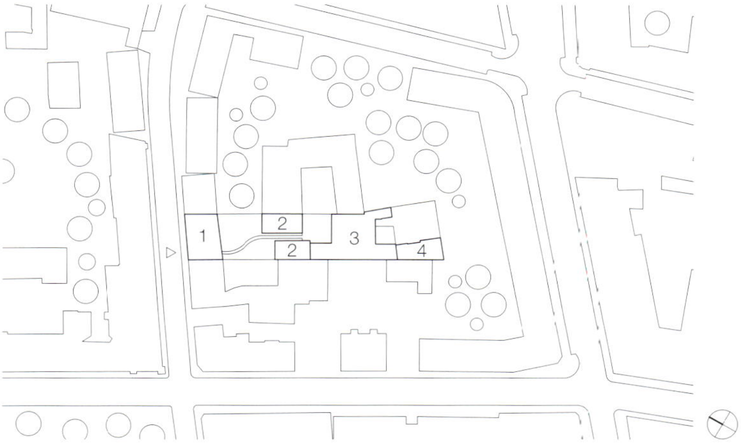

Lageplan
Maßstab 1:2500

1 Vorderhaus
2 Mittelhaus
3 Hofgebäude (Bestand)
4 Gartenhaus

Site plan
scale 1:2,500

1 Front building
2 Middle building
3 Existing courtyard building
4 Garden house

Die Berliner Niederlassung von David Chipperfield Architects hat ihren Sitz seit 2004 in einer ehemaligen Klavierfabrik, zentral im Bezirk Mitte gelegen. Das fünfgeschossige Backsteingebäude aus dem Jahr 1895 liegt im Innenhof einer typischen Berliner Blockrandbebauung aus der Gründerzeit, deren Baulücken die Zerstörungen des Zweiten Weltkriegs immer noch erahnen lassen.
Durch den Neubau von vier Baukörpern, die die Büroräume des Altbaus ergänzen, gelang es nicht nur, dem Wachstum des Architekturbüros gerecht zu werden, sondern auch die städtebauliche Situation neu zu ordnen. Die schlichten Betonkuben nehmen den Maßstab der Nachbarbebauung auf, sprechen aber mit glatten Sichtbetonfassaden und großen Fensteröffnungen eine unmissverständlich moderne Architektursprache.
Durch ihre geschickte Positionierung auf dem langgestreckten Grundstück entsteht eine spannungsvolle Abfolge enger und weiter Außenräume mit hoher Aufenthaltsqualität. Das Vorderhaus mit Ausstellungsräumen und einer Wohnung schließt die Baulücke zur Straße hin, lässt aber einen Durchgang im Erdgeschoss offen, durch den man in den ersten Hof zu den beiden unterschiedlich hohen Mittelhäusern gelangt. Während das viergeschossige Gebäude direkt an den Altbau anschließt und Besprechungs- und Büroräume aufnimmt, ist die zweigeschossige Kantine ein eigenständiger Baukörper, der nur die Flucht der Nachbarbebauung weiterführt. Durch den schmalen Zwischenraum zwischen den Bauten erreicht man den zweiten Hof mit dem Eingang zum alten Fabrikgebäude. Auf seiner Rückseite, im dritten Hof, befindet sich ein weiterer Anbau – das Gartenhaus, das den Altbau ebenfalls um Büroräume erweitert.
Beton prägt die Neubauten nicht nur außen, sondern auch innen: Sichtbetonwände und -decken sowie ein geschliffener Estrich verleihen den Räumen einen spröden, puristischen Charakter. Bis auf das Gartenhaus, das aufgrund der später eingereichten Baugenehmigung höhere Energiekennwerte einhalten musste, wurden die Außenwände in Dämmbeton hergestellt, d.h. die einschalige Konstruktion übernimmt tragende, dämmende und schützende Funktion gleichzeitig. Weil Dämmbeton nicht dieselbe Tragfähigkeit besitzt wie Normalbeton, wurden in Bereichen größerer Deckenspannweiten leichtere Stahlbeton-Hohlkörperdecken eingesetzt.
Die Verwendung von Dämmbeton als Sichtbeton verlangt in der Ausführung ein hohes Maß an Erfahrung und Präzision, denn durch den unregelmäßigen Porenraum im Materialgefüge neigt der Dämmbeton zur Entmischung. Um das Aufschwimmen der leichten Zuschläge in der Betonmischung zu vermeiden, kam dem Gießvorgang eine besondere Bedeutung zu: Der gewählte Leichtbeton mit der Rohdichteklasse 1,2 wurde bei geringer Fallhöhe mit dem Krankübel gleichmäßig in der Schalung verteilt. Auf diese Weise wurden nass in nass 50 bis 60 cm hohe Schichten gegossen und einzeln verdichtet.
Das regelmäßige Fugenbild der Sichtbetonfassaden, das innen und außen spiegelbildlich ablesbar ist, erforderte eine sorgfältige Planung von Schalung und Betonierabschnitten. Als Schaltafeln wurden modulare Stahlrahmenelemente ohne zusätzliche Aufdopplung verwendet. Das vorgegebene Raster der Elemente ist mit den Abmessungen der Baukörper und den erforderlichen Wandstärken in Einklang gebracht worden. Um ein sauberes Schalungsbild zu erhalten, wurden die einzelnen Wände der Baukörper nacheinander gegossen.
Die vertikalen Arbeitsfugen sind durch den oben beschriebenen Bauablauf festgelegt. Die horizontalen Betonierabschnitte hingegen richten sich nach der Lage der Fenster. Sie befinden sich immer an deren Unterkante, da nur so das Treiben des Dämmbetons vermieden werden kann. Um gleichmäßige horizontale Fugen zu erzielen, wurden die Oberkanten nach dem Aushärten des jeweiligen Betonierabschnitts mit der Steinscheibe geschnitten.
DETAIL 06/2014

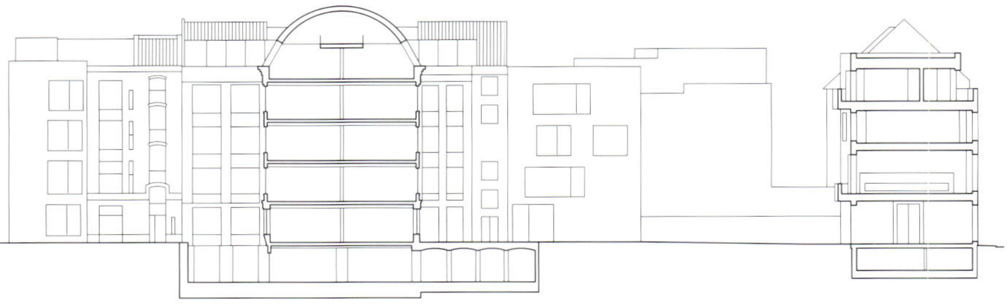

aa

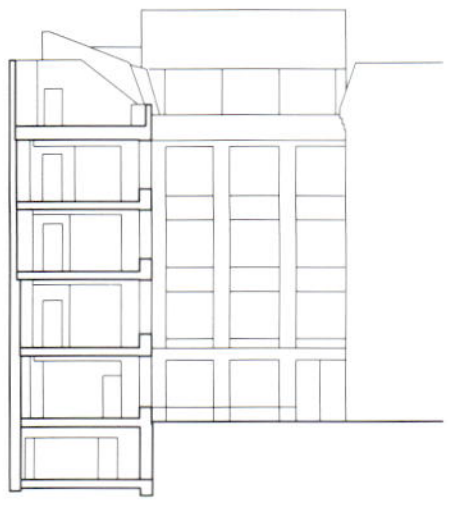

bb

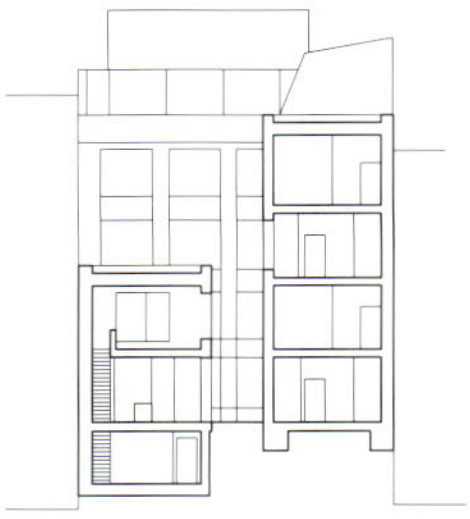

cc

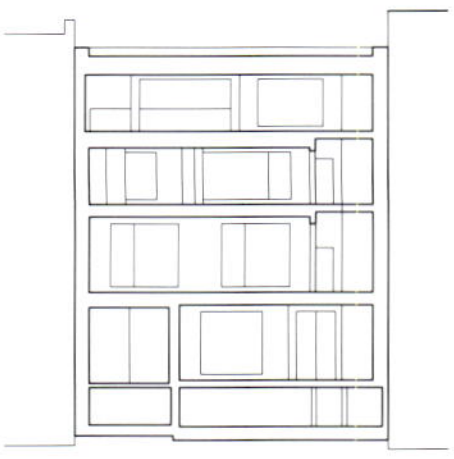

dd

Since 2004, the Berlin practice of David Chipperfield Architects has been housed in a late-19th-century brick building, a former piano factory in the city centre. The construction of four new volumes to complement the existing courtyard structure on the elongated site not only provided space for office growth; it also served to reorder the urban situation.
The modest cubes adopt the scale of the neighbouring buildings, but with their smooth, exposed-concrete facades and large window openings they speak a modern language.
The new front building, containing exhibition spaces and a dwelling, closes the gap in the street face of the block, while leaving a passageway open to the rear structures. Adjoining the existing building is a four-storey volume that houses conference spaces and offices, and opposite this is a two-storey canteen. From the second courtyard, one has access to the factory building itself; and to the rear is a third courtyard with a garden house.
The new structures are characterised by the use of concrete both externally and internally, with exposed concrete walls and soffits and smoothed screeds lending the spaces a purist character. The external walls are in insulating concrete (with the exception of those to the garden house, for which plans were submitted at a later date and which had to comply with higher energy requirements). Since insulating concrete does not possess the same load-bearing properties as normal concrete, lightweight hollow concrete floors were specified for situations with greater spans. The use of exposed insulating concrete also demands great experience and precision in the execution, because the irregular pore structure means there is a tendency to segregation of the mix components. The concrete was poured from a relatively low height and in 50–60 cm layers. The regular facade joints called for careful planning of the shuttering and the concreting stages. Modular steel-frame elements were used for the formwork. The proposed grid was coordinated with the dimensions of the structure and the requisite wall thicknesses by means of a complex shuttering sequence. The horizontal concreting stages were based on the position of the windows.

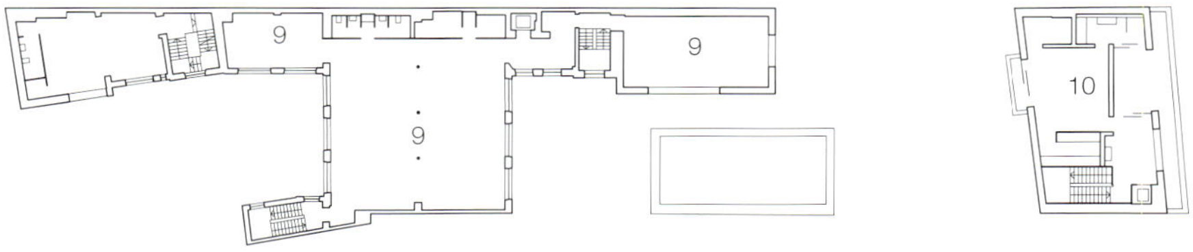

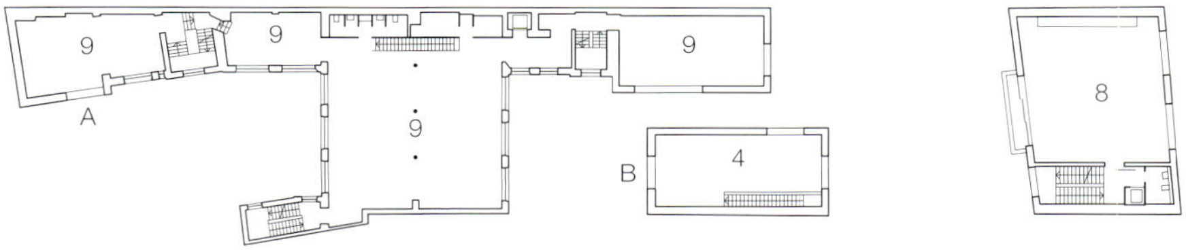

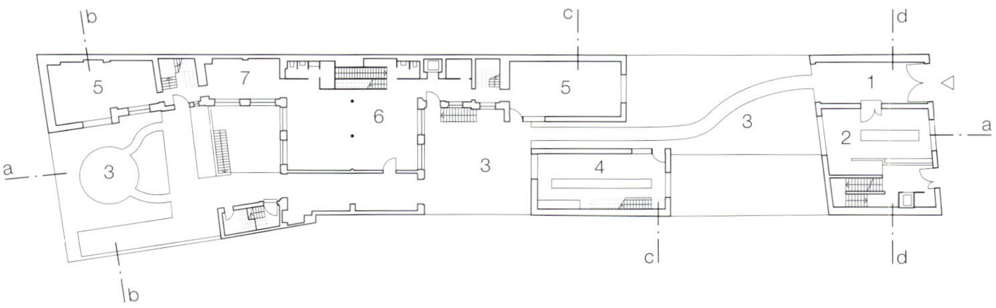

Schnitte • Grundrisse
Maßstab 1:750
Ansichten Mittelhaus
Maßstab 1:400

Sections • Floor plans
scale 1:750
Elevations: middle building
scale 1:400

1 Durchgang
2 Ausstellung
3 Hof
4 Kantine
5 Besprechungsraum
6 Empfang
7 Teeküche
8 Wohnebene
9 Büro
10 Schlafebene

1 Passageway
2 Exhibition space
3 Courtyard
4 Canteen
5 Conference room
6 Reception
7 Tea kitchen
8 Living quarters
9 Office
10 Bedroom

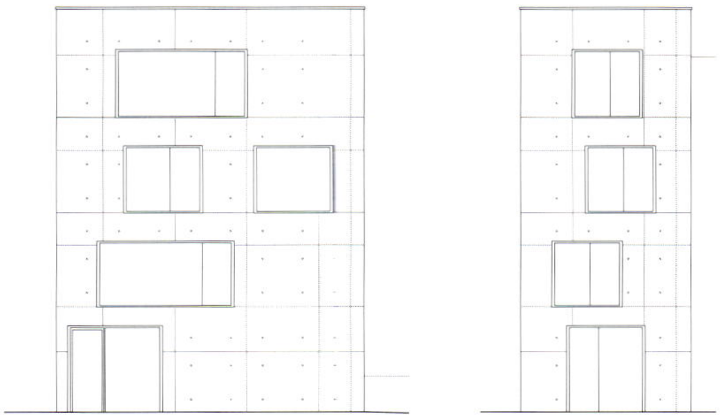

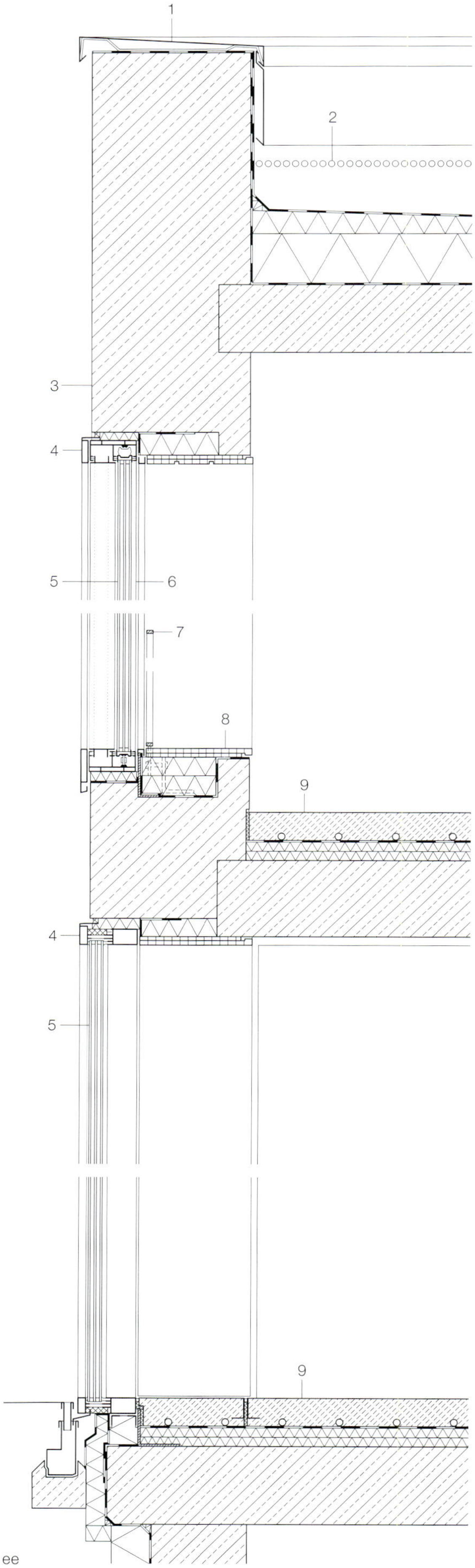

Vertikalschnitt • Horizontalschnitte
Maßstab 1:20

A einschaliger Wandaufbau (Vorder-/Mittelhaus)
B zweischaliger Wandaufbau (Gartenhaus)

Vertical section • Horizontal sections
scale 1:20

A Single-skin wall construction (front and middle buildings)
B Double-skin wall construction (garden house)

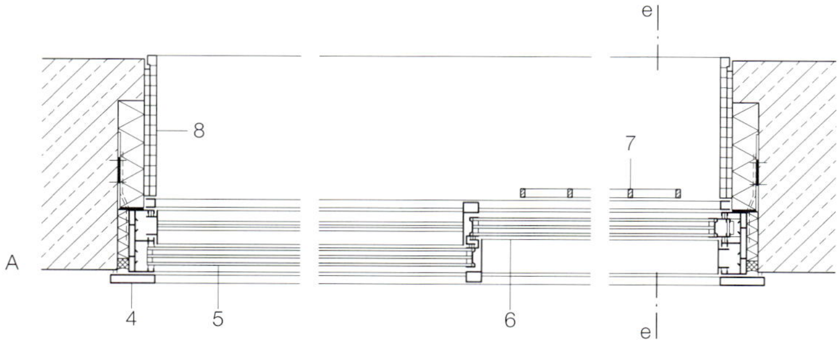

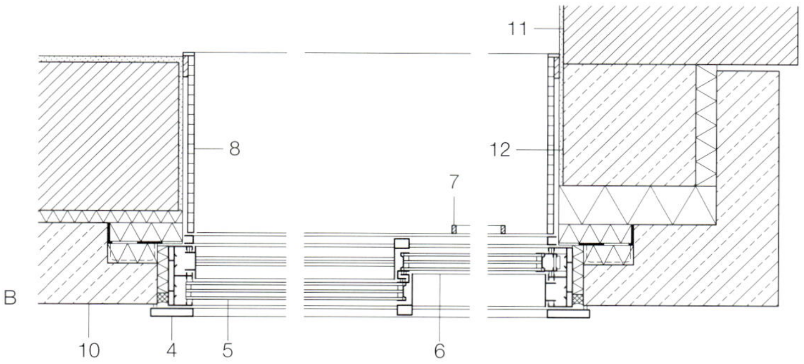

1 Attikaabdeckung Zinkblech
2 Kies
Abdichtung Kunststoffbahn
Gefälledämmung EPS 40–140 mm
Wärmedämmug EPS 160 mm
Dampfsperre bituminös
Stahlbetondecke 220 mm
3 Wandaufbau Vorder-/Mittelhaus:
Außenwand Dämmbeton 500 mm, Rohdichteklasse 1,2, Druckfestigkeitsklasse LC 16/18, Expositionsklasse XC2, U = 0,7 W/m²K
4 Abdeckleiste Aluminium pulverbeschichtet
5 Dreifach-Isolierverglasung VSG 8 mm + SZR 12 mm + Float 8 mm + SZR 12 mm + ESG-H 8 mm, U_g = 0,5 W/m²K
6 Schiebefenster mit GFK-Rahmen
7 Absturzsicherung Flachstahl 20/10 mm
8 Verkleidung Tischlerplatte 25 mm, grau lackiert
9 Zementestrich geschliffen 90 mm
Fußbodenheizungssystem mit integrierter Trennlage und Trittschalldämmung
Dämmung EPS 30 mm
Stahlbetondecke 250 mm
10 Wandaufbau Gartenhaus:
Sichtbeton 200 mm
Trennfugenplatte Mineralwolle 30 mm
Leichthochlochziegel mit Perlite gedämmt 365 mm
Innenputz 15 mm
11 Außenwand Mauerwerk (Bestand)
12 Stütze Stahlbeton 300/320 mm

1 sheet-zinc parapet wall covering
2 layer of gravel; plastic sealing layer
40–140 mm expanded polystyrene insulation to falls
160 mm expanded polystyrene thermal insulation
bituminous vapour barrier
220 mm reinforced concrete roof
3 external walls to front and middle buildings:
500 mm insulating concrete, relative density 1.2, compression strength class LC 16/18, exposition class XC2 (U_g = 0.7 W/m²K)
4 powder-coated alum. cover strip
5 triple glazing: lam. safety glass + 12 mm cavity + 8 mm float glass + 12 mm cavity + 8 mm toughened glass (U_g = 0.5 W/m²K)
6 sliding window with GRP frame
7 20/10 mm steel flat safety rail
8 25 mm blockboard lining, painted grey
9 90 mm screed, ground smooth
underfloor heating system with integrated separating layer and impact-sound insulation
30 mm expanded polystyrene insulation
250 mm reinforced concrete floor
10 external wall to garden house:
200 mm exposed concrete
30 mm mineral-wool separating layer
365 mm lightweight brick wall perlite insulation; 15 mm plaster
11 existing brick outer wall
12 300/320 mm reinf. conc. column

Sportausbildungszentrum Mülimatt in Brugg/Windisch

Mülimatt Sports Education and Training Centre in Windisch, Brugg

Architekten / *Architects:*
Studio Vacchini Architetti, Locarno
Tragwerksplaner / *Structural engineers:*
Fürst Laffranchi Bauingenieure, Wolfwil

Sowohl die Fachhochschule Nordwestschweiz als auch die Berufsschulen und Vereine der Region benötigten dringend angemessene Räume für den Sport. Die Stadt Brugg und der Kanton Aarau entschieden sich daher zur Errichtung eines gemeinsamen Sportausbildungszentrums am Ufer der Aare. 2005 wurde ein Wettbewerb ausgelobt, der je eine Sporthalle für die Fachhochschule und das örtliche Berufs- und Weiterbildungszentrum umfasste, sowie einen Steg über die Aare als Verbindung mit den am anderen Ufer liegenden Außensportanlagen. Der Entwurf des Teams von Studio Vacchini mit den Ingenieuren Fürst Laffranchi fasst die beiden Hallen unter einer großen, das Gesamtgefüge überspannenden Faltwerkskonstruktion aus Betonfertigteilen zusammen. Neben einem großzügigen Foyer, das sich an der Nordseite über die gesamte Fassadenlänge von 80 m erstreckt, und gemeinsamen Erschließungs- und Versorgungseinrichtungen ermöglicht dies eine minimierte Gebäudehülle, die dazu beiträgt, den Minergie-Standard zu erreichen. Von Anfang an wollten die Architekten die von der höhergelegenen Bahntrasse aus gut sichtbare Dachfläche als fünfte Fassade gestalten. Der Vorstellung eines freitragenden Dachs folgend, wurden Tragstruktur und Dachkonstruktion zu einer Einheit verschmolzen. Völlig frei von inneren Stützen überspannt das Faltwerk die 55 m breite Anlage und verleiht ihr eine kraftvolle skulpturale Wirkung. Das außenliegende Tragwerk erlaubt die Transparenz der Fassaden. So herrscht im Gebäudeinneren der Eindruck, inmitten der Auenlandschaft zu stehen. Die innere Struktur besteht vollständig aus Sichtbeton, der in höchster Oberflächenqualität, präzise bis ins Detail, verarbeitet ist. Türen, Fensterrahmen und alle Metallteile sind, wie auch die Fußböden der Hallen und die Akustikdecken, in hellem Grau gehalten, was dem Inneren eine ruhige, zur Landschaft passende Atmosphäre verleiht. Lediglich die Böden der innenliegenden Räume im Untergeschoss strahlen als Ausgleich zum fehlenden Tageslicht in einem kräftigen Gelbton. DETAIL 06/2012

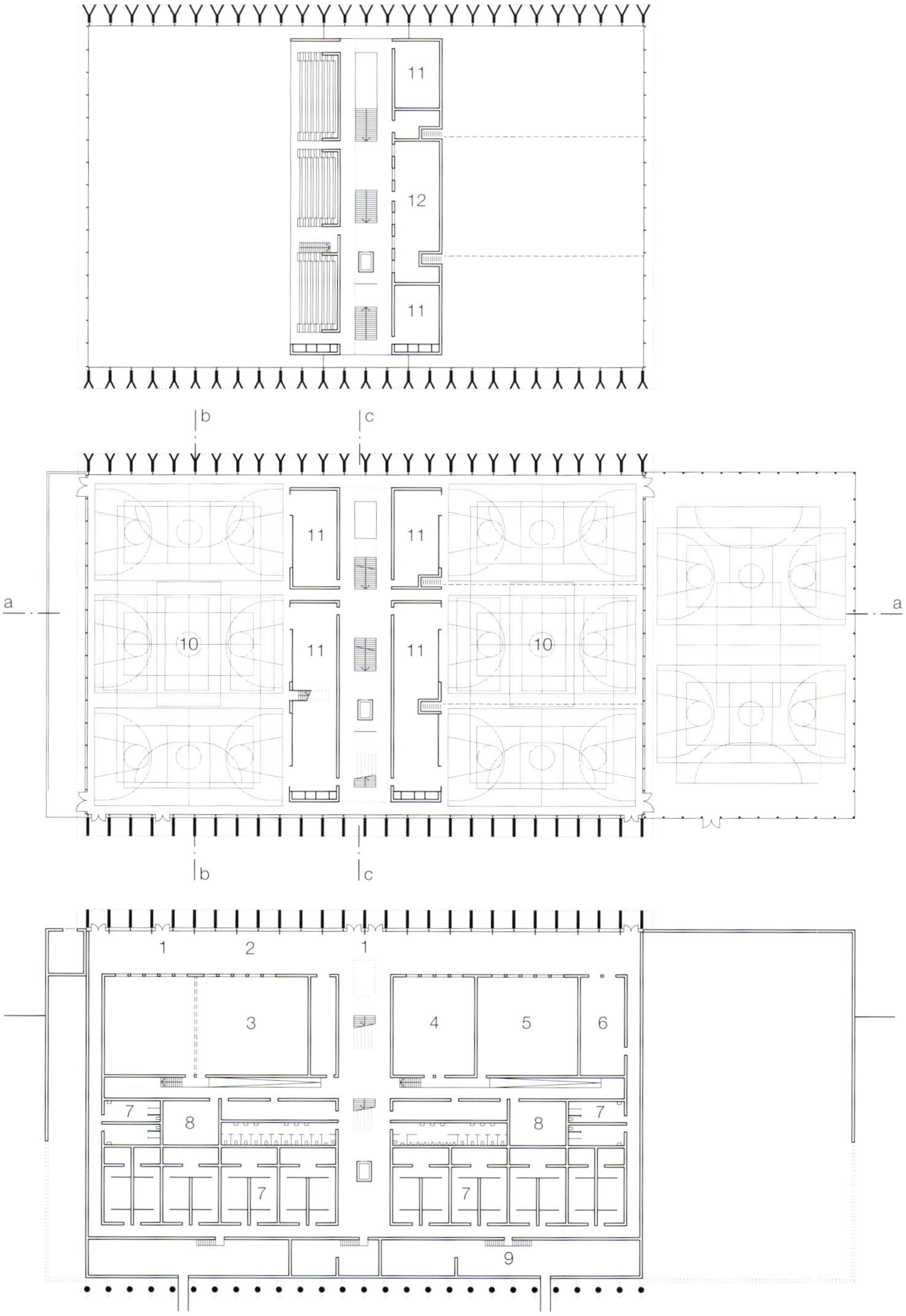

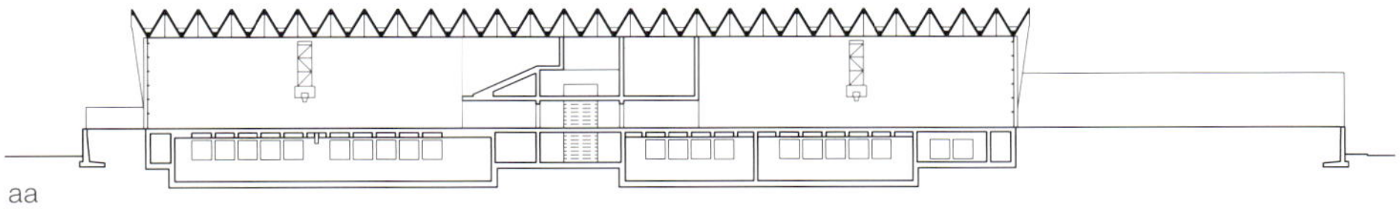

aa

Grundrisse • Schnitt
Maßstab 1:1000
Lageplan
Maßstab 1:7500

1 Eingang
2 Foyer
3 Mehrzweckraum
4 Sitzung / Theorie
5 Gymnastikraum
6 Lehrer
7 Garderobe
8 Materiallager
9 Technikraum
10 Dreifeld-Sporthalle
11 Geräteraum
12 Kraftraum

Floor plans • Section
scale 1:1,000
Site plan
scale 1:7,500

1 Entrance
2 Foyer
3 Multipurpose space
4 Meetings / Theory
5 Gym
6 Teachers
7 Cloakroom
8 Material store
9 Mechanical services
10 Triple-court hall
11 Equipment space
12 Weights room

The town of Brugg and the Swiss canton of Aargau decided to meet an urgent need for sports facilities in the area by building this centre for education and training. In 2005, a competition was held to create two sports halls for local educational institutions, as well as a footbridge across the River Aar to link the halls with the outdoor sporting amenities opposite. The two halls are housed within a large folded-plate structure consisting of precast concrete elements. This allowed the construction of a minimal outer skin as well as compliance with the "Minergie" standard. Access to the halls is via a joint foyer that extends along the entire 80-metre length of the north face. Situated to the rear at a higher level is a railway line from where the roof of the complex is visible. The architects therefore decided to treat the roof as a fifth facade, so that it forms a unity with the load-bearing precast concrete structure.
Entirely free of internal columns, the folded shell spans the 55-metre-wide complex, creating a powerful sculptural effect. The internal exposed concrete surfaces are of top quality, and large areas of glazing lend the facade a high degree of transparency. Doors, window frames and all metal elements, as well as the floors and acoustic soffits in the halls, are in a pale grey tone, which helps to create a calm atmosphere. Only the internal spaces on the lower-floor level are coloured bright yellow to compensate for the lack of daylight.

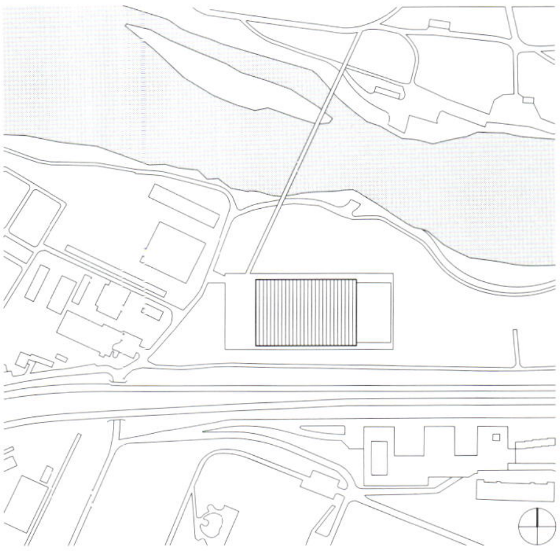

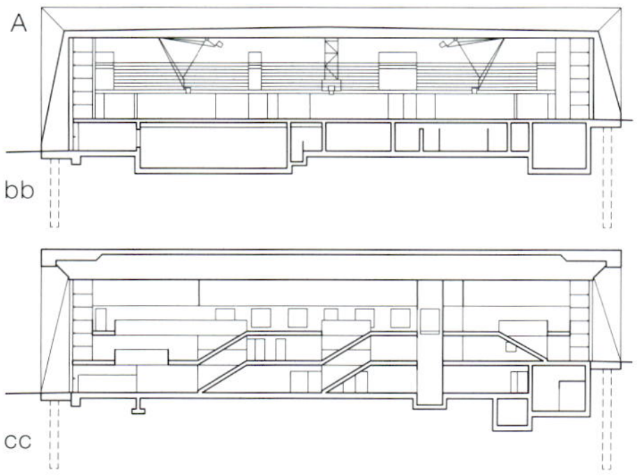

Schnitte
Maßstab 1:1000
Vertikalschnitte
Maßstab 1:50

Sections
scale 1:1,000
Vertical sections
scale 1:50

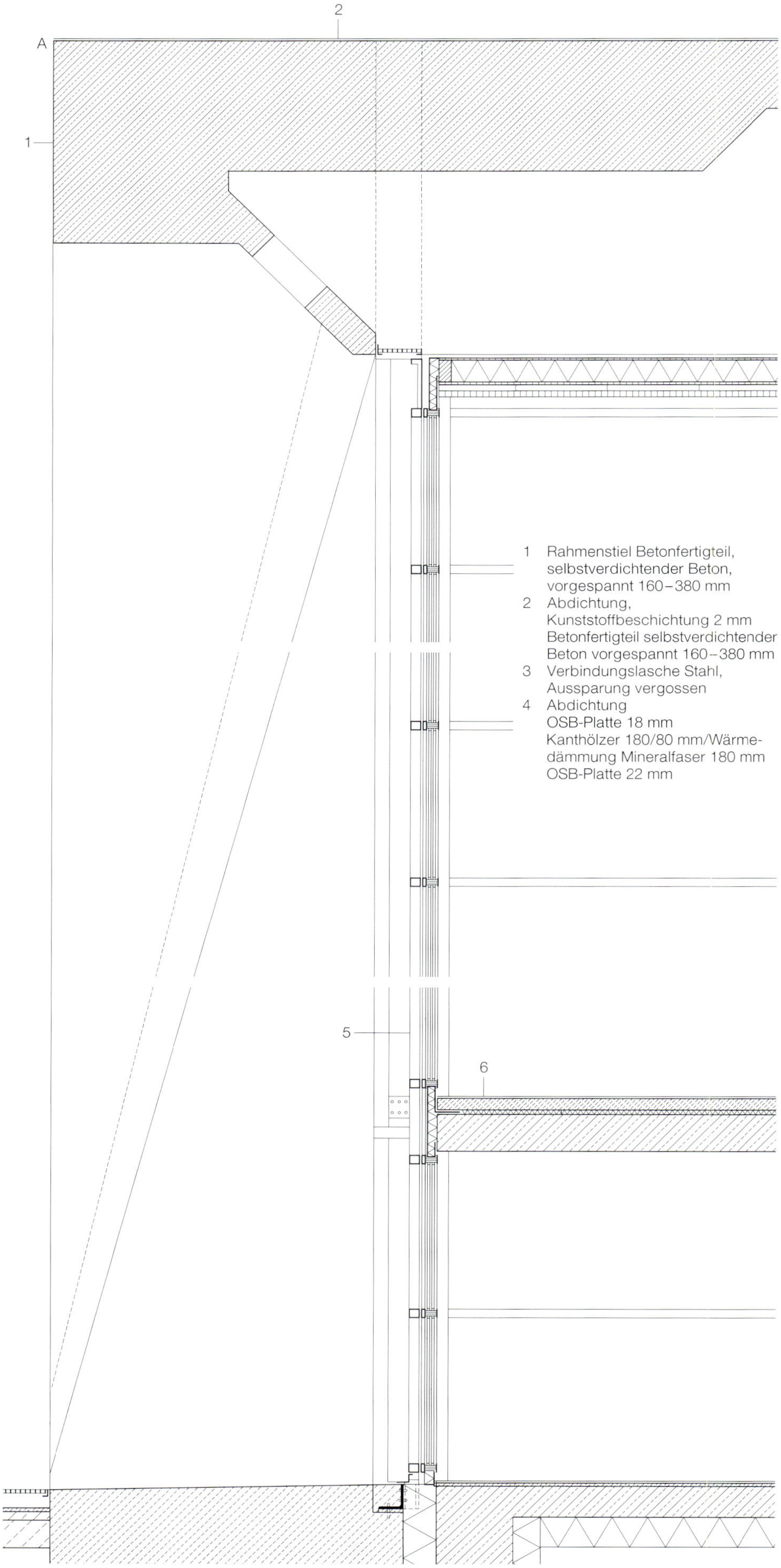

1 Rahmenstiel Betonfertigteil, selbstverdichtender Beton, vorgespannt 160–380 mm
2 Abdichtung, Kunststoffbeschichtung 2 mm Betonfertigteil selbstverdichtender Beton vorgespannt 160–380 mm
3 Verbindungslasche Stahl, Aussparung vergossen
4 Abdichtung
OSB-Platte 18 mm
Kanthölzer 180/80 mm/Wärmedämmung Mineralfaser 180 mm
OSB-Platte 22 mm

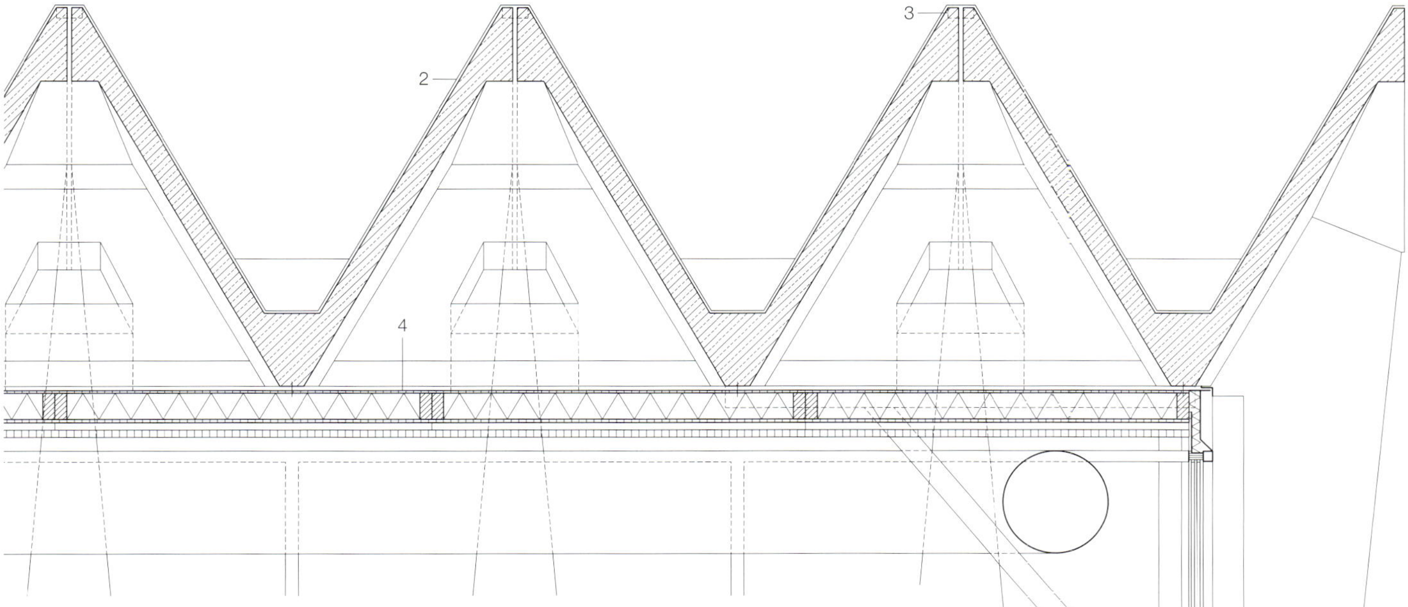

Dampfsperre
Akustikdecke Holzwolleplatte, zementgebunden 50 mm
5 Pfosten-/Riegel-Fassade
Stahlprofilrohr ◻ 70/70/4 mm
Isolierverglasung ESG 6 + SZR 14 + Float 6 + SZR 14 + VSG 12 mm
Glashalteprofile Aluminium
6 Beschichtung EPDM/PUR 5–8 mm
Zementestrich bewehrt 95 mm
PE-Folie 0,2 mm
Trittschalldämmung 40 mm
PE-Folie 0,2 mm
Stahlbeton 300 mm

1 *160–380 mm precast prestressed folded frame element in self-compacting concrete*
2 *2 mm plastic sealing layer*
160–380 mm precast prestressed folded frame element as Pos. 1
3 *steel connecting plate; grouted joint*
4 *sealing layer*
18 mm oriented-strand board
80/180 mm wood bearers/
180 mm mineral-fibre thermal insulation
22 mm oriented-strand board
vapour barrier
50 mm cement-bonded wood-wool acoustic soffit
5 *post-and-rail facade:*
70/70/4 mm steel SHSs
triple glazing: 6 mm toughened glass + 14 mm cavity + 6 mm float glass + 14 mm cavity + 12 mm lam. safety glass; aluminium fixing strips
6 *5–8 mm neoprene/polyurethane*
95 mm reinforced screed
0.2 mm polythene sheeting
40 mm impact-sound insulation
0.2 mm polythene sheeting
300 mm reinforced concrete

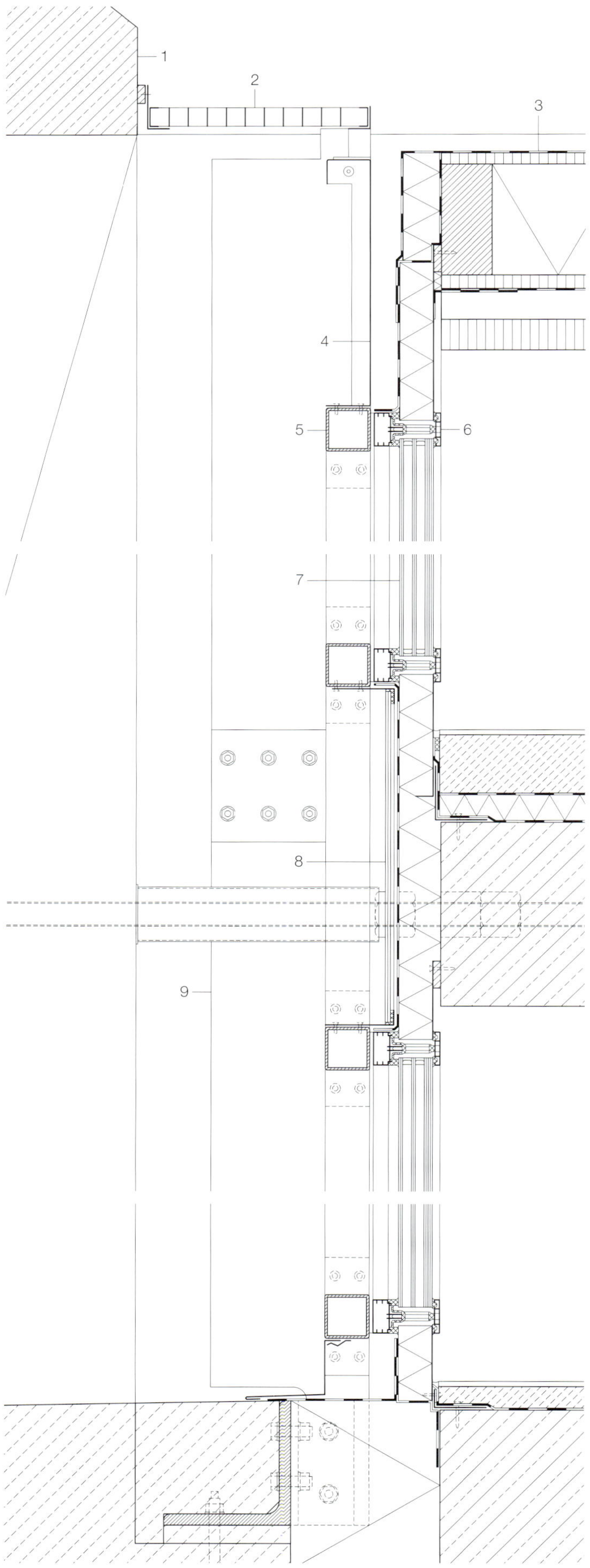

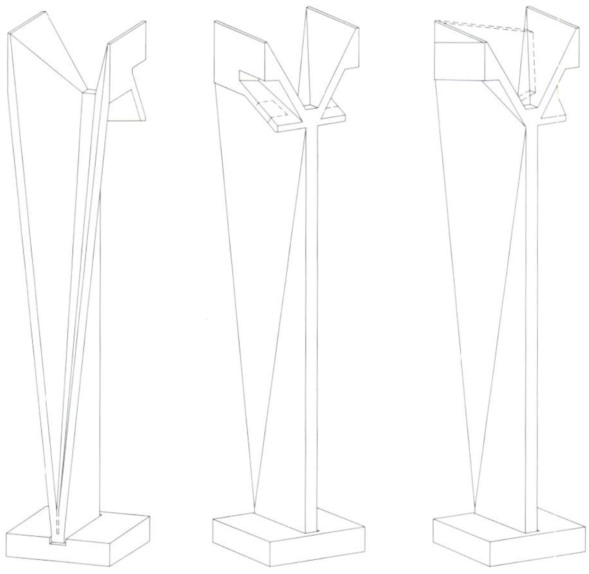

a b

Fassadenschnitte
Maßstab 1:10
Übersicht Faltwerkmodule
Maßstab 1:500
Vertikalschnitte • Horizontalschnitte
Stahlbetonfertigteile
Maßstab 1:100

1 Rahmenstiel Betonfertigteil
2 Gitterrost
3 Abdichtung
OSB-Platte 18 mm
Kanthölzer 180/80 mm/Wärmedämmung Mineralfaser 180 mm
OSB-Platte 22 mm
Dampfsperre
Akustikdecke Holzwolleplatte, zementgebunden 50 mm
4 Aluminiumblech 2,5 mm
Luftzwischenraum 50 mm
Folie wasserabweisend
Paneel Aluminiumblech 2 mm, Wärmedämmung EPS 50 mm
5 Fassadenriegel
Stahlrohr 70/70/4 mm
6 Glashalteprofile Aluminium, Pressleiste innen
7 Isolierverglasung ESG 6 + SZR 14 + Float 6 + SZR 14 + VSG 12 mm
8 ESG 8 mm rückseitig emailliert
9 Fassadenpfosten
Stahlblech 250/20 mm

Sections through facade
scale 1:10
Diagrams of folded modules
scale 1:500
Vertical and horizontal sections: precast concrete elements
scale 1:100

1 precast concrete leg of folded frame
2 grating
3 sealing layer
18 mm oriented-strand board
80/180 mm wood bearers/
180 mm mineral-fibre thermal insulation
22 mm oriented-strand board
vapour barrier; 50 mm cement-bonded wood-wool acoustic soffit
4 2.5 mm sheet aluminium
50 mm cavity; water-repellent foil
2 mm sheet-aluminium panel
50 mm exp. polystyrene thermal insulation
5 70/70/4 mm steel SHS facade rail
6 aluminium fixing strips, compression seal internally
7 triple glazing: 6 mm toughened glass + 14 mm cavity + 6 mm float glass + 14 mm cavity + 12 mm lam. safety glass
8 8 mm toughened glass, enamelled on rear face
9 250/20 mm sheet-steel facade post

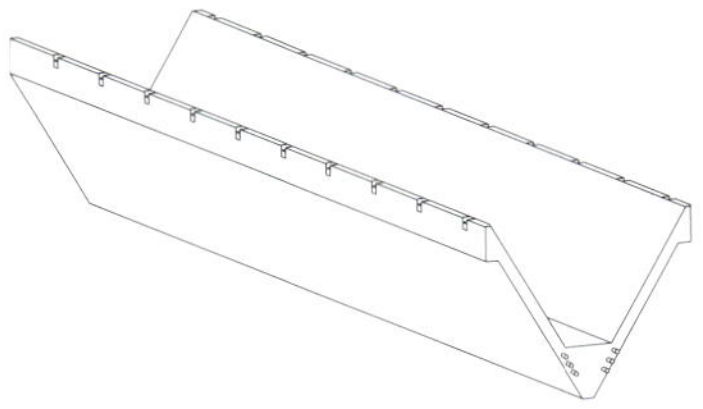

c

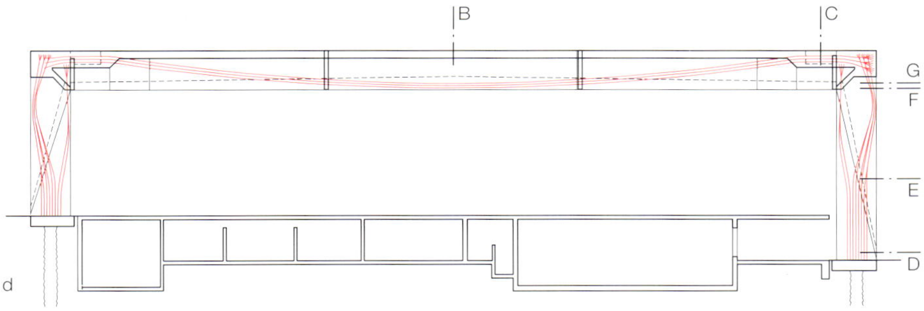

d

a Rahmenstiel Standard
b Rahmenstiel Hallenende
c Mittelelement Rahmenbalken
d Verlauf Vorspannseile

a standard vertical frame
b vertical frame at end of hall
c intermediate element: framed beam
d line of post-tensioning tendons

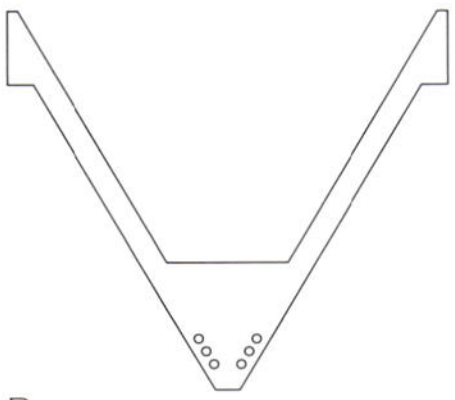

B

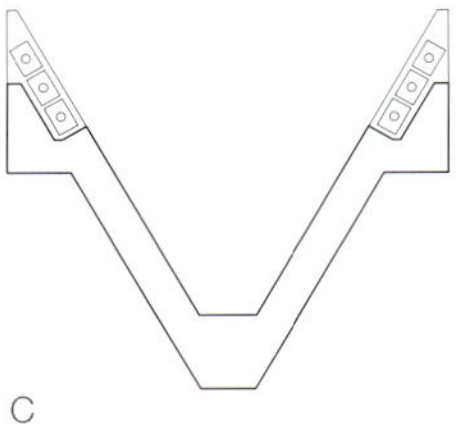

C

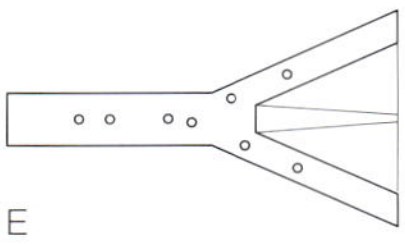

E

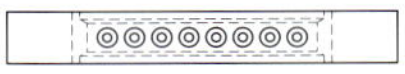

D

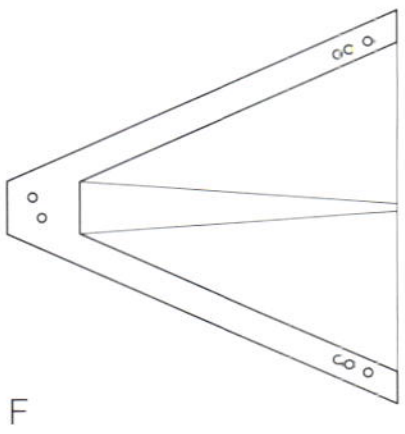

F

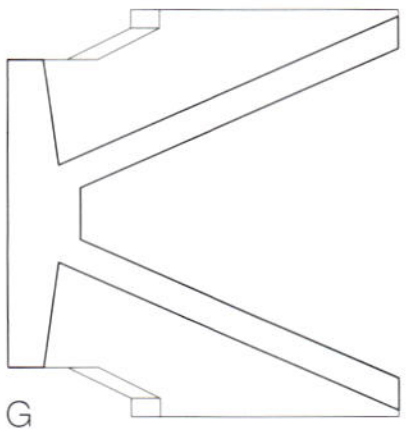

G

Vorfertigung komplexer Betonstrukturen
Wie aus einem Guss erscheint das prägnante Faltwerk aus Spannbeton. Die Struktur ist jedoch aus vorgefertigten Elementen zusammengesetzt und anschließend vorgespannt. Gegenüber Ortbeton erlaubt dies eine weitaus bessere Kontrolle von Zementmischung und Herstellungsbedingungen. Die verwendete Schalung kann hydraulisch geöffnet und geschlossen werden. Um sie bei den Elementen mit V-förmigem Querschnitt besser befüllen zu können, wurden diese umgekehrt, mit den Schenkeln nach unten, betoniert. Sie mussten für Lagerung und Transport mit einer eigens konstruierten Dreheinrichtung wieder in die richtige Lage gebracht werden. Dabei war für eine poren- und lunkerfreie Oberfläche auch der oberen Flächen der Schenkel eine optimale Entlüftung des Betons erforderlich. Wegen der dünnen Wandstärken und des hohen Armierungsanteils einschließlich der Hüllrohre für die Spannkabel musste die geeignete Betonrezeptur in umfangreichen Vorversuchen ermittelt werden. Zur Ausführung kam ein selbstverdichtender Beton (SCC) mit Korngröße 0–8 mm. Um ihn in einem Arbeitsgang einfüllen und bereits nach 14 Stunden ausschalen zu können, ist eine Kombination von zwei Hochleistungs-Fließmitteln und einem für SCC üblichen Viskositätsregler zugesetzt. Nach dem Versetzen wurden die mit Stahleinlagen für die Verbindung versehenen Montageaussparungen mit selbstverdichtendem Feinbeton vergossen, die Rahmen vorgespannt und die Vorspannstellen ebenfalls mit Vergussbeton geschlossen. Nach der Montage des Tragwerks aus vorgefertigten Einzelteilen bilden die insgesamt 27 Rahmeneinheiten mit einer Querschnittshöhe von 2,59 m und einer Spannweite von 52,6 m eine monolithische, statisch und gestalterisch untrennbare Einheit. Die Dachoberseite ist vollflächig mit einer flüssig aufgebrachten Abdichtung beschichtet. Das Regenwasser sammelt sich in den Kehlen und wird, verteilt auf die Falze der Rahmenstiele, auf den Boden abgeleitet.

Prefabricating complex concrete structures
The folded shell structure consists of prefabricated prestressed concrete elements, which allowed greater control of the mix and the production. The formwork could be hydraulically opened and closed. For optimal filling when casting the V-section elements, they were laid with the legs opening downwards. This necessitated a means of lifting and turning the elements. The concrete also had to be ventilated to ensure a flawless surface. In view of the slenderness of the legs and the large amount of reinforcement, an ideal concrete mix had to be found through extensive trials. Self-compacting concrete with a grain size of up to 8 mm was finally specified. To be able to pour the material in a single operation and to remove the formwork after 14 hours, two high-performance flow substances plus a viscosity regulator were added. After assembly, the 27 frame elements, with a cross-sectional depth of 2.59 m and a span of 52.60 m, formed a monolithic whole. A liquid sealing coat was applied to the roof surface.

Forum eines Gymnasiums in Adelsheim

Forum for a Secondary School in Adelsheim

Architekten / *Architects:*
Ecker Architekten, Heidelberg/Buchen
Tragwerksplaner / *Structural engineers:*
WSP Deutschland, München
Rehle Ingenieure, Stuttgart

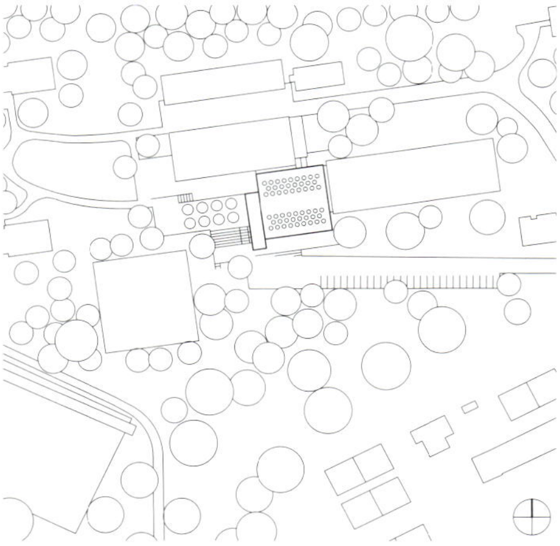

Lageplan
Maßstab 1:3500
Schnitte • Grundrisse
Maßstab 1:500

1 unterer Eingang
2 Garderobe
3 Aula
4 Mehrzweckraum
5 Sitzkuhle
6 Übergang zum Altbau
7 Bibliothek
8 Hausaufgabenraum
9 oberer Eingang
10 Internettheke
11 Lounge
12 Café

Site plan
scale 1:3,500
Sections • Layout plans
scale 1:500

1 Lower entrance
2 Cloakroom
3 Hall
4 Multipurpose room
5 Seating corner
6 Threshold to existing building
7 Library
8 Study hall
9 Upper entrance
10 Internet counter
11 Lounge
12 Café

Kreisförmige Deckenausschnitte kennzeichnen die in ihrer gesamten Ausdehnung erlebbare Untersicht des Stahlbetondachs über dem neuen Forum des Eckenberg-Gymnasiums in Adelsheim. Der Neubau bildet zur Straße hin eine lichtdurchflutete zweigeschossige Aula, im rückwärtigen Teil bindet eine Galerie mit Café und Bibliothek auf verschiedenen Ebenen an den Bestand aus den 1960er- und 1970er-Jahren an.
Die Hauptlast des Dachs wird von drei zentralen, linear angeordneten Stützen getragen. Von deren Auflagern spannt das quadratische Dach zu einer Reihe kleinerer Stützen direkt an der Fuge zum Altbau sowie zu den mit T-förmigen Stützenköpfen in den Beton eingebundenen Pfosten der Südfassade. Äußerlich identisch mit den nicht tragenden Fassadenpfosten der beiden anderen Seiten weisen die sich nach oben hin verjüngenden Stahlprofile hier eine höhere Wandstärke auf. Verglasung und Sonnenschutz sitzen knapp vor der Betonkante des Dachs und werden durch den mit der Innenseite nach außen montierten Sonnenschutzkasten begrenzt, der so auch die Funktion der Dachaufkantung übernimmt. Gewicht und Durchbiegung der weit spannenden Sichtbetonplatte werden durch vier verschiedene Typen von Aussparungen reduziert, die auch die Raumakustik deutlich verbessern. In der jeweiligen Mittelzone der beiden Deckenfelder bringen kreisrunde Oberlichter in zwei Größen, teilweise mit aufgesetzten Lampen, Licht in die inneren Bereiche des Raums. In der statisch sensiblen Nähe der Stützen und des Dachrands setzt sich die regelmäßige Struktur in Form von zykloiden Vertiefungen fort. Zu deren Herstellung wurden entsprechend gewölbte, aus einem Stück gefräste, beschichtete Styroporkörper auf der Schalung fixiert. Dazwischen verlaufen zwei Drittel der Bewehrung der Geometrie folgend diagonal zur Dachkante. Der Beton erhält durch Hochofenschlacke seine marmorweiße Färbung – er wurde nach dem Ausschalen lediglich lasiert, um Schalungsrückstände zu egalisieren. Die drei sich verjüngen-

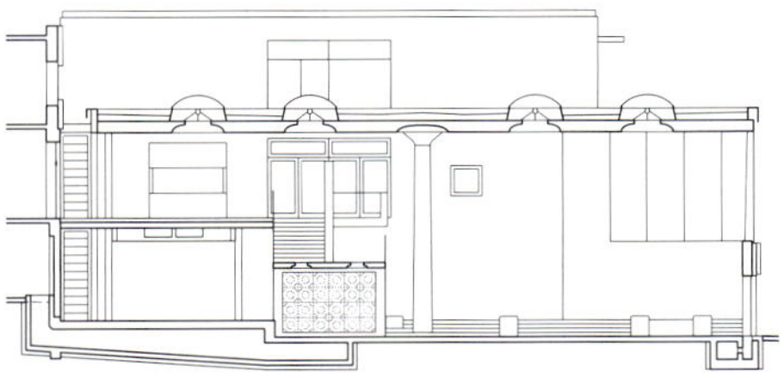

aa

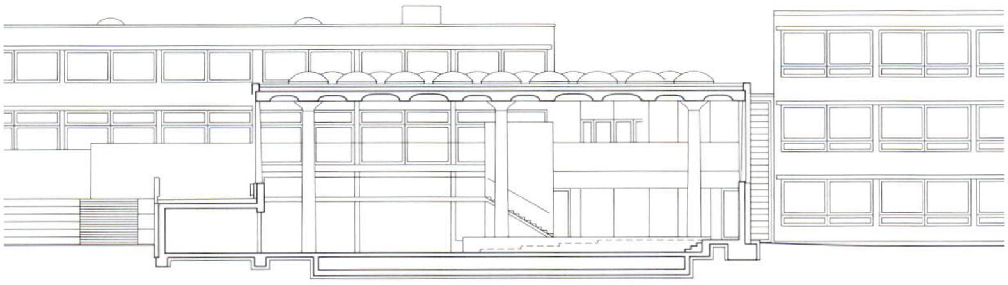

bb

den Hauptstützen aus Schleuderbeton sind in große Punktfundamente eingespannt und nehmen im inneren Hohlraum die Dachentwässerung auf. Die charakteristischen Stützenköpfe waren ursprünglich für die Lasteinleitung aus der Deckenplatte vorgesehen. Diese wurde jedoch im Laufe des Planungsprozesses einer in die Decke eingelegten Durchstanzbewehrung zugewiesen. Die trichterförmigen Stahlbetonfertigteile, tragwerkstechnisch nun nicht mehr notwendig, wurden als raumprägende Elemente dennoch beibehalten und artikulieren wie klassische Kapitelle den Übergang der zwei architektonischen Grundelemente Stütze und Dach. DETAIL 11/2014

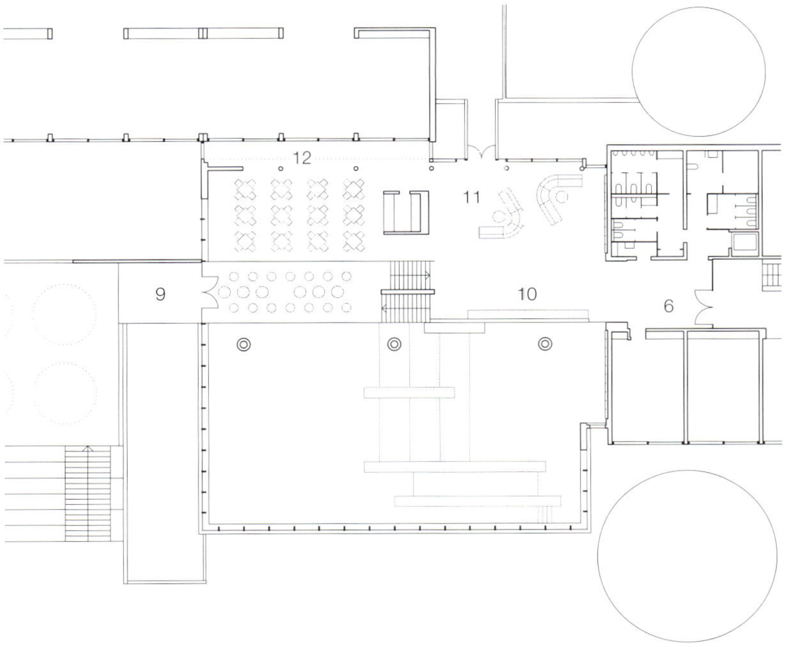

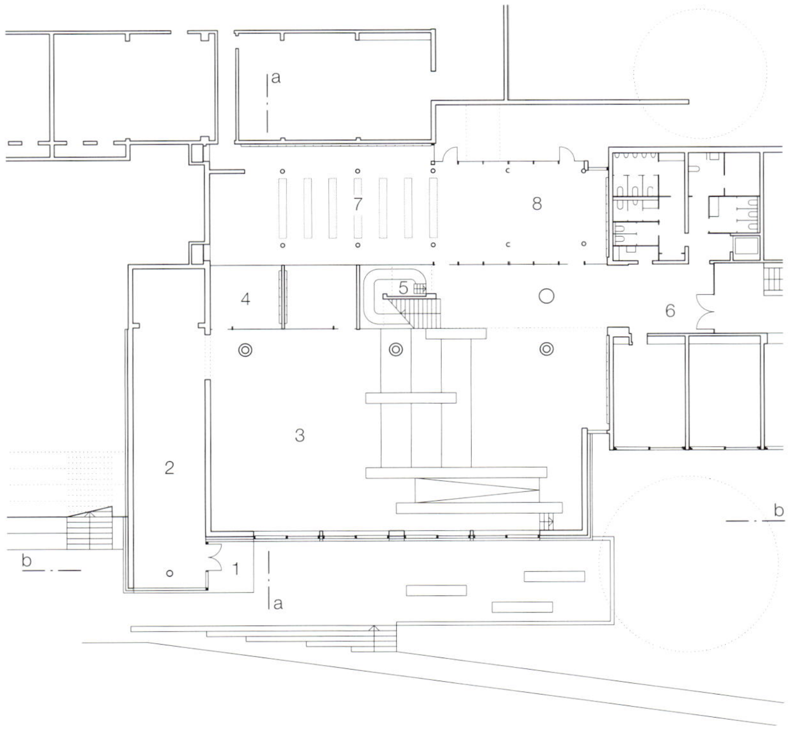

a Dachöffnung Ø 1400 mm mit öffenbarer Lichtkuppel
b Dachöffnung Ø 1000 mm mit Metalldampflampe
c zykloide Deckenaussparung Ø 2000 mm
d zykloide Deckenaussparung Ø 1500 mm

a Ø 1,400 mm roof opening with operable rooflight dome
b Ø 1,000 mm roof opening metal-halide lamp
c Ø 2,000 mm cycloid coffer
d Ø 1,500 mm cycloid coffer

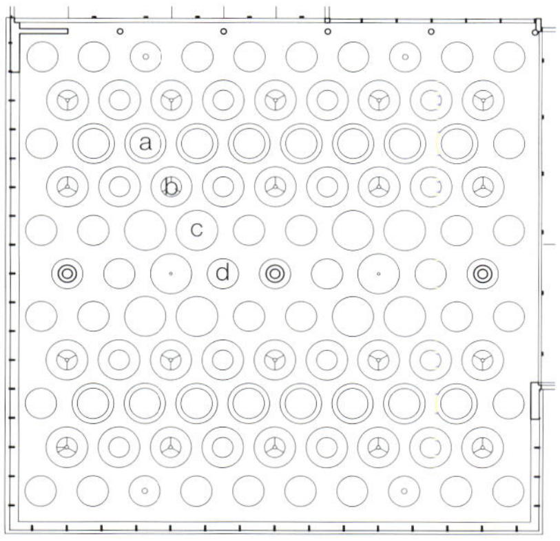

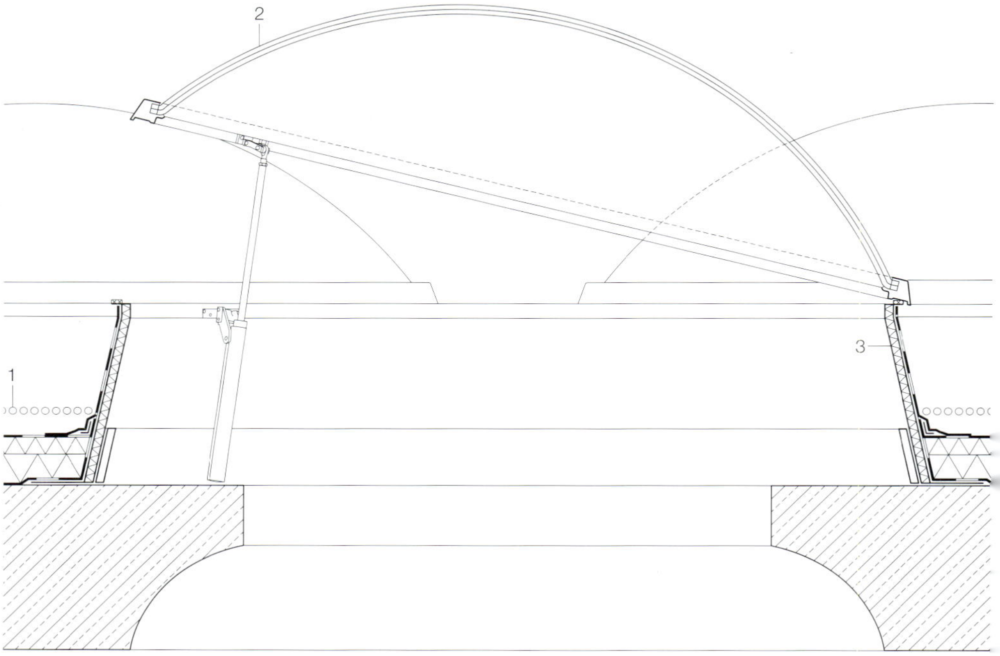

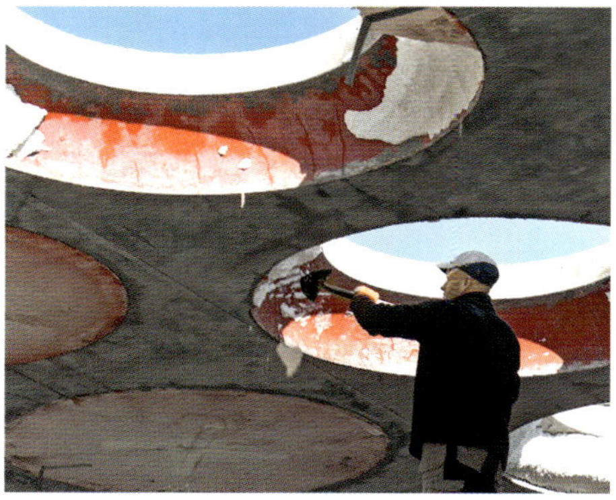

1 Kies 50 mm
Dachdichtung Kunststoffbahn einlagig, Trennlage
Wärmedämmung PS-Hartschaum (aus Brandschutzgründen im Randbereich zum Bestand Mineralwolle) im Gefälle 130–80 mm
Dampfsperre Bitumenbahn
Stahlbetondecke lasiert 450 mm
2 Lichtkuppel PMMA dreischalig
3 Aufsatzkranz GFK zweischalig gedämmt
4 Metalldampflampe
5 Dachrand Sonnenschutzkasten Aluminiumblech gekantet 2 mm
6 Dachrandabdeckung Aluminiumblech gekantet eloxiert 1 mm
7 Isolierverglasung opak
8 Isolierverglasung
9 Verkleidung Aluminiumblech eloxiert gekantet 1 mm auf Unterkonstruktion/Hinterlüftung
Wärmedämmung Mineralwolle 160 mm
Stahlbeton 360 mm
10 Schiebetüre Isolierverglasung in Aluminiumrahmen

1 50 mm gravel
plastic sealing layer; separating layer
130–80 mm PS rigid foam thermal insulation to falls
(for fire safety considerations: mineral wool in edge zone near existing building)
bituminous sheeting vapour barrier
450 mm reinforced concrete deck, lazure coating
2 PMMA triple-glazed rooflight dome
3 double-walled GRP curb, insulated
4 metal-halide lamp
5 solar control encasement at roof's edge
2 mm aluminium sheet, bent to shape
6 coping: 1 mm aluminium sheet, bent to shape, anodised
7 double glazing, opaque
8 double glazing
9 1 mm aluminium sheet cladding, anodised,
bent to shape on supporting structure/ ventilated cavity
160 mm mineral wool thermal insulation
360 mm reinforced concrete
10 sliding glass door in aluminium frame

Deckenspiegel
Maßstab 1:500
Schnitt
Maßstab 1:20

Reflected ceiling plan
scale 1:500
Section
scale 1:20

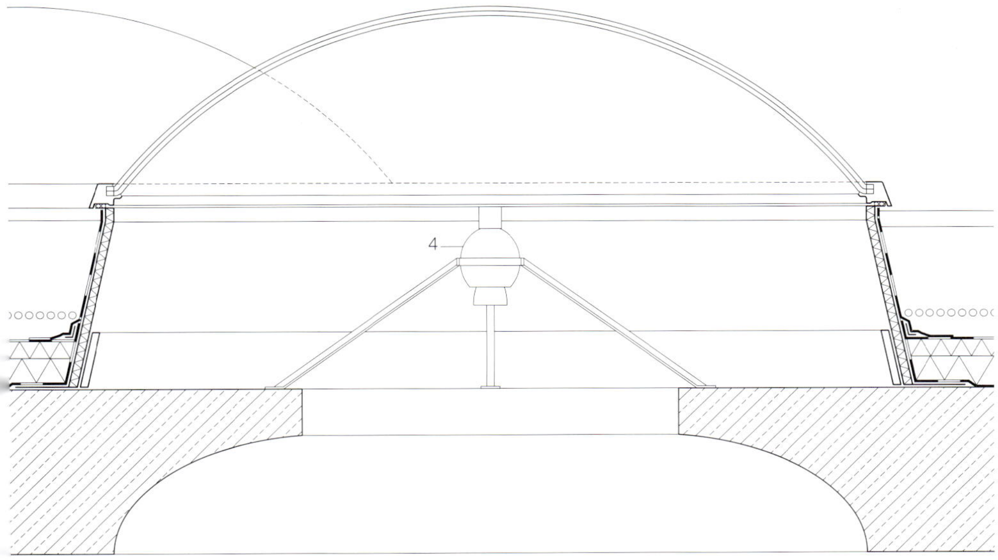

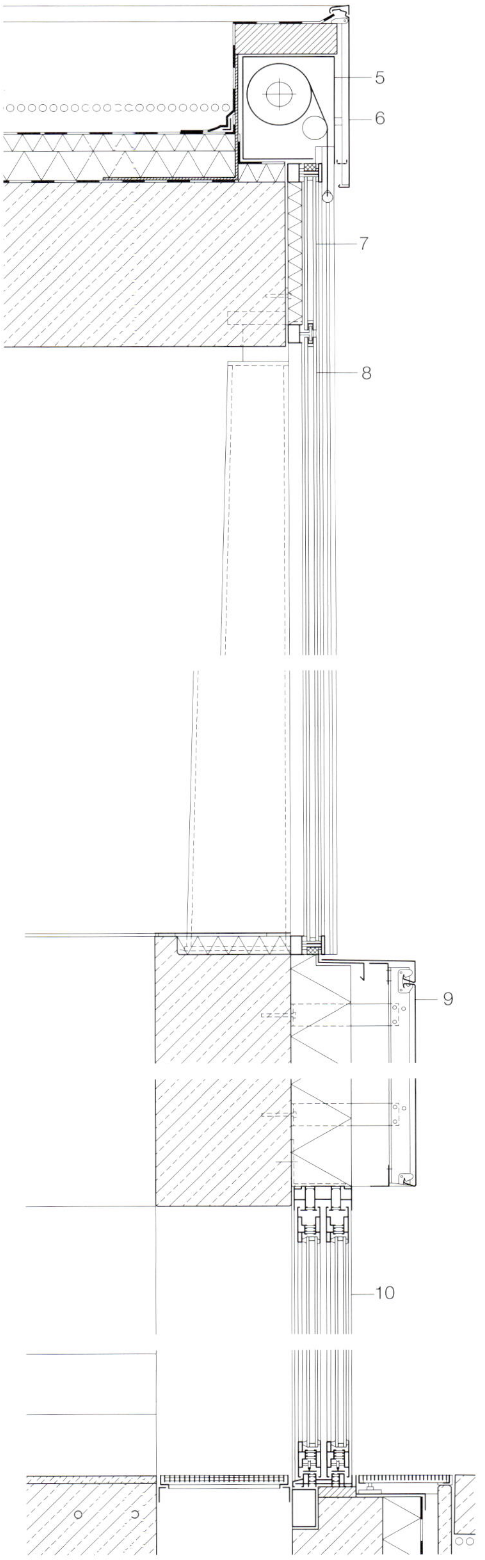

The entire coffered underside of the reinforced concrete roof atop the new forum at this secondary school in Adelsheim is visible. The school addition takes the shape of a bright, two-storey hall along the street; at its rear a gallery with café and library links different levels of the addition to the existing structures, which date to the 1960s and 1970s. The main load of the roof is borne by a row of 3 central columns. From their bearing surfaces, the square concrete deck spans to a row of smaller columns at the juncture to the older building, as well as to the posts in the south facade, whose T-shaped support heads are incorporated in the ceiling slab. Outwardly identical to the non-load-bearing facade posts on the other 2 sides, these tapered steel profiles have a greater material thickness. Weight and deflection of the long-span exposed-concrete deck are reduced by means of 4 different types of coffers; as a desirable side effect, they also significantly improve the building's acoustics. In the middle zones of the 2 rectangular ceiling areas, circular skylights in 2 sizes, in part equipped with metal-halide lamps, bring light into the inner zones of the space. The regular pattern, in the form of cycloid depressions, continues through the structurally crucial zone near the columns and the edge of the roof. The coffers were created by mounting domed pieces of styrofoam to the formwork. Corresponding to the geometry, two thirds of the reinforcement between them runs diagonal to the edge of the roof. The concrete's marble-white tone is produced by iron cinder; following removal of the formwork, only a lazure was applied. The 3 tapering main columns made of centrifugal concrete are held in place by large pier foundations. Drainage from the roof flows within their inner cavities. The characteristic support heads were originally intended to direct the loads from the ceiling slab. Over the course of the planning process, this role was assumed by puncture-shear reinforcement in the ceiling. The funnel-shaped, precast reinforced concrete units no longer play a role in the structural system, but were retained and, like classical capitals, articulate the transition between two fundamental architectural elements: column and roof.

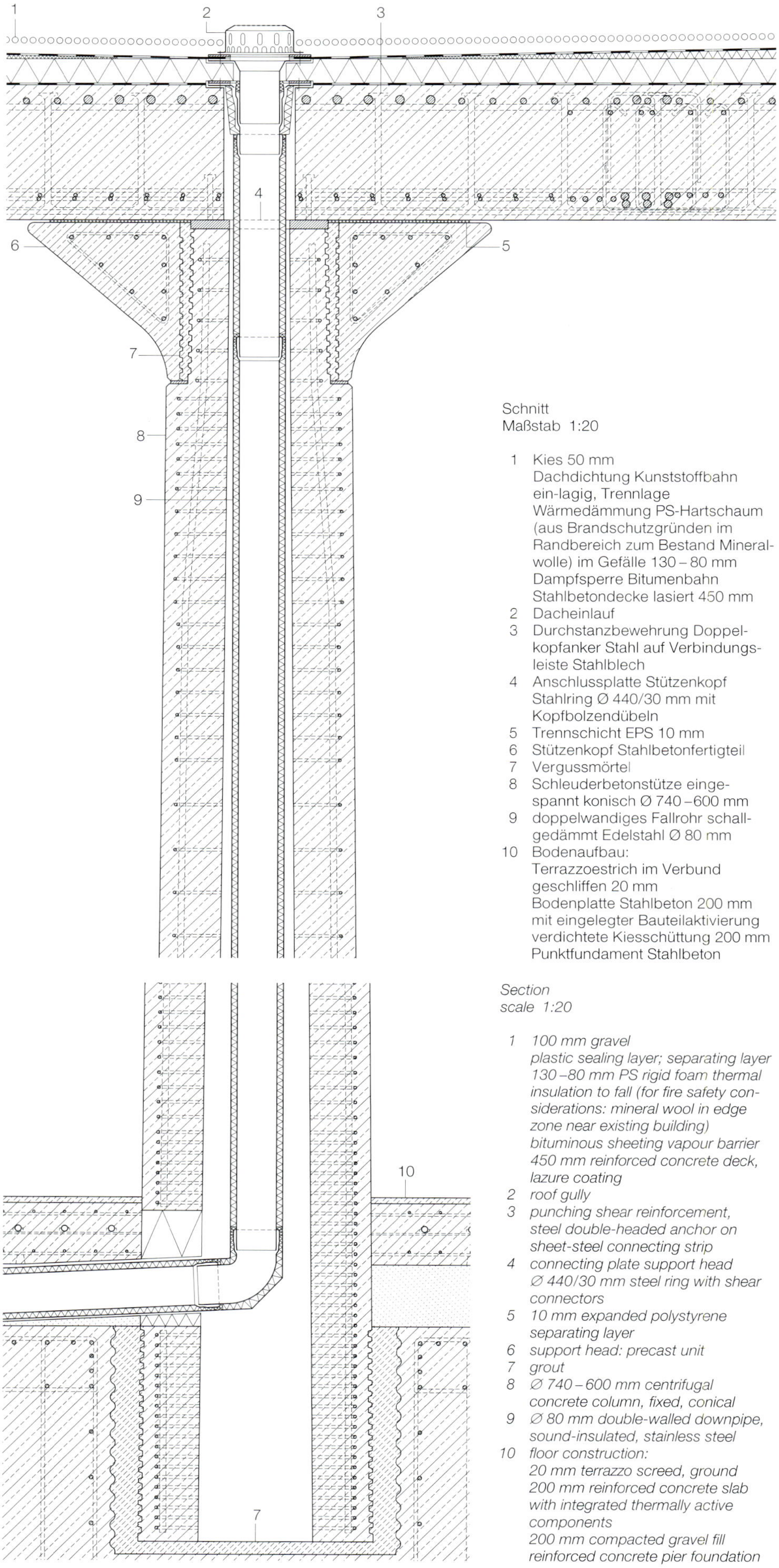

Schnitt
Maßstab 1:20

1. Kies 50 mm
   Dachdichtung Kunststoffbahn ein-lagig, Trennlage
   Wärmedämmung PS-Hartschaum (aus Brandschutzgründen im Randbereich zum Bestand Mineralwolle) im Gefälle 130 – 80 mm
   Dampfsperre Bitumenbahn
   Stahlbetondecke lasiert 450 mm
2. Dacheinlauf
3. Durchstanzbewehrung Doppelkopfanker Stahl auf Verbindungsleiste Stahlblech
4. Anschlussplatte Stützenkopf Stahlring Ø 440/30 mm mit Kopfbolzendübeln
5. Trennschicht EPS 10 mm
6. Stützenkopf Stahlbetonfertigteil
7. Vergussmörtel
8. Schleuderbetonstütze eingespannt konisch Ø 740 – 600 mm
9. doppelwandiges Fallrohr schallgedämmt Edelstahl Ø 80 mm
10. Bodenaufbau:
    Terrazzoestrich im Verbund geschliffen 20 mm
    Bodenplatte Stahlbeton 200 mm mit eingelegter Bauteilaktivierung
    verdichtete Kiesschüttung 200 mm
    Punktfundament Stahlbeton

Section
scale 1:20

1. *100 mm gravel*
   plastic sealing layer; separating layer
   130 – 80 mm PS rigid foam thermal insulation to fall (for fire safety considerations: mineral wool in edge zone near existing building)
   bituminous sheeting vapour barrier
   450 mm reinforced concrete deck, lazure coating
2. *roof gully*
3. *punching shear reinforcement, steel double-headed anchor on sheet-steel connecting strip*
4. *connecting plate support head Ø 440/30 mm steel ring with shear connectors*
5. *10 mm expanded polystyrene separating layer*
6. *support head: precast unit*
7. *grout*
8. *Ø 740 – 600 mm centrifugal concrete column, fixed, conical*
9. *Ø 80 mm double-walled downpipe, sound-insulated, stainless steel*
10. *floor construction:*
    20 mm terrazzo screed, ground
    200 mm reinforced concrete slab with integrated thermally active components
    200 mm compacted gravel fill
    reinforced concrete pier foundation

Versuchs- und Forschungsgebäude Weinberghaus bei Wörrstadt

Weinberghaus – an Experimental Building outside Wörrstadt

Architekten / *Architects:*
Kooperation / *Cooperation* FB Architektur und Bauingenieurwesen, TU Kaiserslautern unter der Leitung von / *under the direction of:*
Dirk Bayer, Bernd Meyerspeer, Christian Kohlmeyer, Jürgen Schnell
Entwurf / *Design:*
Christoph Perka

Das kleine Weinberghaus bei Wörrstadt ist das erfolgreiche Ergebnis einer engen Verzahnung von Forschung und Entwurfslehre an der TU Kaiserslautern. Ziel des Seminars war es, für diesen besonderen Bautyp zugleich Entwurfs- und Konstruktionsstrategien mit ultrahochfestem Beton (UHPC) zu entwickeln. Von Anfang an vorgesehen war, den überzeugendsten Beitrag schließlich mit Betonfertigteilen zu realisieren. Nach ersten Typologieuntersuchungen analysierten die Studenten an Modellen verschiedene Fügungsmöglichkeiten der Elemente, wobei möglichst alle Varianten mit einer Grundgeometrie gelöst werden sollten.
Die Einzelteile des für die Umsetzung gewählten Entwurfs (für Boden, Wand und Dach) sind lediglich 3 cm dick und über Nuten und Schlitze an den Kanten gefügt. Eingelegte Schraubhülsen dienen dem Transport. Der hochfeste, selbstverdichtende Feinkornbeton (Größtkorn 2 mm) zeichnet sich durch eine Druckfestigkeit von mindestens 100 N/mm² und eine durch Mikrobewehrung aus Stahldrahtmatten einstellbare Biegezugfestigkeit von mindestens 25 N/mm² aus. Um die notwendigen minimalen Toleranzen einzuhalten, wurde das Schwinden des UHPC genau untersucht. Nach ersten, ausschließlich geklebten Probeverbindungen wurde letztlich, nachdem die Verbindungen keine Zugkräfte übertragen müssen, ein feuchtebeständiger mineralischer Mörtel auf UHPC-Basis mit Quarzmehl eingesetzt. Die gesamte Holzschalung und auch die ersten Betonfertigteile fertigten die Projektbeteiligten in einer Laborhalle der TU Kaiserslautern. Weitere Teile entstanden dann in einem Fertigteilwerk. Dort erfolgte auch ein erster Probeaufbau, der die Präzision der Schalungen und damit eine hohe Passgenauigkeit der Teile belegte. Zuletzt wurde das Forschungshaus in den Weinberg transportiert und auf einer Ortbeton-Bodenplatte aufgebaut. Die glatten Oberflächen zeigen sich ohne Nachbehandlung bewitterungsfest. Schlicht aber reich an Perspektiven tritt das Haus durch die offen gelassenen Wände in ein Wechselspiel mit der umgebenden Landschaft. DETAIL 11/2012

This small structure – whose name alludes to its location in a hillside vineyard – is the result of a close collaboration between two faculties at the University of Kaiserslautern. The goal was to develop strategies for employing ultra high performance concrete (UHPC) combining design and engineering criteria. One of the students' designs was selected to be realised in precast concrete units. Following initial typology studies, the students used models to analyse different possible connections of the units, with the stipulation that the different versions all rely on basic geometry. The individual components are only 3 cm thick. Connections are made via tongues and grooves on their edges. The high-performance, self-compacting, fine-aggregate concrete (maximum aggregate size: 2 mm) that was employed is characterised by a minimum compression strength of 100 N/mm² and steel-wire micro-reinforcement with a minimum bending tensile strength of 25 N/mm². In order to be able to comply with the maximum admissible tolerances, the researchers thoroughly studied UHPC's shrinkage behaviour. A moisture-repellent mineral mortar (silica dust) was used. The wooden formwork and the first precast concrete units were fabricated by the students in a hall on campus. The remaining units were produced in a prefabrication plant. They were then transported to the vineyard and set up on a cast-in-place concrete slab.

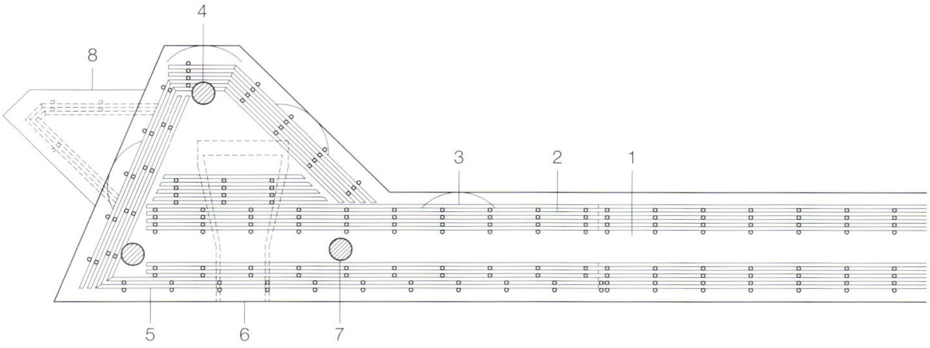

aa

Das Weinberghaus entstand in Kooperation der Fachbereiche Architektur (Prof. Dirk Bayer, Prof. Bernd Meyerspeer) und Bauingenieurwesen (Jun. Prof. Christian Kohlmeyer, Prof. Jürgen Schnell), basierend auf einem studentischen Entwurf von Christoph Perka.

Horizontalschnitt Maßstab 1:2
Isometrie Fügungsprinzip
Vertikalschnitt Maßstab 1:10
1 hochfester selbstverdichtender Feinkornbeton
2 vier Lagen Mikrobewehrung
3 Abstandshülse
4 Stahlstab ∅ 6 mm
5 Winkel aus Mikrobewehrung zur Randeinfassung
6 Ankerhülse
7 Stahlstab ∅ 5 mm
8 Feder mit zwei Lagen Mikrobewehrung
9 Betonfertigteil (UHPC) 30 mm
10 Mörtel auf UHPC-Basis mit Quarzmehl Ortbetonplatte 150 mm

The Weinberghaus is a joint effort, initiated by the Architecture Faculty (Professors Dirk Bayer and Bernd Meyerspeer) and the Civil Engineering Faculty (Associate Professor Christian Kohlmeyer and Professor Jürgen Schnell) and based on a design by Christoph Perka, a student at the University of Kaiserslauten.

Horizontal section scale 1:2
Isometric drawing of the connection concept
Vertical section scale 1:10
1 self-compacting, fine-aggregate concrete
2 four layers of micro-reinforcement
3 spacer sleeve
4 ∅ 6 mm steel rod
5 micro-reinforcement angle as edging
6 sleeve anchor
7 ∅ 5 mm steel rod
8 tongue with two layers of micro-reinforcement
9 30 mm precast concrete unit (UHPC)
10 mortar on UHPC basis with silica dust 150 mm cast-in-place concrete

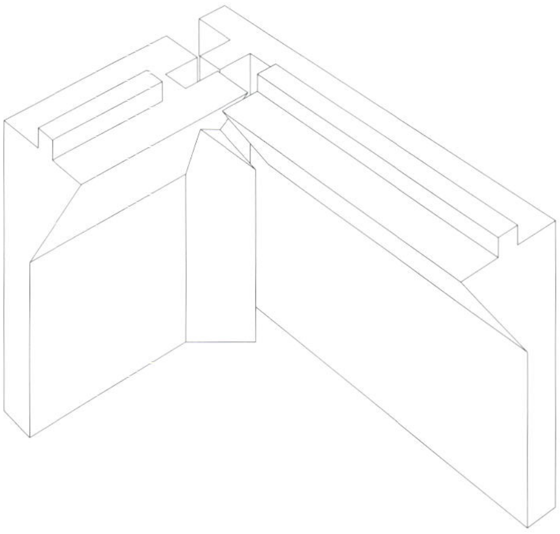

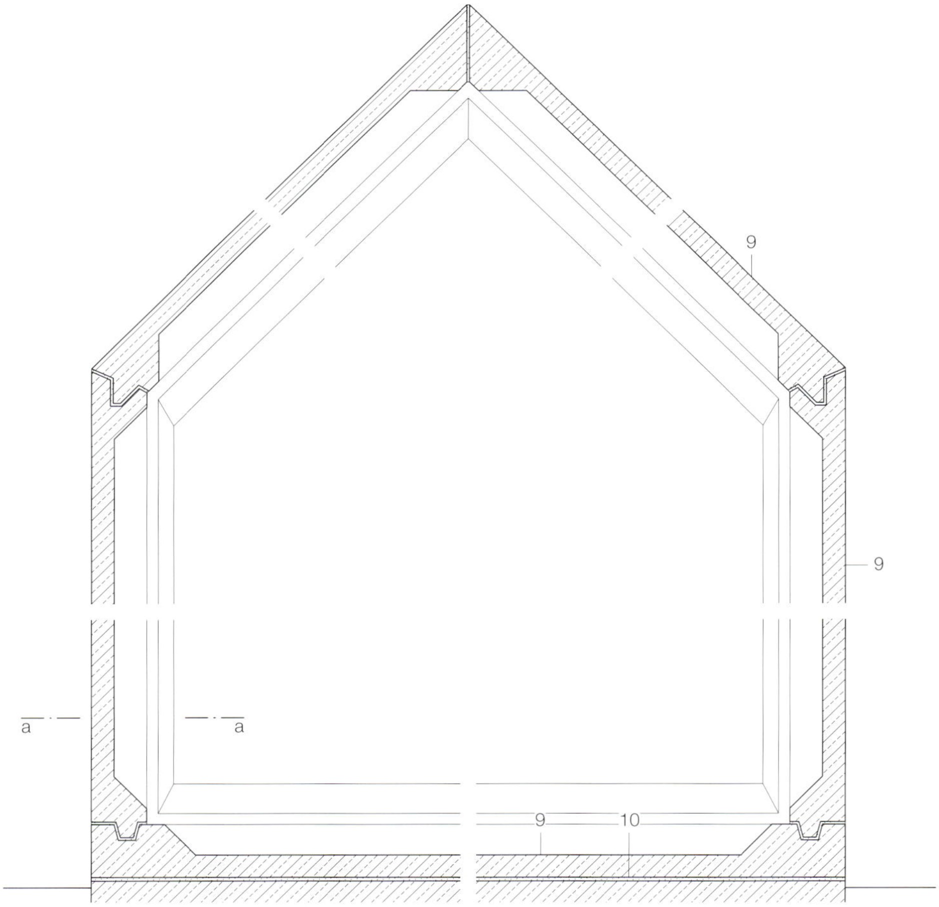

Seminargebäude am alten Bahnhof Greißelbach

Seminar Building at the Former Greißelbach Station

Architekten / *Architects:*
Bögl Gierer Architekten, München
Tragwerksplaner (Neubau) / *Structural engineers (new building):*
Ingenieurbüro Mederer, Postbauer-Heng

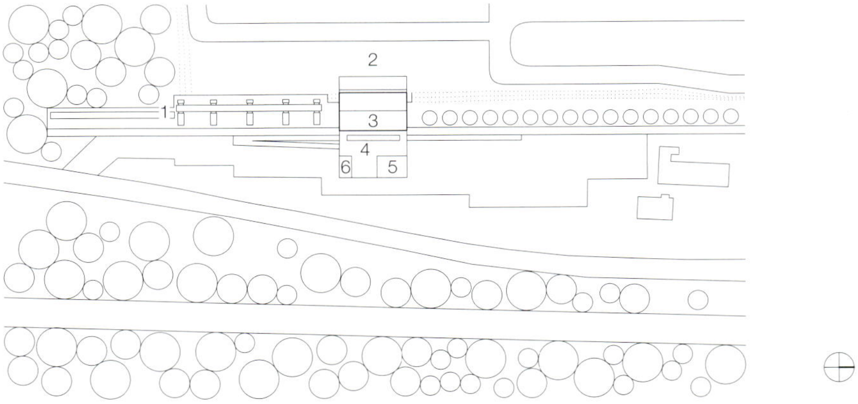

Südlich von Neumarkt in der Oberpfalz liegt der 1989 aufgelassene Bahnhof Greißelbach neben dem Werksgelände einer großen Baufirma. Das auf technisch anspruchsvolle Betonfertigteile wie Turmelemente für Windkraftanlagen oder Fahrwege für Magnetschwebebahnen und Hochgeschwindigkeitszüge spezialisierte Unternehmen hat hier nun eine dem Ort entsprechende, zeitgemäße Nutzung geschaffen. Anstelle der schon Jahre zuvor abgetragenen Gleise entstand vor dem sorgfältig sanierten, denkmalgeschützten Typenbahnhof ein neuer Schienenstrang. Im modernen Gleisbett verlegt, dient er zugleich als Ausstellungsstück und historische Reminiszenz. Eine Plattform aus maschinell gestockten Betonplatten nimmt die Höhe der Kalkwerksteinsockel des Bestands auf. Sie überbrückt die Gleise an zwei Stellen und bindet den alten Bahnhof und das gegenüber neu errichtete Seminarzentrum zu einem Ensemble zusammen. Große, einladende Flügeltüren öffnen das Foyer des Schulungsgebäudes längs zum »Bahnsteig«. Gleichzeitig rhythmisieren sie die lange Glasfront, in der sich die Altbauten spiegeln. Auf den ersten Blick erscheint der Neubau flach und eingeschossig. Er nutzt jedoch den Geländesprung zum dahinterliegenden Abstellplatz für Baumaschinen, um die Unterrichtsbereiche unauffällig eine Ebene tiefer unterzubringen. Die drei flexibel abtrennbaren Seminarräume orientieren sich zu einem gekiesten Gartenhof, den Buchshecken in ebenfalls drei Abschnitte zonieren. Eine umlaufende Mauer aus Betonfertigteilen begrenzt diesen Freibereich. Betonelemente mit präzise gesetztem Fugenbild gliedern die Fassaden. In der Seitenansicht etwa bilden drei Fertigteile, die jeweils mit dem nächsthöheren Abschnitt verzahnt sind, das abgetreppte Volumen ab. Die Raumstruktur des alten Bahnhofs wurde weitgehend erhalten. In zwei Gaststuben treffen sich hier nun die Seminarteilnehmer zum Mittagstisch. Eigens entworfene Holzmöbel und -verkleidungen erinnern an traditionelle Landgasthöfe, dennoch sind sie als zeitgenössische Elemente erkennbar. DETAIL 11/2012

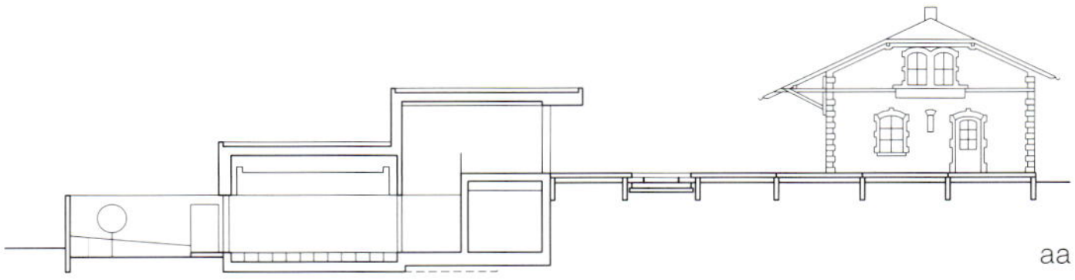

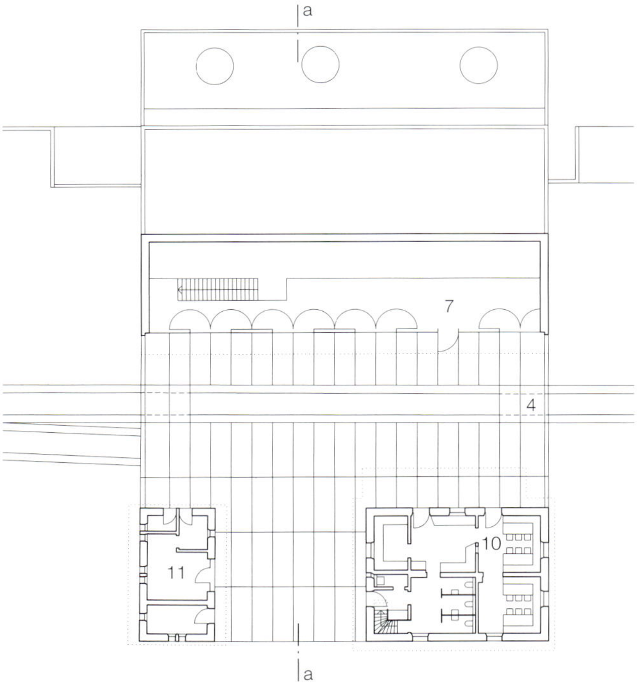

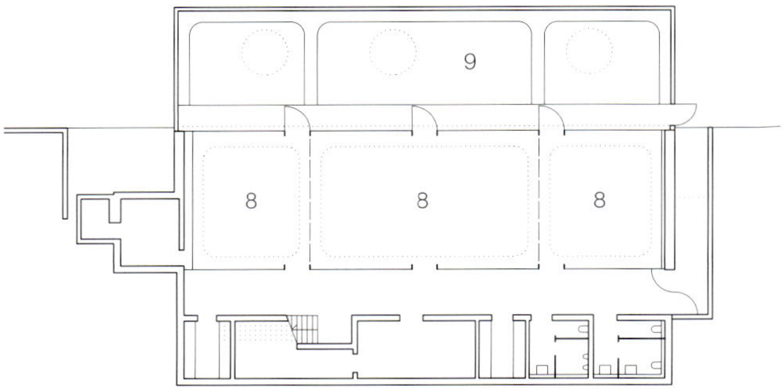

Schnitt Grundrisse Maßstab 1:500 Lageplan Maßstab 1:3000	*Section Layout plans scale 1:500 Site plan scale 1:3,000*
1 Transrapid-Fahrweg mit Biegeweiche im Dauertest sowie Fahrzeug-Mockup	*1 Endurance test of a Transrapid guideway with bending switch and mock-up of train*
2 Maschinenlagerplatz	*2 Equipment storage*
3 Seminargebäude	*3 Seminar building*
4 Plattform/Gleisbett	*4 Platform / Track bed*
5 Bahnhof/ehemaliges Empfangsgebäude	*5 Train station / Former reception building*
6 ehemaliges Wasch-/Toilettenhaus	*6 Washrooms / Toilets*
7 Foyer	*7 Foyer*
8 Seminarräume	*8 Seminar rooms*
9 Gartenhof	*9 Garden courtyard*
10 Gaststube	*10 Dining room*
11 Technik	*11 Building services*

South of the Bavarian city of Neumarkt lies an old train station, one that has not been in use since 1989. Now a company specialising in high-performance precast concrete units, such as tower components for wind turbines and guideways for magnetic levitation trains as well as high-speed trains, has revitalised the complex. The train tracks were removed years ago, but a new section of track has now been installed in their place: it serves both as a display of the present-day products conceived on site, and as a memento of the original function.
The train station itself – which is on the historic registry – has been painstakingly refurbished. A platform consisting of machine-bush-hammered concrete slabs conforms to the height of the existing limestone ashlar plinth; it crosses the tracks twice, linking the former train station to the newly erected seminar centre across from it. The positioning of the building takes advantage of the terrain's contour to accommodate the classroom zone. The three seminar rooms face onto a garden courtyard where corresponding boxwood hedges create three distinct segments. A peripheral wall made of precast concrete units defines this outdoor zone. The seams of the building skin – a veneer of precast concrete units – articulate the facades. Steps are a recurrent theme: on the end elevation, the three interlocking precast units emphasise the incremental nature of the design.

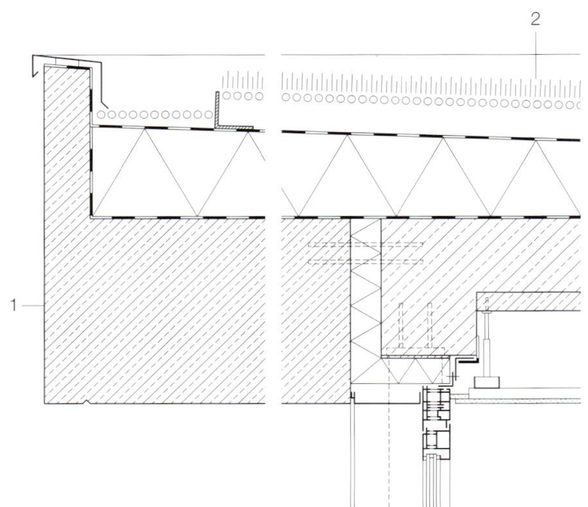

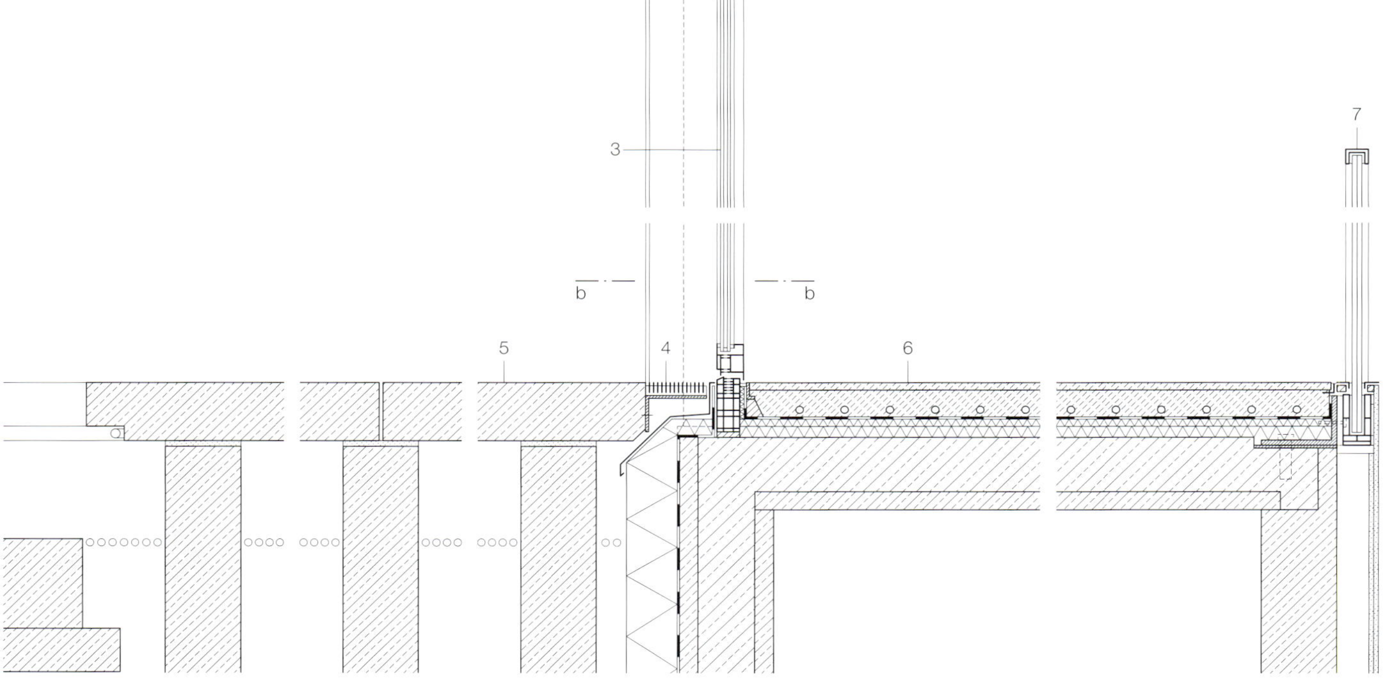

1 Attika Betonfertigteil in Stahlschalung gegossen, CNC-gesteuert verdichtet (Rüttel-/Schüttelverf.)
2 Begrünung extensiv/Substrat 100 mm, Dichtungsbahn EPDM, Wärmedämmung 250–140 mm, Dampfsperre, Stahlbeton-Elementdecke aus Aufbeton 190 mm/STB-Fertigteilplatte 60 mm, abgehängte Decke Gipskarton gelocht
3 Isolierverglasung in Aluminiumprofilrahmen
4 Kammrost Edelstahl
5 Plattform: Betonfertigteil 160 mm, horizontale Oberflächen maschinell gestockt, rutschfest
6 Bodenbelag Foyer Terrazzo 25 mm
7 Handlauf Edelstahlprofil fein gebürstet ⊔ 60/40/2 mm
8 Betonfertigteil vorgehängt 120 mm, in Stahlschalung gegossen, CNC-gesteuert verdichtet (Rüttel-/Schüttelverfahren), Luftspalt 20 mm, Wärmedämmung 120 mm, Wandelement (tragend) vorgefertigt aus Betonfertigteil 50 mm, Vergusszone 150 mm, Betonfertigteil 50 mm
9 Lüftungsgitter/Abluftkanal
10 Leuchtstoffröhre
11 Projektionsleinwand ausfahrbar
12 Betonfertigteil vorgehängt 120 mm, in Stahlschalung gegossen, CNC-gesteuert verdichtet (Rüttel-/Schüttelverfahren), Luftspalt 20 mm, Wärmedämmung 160 mm, Sturz Betonfertigteil 250 mm
13 Bodenbelag Seminar: Teppich auf Doppelboden
14 Stahlstütze ▱ 140/80 bzw. 70/6,3 mm, Brandschutzplatte zementgebunden 10 mm, Wärmedämmung, Aluminiumverkleidung 3 mm
15 Mobile Trennwand MDF beschichtet gedämmt
16 Aluminiumblech 2 mm, Aluminiumprofilrahmen

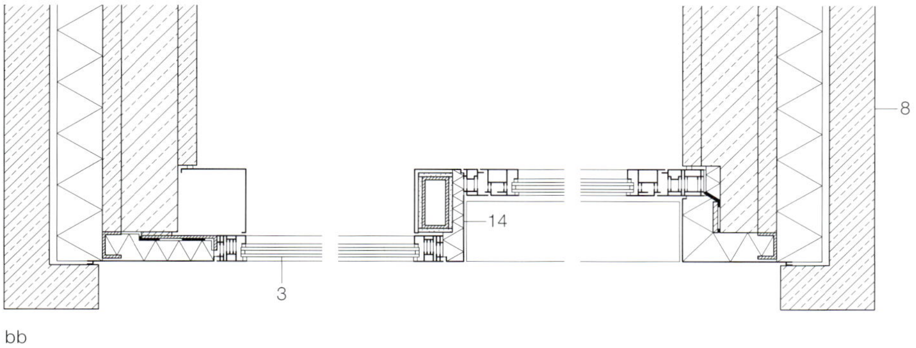

bb

Vertikalschnitt • Horizontalschnitte
Maßstab 1:20

Vertical section • Horizontal sections
scale 1:20

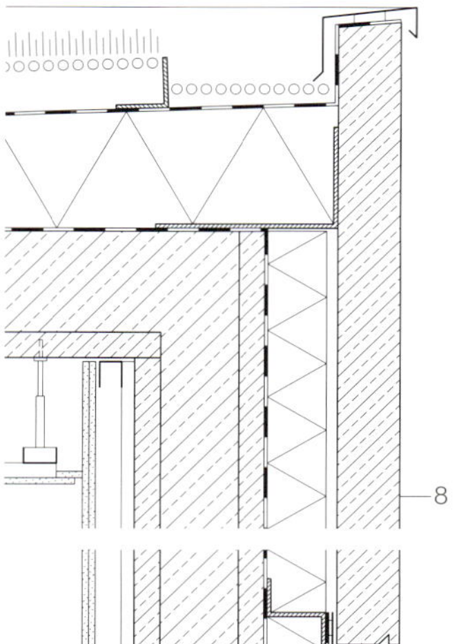

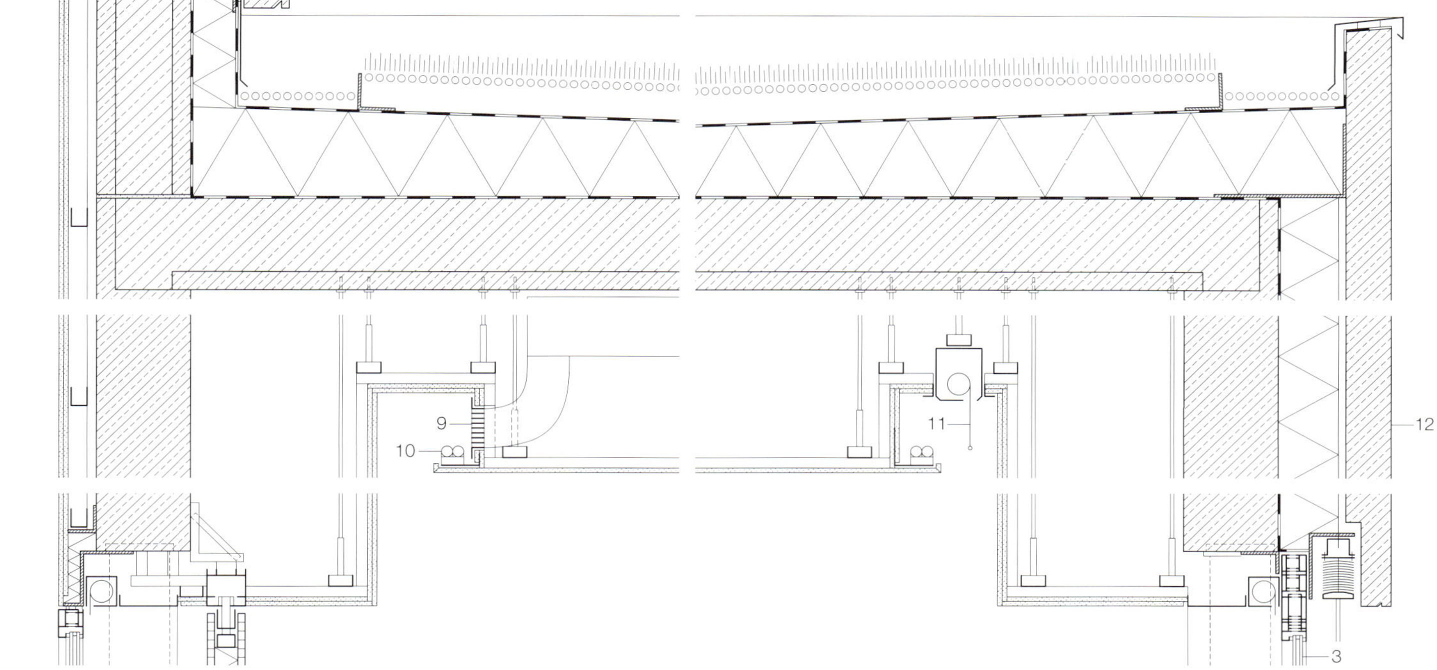

1 parapet: precast concr. unit, employing steel formwork, computer-controlled compacting (vibrated)
2 extensive green roof/100 mm substrate EPDM sheeting; 250–140 mm thermal insulation to falls; vapour barrier; reinforced-concrete composite deck: 190 mm cast-in-place concrete / 60 mm precast concrete deck; susp. ceiling perf. plasterboard
3 double glazing in aluminium-profile frame
4 stainless-steel comb grating
5 platform: 160 mm precast concr. unit, horizontal surfaces bush-hammered by machine, slip-resistant
6 flooring foyer: 25 mm terrazzo
7 handrail: 60/40/2 mm stainless-steel channel, finely brushed
8 120 mm precast concr. unit veneer, steel formwork, computer-controlled compacting (vibrated) 20 mm air gap; 120 mm thermal ins.; wall element assembled off site: 50 mm precast concr. unit, 150 mm poured layer, 50 mm precast concr. unit
9 ventilation grille/exhaust duct
10 fluorescent tubes
11 projection screen, retractable
12 120 mm precast concrete unit veneer, steel formwork, computer-controlled compacting (vibrated) 20 mm air gap; 160 mm thermal insulation parapet: 250 mm precast concrete unit
13 flooring in seminar room: carpet on raised floor
14 column: steel RHS 140/80 or 70/6.3 mm, 10 mm fire-resistant cement board, thermal insulation, 3 mm aluminium cladding
15 mobile room divider: medium-density fibreboard, coated, insulated
16 2 mm aluminium sheet; aluminium-profile frame

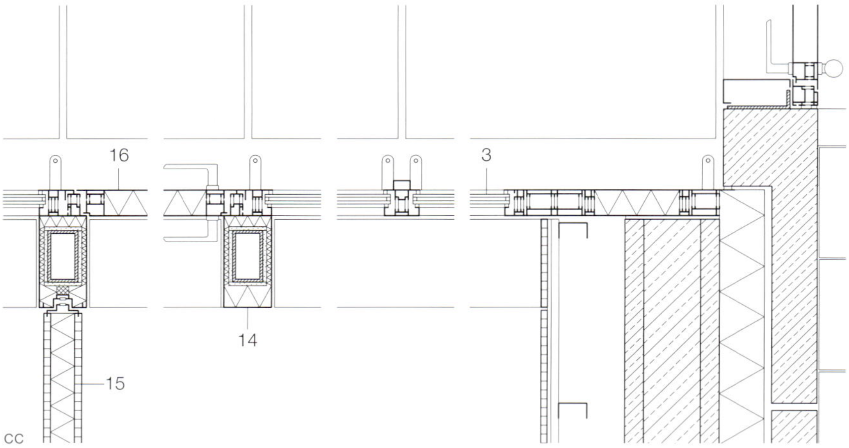

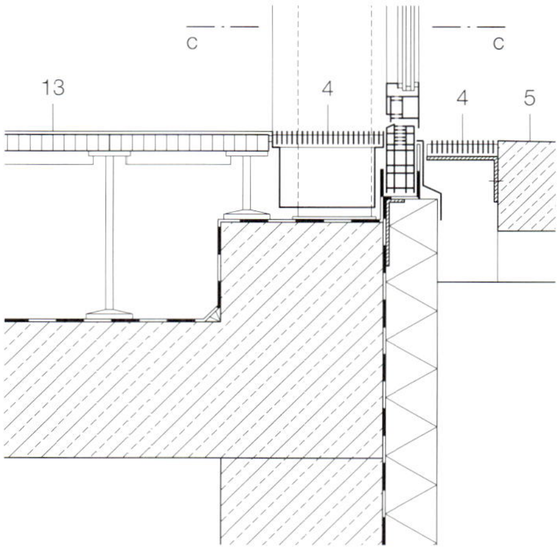

Produktions- und Bürogebäude in München

Production and Office Building in Munich

Architekten / *Architects:*
tillicharchitektur, München
Tragwerksplaner / *Structural engineers:*
Hemmerlein Ingenieurbau, Bodenwöhr

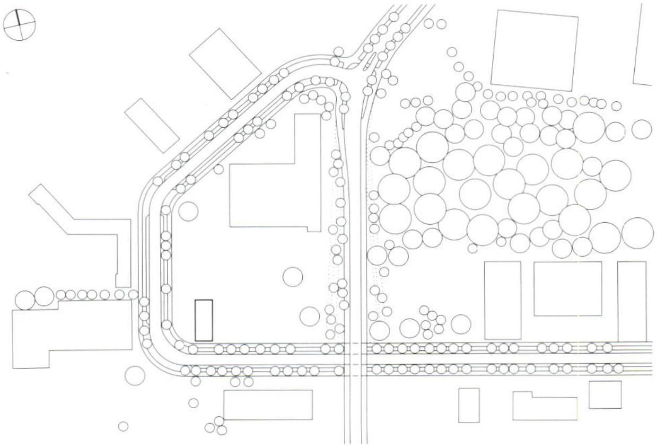

Wenn eine Firma die Architektur einer Produktionsstätte zur Repräsentation der eigenen Marke nutzt, sind die Voraussetzungen gut, dass keine weitere »anonyme Kiste« die Gewerbeflächen am Stadtrand verunstaltet. Im Münchner Norden wussten Tillich Architekten die Chance zu nutzen und entwarfen ein elegantes Gebäude für ein Unternehmen für Textildruck und -bestickung. Besonderes Augenmerk verdient das »Fassadenkleid«: Geometrisch gefaltete Betonplatten verleihen dem quaderförmigen Baukörper einen wiedererkennbaren Charakter. Der anthrazitfarben schimmernde Beton und die geneigten Flächen sorgen für ein lebendiges Spiel von Licht und Schatten. Die Veredlung des Materials erreichten die Architekten durch zugesetzte Eisenoxidpigmente, die einen seidig dunklen Glanz erzeugen. Die Öffnungen treten als reine Glasflächen in Erscheinung, da die Pfosten-Riegel-Konstruktion hinter der Betonschale verborgen und die vertikalen Stöße zwischen Festverglasung und Öffnungsflügel dank Stufenglas von außen nur als Fuge erkennbar sind. Trotz der sorgfältigen Detailausbildung blieb der Bau kostengünstig. Dazu tragen die Fertigteilfassade und die kurze Bauzeit bei. Für Quer- und Längsseite kamen jeweils nur zwei Schalungsmodule (6,6 × 3,9 m) zum Einsatz, die von außen zweiteilig als geschosshoher Raumabschluss mit riemenförmigem Deckenstoß oder Dachrand in Erscheinung treten. Die zwei Varianten, die wie Puzzleteile abwechselnd ineinander greifen, sorgen für ein überraschend komplexes Bild. Die Fertigteile entstanden als Sandwichelemente mit Schale, Dämmung und Tragstruktur. Die dauerelastisch verfugten Stöße unterstützen die geometrische Struktur. Die Elemente mit überlappenden Rändern erforderten einen festgelegten Montageablauf, um sie »einfädeln« zu können. Die nur im Inneren sichtbaren Lärchenrahmen der vor Ort eingesetzten Fenster bilden, neben weißen Wänden und polierten Estrichböden, den einheitlichen Standard für die Produktions-, Büro- und Ausstellungsflächen. DETAIL 07–08/2014

Lageplan
Maßstab 1:5000
Grundrisse • Schnitte
Maßstab 1:400

Site plan
scale 1:5000
Layout plans • Sections
scale 1:400

1 Produktion Siebdruck
2 Technik / Belichtung
3 Küche / Aufenthalt
4 Produktion Stickerei
5 Büro
6 Lager
7 Ausstellung
8 Besprechungsbereich / Küche

1 Silk screen production
2 Building services / Lighting
3 Kitchen / Break room
4 Embroidery production
5 Office
6 Storage
7 Exhibition
8 Kitchen / Meetings

When a firm uses the architecture of a production site to call attention to its brand, the chances are good that it will not become yet another of the anonymous "boxes" that malign industrial zones of urban peripheries worldwide. Tillich Architekten recognised the opportunity and designed an elegant building for a textile print company on Munich's north side. Special regard should be paid to the "envelope": geometric folded concrete panels give the block-like building massing a distinctive appearance. The dark grey shimmering concrete, combined with oblique surfaces, creates an animated play of light and shadow. By adding iron oxide pigment to the concrete, a silky sheen was attained. Because the post-and-rail construction is concealed behind the concrete shell – and thanks to step glass – the vertical joints between the fixed glazing and operable sash are perceptible only as a seam, and the openings appear to be filled with nothing more than a pane of glass. Although the details were carefully developed and executed, the architects managed to keep construction costs low. The prefabricated facade and the brief construction phase were important factors. For each of the two different facade types – end or side – only two different formwork modules were required to create the folded skin: each module measures 6.60 × 3.90 m and has a narrower trapezoid corresponding to the respective ceiling slabs, and a wider one spanning between them. By offsetting and rotating them, it was possible to create an astonishingly complex image. The prefabricated modules were executed as sandwich elements, with shell, insulation and load-bearing structure. Sealed with silicone, the permanently elastic joints between them emphasise the geometric structure. The mounting sequence was carefully planned so that the elements situated at the edges could be threaded – overlapping. The uniform standard for the production, office and exhibition spaces: larch frames of the integrated windows (only visible inside the building) are combined with white walls and polished screed floors.

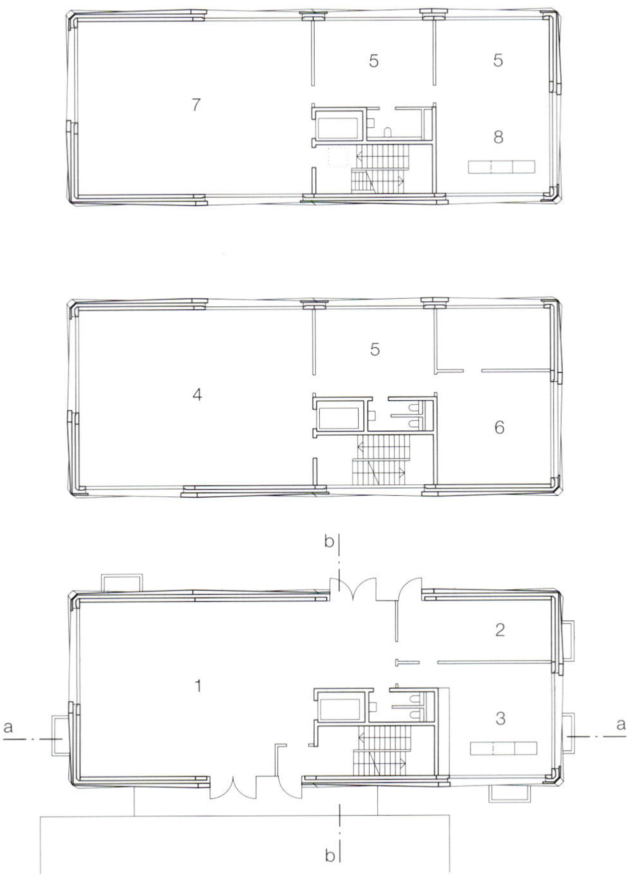

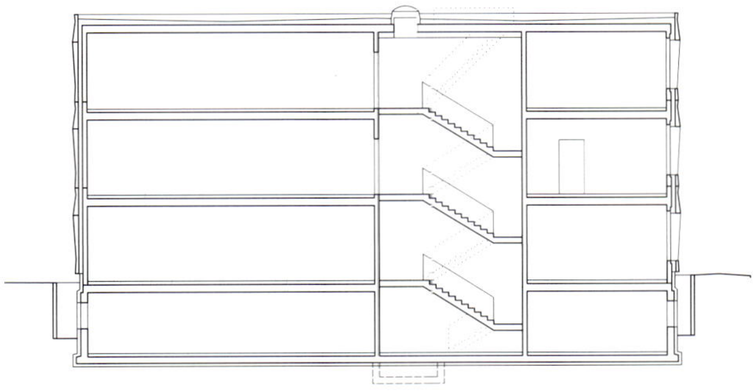

aa

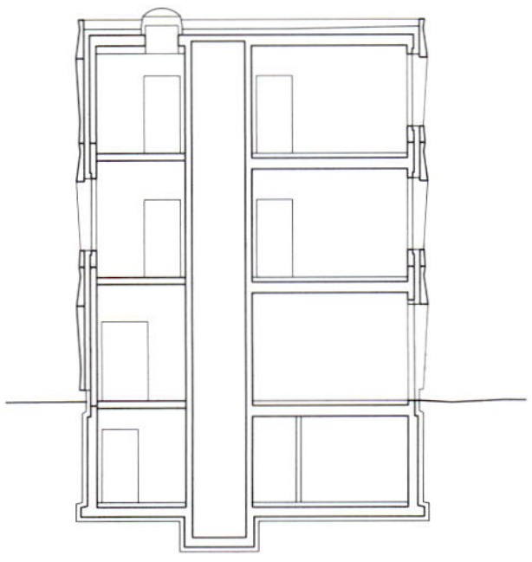

bb

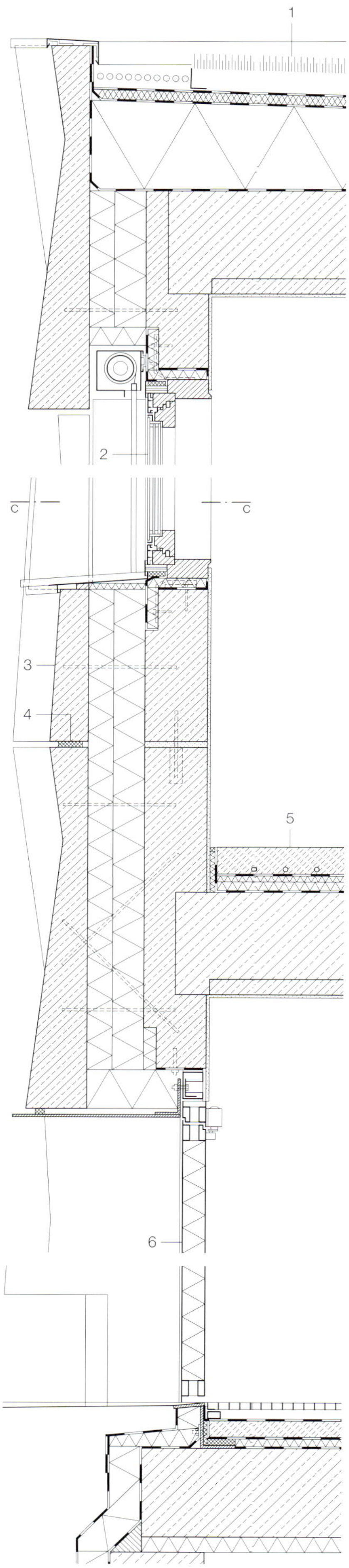

Vertikalschnitt
Horizontalschnitt
Maßstab 1:20

Vertical section
Horizontal section
scale 1:20

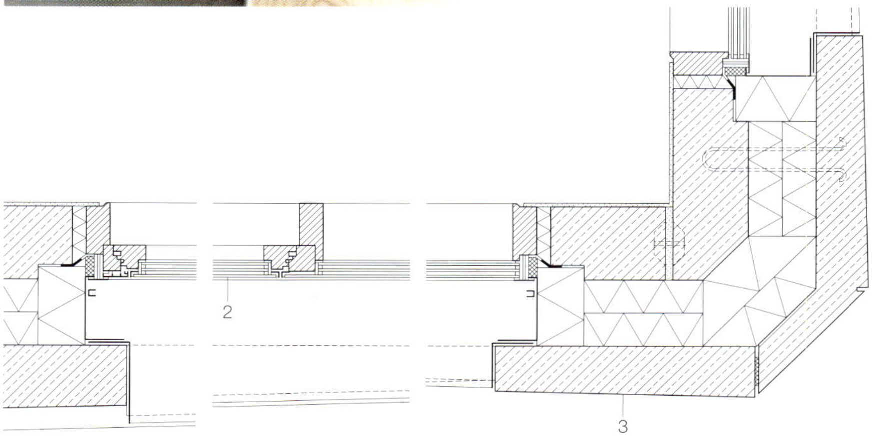

cc

1 Gründach extensiv 90 mm, ca. 94 kg/m² wassergesättigt
Schutzschicht, Dränschicht 30 mm
Dichtungsbahn
Polymerbitumen zweilagig
Gefälledämmung Hartschaum max. 300 mm
Bitumenbahn, Dampfbremse
Stahlbeton 340 mm, davon Filigranfertigteildecke 50 mm
Spachtelung
2 Dreifach-Wärmeschutz-Isolierverglasung
U_f = max. 0,7 W/m²K
ESG 8 mm + SZR 12 mm + Float 4 mm + SZR 12 mm + ESG 8 mm
in Pfosten-Riegel-Fassade Lärche mit Pressleiste Aluminium
3 Betonfertigteilelement in Sandwichbauweise 6,6 × 3,9 m:
Vorsatzschale 80–240 mm anthrazit gefärbt mit Eisenoxidpigment
Wärmedämmung 180 mm
Stahlbetonschale tragend 200 mm mit Gipshaftputz, Fuge Vergussmörtel, Oberfläche hydrophobiert
4 Verfugung dauerelastisch, Kompriband
20 mm zurückversetzt
5 Versiegelung, Estrich 76 mm mit Fußbodenheizung (mit Prozesswärmenutzung)
Trennlage
EPS-Trittschalldämmung 20 mm
EPS-Wärmedämmung 30 mm
Trennlage
Stahlbetondecke 340 mm, davon Filigranfertigteildecke 50 mm
Spachtelung
6 Tür Stahlrohrrahmen, mit Stahlblechverkleidung lackiert
Dämmung 60 mm

1 90 mm extensive green roof, ca. 94 kg/m² water-saturated
protective layer
30 mm drainage layer
sealing layer
polymer-modified bitumen, two layers
300 mm (max.) rigid foam insulation to falls
bituminous sheeting; vapour retarder
340 mm reinforced concrete, of that 50 mm prefabricated slim deck floor
levelling coat
2 thermal glazing (triple)
U_f = max. 0.7 W/m²K
8 mm toughened glass + 12 mm cavity + 4 mm float glass + 12 mm cavity + 8 mm toughened glass in larch post-and-rail facade with aluminium pressure cap system
3 precast concrete element in 6.60 × 3.90 m sandwich components:
80–240 mm outer shell, coloured dark grey with iron oxide pigment
180 mm thermal insulation
200 mm reinforced concrete shell, load-bearing with adhesive gypsum plaster, seal mortar, hydrophobic surface
4 jointing: precompressed, permanently elastic seal, set back 20 mm
5 seal; 76 mm screed with underfloor heating (with utilisation of waste heat); separating layer
20 mm EPS impact sound insulation
30 mm EPS thermal insulation
separating layer
340 mm reinforced concrete deck, of that 50 mm prefab. slim deck floor; levelling coat
6 steel-tube-frame door, with steel sheet cladding, lacquered, 60 mm insulation

Verwaltungsgebäude in Berlin

Office Building in Berlin

Architekten / *Architects:*
Barkow Leibinger, Berlin
Tragwerksplaner / *Structural engineers:*
GuD Planungsgesellschaft für Ingenieurbau, Berlin

Lageplan
Maßstab 1:12 500

1 Hauptbahnhof
2 Europaplatz
3 geplante Bebauung Europacity
4 Tour Total

Site plan
scale 1:12,500

1 Central Station
2 Europaplatz
3 Future development of Europacity
4 Tour Total

Als Initialprojekt des neu entstehenden Stadtquartiers »Europacity«, nördlich des Berliner Hautbahnhofs, setzt das weithin sichtbare 18-geschossige Hochhaus des Mineralölkonzerns Total mit seiner plastisch ausgebildeten Fassade einen neuen Maßstab für die kommende Entwicklung. Die Kubatur des Tour Total entspricht der Forderung nach gut belichteten und natürlich zu belüftenden Bürogrundrissen, seine Ausrichtung folgt den Vorgaben des Masterplans für das Areal. Um einen subtileren Dialog mit dem Stadtraum zu erreichen, verleihen die Architekten dem Baukörper zusätzlich eine gewisse Plastizität und Dynamik. Der leichte Knick der Längsfassaden nimmt diesen die Länge und führt zu einem spannungsvollen Dialog mit dem Stadtraum. Mit einer zusätzlichen Drehung reagiert der Gebäudesockel auf die Straßenverläufe. Seine Kolonnaden verzahnen das Gebäude darüber hinaus im Umfeld. Identitätsstiftend sind vor allem die plastisch ausgeformten hellen Beton-Fertigteilelemente der Rasterfassade, deren Erscheinung sich in der Bewegung unter wechselnden Perspektiven verändert. Sie betonen die Vertikalität und geben dem Hochhaus im Spiel von Licht und Schatten eine flirrende, lebendige Wirkung. Ein vielfältiges, das strenge Raster spielerisch überlagerndes Fassadenbild wird hierbei nicht durch unterschiedlich große Module oder wechselnde Raster erzeugt, sondern gelingt allein durch leichte Variation und unterschiedliche Drehung oder Spiegelung eines asymmetrisch ausgeformten Grundmoduls. Durch Aufteilung in T-förmige, mit 7,35 m Höhe jeweils über zwei Geschosse reichende Fertigteile konnten zugleich die vertikalen Lisenen und die horizontalen Brüstungsbänder ausgebildet werden.
Das ausgewogene Verhältnis von Fenster- und Wandfläche und Maßnahmen wie Dreifachverglasung, außenliegender Sonnenschutz und eine effiziente Energierückgewinnung, trugen zu einer DGNB-Zertifizierung in Silber bei. Direkt neben dem Tour Total ist ein zweiter, über einen Durchgang abgelöster, niedrigerer Bauabschnitt mit Büronutzung geplant. DETAIL 11/2012

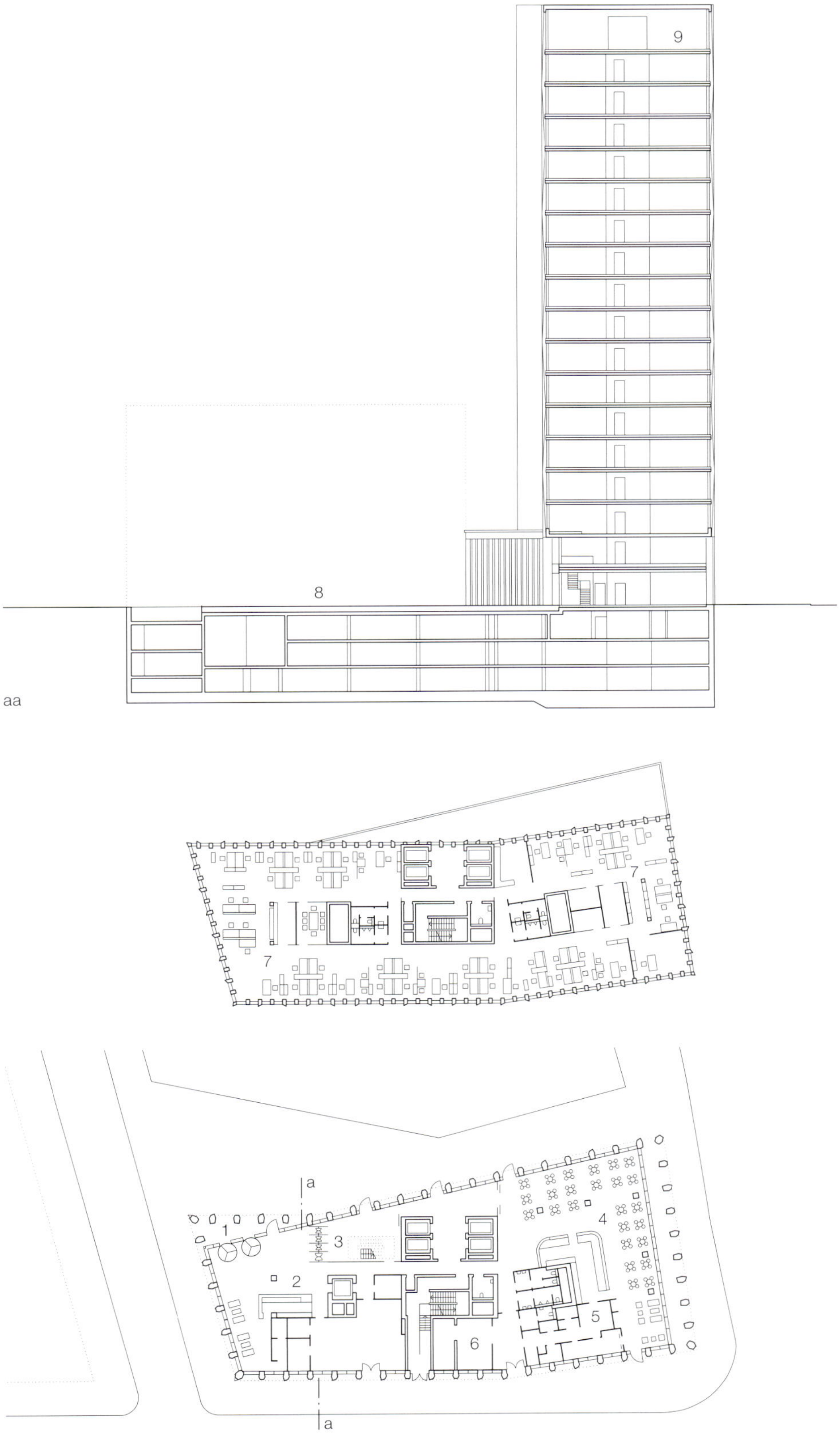

Schnitt • Regelgeschoss
Erdgeschoss
Maßstab 1:750

1 Eingang
2 Lobby/Empfang
3 Drehkreuzanlage
4 Bistro
5 Küche
6 Müllraum
7 Bürofläche
8 zweiter Bauabschnitt (vorbereitet)
9 Technikgeschoss

Section • Typical floor
Ground floor
scale 1:750

1 Entrance
2 Lobby/Reception
3 Turnstiles
4 Bistro
5 Kitchen
6 Garbage
7 Offices
8 Second phase (planning complete)
9 Building services level

The first project to be realised in the new "Europacity" district located north of Berlin's Central Station – this 18-storey high-rise draped in a highly articulated facade and visible from afar – sets the bar high for the development that will follow.
The dimensioning of the "Tour Total" allows for both daylighting and natural ventilation of the office spaces. The building's orientation adheres to the specifications of the site's master plan. In order to set up a subtle dialogue with the urban context, the architects introduced a certain dynamism by modulating the building massing and the facades.
The slight folds in the two longer facades make them appear less extensive and underscore the dialogue with the surrounding urban space. The rotation of the building plinth responds to the geometry of the street grid. The accompanying colonnade serves to further enmesh the building with its surroundings. But the sculptural, light-toned precast concrete units used in the grid facade, whose appearance changes in the eye of the beholders as they move around the building, play the most important role in establishing the building's identity. They emphasise the structure's verticality and give it a lively, shimmering effect. This multifaceted layer was playfully superimposed upon the grid, not by employing modules of different sizes or making changes to the grid, but simply by means of slight variations, such as rotating or mirroring the asymmetrical basic module.
The architects developed the T-shaped, 7.35-metre-high prefabricated units – each unit spanning two storeys – in order to make it possible to articulate both the vertical pilaster strips and the horizontal ribbons of parapets. The building has received DGNB's Silver Certification thanks to the well-balanced ratio of window area to wall area, and measures such as triple glazing, external solar louvres and an efficient energy-recovery system. The second phase consists of an office building adjacent to the Tour Total.

Alle Elemente für die rund 10 000 m² Fassadenfläche wurden im Fertigteilwerk in ca. 200 präzise handgefertigten Formen hergestellt. Die Montage erfolgte jeweils über Aufstecken des Elementfußes auf Fixierungszapfen des darunterliegenden Elements und Rückverhängung an einem justierbaren Schrägzuganker am oberen Ende. Zur Vermeidug von Schmutzläufern sind die Oberkanten der Brüstungsbänder nach hinen geneigt und führen das Wasser rückseitig ab.

All of the modules for the 10,000 m² facade surface were produced in a prefabrication plant, employing about 200 high-precision, hand-made forms. The modules were installed by positioning the lower end on a connection pin of the module below and then securing it to an adjustable inclined tie rod on the upper end. To forestall soiling, the upper edges of the parapets are slanted toward the back and guide the water to the rear.

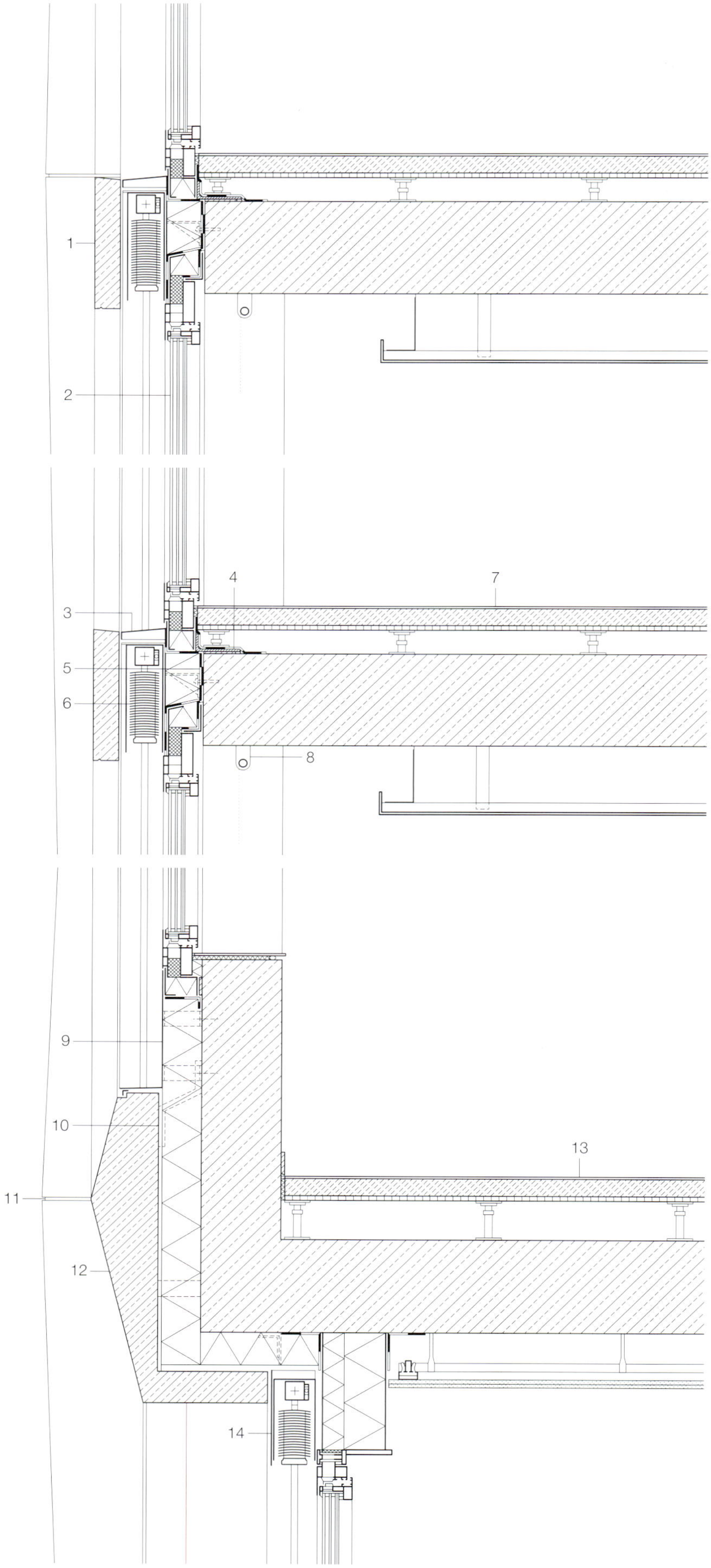

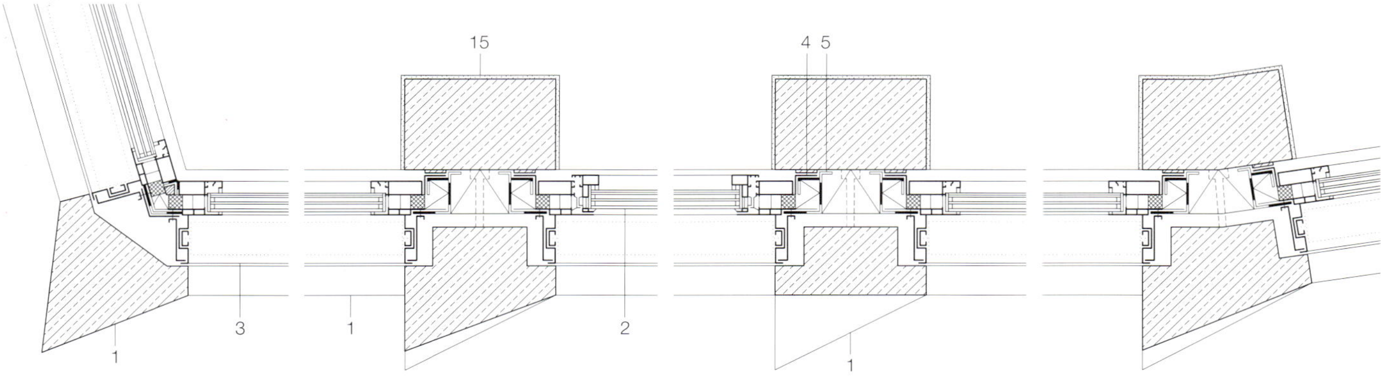

Vertikalschnitt • Horizontalschnitt Maßstab 1:20
1 Verkleidung Stahlbeton-Fertigteil mit Weißzement und Marmorzuschlag, Oberfläche gesäuert und hydrophobiert
2 Fensterelement mit Öffnungsbegrenzer Standardverglasung Float 8 + SZR 16 + TVG 6 + SZR 14 + VSG 8 mm in Aluminiumprofilrahmen
3 Fensterbank Aluminiumblech, gekantet eloxiert 2 mm
4 Stahlprofil ⌈ 130/65/8 mm am Fußpunkt, seitlich und oben Aluminiumprofil umlaufend mit Toleranzausgleich ⌈ 60/60/1,5 mm
5 Dampfsperre
6 Sonnenschutz außenliegend: Aluminiumlamellen beschichtet schienengeführt
7 Teppichboden 5 mm, Hohlraumbodensystem 150 mm, Decke Stahlbeton 300 mm Unterdecke abgehängt Stahlblech beschichtet
8 Blendschutz textil optional
9 Blende Aluminiumblech eloxiert 4 mm Wärmedämmung Mineralfaser 120 mm Brüstung Stahlbeton gestrichen 250 mm
10 Befestigung Schrägzuganker Edelstahl
11 Verfugung dauerelastisch besandet in Farbe der Fertigteile
12 Winkelelement Stahlbeton-Fertigteil mit Weißzement und Marmorzuschlag, Oberfläche gesäuert und hydrophobiert
13 Teppichboden 5 mm, Hohlraumbodensystem 375 mm, Decke Stahlbeton 300 mm Unterdecke Akustik-Heiz-Kühlelemente 225 mm
14 Blende Aluminiumblech eloxiert 4 mm
15 Stütze Stahlbetonfertigteil 400/250 mm

Vertical section • Horizontal section scale 1:20
1 cladding: precast concr. unit, white cement, marble aggregate, surface acidified, hydrophobised
2 window element with limited opening range 8 mm float glass + 16 mm cavity + 6 mm heat-strengthened prestressed glass + 14 mm cavity + 8 mm lam. safety glass in aluminium-profile frame
3 window sill: 2 mm aluminium sheet, bent to shape, anodised
4 130/65/8 mm steel angle at foot; 60/60/1.5 mm aluminium profile angle along edge and above to accomodate tolerances
5 moisture barrier
6 external solar protection: aluminium louvres, coated, in guide rails
7 5 mm carpet 150 mm raised floor 300 mm reinforced-steel deck suspended ceiling, aluminium sheet, coated
8 glare protection: fabric, optional
9 4 mm aluminium sheet, anodised 120 mm mineral-fibre insulation 250 mm reinforced-concrete parapet, painted
10 anchoring: stainless-steel inclined tie rod
11 jointing: permanently elastic, sand-surfaced, colour matching precast unit
12 angle module: precast concrete unit, white cement, marble aggregate, surf. acidified, hydrophobised
13 5 mm carpet; 375 mm raised floor 300 mm reinforced-concrete deck 225 mm susp. acoutic-heating-coooing ceiling
14 faceplate: 4 mm aluminium sheet, anodised
15 column: 400/250 mm precast concrete unit

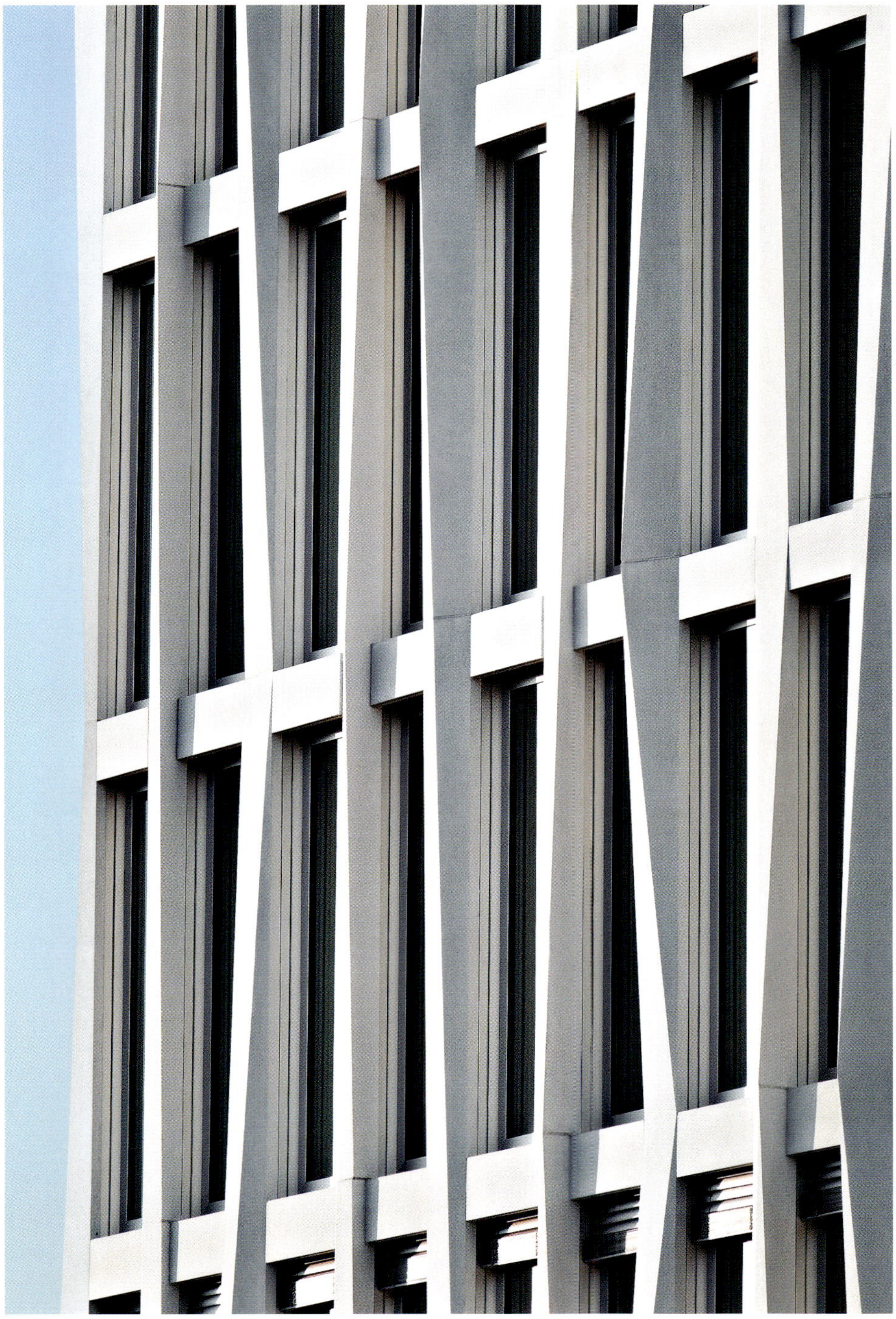

Wohn-, Büro- und Geschäftshaus in Karlsruhe

Department Store and Office Building with Dwelling in Karlsruhe

Architekten / *Architects:*
LRO Lederer Ragnarsdóttir Oei, Stuttgart
Tragwerksplaner / *Structural engineers:*
Ingenieurgruppe Bauen, Karlsruhe

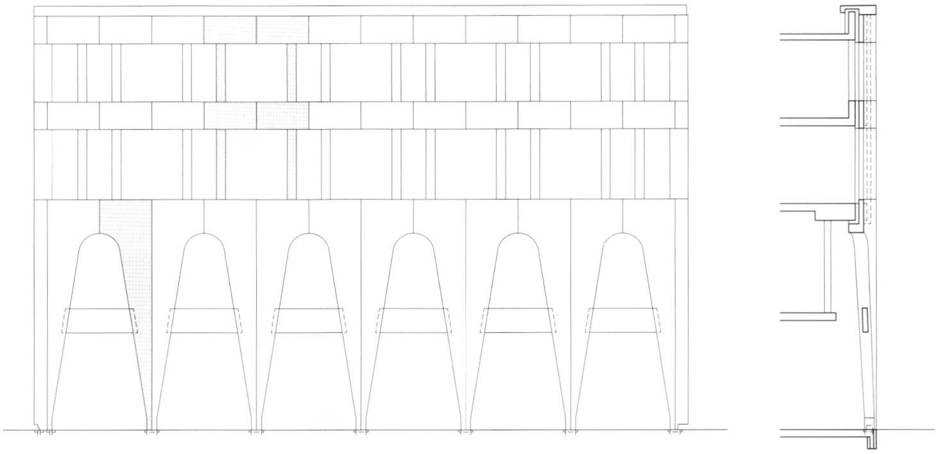

Das fünfstöckige Wohn-, Büro- und Geschäftshaus in der Karlsruher Innenstadt ersetzt einen Altbau der Architekten Curjel und Moser, die in den 1920er-Jahren zwei Gebäude mit einer durchgehenden Fassade verkleidet hatten. Diese war im Sockelbereich aus poliertem schwarzem Naturstein sowie einem geschwungenen Giebel gestaltet. Eine ähnlich außergewöhnliche Fassade vermittelt nun in Proportion und Höhe zwischen den unterschiedlichen Nachbarbauten, ohne dabei auf eine eigene, kraftvolle Formensprache zu verzichten. Zweigeschossige Arkaden zitieren die Bogenfenster des angrenzenden, im Neorenaissance-Stil errichteten ehemaligen Reichsbankgebäudes und jetzigem Kammertheater. Die durchgehende senkrechte Faltung verleiht der Fassade eine wirkungsvolle Dreidimensionalität mit lebhaftem Licht- und Schattenspiel. Die gesamte Straßenfront besteht aus exakt hergestelltem, skulptural geformten und in hellem Sandton eingefärbten Sichtbetonfertigteilen. Deren Oberfläche wurde mithilfe von Säure künstlich aufgeraut und erhält damit eine Textur, die dem gesägten Sandstein der ehemaligen Reichsbank nicht unähnlich ist. Die 9,50 m hohen Bögen – als tragende Bauteile ausgebildet – sind aus zwei Elementen zusammengefügt, die jeweils über zwanzig Tonnen wiegen. Trotzdem gelang es der ausführenden Firma, sie mit den ebenfalls zweigeschossigen Fertigteilen des zweiten und dritten Obergeschosses so präzise zu versetzen, dass sich ein nahezu fugenloses Bild ergibt. Für die Belichtung dieser beiden Büroebenen wären durchgehende Fensterbänder funktioneller, was aber in Hinblick auf die historischen Nachbargebäude nicht gewünscht war. So entspricht die realisierte Fassade – zumindest optisch – einer Lochfassade. Bei näherer Betrachtung erweisen sich die »massiven« Wandpfeiler jedoch als Glaserker, deren Scheiben die Färbung des Betons erhielten. Erst in den Abendstunden offenbart sich die Transluzenz dieser Bereiche, die dann hinterleuchtete, durchgängige Lichtbänder bilden.
DETAIL 04/2015

1	Verkaufsfläche	*Sales area*
2	Kundenaufzug	*Customers' lift*
3	Lager	*Store*
4	Müllraum	*Refuse space*
5	Büro	*Office*
6	Personalraum	*Staff room*
7	Pkw-Aufzug	*Car lift*
8	Terrasse	*Terrace*
9	Teeküche	*Tea kitchen*
10	Arbeiten	*Working area*
11	Kochen / Essen	*Cooking / Dining*
12	Wohnen	*Living area*
13	Schlafen	*Bedroom*
14	Gast	*Guest room*

Ansicht • Schnitt
Maßstab 1:300
Schnitt • Grundrisse
Maßstab 1:750

Elevation • Section
scale 1:300
Section • Floor plans
scale 1:750

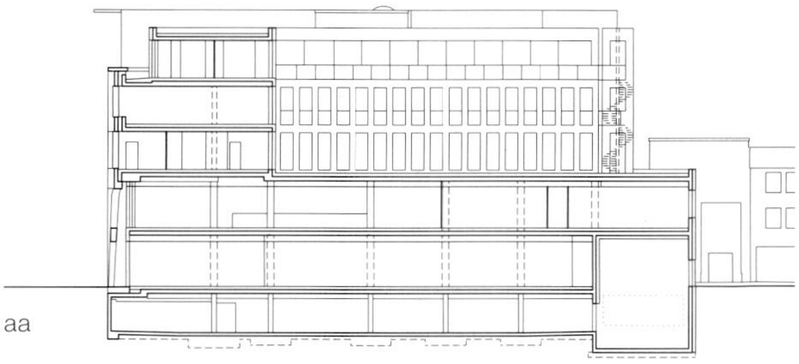

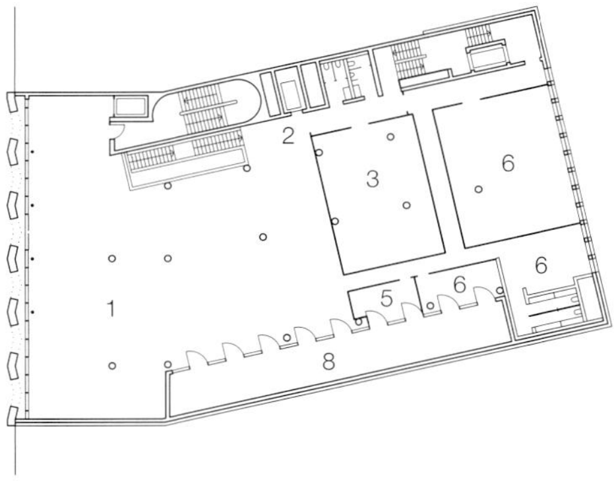

1. Obergeschoss / *First floor*

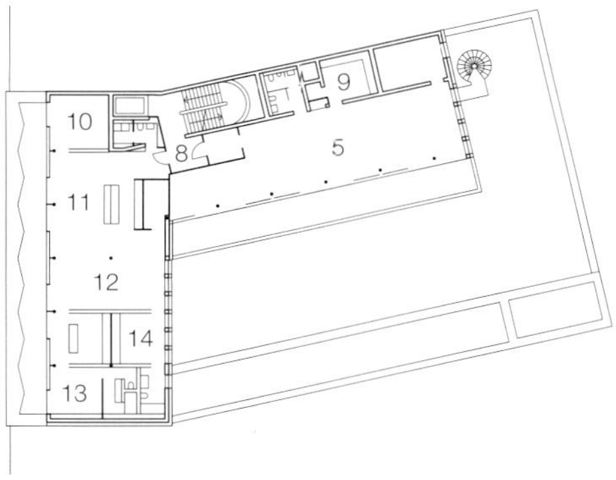

4. Obergeschoss / *Fourth floor*

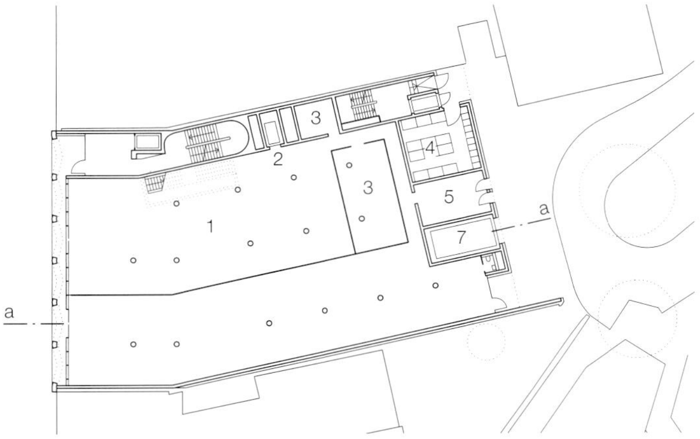

Erdgeschoss / *Ground floor*

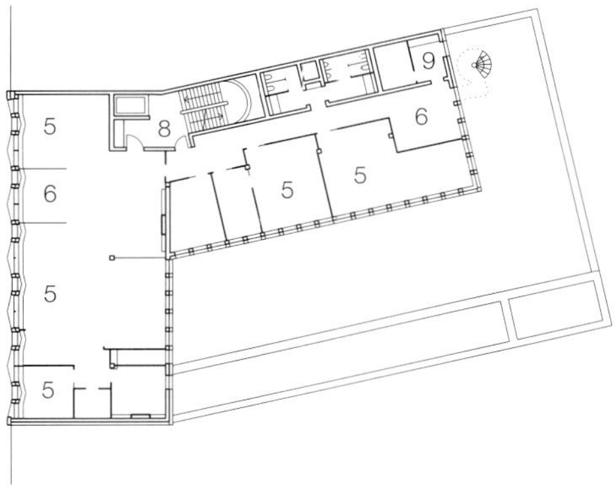

3. Obergeschoss / *Third floor*

This five-storey department store and office building plus a dwelling in the city centre of Karlsruhe takes the place of a former development by the architects Curjel and Moser who, in the 1920s, had designed two structures with a continuous facade. That scheme was distinguished by a curved gable and a plinth storey clad with polished black stone. Without foregoing its own powerful formal language, a similarly unusual facade now mediates in its proportions and height between the different neighbouring buildings. A two-storey arcade makes reference to the arched windows of the adjoining structure in neo-Renaissance style. Formerly the German Reichsbank, this is today the Kammertheater. The continuous vertical folds over the full height of the facade of the new building lend it an effective three-dimensional quality with a lively interplay of light and shade. The street front consists of precisely executed, exposed precast concrete elements with a sculptural form and a pale sand-like colouration. Their surface was treated with acid to give it a roughened texture that is not unlike the sawn sandstone of the old Reichsbank. These 9.50-metre-high arched, load-bearing sections consist of two units joined together, each of which weighs more than 20 tonnes. Nevertheless, the building firm succeeded in setting them so precisely together with the two-storey-high prefabricated facade elements to the second and third floors (where the offices are located) that an almost seamless appearance is created. Originally, continuous window strips were designed for the natural lighting of the offices, but this was not desired in view of the historical neighbouring facade. The fenestration was therefore implemented – visually at least – in the form of distinct rectangular openings. On closer investigation, one sees that the seemingly solid piers between the windows are in fact oriels, the glazing of which has the same colour as the concrete. Only at dusk, when the lighting comes on internally, does the translucence of these areas become apparent with continuous illuminated strips manifesting themselves.

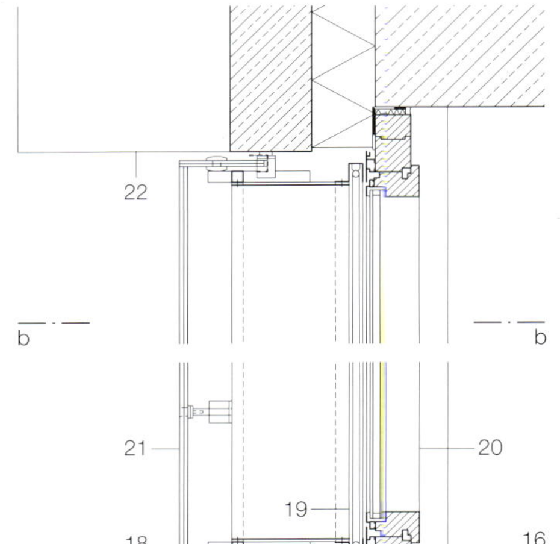
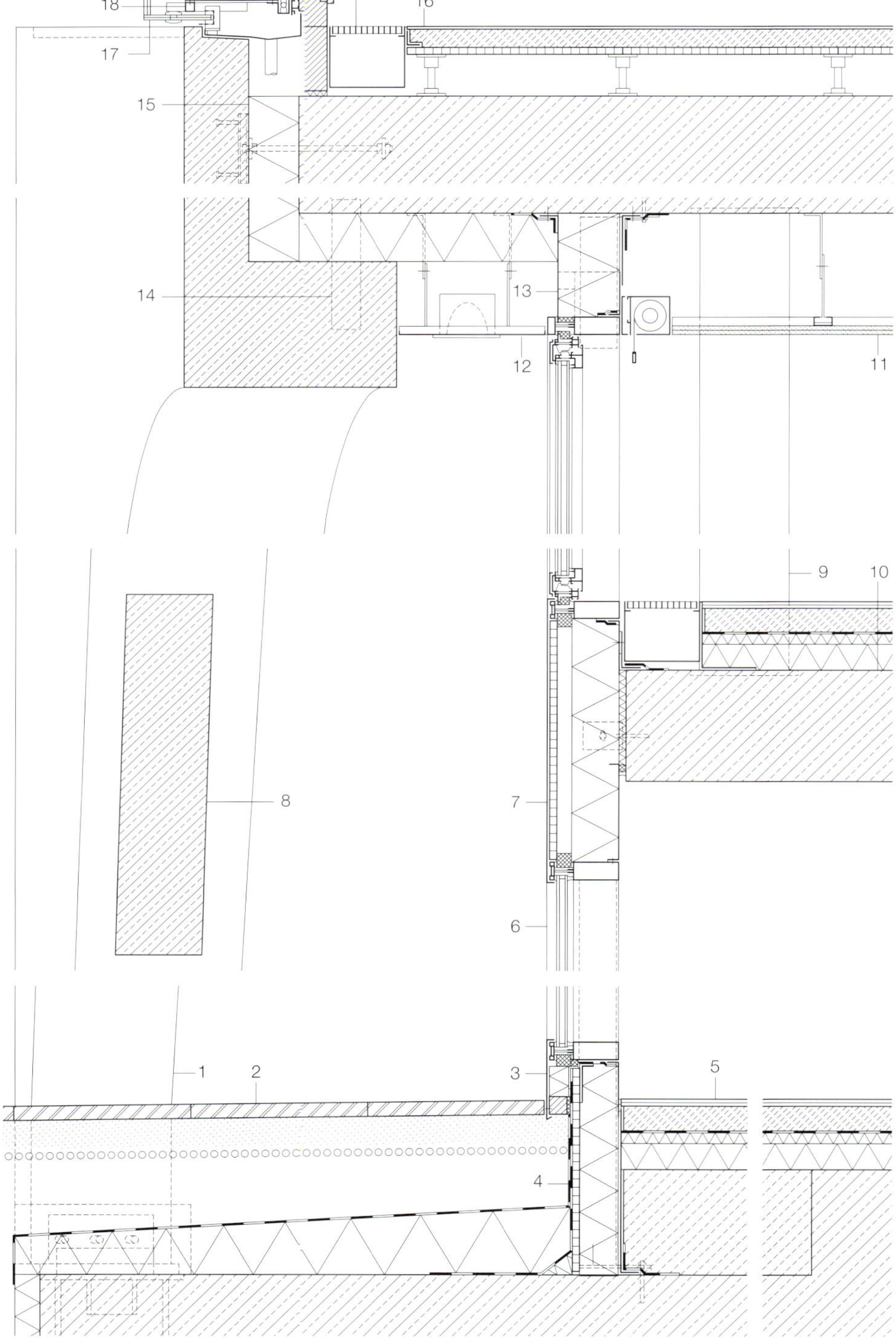

Vertikalschnitt • Horizontalschnitt
Maßstab 1:20

1 Fertigteilstütze aus Sichtbeton tragend, zweigeschossig
Oberfläche gesäuert, Antigraffiti-Beschichtung
2 Natursteinplatte 40 mm
Sandbett 80 mm
Kiesschüttung
Abdichtung bituminös zweilagig
Gefälledämmung min. 100 mm
3 Sockelblech Baubronze 3 mm
4 Dichtungsbahn
Bauplatte 20 mm
Wärmedämmung Mineralwolle 100 mm
Aluminiumblech 2 mm
5 Bodenaufbau EG:
Parkett 20 mm
Anhydritestrich 70 mm
Trennlage
Trittschalldämmung 30 mm
Wärmedämmung Mineralwolle 80 mm
Auffüllung Leichtbeton 300 mm
6 Pfosten-Riegel-Fassade Aluminiumprofil mit Sonnenschutz-Isolierverglasung VSG aus 2× Float 4 mm mit 0,76 mm PVB-Folie + SZR 16 mm + ESG 6 mm
7 Blech Baubronze 3 mm
Bauplatte 20 mm
Luftschicht 40 mm
Wärmedämmung Mineralwolle 130 mm
Aluminiumblech 2 mm
8 Riegel Stahlbetonfertigteil 270/1040 mm
Oberfläche gesäuert, imprägniert
9 Stahlbetonstütze Ø 250 mm
10 Stahlbetondecke 320 mm abgehängt von Stahlbetonunterzug über 1. OG
11 abgehängte Decke:
2× Gipskartonplatte auf Aluminium-Unterkonstruktion
12 Verkleidung Blech Baubronze 3 mm
13 Aluminiumblech 2 mm
Wärmedämmung Mineralwolle 170 mm
Aluminiumblech 2 mm
14 Scherbolzen Ø 80 mm 650 mm
15 Wärmedämmung Mineralfaser 140 mm
16 Bodenaufbau 2. OG:
Teppichboden 8 mm
Anhydritestrich 50 mm
Trägerplatte 20 mm
Hohlraumboden 120 mm
Stahlbetonunterzug 700 mm
17 Verglasung VSG aus 2× TVG 6 mm, dazwischen PVB-Folie 1,52 mm
18 Rahmen aus Edelstahlrohr ⌀ 25/25 mm
19 LED-Leuchte in Gehäuse Edelstahlblech umlaufend, glanzpoliert 2 mm
20 Holz-Aluminiumrahmen mit Isolierverglasung
ESG 4 + SZR 18 + ESG 4 mm
21 Verglasung VSG aus TVG bedruckt, transluzent 10 mm + PVB-Folie 1,52 mm + TVG 8 mm
22 Fertigteil aus Sichtbeton zweigeschossig
Oberfläche gesäuert, imprägniert 180 mm

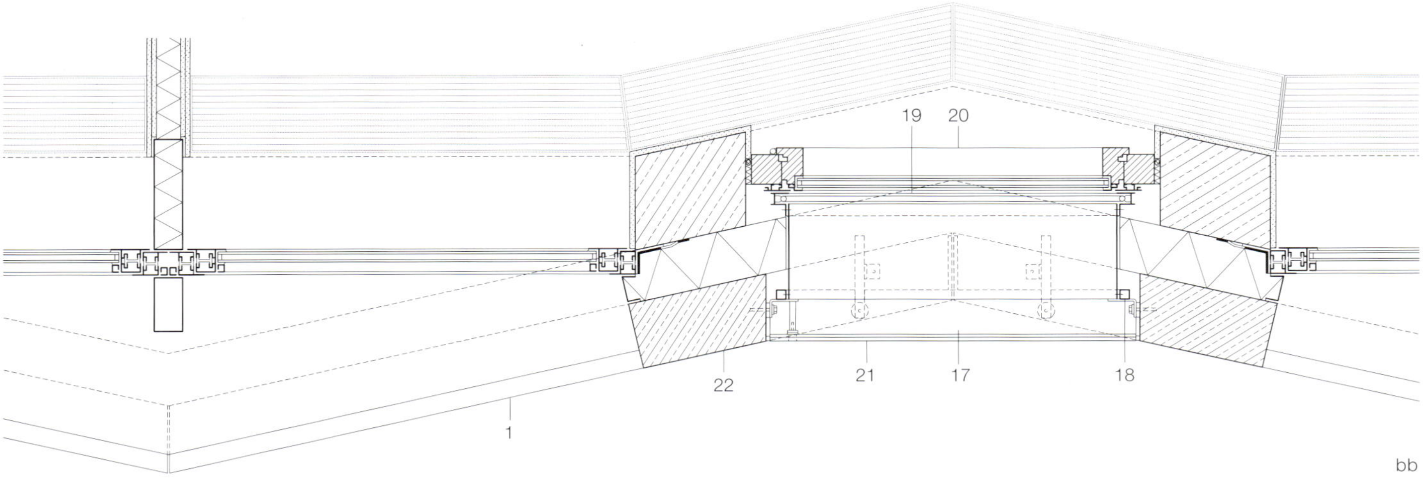

Vertical and horizontal sections
scale 1:20

1 precast exposed-concrete load-bearing column element two-storeys high; surface acid-treated and with anti-graffiti coating
2 40 mm stone slab paving
80 mm bed of sand
layer of gravel
two-layer bituminous seal
min. 100 mm insulation finished to falls
3 3 mm architectural-bronze plinth sheeting
4 sealing layer
20 mm building board
100 mm mineral-wool thermal insulation
2 mm aluminium sheeting
5 ground floor construction:
20 mm parquet flooring
70 mm anhydrite screed
separating layer
30 mm impact-sound insulation
80 mm mineral-wool thermal insulation
300 mm lightweight concrete filling
6 post-and-rail facade c.o. aluminium sections with sunscreen glazing:
lam. safety glass c.o. 2× 4 mm float glass with 0.76 mm PVB foil + 16 mm cavity +
6 mm toughened safety glass
7 3 mm sheet architectural-bronze cladding
20 mm building board
40 mm cavity
130 mm mineral-wool thermal insulation
2 mm aluminium sheeting
8 270/1040 mm precast conc. beam, surface acid treated, impregnated
9 ∅ 250 mm reinforced concrete column
10 320 mm reinforced concrete floor suspended from reinf. conc. downstand beam over first storey
11 suspended soffit:
two-layer gypsum plasterboard fixed to aluminium supporting structure
12 3 mm sheet architectural-bronze cladding
13 2 mm sheet aluminium
170 mm mineral-wool thermal insulation
2 mm sheet aluminium
14 ∅ 80 mm shear bolt 650 mm long
15 140 mm mineral-fibre thermal insulation
16 seond-floor construction:
8 mm carpet
50 mm anhydrite screed
20 mm baseboard
120 mm floor cavity
reinf. conc. downstand beam 700 mm deep
17 lam. safety glass: 2× 6 mm partially toughened safety glass with 1.52 mm PVB foil between
18 25/25 mm stainless-steel SHS frame
19 peripheral LED in 2 mm sheet stainless-steel casing, with high-gloss polished finish
20 double glazing in wood and aluminium frame:
2× 4 mm toughened safety glass + 18 mm cavity
21 lam. safety glass: 10 mm translucent, partially toughened glass, with printed surface + 1.52 mm PVB foil + 8 mm partially toughened glass
22 180 mm precast exposed concrete element two storeys high, surface acid-treated, impregnated

Platzgestaltung in Innsbruck

Redevelopment of a Square in Innsbruck

Architekten / *Architects:*
LAAC Architekten, Innsbruck
Stiefel Kramer Architecture, Wien
grüner.grüner, Innsbruck
Tragwerksplaner / *Structural engineers:*
Alfred Brunnsteiner, Innsbruck

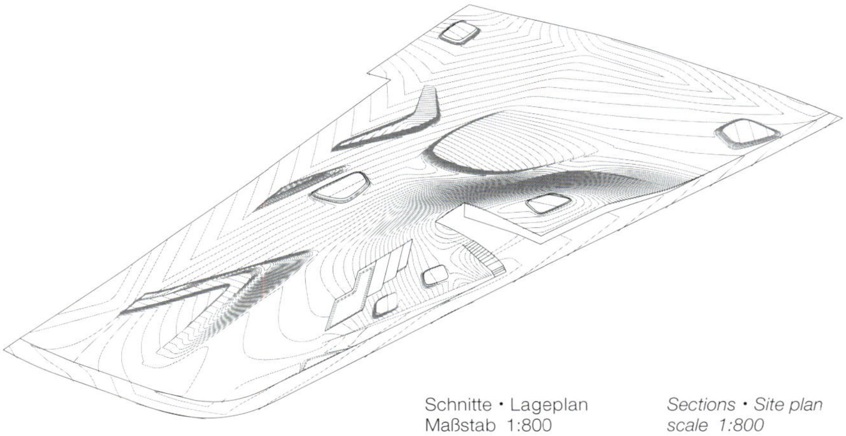

Schnitte • Lageplan
Maßstab 1:800

Sections • Site plan
scale 1:800

Bis vor Kurzem war der zwischen Bahnhof und Altstadt gelegene, fast ganz von einer Tiefgarage unterhöhlte Landhausplatz kaum mehr als eine 9000 m² große Restfläche, der trotz der zahlreichen dort »abgestellten« Denkmäler kaum Beachtung geschenkt wurde. Nach Realisierung des 2008 siegreich aus einem Architektenwettbewerb hervorgegangenen Entwurfs, zeigt er sich heute dezidiert urban: als begehbare Bodenplastik mit fließend aus der Platzfläche heraustretenden Geometrien in hellem Beton. Von oben mag die schwungvolle künstliche Landschaft im rechtwinklig geprägten Stadtgefüge vielleicht etwas fremdartig und flach wirken. Aus der Fußgängerperspektive wird allerdings schnell klar, dass die Geometrien raumbildend sind und zudem mehrere Aufgaben erfüllen. So lassen sie geborgene oder exponierte Bereiche entstehen, schaffen klar zugeordnete Freischankflächen für zwei Lokale, integrieren Tiefgaragenzufahrt und -aufgänge und bieten nicht zuletzt anregende Bewegungsflächen für Drei-, Lauf- oder Fahrrad fahrende Kinder und skatende Jugendliche. Das gut funktionierende Miteinander der Nutzer- und Altersgruppen regeln hier nicht Verbote, sondern ein gemeinsam von Jugendgruppen und der Tiroler Landesregierung ausgearbeiteter »Verhaltenskodex«. Auch wenn die erstklassige Betonoberflächenqualität und ein rasterförmiges Fugenbild es nicht sofort vermuten lassen und trotz konsequent digitaler Planung besteht die gesamte Topografie aus vor Ort hergestellten Betonplatten aus besonders robustem B7-Beton. Die konkaven und konvexen Geometrien formten die Betonbauer zunächst aus einer Glasschaumschotterschicht bzw. rund um die Bäume aus einer Substratschüttung, die sie mit einer 15–20 cm dicken Schicht des zähflüssigen und schnell abbindenden Betons überzogen. Geneigte Betonoberflächen wurden anschließend rau gefräst, die oberen Ebenen poliert. Fertigteile waren einerseits aus Zeitgründen, andererseits aber auch wegen der hohen geometrischen Komplexität ohne wiederkehrende Formen nicht sinnvoll.
DETAIL 11/2012

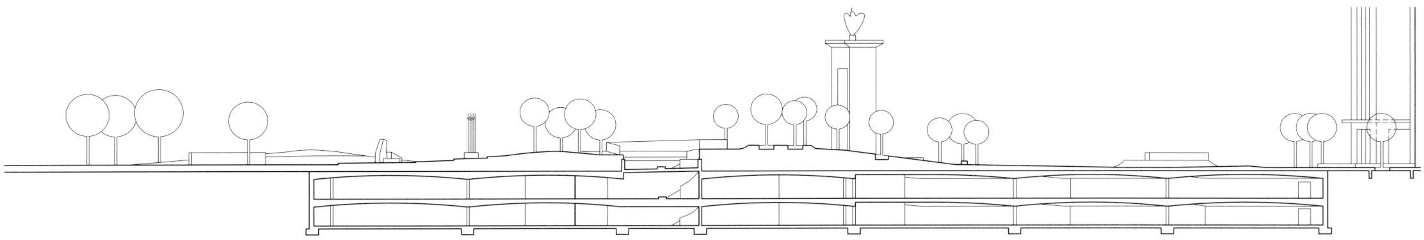

aa

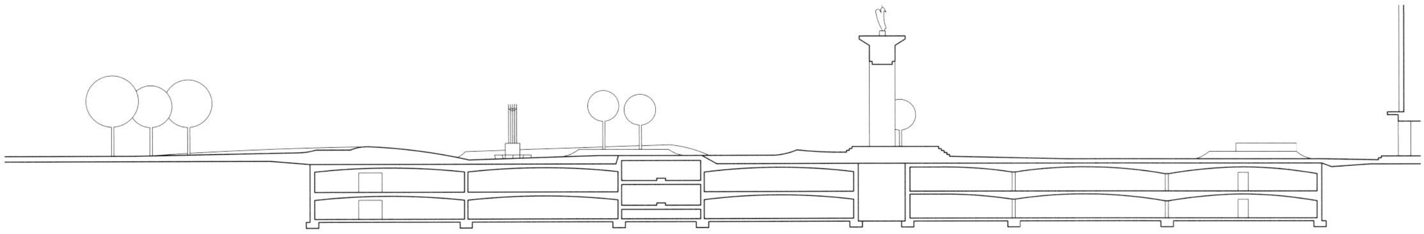

bb

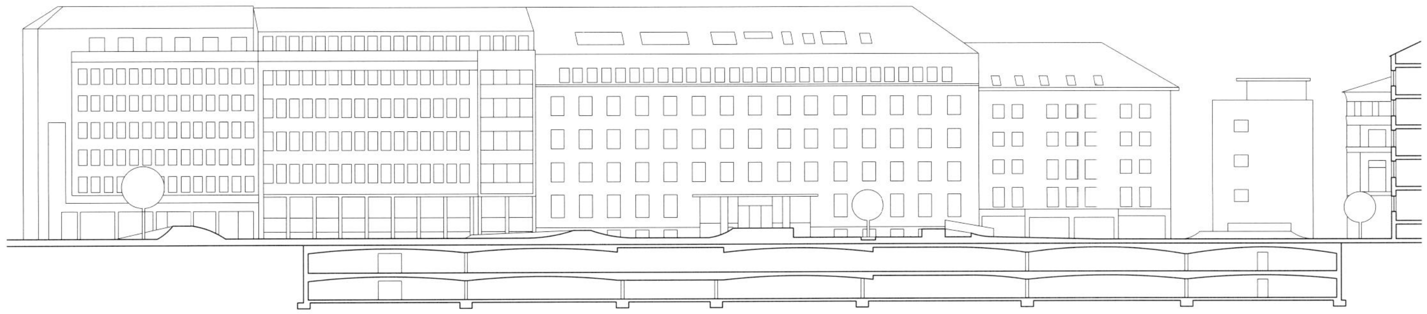

cc

1 Tiefgaragen-zufahrt
2 Tiefgaragen-aufgang
3 Denkmal
4 Boden-Wasserspiel
5 Wasserbecken
6 Eingang »Landhaus« (Sitz der Tiroler Landesregierung)

1 Entrance/Exit ramp to garage
2 Pedestrian access to garage
3 Monument
4 Water feature
5 Water basin
6 "Landhaus" (seat of the Tyrolean regional government)

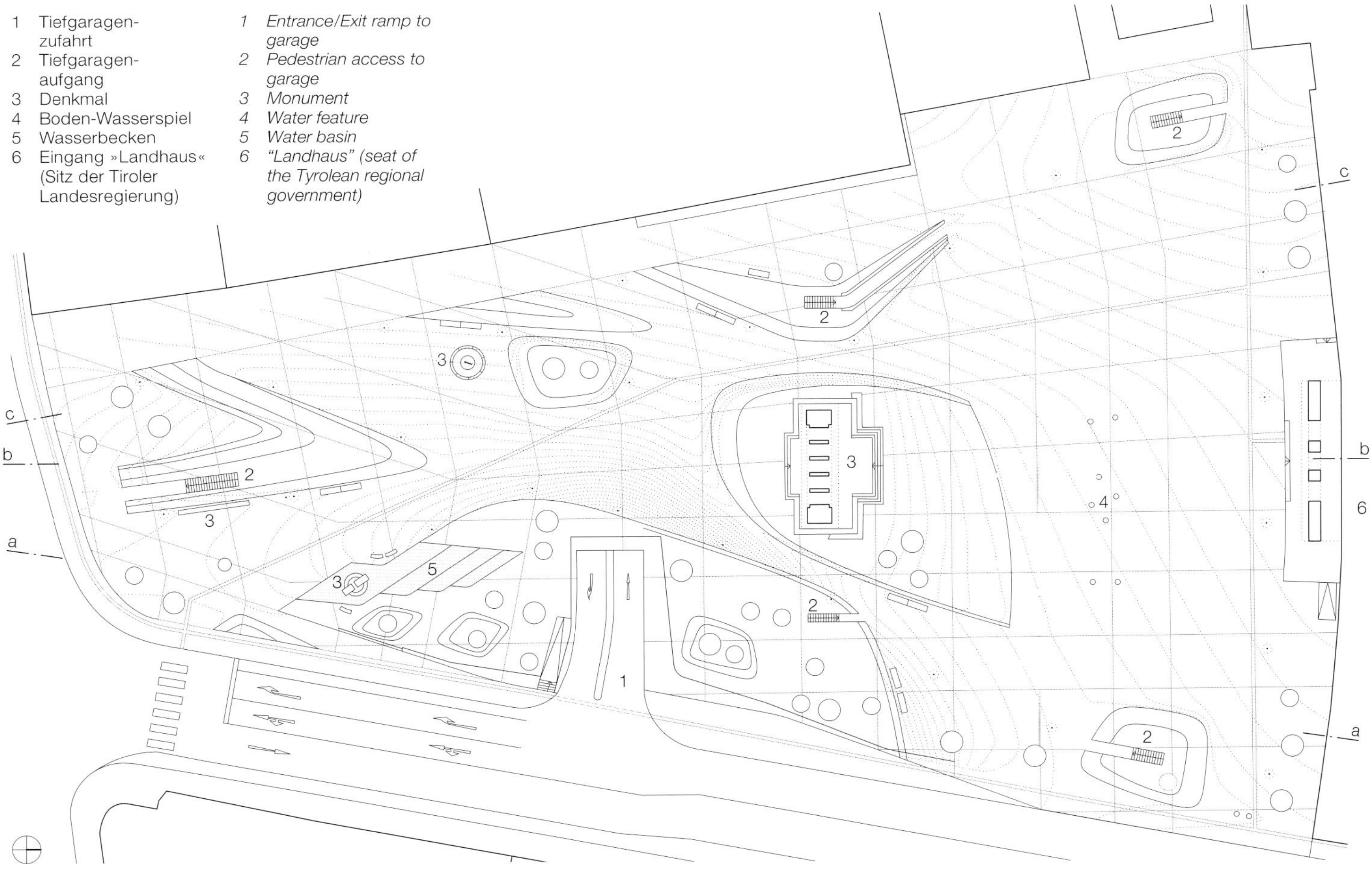

a

b

c

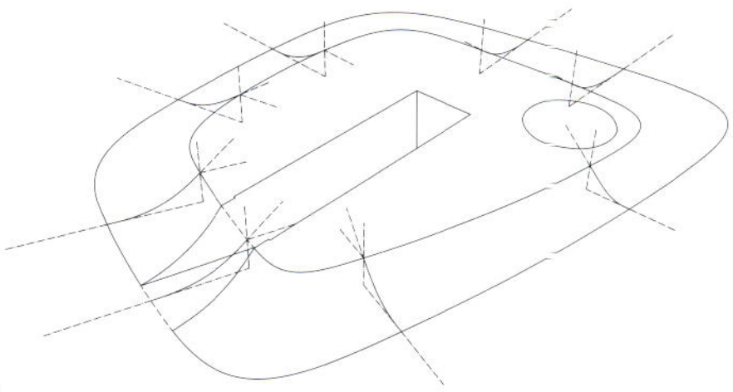
d

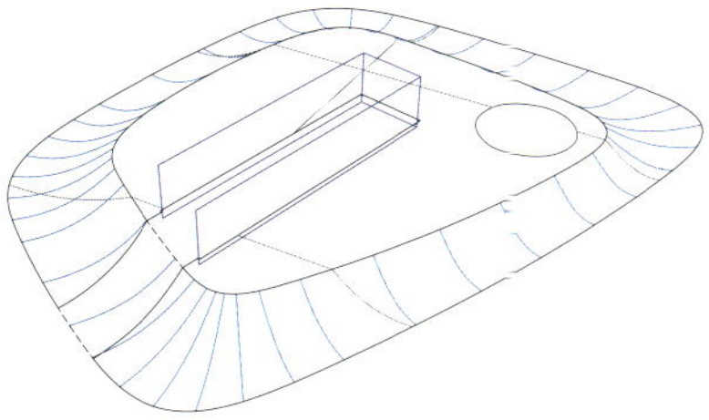
e

a fertig betonierte horizontale Bodenplatten mit Anschlussbewehrung zum Hügel
b Präzise vor Ort eingemessene CNC-Schnittprofile aus Holz definieren mit ihren Unterkanten die spätere Betonoberfläche der geneigten Hügel.
c Nachbearbeitung des abgebundenen Betons
d Zur genauen geometrischen Entwicklung der Topografie wird der ganze Platz in einzelne Objekte und Flächen zerlegt. Diese werden mit mathematischen Kurven beschrieben, um eine exakte Kontrolle der Kurvenkontinuitäten und der Flächenkontinuität zu gewährleisten. Unter anderem können dadurch geringfügig gekrümmte Flächen eingeebnet und Anschlüsse zu diesen optimal flächenkontinuierlich angepasst werden, was wesentlich zur wirtschaftlichen Optimierung der Flächen beiträgt.
e Für die spätere Baudurchführung wird die Geometrie der Hügel mithilfe von bemaßten unteren bzw. oberen Leitlinien sowie mit vertikalen Schnittprofilen beschrieben.
f Schwarze, weiße und gelbe Granitsplitter verleihen der fertigen Betonoberfläche ein lebendiges Erscheinungsbild.
g Ausführungsplan mit Bezugsmaßen zwischen Achsen und unterer Leitlinie Maßstab 1:200
h Ausführungsplan mit Bezugsmaßen zwischen Achsen und oberer Leitlinie (grün) sowie zur Lage der Schnittschablonen (rot) Maßstab 1:200

a Completed level ground panels; reinforcement to connect panels to mound
b The lower edges of the cross-section template of wood – the templates were positioned with extreme accuracy using surveying techniques – define the mound's concrete surface
c Post-processing of the concrete (after concrete has set)
d In order to accurately arrive at the desired geometry, the entire square is broken down into individual objects and surfaces. The curves are described mathematically in order to guarantee their continuity. This allows, for example, minimally curved surfaces to be executed as flat surfaces, and connections to be optimally fitted to them – which contributes to making the realisation of the surfaces as economic as possible.
e To facilitate realisation, each mound's geometry is described with the help of the predetermined lower and/or upper guidelines, as well as with the vertical cross-section profiles.
f Black, white and yellow granite chips give the completed concrete surface an animated appearance.
g Construction document with datum dimensions between the axes and the lower guideline scale 1:200
h Construction document with datum dimensions between axes and upper guideline (green) as well as the position of the cutting template (red) scale 1:200

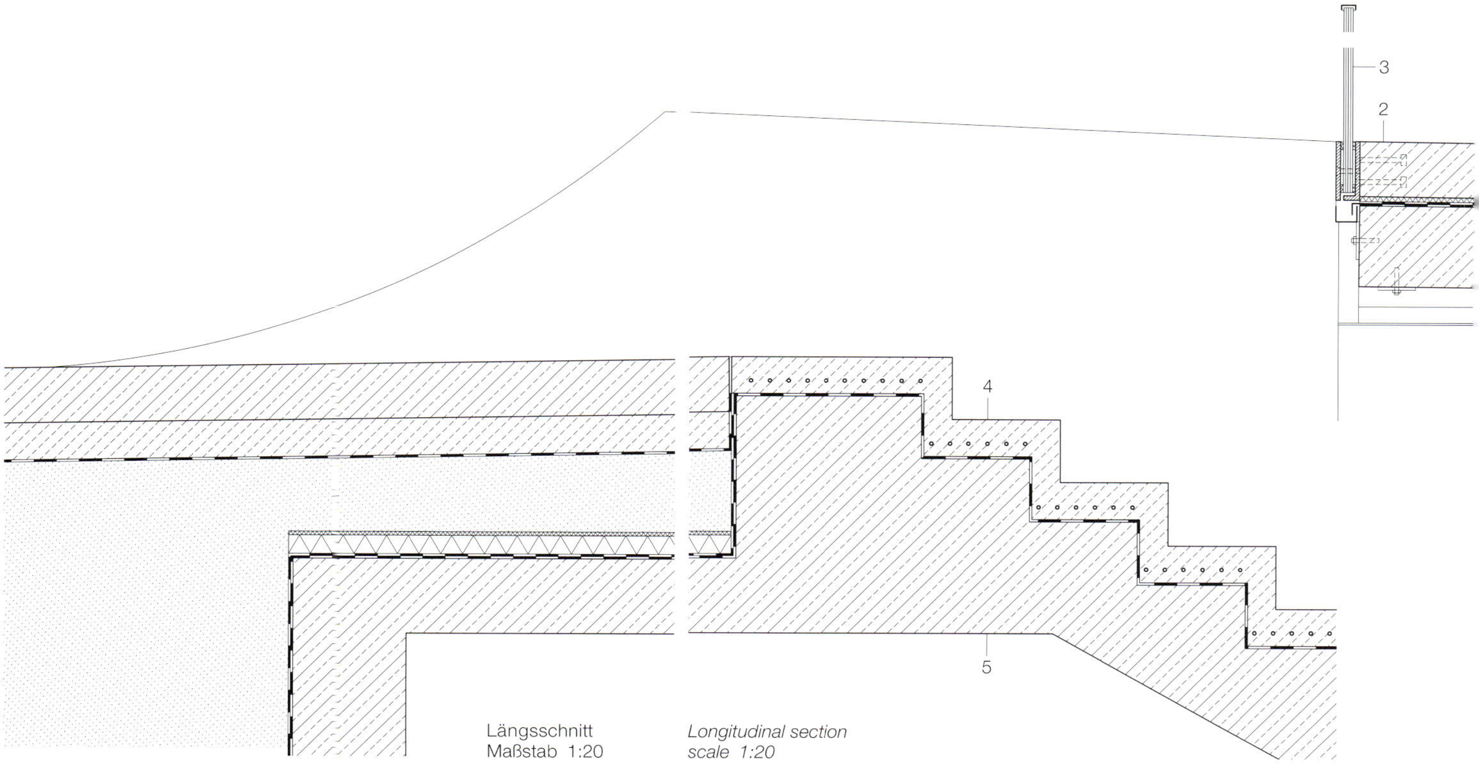

Längsschnitt
Maßstab 1:20

Longitudinal section
scale 1:20

1 Beton C30/37 B7 150–200 mm im Gefälle 1,25 % (diagonal 1,75 %)
Unterbeton min. 100 mm
Geotextil
Schüttung Glasschaumschotter
Drainmatte druckfest
Wärmedämmung 50 mm
Abdichtung zweilagig
Tiefgaragendecke Bestand
2 Beton C30/37 B7 150 mm
Drainmatte druckfest
Abdichtung zweilagig
Stahlbetondecke im Gefälle min. 210 mm
3 Absturzsicherung Glas VSG aus TVG 12 + ESG 12 mm
4 Stufen Aufbeton rutschfest mit eingelegten Heizmatten
5 Stahlbetontreppe Bestand
6 Entwässerungsrinne

1 150 mm concrete C30/37 B7
1.25 % to falls (diagonally 1.75 %)
100 mm (minimum) concrete underbed
geotextile
fill: foam-glass gravel
pressure-resistant drainage mat
50 mm thermal insulation
seal, two layers
existing parking-garage deck
2 150 mm concrete C30/37 B7
pressure-resistant drainage mat
seal, two layers
210 mm (minimum) reinforced-concrete deck to falls
3 glass safety railing
12 mm heat-strengthened prestressed glass + 12 mm toughened glass
4 steps: concrete topping with integrated heating cable mat
5 existing reinforced-concrete stair
6 drainage gutter

f

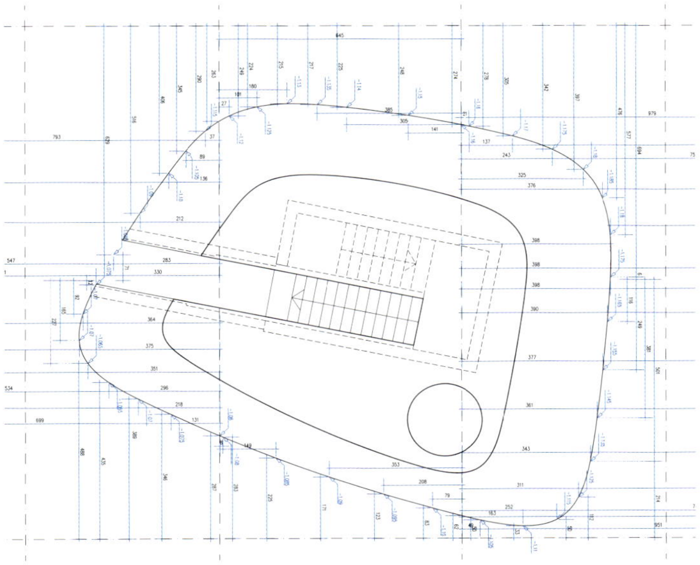
g

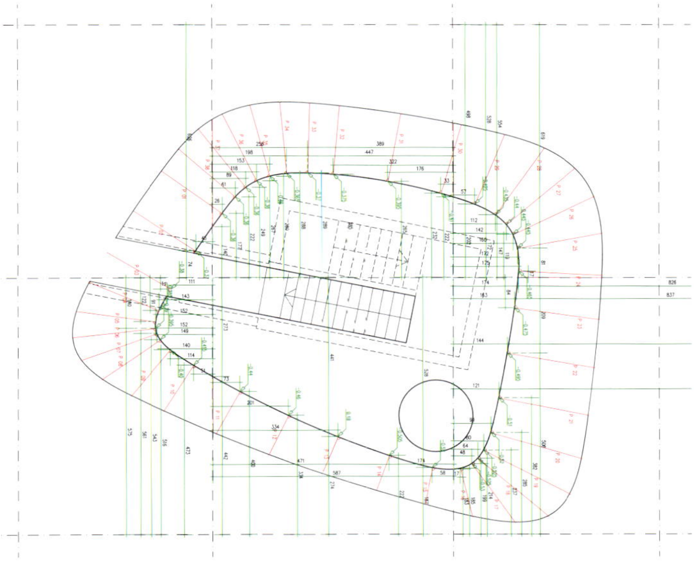
h

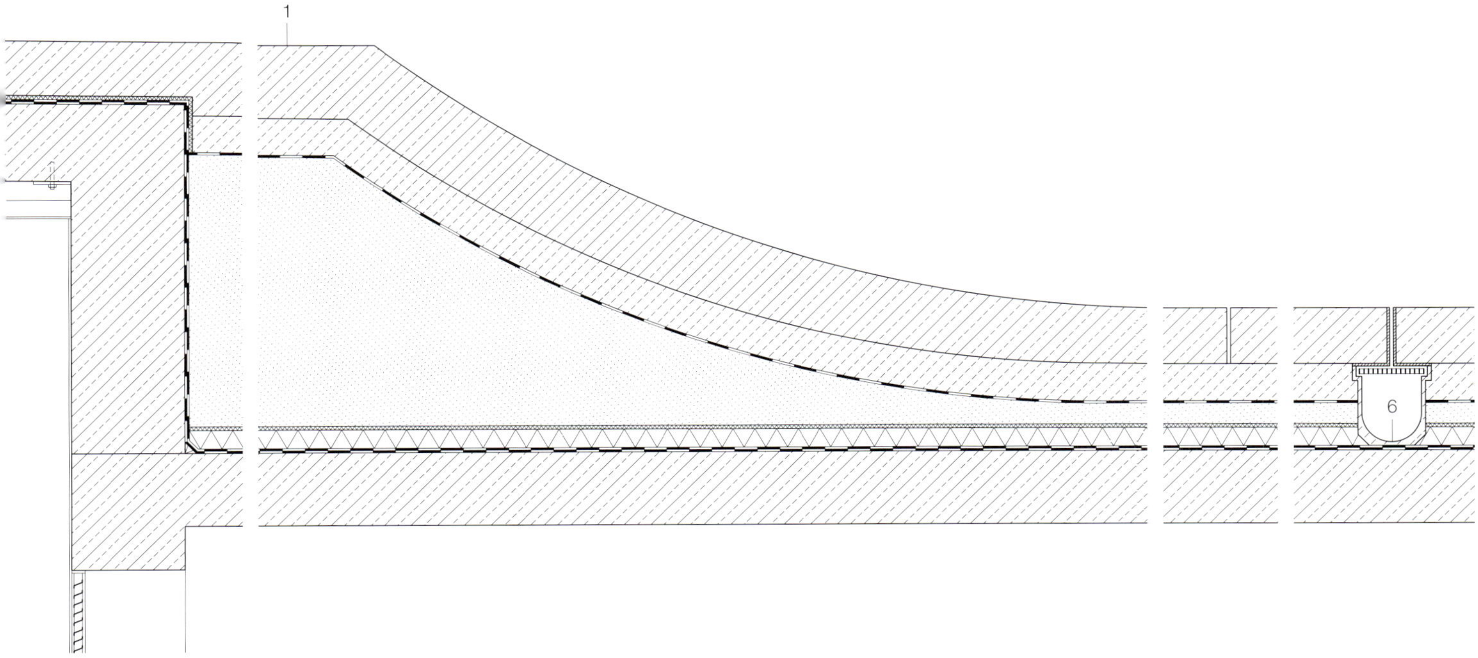

Until recently Landhausplatz, a public square situated between Innsbruck's Central Station and the historic centre, was little more than a 9,000 m² surface – roughly coinciding with the parking garage below it – not occupied by buildings. Now the square – which was reconstituted based on the winning entry to a design competition held in 2008 – has a decidedly urban flair: the ground plane has been transformed into a sculpted topography that invites different forms of exploration. From above, the exuberant, artful landscape may seem a bit foreign and shallow amid an urban context characterised by right angles. But from a pedestrian's perspective, it quickly becomes clear that the different geometries provide spatial definition and, consequently, fulfil a number of functions. They create, for example, places that are sheltered and others that are exposed; two areas clearly assigned to sidewalk cafés; and integrated entrance and exit ramps. Last but not least, the new terrain is ideal for small children on bicycles and tricycles, as well as for youths on skateboards. The different age groups coexist – there is no need for signs prohibiting certain activities; instead, youth clubs worked together with the provincial government to develop a "behaviour codex". Although it may come as a surprise in light of the top-notch quality of the concrete's surface, the high-precision grid pattern of the seams, and the thorough computer-aided planning process, the entire topography is made of concrete panels – employing the particularly robust B7 mix – that were fabricated on site. The concrete workers first gave shape to these concave and convex geometries with the help of foam-glass gravel, and in the case of the areas surrounding the trees, of loose substrate, which they then covered in a 15 to 20 cm thick layer of thick, quick-setting concrete. Next the slanted concrete surfaces were grooved, and the upper tiers were polished. Precast units would have thrown the project off schedule, because the final geometry was not determined until the old paving was completely removed: at that point, the pre-existing conditions were crystal clear.

Serviceanlage der SBB in Zürich

Service Facilities of the SBB in Zurich

Architekten / *Architects:*
EM2N, Zürich
mit / *with* Ernst Basler + Partner, Zürich
Stahlbau und Fassade / *Structural steelwork and facade:*
H. Wetter, Stetten

Immer längere Züge für immer mehr Passagiere waren der Grund für den Neubau einer über 400 m langen Serviceanlage der Schweizerischen Bundesbahnen. Der Standort war durch eine bestehende Anlage vordefiniert und die Struktur der Halle selbst ein reiner Ingenieurbau. Daher lag das Hauptaugenmerk der Architekten auf der Gestaltung der vorgehängten Südfassade – die Nordseite bekleiden kostengünstige Faserzement-Wellplatten. Trotz knappem Budget entstand mithilfe gewölbter trapezförmiger Elemente eine expressive dreidimensionale Wirkung, die durch ihre Maßstäblichkeit auch aus der Ferne bestehen bleibt. Die vorgefertigten 5 m langen, 500 kg schweren Bauteile bestehen aus glasfaserverstärktem Feinbeton mit einer Hydrophobierung als Graffitischutz. Nach unten hin reduziert sich die Wölbung der »Kissen«, um die erforderliche Durchfahrtsbreite für die Feuerwehr zu gewährleisten. Fensterbänder im unteren Bereich der Fassade öffnen sich durch schlichtes Weglassen einzelner Elemente zu den Gleisen. Im Inneren folgt die Glasfläche durch zusätzlich eingefügte Kämpfer mit Blindfüllungen der Trapezform. Die großen Ein- bzw. Ausfahrtstore an den Stirnseiten der Anlage sind zurückversetzt, sodass die räumliche Fassade hier als ornamentaler Rahmen wie die Schnittfläche eines stranggepressten Profils erscheint. DETAIL 07–08/2014

Ever increasing train lengths accompanied by growing numbers of passengers prompted the federal Swiss railroad to erect a new 400 metre long service facility. Because the siting was determined by an existing facility, and the load-bearing structure of the hall is solely the product of engineering, the architects focused on the design of the curtain-wall facade cloaking the south elevation. Despite a tight budget they achieved an expressive 3D effect that is perceptible from a considerable distance. The prefabricated modules are 5 m long and weigh 500 kg: they are made of glass-fibre-reinforced fine concrete. To allow fire trucks to pass, the cambering of the modules decreases from the top to the bottom of the facade.

Querschnitt Maßstab 1:500
Grundriss • Längsschnitt
Maßstab 1:2500

1 400 m Reparatur
2 2× 200 m Reparatur
3 200 m Reparatur
4 Service- und Reinigungsanlage (Bestand)
5 Dienstgebäude (Bestand)

Cross section scale 1:500
Layout plan • Longitudinal section
scale 1:2500

1 400 m Repair
2 2× 200 m Repair
3 200 m Repair
4 Service and maintenance facilities (existing)
5 Service building (existing)

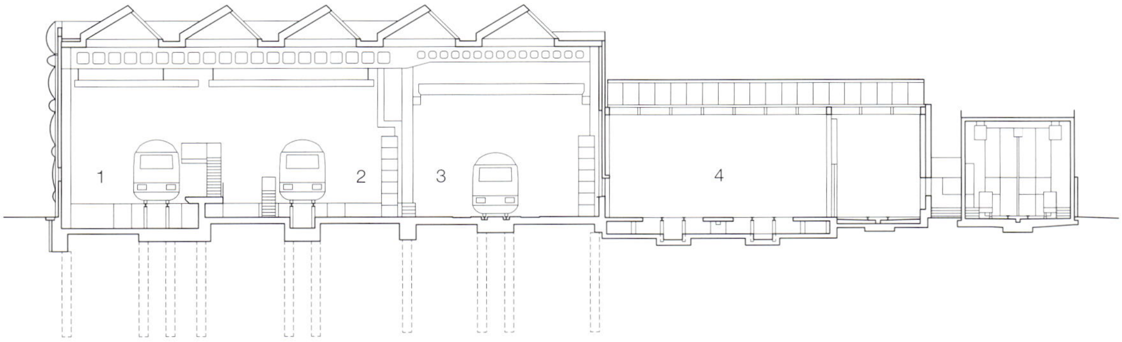

aa

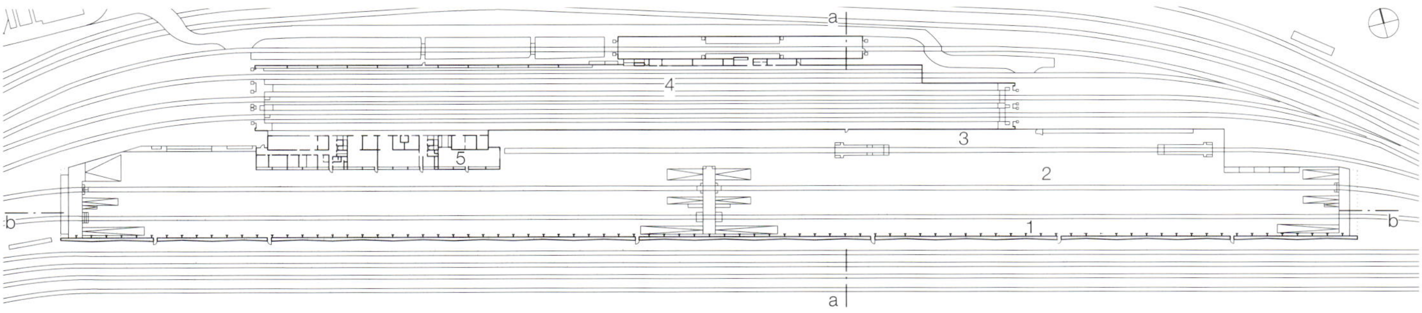

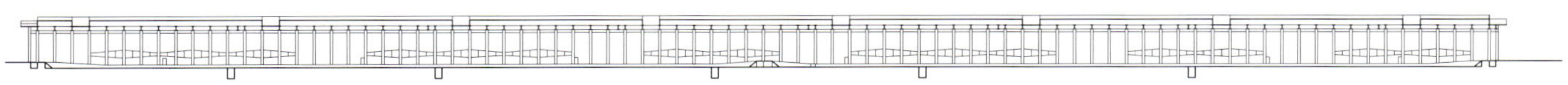

bb

1 Kies 120 mm, Filtervlies Polypropylen 0,6 mm
Drän- und Wasserspeicherelement 40 mm
Abdichtung, Wärmedämmung Mineralwolle 160 mm, Dampfsperre PE-Folie
Trapezblech 160 mm mit Wärmedämmkeilen zur Schallabsorption
Stahlprofil 1500 mm
2 Fertigteil Feinbeton glasfaserverstärkt, hydrophobiert 15 mm
Unterspannbahn wasserabweisend diffusionsoffen
Lattung Kantholz 60/60 mm
Unterkonstruktion Fassade Stahlprofil HEA 140 mm
Wärmedämmung Mineralwolle innen aluminiumkaschiert 60 + 140 mm,
Verkleidung Stahlblechkassetten 1 mm
3 Stahlprofil HEM 600 mm
4 Aufhängung Stahlplatte in Fertigteil Feinbeton eingelegt
5 Punkthalter Blech U-förmig gekantet mit Stahlrohr verschweißt
6 Insektengitter Metallgewebe
7 Isolierverglasung trapezförmig
Float 6 mm + SZR 16 mm + Float 6 mm
8 Entwässerung Stahlblechrinne
9 Blindfüllung Sandwichpaneel 34 mm
10 Aluminiumblech, Unterspannbahn wasserabweisend, diffusionsoffen
Lattung Kantholz 60/60 mm
Wärmedämmung Mineralwolle aluminiumkaschiert 80 + 140 mm
Verkleidung Stahlblechkassetten 1 mm

1 120 mm gravel; 0.6 mm polypropylene filter mat
40 mm drainage and water-storage element
sealing; 160 mm mineral wool thermal insulation
polythene-sheeting vapour barrier
160 mm corrugated metal with insulation wedges for sound absorption
1,500 mm steel profile
2 15 mm fine-concrete precast unit, glass-fibre reinforced, hydrophobic
sarking membrane, water-repellent, moisture-diffusing
60/60 mm wood battens
supporting structure of facade:
140 mm steel wide-flange I-section (HEA 140)
60 + 140 mm mineral wool insulation, aluminium-laminated facing inward
cladding: 1 mm sheet-steel panel
3 600 mm steel wide flange I-beam (HEM 600)
4 steel plate mounting laid in fine-concrete precast unit
5 point support: sheet-steel channel, bent to shape, steel tubing, welded
6 metal screen
7 double glazing, trapezoidal:
6 mm float glass + 16 mm cavity + 6 mm float glass
8 sheet-steel gutter
9 34 mm sandwich panel filling
10 aluminium sheet
sarking membrane, water-repellent, moisture-diffusing; 60/60 mm wood battens
80 + 140 mm mineral wool thermal insulation, aluminium-laminated facing inward
cladding: 1 mm sheet-steel panel

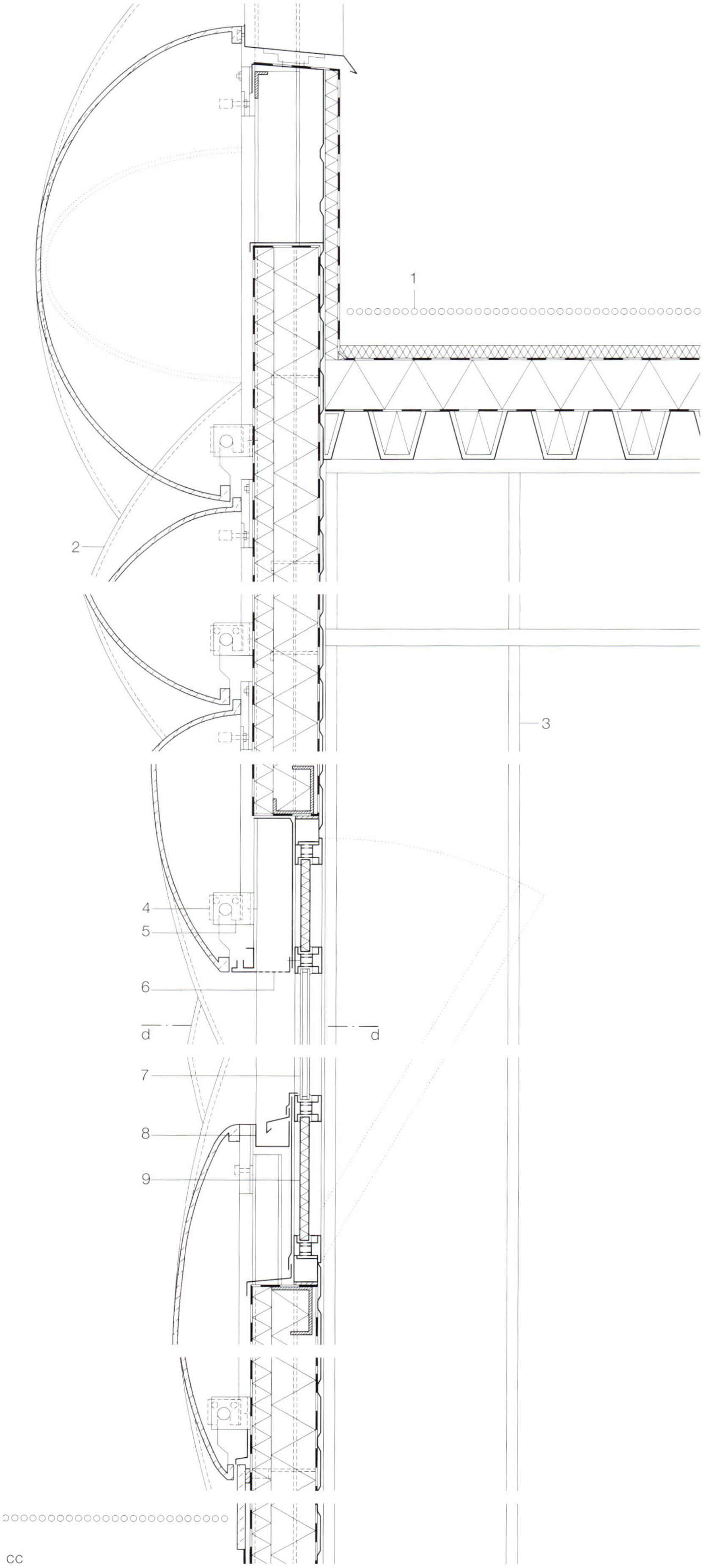

Vertikalschnitt
Horizontalschnitt
Maßstab 1:20

Vertical section
Horizontal section
scale 1:20

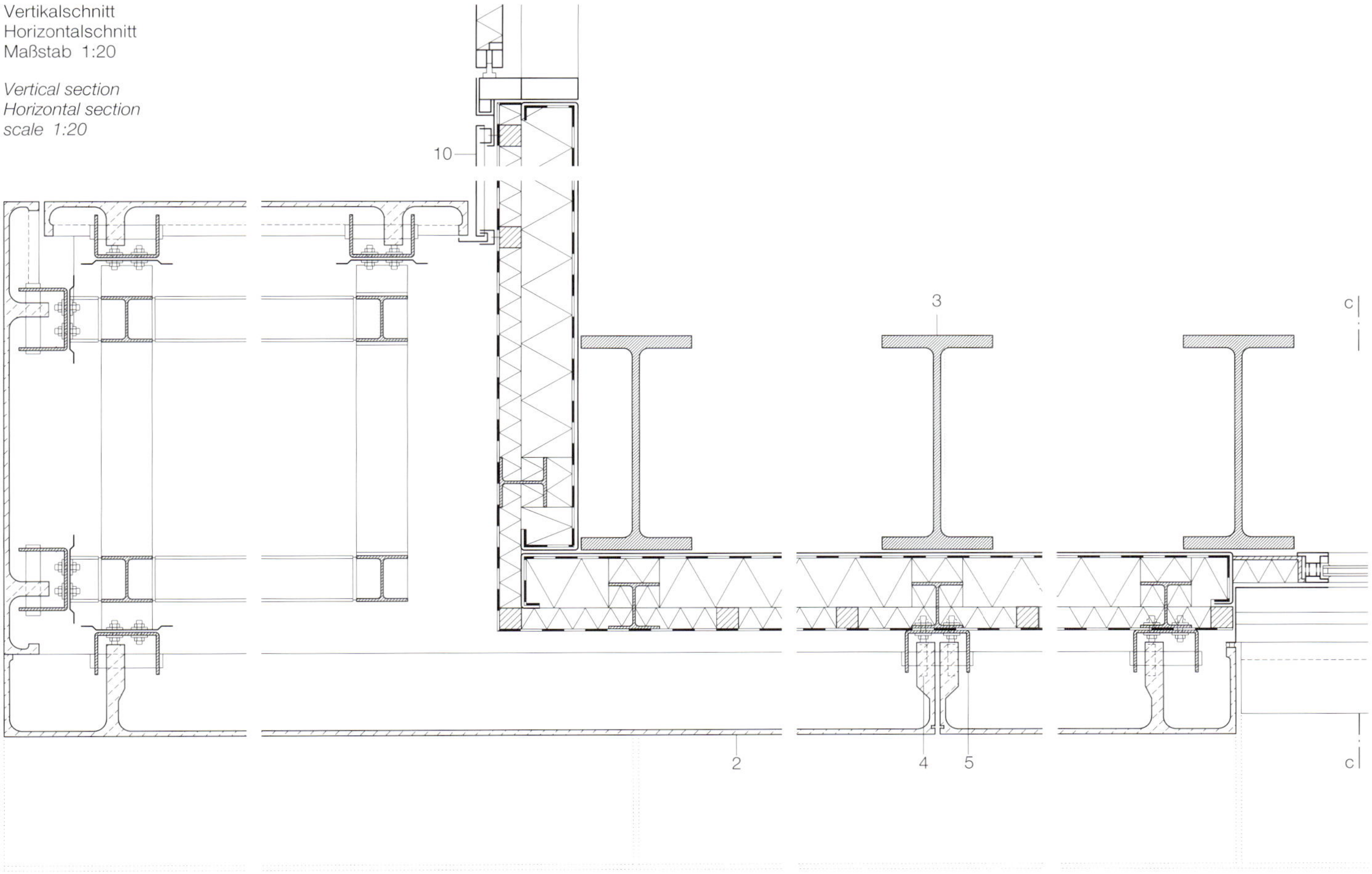

dd

Besucherzentrum und Verwaltungsgebäude Sun Moon Lake bei Yuchi

Sun Moon Lake Visitor Centre and Office Building near Yuchi

Architekten / *Architects:*
Norihiko Dan and Associates, Tokio
Tragwerksplaner / *Structural engineers:*
Structural Design Group, Tokio
Horn Gyun Engineering Consultants, Taipei

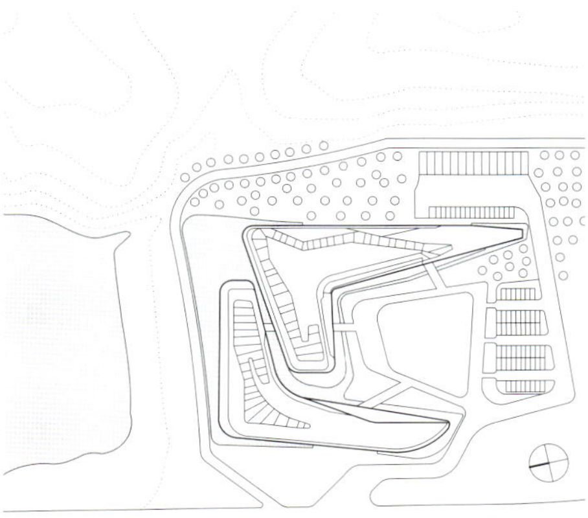

Lageplan
Maßstab 1: 5000
Schnitte • Grundrisse
Maßstab 1:1500

Site plan
scale 1:5,000
Sections • Layout plans
scale 1:1,500

Der Sun Moon Lake ist der größte See Taiwans und ein beliebtes Ausflugsziel. Für den Neubau eines Besucherzentrums am Westufer des in eine waldreiche Hügellandschaft eingebetteten Stausees wurde 2003 ein internationaler Wettbewerb ausgeschrieben, den der Tokioter Architekt Norihiko Dan mit einem dynamisch geschwungenen Entwurf gewann. Zwei bumerangförmige Baukörper sind verschränkt zueinander angeordnet. Der westliche Flügel nimmt das Besucherzentrum mit Ausstellungs- und Vortragsräumen auf sowie ein Café mit Panoramablick auf den See. Im östlichen Flügel befinden sich die Büros der Parkverwaltung. Als Spazierwege angelegte Rampen führen auf beide Dächer, deren große Dachterrassen weite Ausblicke bieten. Die Grundidee ist, Neubau und Umgebung zu verschmelzen, einen fließenden Übergang zwischen Gebäude und Gelände zu schaffen. So wachsen die Baukörper mit ihren begrünten Dächern gleichsam aus dem Terrain. Zugleich inszenieren weitgespannte Torbögen auf der Eingangsebene die Durchblicke. Als riesige »Fenster« rahmen sie die Landschaft, der Außenraum wird zum Bestandteil der Architektur. Zusätzlich verwischen vorgelagerte Wasserflächen die Grenze zwischen Landschaft und Bauwerk. Kennzeichnend für die beiden Gebäudeflügel sind die skulptural wirkenden Sichtbetonvolumina. Ihre Spannweiten bis zu 35 m und die großen Auskragungen bei reduzierten Deckenhöhen waren eine Herausforderung für Tragwerksplaner und Baufirmen; die Bögen sind hochpräzise Spannbetonkonstruktionen, ähnlich wie bei Brückenbauten. Im Kontrast zu den kraftvollen Formen steht die feine Textur der Sichtbetonoberflächen, geschalt mit Brettern aus Sicheltanne. Exakte Kanten, enge Rundungen, dreidimensional geformte Aussparungen und ein Stakkato von massiven Pfeilern zeigen die Leistungsfähigkeit und Expressivität von Stahlbeton – und schaffen ein reizvolles Spiel von Massivität und Durchlässigkeit, von gekrümmten Flächen und klaren Linien. DETAIL 10/2012

1	Parkplätze	1	*Parking area*
2	überdachter Außenbereich/Aussichtsplattform	2	*Covered outdoor areas / Viewing platform*
3	Wasserbecken	3	*Pool of water*
4	Eingang Besucherzentrum	4	*Entrance to visitor centre*
5	Café	5	*Café*
6	Ausstellung	6	*Exhibition spaces*
7	Vortragsraum	7	*Lecture room*
8	Eingang Verwaltung	8	*Entrance to offices*
9	Büro	9	*Offices*
10	Konferenzraum	10	*Conference space*
11	Kantine	11	*Canteen*
12	Rampe zur Dachterrasse	12	*Ramp to roof terrace*

The Sun Moon Lake, set in a hilly, wooded landscape, is the largest inland area of water in Taiwan and a popular destination in particular for honeymoon couples. For the erection of a new visitor centre on the western shore of this artificial lake, an international competition was held in 2003. It was won by the Tokyo architect Norihiko Dan with a dynamically curved design. Laid out offset to each other are two boomerang-shaped volumes. The western wing accommodates the visitor centre, together with exhibition galleries and lecture spaces, as well as a café with a panoramic view of the lake. The eastern wing contains the offices of the park administration. Ramps lead up like walkways to the two roofs, the large terraces of which afford broad views over the landscape.
The underlying idea was to merge the new construction with the surroundings, creating a flowing transition between the buildings and the topography. In this way, the two volumes with their planted roofs seem to grow from the site. At the same time, broad gateways at the entrance level dramatise the vista, framing the landscape like huge windows, so that the external space becomes part of the building. In addition, further areas of water set in front dissolve the boundaries between the terrain and the buildings themselves.
An impressive feature of the two wings of the development is the sculptural appearance of their exposed-concrete volumes. Their spans – up to 35 metres – plus the large cantilevered sections with reduced roof depths presented a challenge to the structural engineers and the construction firms. The broad arches are executed in a very precise prestressed-concrete type of construction, not unlike bridge structures. Contrasted with these powerful forms is the fine texture of the exposed-concrete surfaces with their boarded finish, using Japanese cedar formwork. Precise arrises, rounded edge with tight radii, openings with a three-dimensional character and the staccato arrangement of the solid piers all testify to the performance and expressive qualities of reinforced concrete – an attractive interplay of solid volumes and permeability, of curved surfaces and clear, sharp lines.

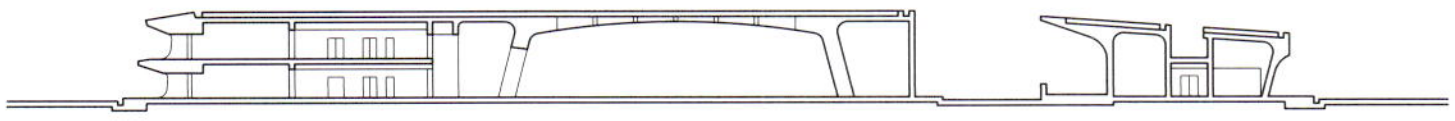

aa

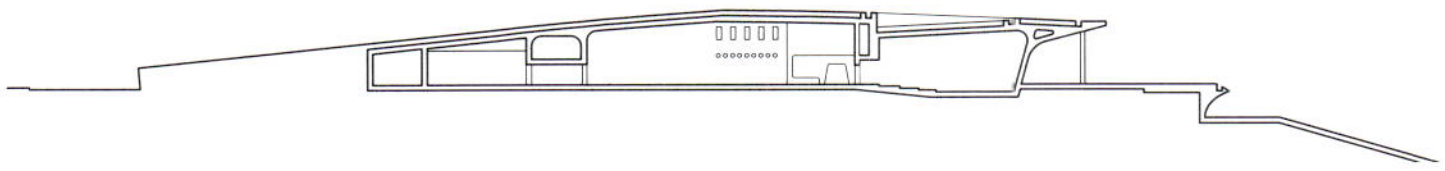

bb

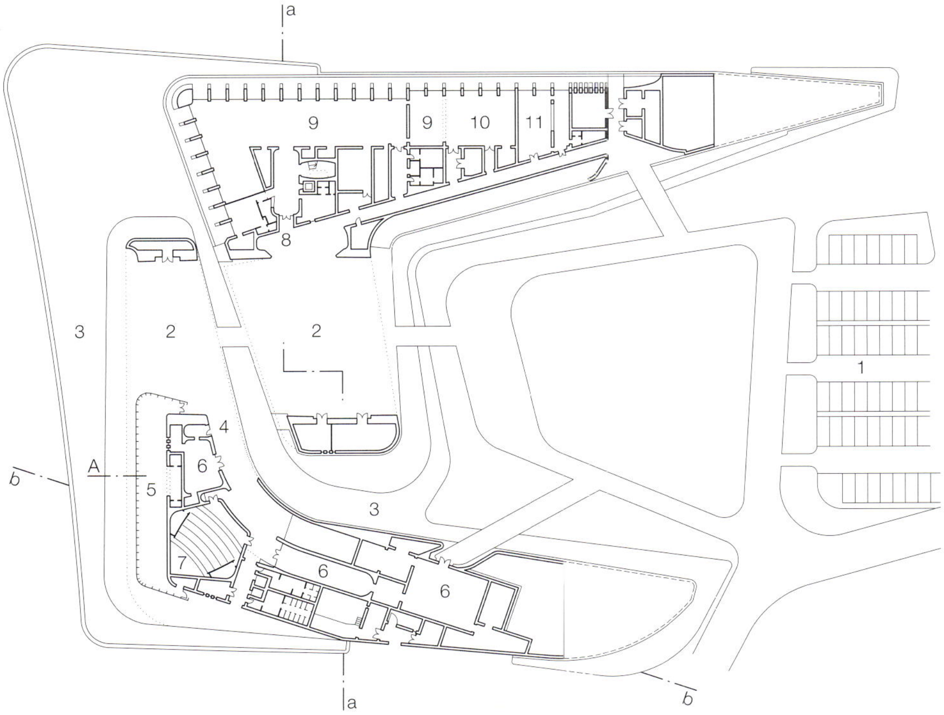

Erdgeschoss/*Ground floor*

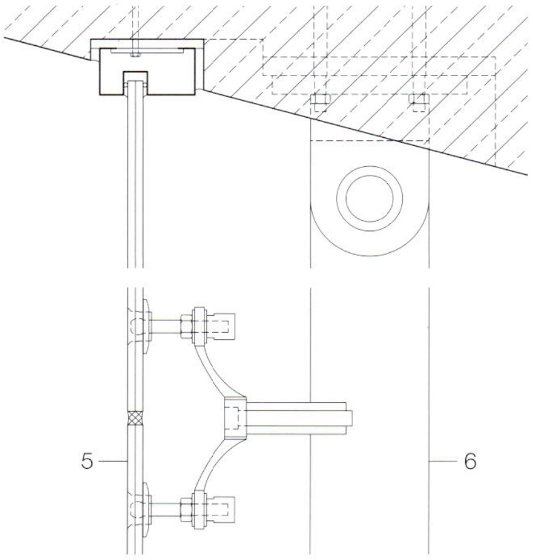

Vertikalschnitt Anschluss Festverglasung an Decke Maßstab 1:10
Schnitt Maßstab 1:50

Vertical section through glazed facade; junction fixed glazing with soffit scale 1:10
Section scale 1:50

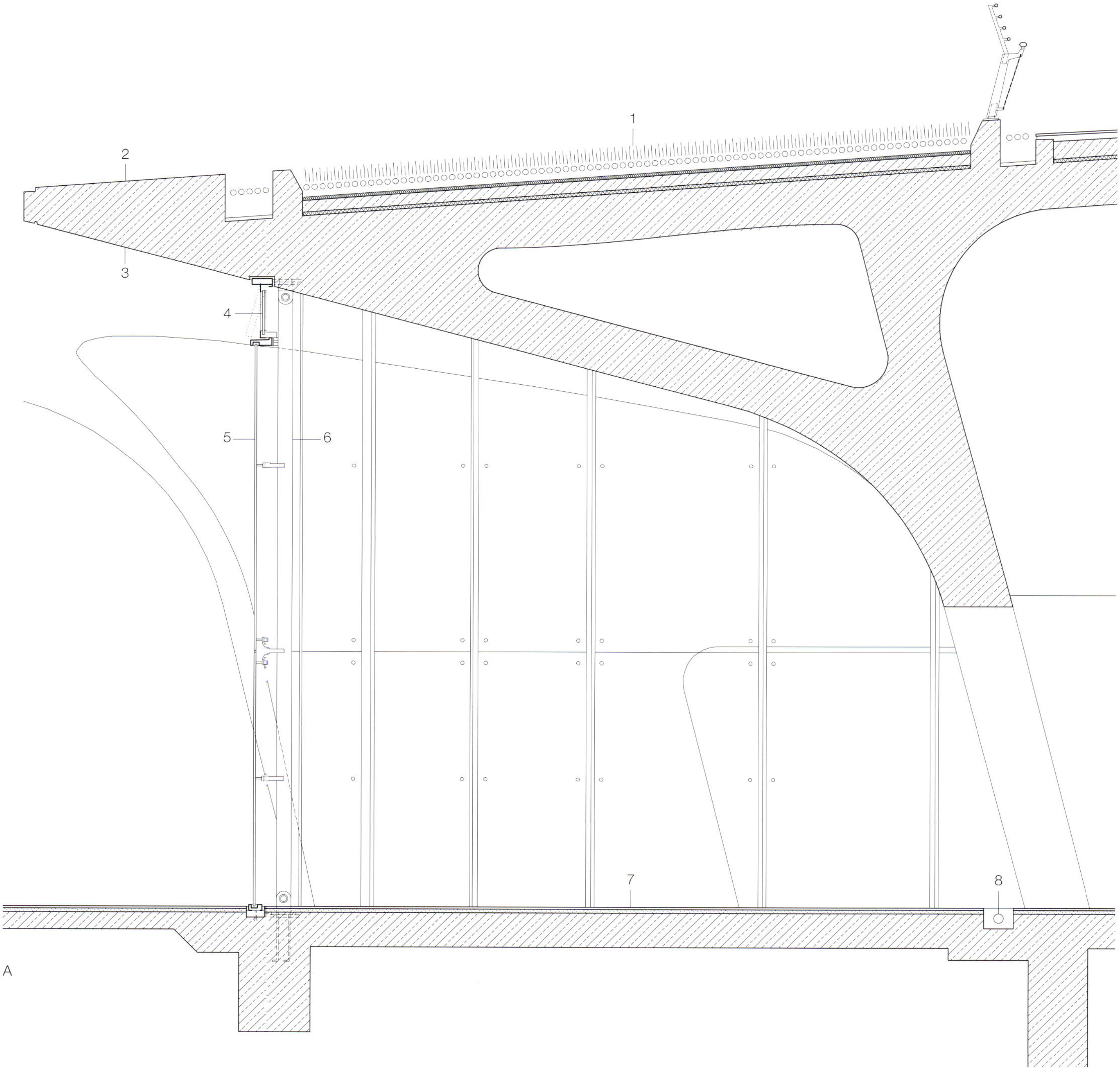

1 Dachaufbau:
extensive Begrünung, Substrat 200 mm, Drainlage 30 mm, Aufbeton 100 mm, Wärmedämmung XPS 30 mm,
Abdichtung schnellhärtendes Polyurethan, Sichtbeton hochverdichtet
2 Attikabereich wasserdichter Anstrich milchweiß
Abdichtung schnellhärtendes Polyurethan
3 wasserdichter Anstrich milchweiß, Sichtbeton Schalung Sicheltanne
4 Rauchklappe in Rahmen Edelstahl pulverbeschichtet
5 Festverglasung VSG 16 mm, punktgehalten
6 Stütze Stahlprofil 2× 12/120 mm
7 Fußboden Café: PVC-Belag
8 Einbauleuchte
9 Spannkabel ∅ 12,7 mm in Hüllrohr ∅ 22 mm
10 Dachterrasse: Keramikplatten 10 mm in Mörtelbett
11 Brüstung Edelstahlnetz in Rahmen Edelstahlrohr
12 Spiralbewehrung
13 Ankerplatte

1 roof construction:
200 mm extensive planting and substrate layer; 30 mm drainage layer; 100 mm concrete topping
30 mm exp. polystyrene thermal insulation
rapid-curing polyurethane seal
highly compacted exposed concrete
2 eaves wedge: milky-white waterproof coating
rapid-curing polyurethane seal
3 milky-white waterproof coating exposed concrete with Japanese cedar formwork
4 powder-coated stainless-steel smoke flap in frame
5 16 mm lam. safety glass, point-fixed
6 column: 2× 12/120 mm steel sections
7 PVC flooring in café
8 recessed light fitting
9 ∅ 12.7 mm prestressing cable in ∅ 22 mm cable sheath
10 roof terrace: 10 mm ceramic tiles in bed of mortar
11 stainless-steel balustrade: netting in tubular frame
12 helical reinforcement
13 anchor plate

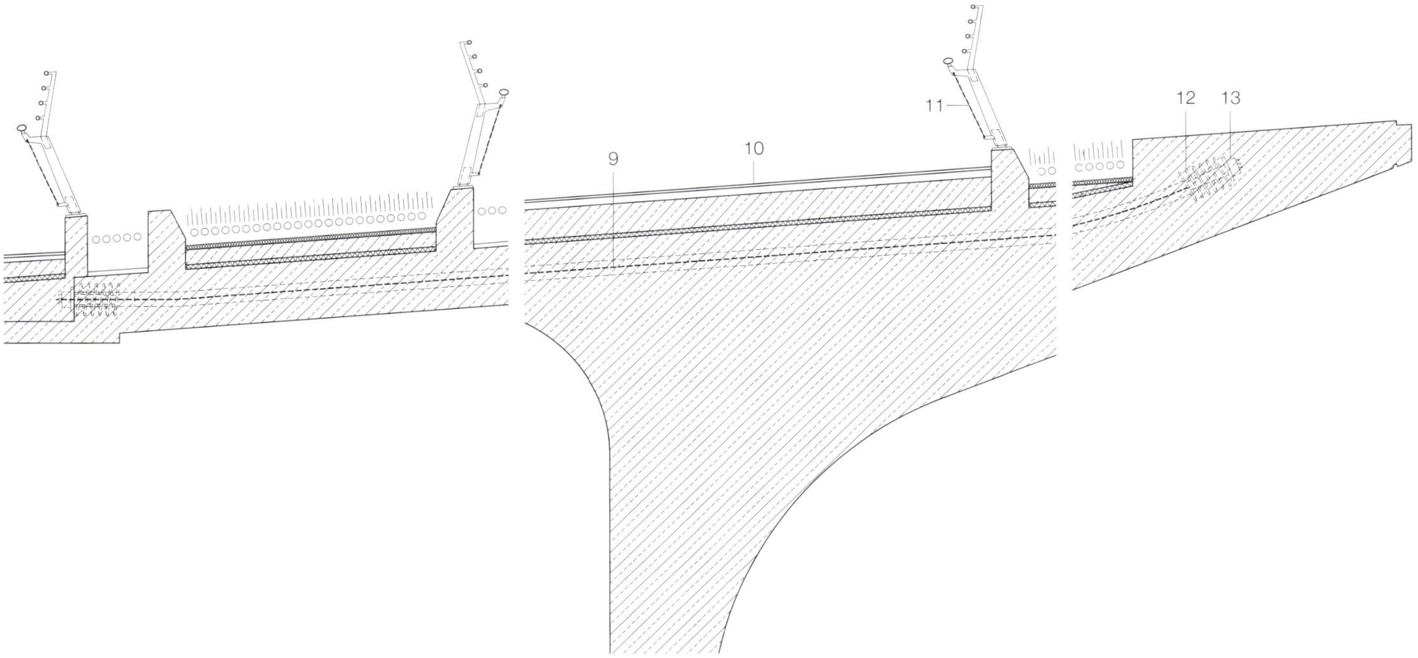

Besucherzentrum in Kassel

Visitor Centre in Kassel

Architekten / *Architects:*
Staab Architekten, Berlin
Tragwerksplaner / *Structural engineers:*
EFG Beratende Ingenieure, Fuldabrück

Fokus und Höhepunkt des Bergparks Wilhelmshöhe in Kassel ist die kolossale Herkulesstatue aus dem 18. Jahrhundert. In ihrer unmittelbaren Nähe liegt am Übergang vom Parkplatz zum Grünraum das neue Besucherzentrum wie ein flach an den Hang geschmiegter, bearbeiteter Findling
Alle äußeren Oberflächen des mehrfach geknickten, länglichen Baukörpers erhalten durch eine kleinteilige Bretterschalung eine reliefartige Sichtbetontextur.
Über den unteren Eingang gelangt der Besucher in einen Ausstellungsraum und über eine Treppe mit seitlichen Sitzstufen auf eine höher gelegene Ebene. Hier lenkt ein großes stehendes Panoramafenster den Blick auf das Herkulesbauwerk, eine kraftvolle architektonische Geste, die durch das »Aufknicken« des geschliffenen Estrichbodens an dieser Stelle und durch die schräg nach oben führende Decke weiter verstärkt wird. Zur Linken, in einem niedrigeren Teil des Raums, befindet sich vor dem oberen Ausgang zum Park der Museumsshop, dessen Auskleidung mit dunkler Räuchereiche präzise in das skulpturale Raumgefüge eingepasst ist. Seine Holzdecke zeichnet den Umriss der Empfangstheke nach und ist flächenbündig in die glatte Sichtbetondecke eingelegt.
Die Beschränkung auf nur drei Materialien und die sorgfältige Detaillierung verleihen dem Innenraum eine ruhige und noble Atmosphäre. Detail 04/2012

This new visitor centre hugs the hillside of the landscaped Bergpark in Kassel like a low-rise erratic block. All external surfaces of the long, angular structure in exposed concrete have a relief-like texture. From the lower entrance, one proceeds to an exhibition space and up a flight of stairs to a level where a panorama window affords a striking view of the huge Hercules monument nearby.
The effect is heightened by the sloping soffit and the upturn in the flooring. Before reaching the top exit to the park, one passes the museum shop, a casket-like object in dark fumed oak set in the bold sequence of spaces. The use of only three materials and the careful detailing lend the interior a calm, noble atmosphere.

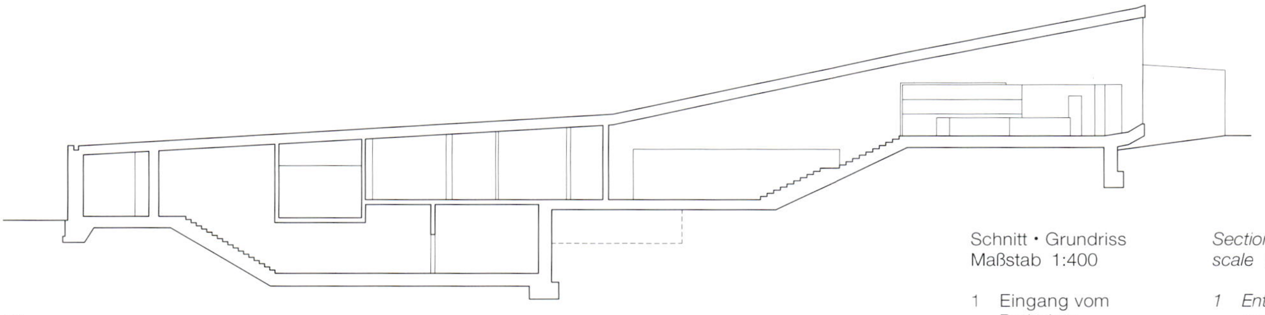

aa

Schnitt • Grundriss
Maßstab 1:400

1 Eingang vom Parkplatz
2 Eingang vom Bergpark
3 Ausstellung
4 Shop
5 Büro
6 Sitzstufen
7 Lager
8 Toiletten

Section • Floor plan
scale 1:400

1 Entrance from car park
2 Entrance from Bergpark
3 Exhibition space
4 Shop
5 Office
6 Steps for sitting
7 Store
8 WCs

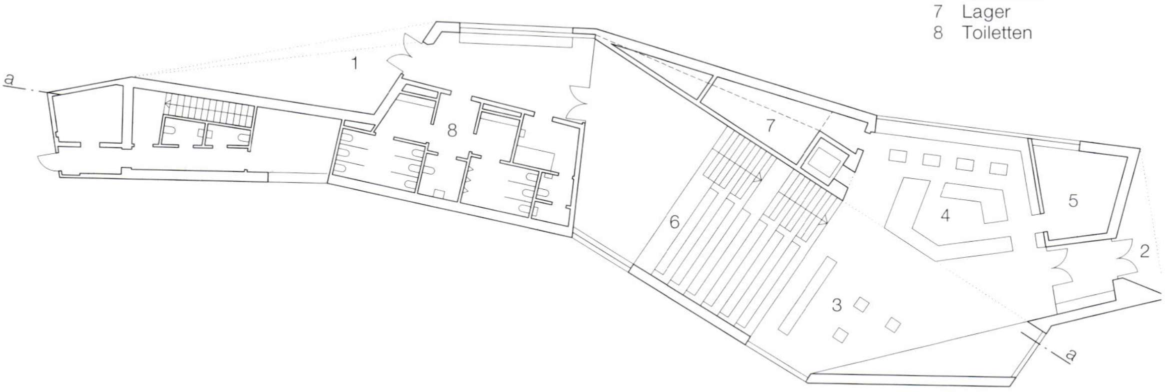

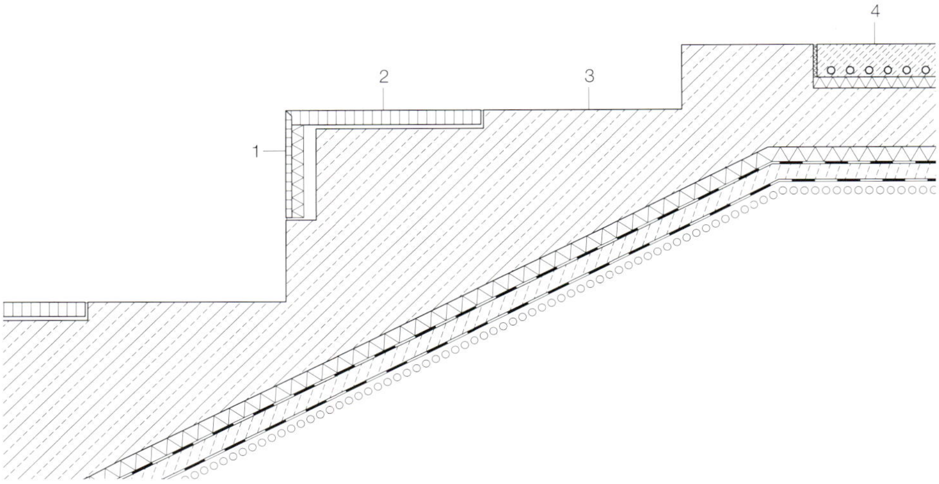

1 Akustikplatte Deckschicht Räuchereiche mikroperforiert 16 mm Mineralwolle komprimiert 30 mm
2 Furniersperrholz Deckschicht Räuchereiche 50 mm
3 Sichtbeton maschinell geglättet
4 Zementestrich geschliffen mit Fußbodenheizung 90 mm Trittschalldämmung 30 mm Bodenplatte Stahlbeton 160 mm
5 Vorsatzschale Stahlbeton an Edelstahlankern 200 mm Wärmedämmung XPS 80 mm Stahlbeton 250 mm
6 Betonplatten verschiedener Breite / Stärke auf Unterkonstruktion Stahl wasserableitende Folie Wärmedämmung XPS 140 mm Abdichtung Bitumenschweißbahn zweilagig, Stahlbeton 250 mm Unterkonstruktion abgehängte Decke MDF 30 mm
7 Isolierverglasung in Aluminiumrahmen schwarz eloxiert
8 MDF Deckschicht Räuchereiche 20 bis 40 mm
9 Aluminiumwinkel 60/120/3 mm Trennstreifen Mineralwolle 10 mm / Fugenstreifen Kork eingefärbt
10 Stabparkett Räuchereiche 15 mm Ausgleichsspachtel, Zementestrich mit Fußbodenheizung 74 mm, Trennlage Trittschalldämmung 30 mm Bodenplatte Stahlbeton 160 mm

1 16 mm acoustic slab with microperforated fumed-oak surface layer 30 mm compressed mineral wool
2 50 mm lam. construction board with fumed-oak surface layer
3 exposed concrete, smoothed
4 90 mm cement-and-sand screed, smoothed, with underfloor heating 30 mm impact-sound insulation 160 mm reinforced concrete floor
5 200 mm reinf. conc. wall lining with stainless-steel anchors 80 mm extr. polystyrene insulation 250 mm reinforced concrete wall
6 concrete slabs (various widths/ thicknesses) on steel structure water-repellent foil drainage layer 140 mm extr. polystyrene insulation two-layer bit. seal on 250 mm reinf. conc.; 30 mm medium-density

Schnitte
Maßstab 1:20

Sections
scale 1:20

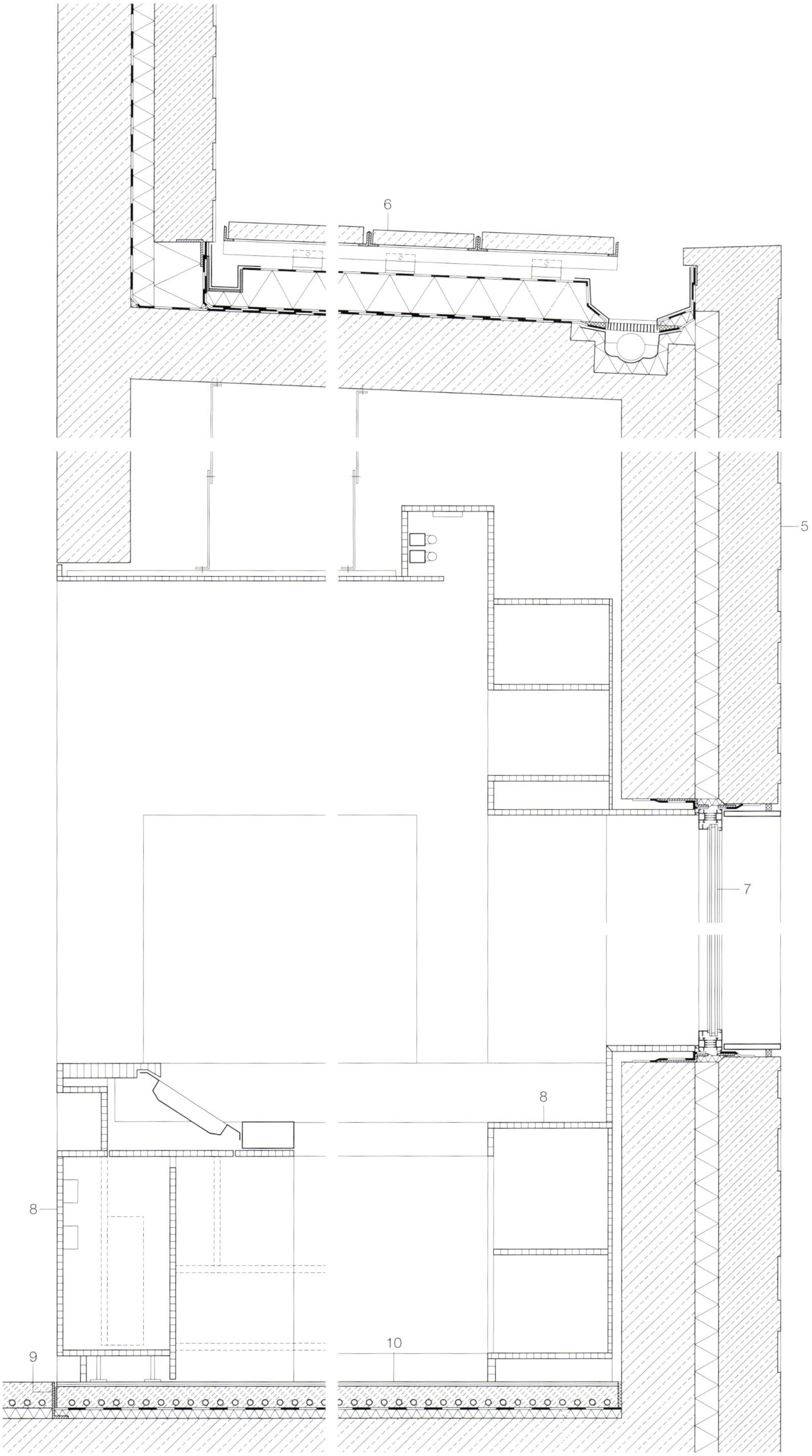

fibreboard suspended soffit
7 *double glazing in black-anodised aluminium frame*
8 *20–40 mm medium-density fibreboard with fumed-oak surface*
9 *60/120/3 mm aluminium angle*
10 mm mineral-wool dividing strip/ coloured cork jointing strip
10 *15 mm fumed-oak parquet*
levelling layer; 74 mm cement-and-sand screed with underfloor heating; separating layer
30 mm impact-sound insulation
160 mm reinf. concrete floor slab

Galeriegebäude in New York

Gallery Building in New York City

Architekten / *Architects*:
Selldorf Architects, New York
Tragwerksplaner / *Structural engineers*:
DeSimone Consulting Engineers, New York

West Chelsea, ein ehemals von Industrie und Gewerbe geprägter Teil Manhattans, hat sich in den vergangenen Jahren stark gewandelt. Seitdem immer mehr Galerien und Ateliers hierher gezogen sind, hat sich die Gegend zwischen High Line und Hudson zu einem Zentrum des Kunstmarkts entwickelt. Inzwischen prägen auch bekannte Architekten das Bild – Bauten von Shigeru Ban, Jean Nouvel und Frank Gehry finden sich in unmittelbarer Nachbarschaft der neuen Adresse des Galeristen David Zwirner. Der hier vorgefundene Bestand, ein dreigeschossiges Parkhaus, erwies sich als nicht geeignet für eine Umnutzung. Der Neubau orientiert sich dennoch am industriellen Erbe des Viertels: die rohe, disziplinierte Sichtbetonfassade spiegelt die einfache, strenge Monumentalität der umgebenden Lagergebäude wider. Gleichzeitig verraten die sorgfältige Ausführung sowie Fenster und Eingangsfront aus Teakholz die gehobene Nutzung. Dass sich durch breite Schiebeelemente hier auch großformatige Kunstwerke anliefern lassen, erschließt sich auf den zweiten Blick. Die Galerieräume, die in Größe, Belichtung und Zuschnitt variieren, sind als Hintergrund für die Kunst zurückhaltend gestaltet: weiße Wänden und Fußböden aus Estrich, Travertin oder Eiche. Gestalterisch wie technisch entsprechen die Ausstellungsräume dem Standard größerer Museen. Innen prägen rohe Sichtbetonflächen den Eingangsbereich sowie das beeindruckende, von oben belichtete Treppenhaus. Mit glatteren Kunststoffformen geschalte schlanke Treppenläufe mit dünnen Stufen kontrastieren hier mit den lebhaft texturierten Wänden. Das sorgfältig geplante Schalungsbild der Straßenfassade sowie der inneren Sichtbetonwände ist gekennzeichnet vom Abdruck leicht versiegelter, ca. 20 cm breiter Kiefernbretter und präzise platzierter Ankerlöcher. Ein genau gesteuerter Gieß- und Rüttelvorgang führte zu gleichmäßigen Oberflächen. Zudem wurde jede Etage in einem einzigen Arbeitsschritt betoniert. Die Wand wurde dabei jeweils etwas höher als die anschließende Bodenplatte gegossen, damit die Arbeitsfugen genau mit Fugen zwischen den Schalungsbrettern übereinstimmen. Erschwerend kam dabei hinzu, dass aufgrund der Lage im Block alle Gießvorgänge von der Straße aus erfolgen mussten. Anhand von mehreren Mock-ups von Fassade und Treppenhaus konnten Entwurfs- und Ausführungsteams vorab testen, wie sich die Abläufe des Gießvorgangs in einen stimmigen architektonischen Ausdruck überführen lassen. Für die Sichtbetonwände wurde eine vergleichsweise flüssige und dichte Betonmischung verwendet. Ein hoher Schlackeanteil begünstigt eine gute Nachhaltigkeitseinstufung nach dem amerikanischen LEED-System.
DETAIL 06/2014

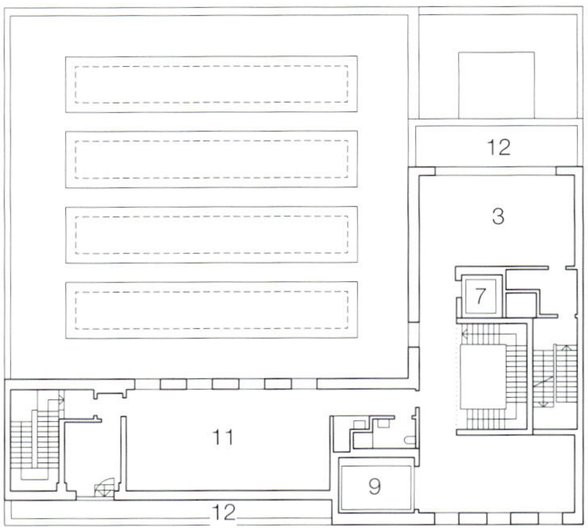

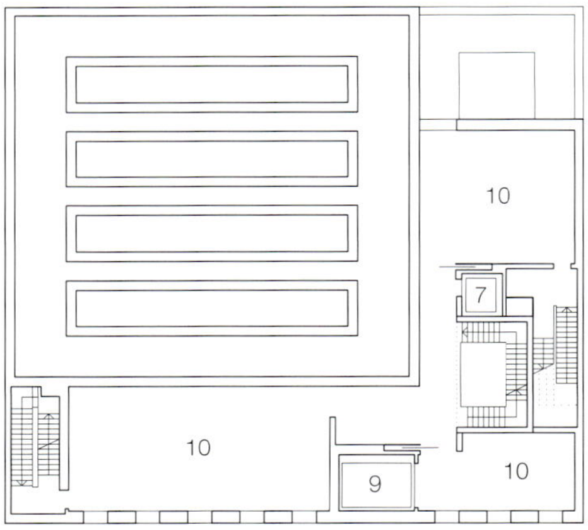

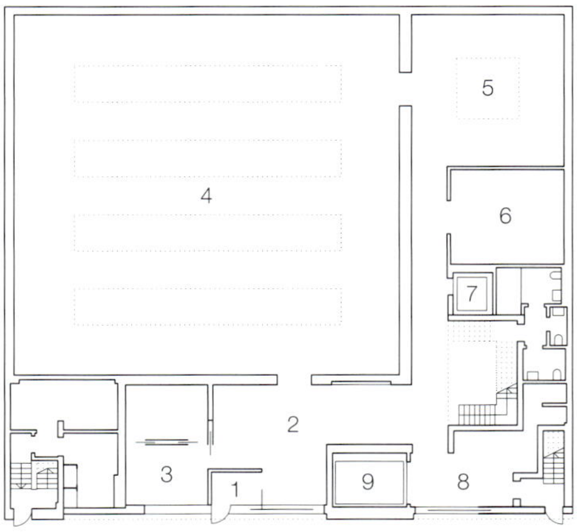

Grundrisse
Maßstab 1:500

Floor plans
scale 1:500

1 Eingang
2 Empfang
3 Büro
4 großer Ausstellungsraum mit Sheddach, Estrich
5 Galerieraum mit transluzentem Oberlicht, Travertinboden
6 Galerieraum, Estrich
7 Personenaufzug
8 Anlieferung
9 Lastenaufzug
10 Galerieraum mit Fenstern, Eichenboden
11 Vorführraum mit Fenstern, Estrich
12 Dachterrasse begrünt

1 Entrance
2 Reception
3 Office
4 Main exhibition space; north-facing skylights, concrete floor
5 Exhibition space with translucent daylight, travertine floor
6 Exhibition space with concrete floor
7 Passenger lift
8 Art handling
9 Freight lift
10 Exhibition space with windows and oak flooring
11 Viewing room with windows, conc. floor
12 Roof terrace, planted

Schnitte Maßstab 1:20

Sections scale 1:20

1 Handlauf / Brüstung Stahl klarlackiert, Ausfachung VSG
2 Stahlhülse zur Verankerung der Brüstung
3 Stufe Ortbeton handgeglättet
4 LED-Leuchte / Schirm
5 Ortbetonwand mit eingelegten Bewehrungskupplungen zum Anschluss der Treppenbewehrung

1 handrail/balustrade: steel with clear finish lam. safety glass filling
2 steel sleeve for fixing balustrade
3 in-situ concrete step, smoothed by hand
4 LED light fitting/shade
5 in-situ concrete wall with inlaid formsavers to connect staircase reinforcement

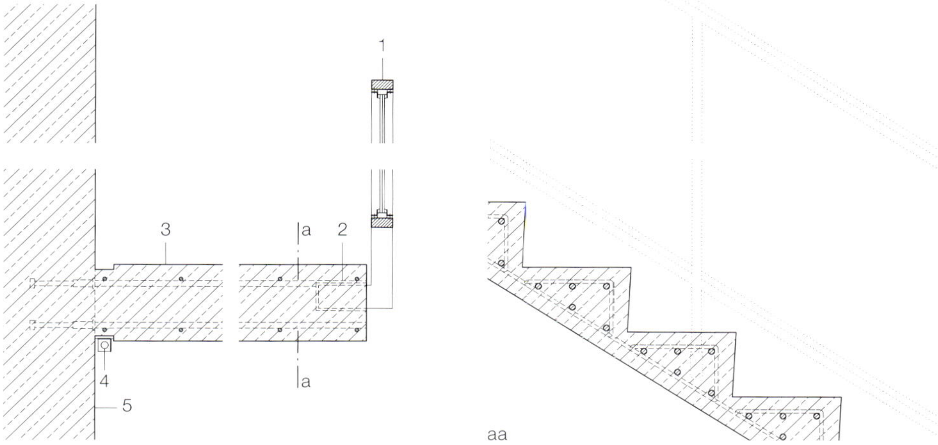

In recent years, the West Chelsea district of Manhattan has undergone marked changes. More and more galleries and studios have moved there, and the area has become a centre of the art market with many buildings by prominent architects in close proximity to this new gallery for David Zwirner.
Although the former structure, a three-storey parking garage, was not suited to conversion, the new building reflects the industrial heritage of the district. At the same time, the new cultural usage is suggested by the careful execution of the work and by the windows and entrance front in teak.
The gallery spaces are designed to provide a restrained background for the works of art. White walls are complemented by concrete, oak and travertine floors; and exposed concrete surfaces internally lend the entrance area and the impressive skylit staircase their specific note. Smoother forms were used for the slender concrete stair flights, which are contrasted with the lively textures of the walls.
The carefully designed formwork patterns of the street facade and the internal exposed concrete walls are characterised by lightly sealed pine boarding roughly 20 cm wide and by precisely positioned tie holes. Close supervision of the pouring and vibration helped to produce even surfaces.
What's more, every storey was completed in a single pour, the walls finished slightly higher than the adjoining floor slab in each case, so that the joints coincide exactly with those between the boards of formwork.
Because of the location of the site, all concrete had to be poured from the street front. For the exposed concrete walls, a relatively fluid yet dense mix was used. A high proportion of slag helped to achieve a good assessment of sustainability according to the US LEED system.

Schnitt Straßenfassade
Maßstab 1:20

1 Beschichtung wasserfest diffusionsoffen
2 Abdeckblech mit 1 % Gefälle
3 Sichtbeton versiegelt 305 mm
Dichtungsbahn selbstklebend
Hartschaumdämmplatte PIR kaschiert 76 mm zwischen verzinkten Stahlwinkeln (Winkel an Außenseite mit Dichtstreifen abgeklebt)
Unterkonstruktion Stahlschiene verzinkt
Putzträger Streckmetall verzinkt, Rückseite papierkaschiert
Elastomerputz 25 mm
4 Substrat 610 mm, Filtervlies
Drainage Kiesbett 51 mm
Bautenschutzmatte 6 mm
Wärmedämmplatten EPS 2× 51 mm
Drainageplatte
Wurzelsperre
Dichtanstrich
Leichtbeton im Gefälle
Stahlbetondecke
Wärmedämmung Sprühschaum 76 mm
Flüssigabdichtung
abgehängte Decke Gipskarton
5 Sichtbeton versiegelt 305 mm
Wärmedämmung Sprühschaum 76 mm
Flüssigabdichtung
Unterkonstruktion Trockenbauprofil ⊔
Gipskarton gestrichen
6 Tür Teakholz
7 Schwelle Teakholz
8 Substrat 102–203 mm, Filtervlies
Wärmedämmplatten PS 2× 51 mm
Drainageplatte
Wurzelsperre
Dichtanstrich
Leichtbeton im Gefälle
Stahlbetondecke
Wärmedämmung Sprühschaum 76 mm, an Deckenunterseite 914 mm eingezogen
Flüssigabdichtung
abgehängte Decke Gipskarton
9 Kiesbett 102–203 mm, abgetrennt durch Stahlwinkel verzinkt
10 Dreifachisolierverglasung in Fensterrahmen Teakholz massiv
11 Fensterbrett Mineralwerkstoff acrylgebunden, weiß
12 Heizelement am Rand der Deckenplatte zur Minimierung der Wärmebrücke (automatisch gesteuert)
13 Bodenbelag Estrich
14 Doppelrollo (Blendschutz / Verdunkelung)

A Ausführungsplan Mock-up
B Detailfoto der fertigen Betontextur

8 Zoll (20,3 cm) breite Schalungsbretter in Standardlängen von 10, 12, 14 und 16 Fuß (305 bis 488 cm) lassen, in willkürlicher Reihenfolge aneinandergelegt, wie bei einem Dielenboden eine zufällige Staffelung der vertikalen Fugen entstehen. Die Güte der leicht versiegelten Kiefernbretter wurde genau bestimmt, um die gewünschte Textur, inklusive Astlöchern, zu erhalten.
Die gespundeten Verbindungen der Schalung verhindern Schwund und daraus resultierende Verfärbungen. Fest verbundene und versiegelte Schalungsanschlüsse widerstehen dem Druck der hoch flüssigen Betonmischung und gewährleisten präzise Kanten. Entsprechend mussten die Holzschalungen sehr sorgfältig geplant und gefertigt werden.
Konische PVC-Formteile erzeugen kleine Ankerlöcher mit präzisen Kanten, die mit Mörtel nicht flächenbündig verfüllt sind. Die Ankerlöcher sind auch zwischen den Fensteröffnungen gleichmäßig und in vertikalen Achsen angeordnet, abgestimmt auf handelsübliche Schalungsgerüste. Zudem sollten sie möglichst nah an der Mittelachse der Bretter liegen – aus optischen Gründen und um eine gute Abdichtung während des Gießens zu gewährleisten.

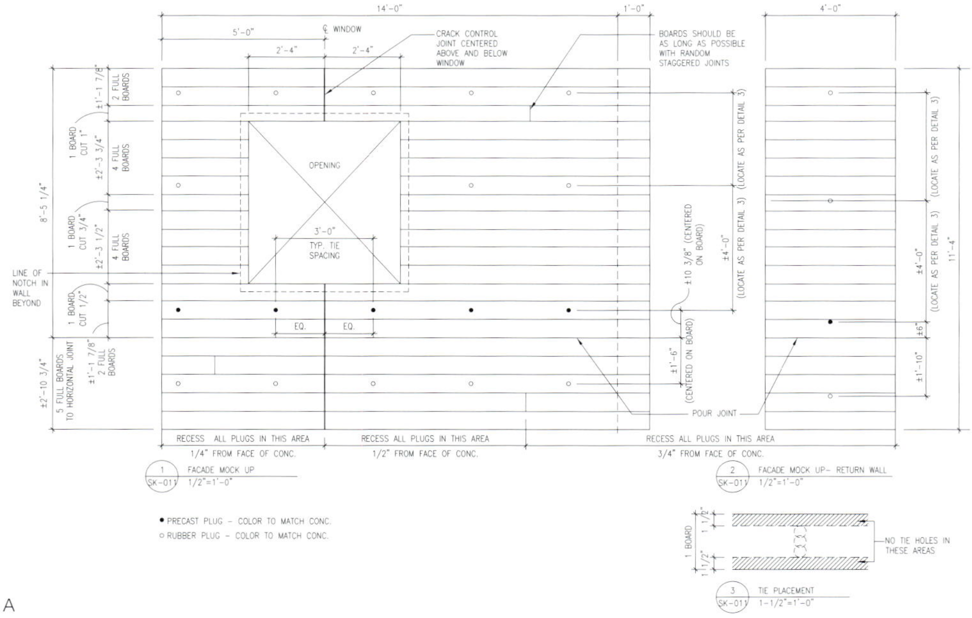

A

Section through street facade
scale 1:20

1 waterproof, moisture-diffusing coating
2 sheet-metal covering to 1% slope
3 305 mm exposed concrete, sealed
self-adhesive sealing layer
76 mm lam. rigid-foam PIR insulation between galvanised steel angles (angles adhesive fixed on outer faces with sealing strips)
bearing structure: galvanised steel rails
galvanised expanded-metal mesh as plaster lathing, lined with paper on rear face
25 mm elastomer rendering
4 610 mm substrate layer; filter mat
51 mm gravel drainage layer
6 mm protective mat
2× 51 mm exp. polystyrene thermal insulation
drainage layer
root barrier
impermeable coating
sloped lightweight concrete
reinforced concrete slab
76 mm sprayed foam thermal insulation
cold fluid applied waterproofing membrane
gypsum plasterboard suspended ceiling
5 305 mm exposed concrete, sealed
76 mm foamed thermal insulation
cold fluid applied waterproofing membrane
channel-section supports to dry construction
gypsum plasterboard, painted
6 teak door
7 teak threshold
8 102–203 mm substrate layer; filter mat
2× 51 mm polystyrene thermal insulation
drainage layer
root barrier
impermeable coating
sloped lightweight concrete
reinforced concrete floor
76 mm sprayed foam thermal insulation drawn under soffit 914 mm inside facade
cold fluid applied waterproofing membrane
gypsum plasterboard suspended ceiling
9 102–203 mm layer of gravel, with galvanised steel angle divisions
10 triple glazing in solid teak window frame
11 white acrylic-bonded mineral cladding to sill
12 radiant heating loop at edge of floor slab to minimise thermal bridges (automatically controlled)
13 concrete flooring
14 dual-purpose blind (antiglare, blackout)

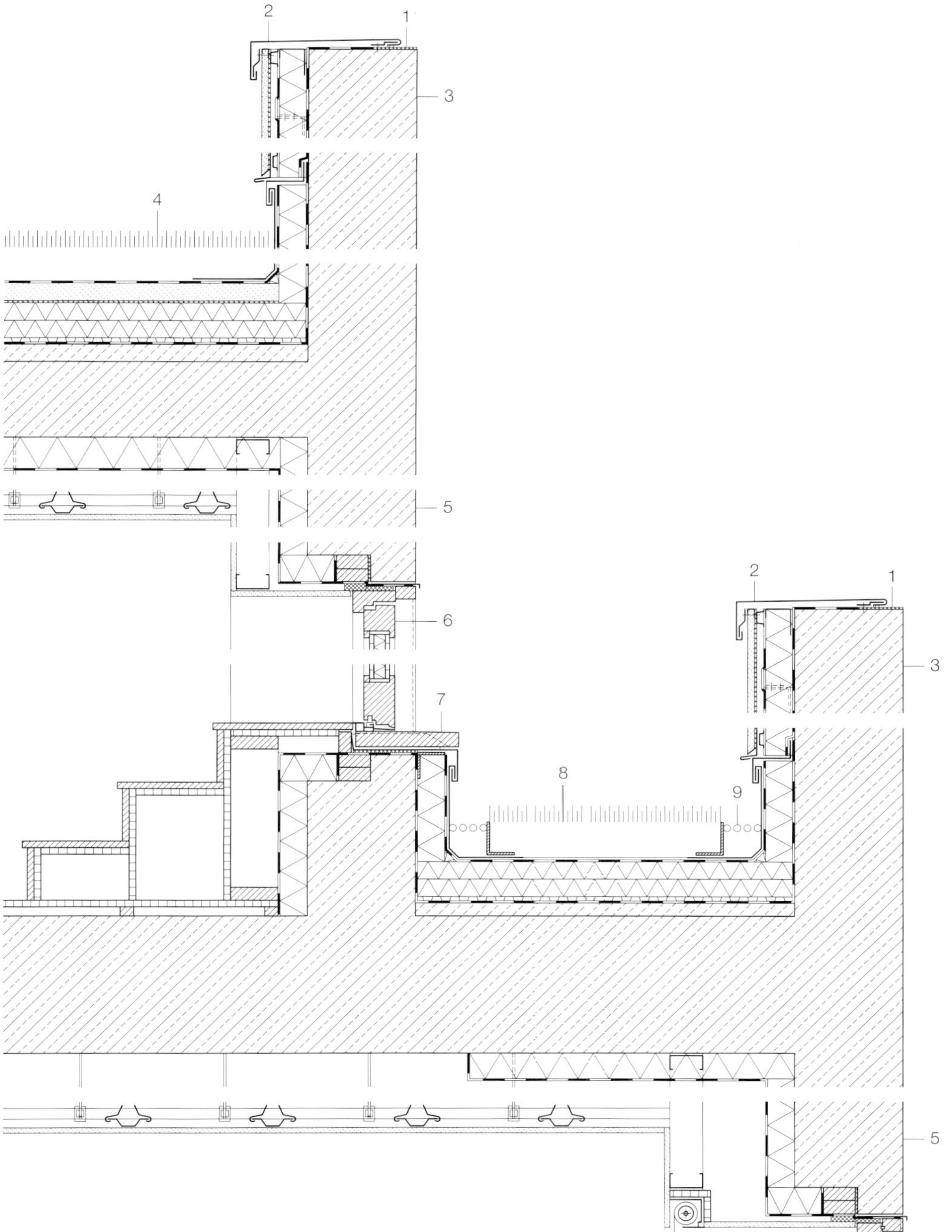

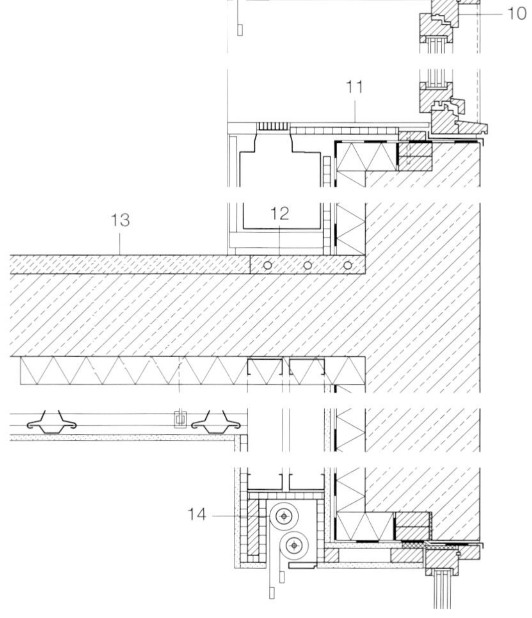

A Execution plan (mock-up)
B Photo showing finished concrete texture

Formwork boards 8 inches (20.3 cm) wide in standard lengths of 10, 12, 14 and 16 feet (305–488 cm) were laid next to each other in random order – not unlike wood-strip flooring – to create staggered vertical joints. The quality of the lightly sealed pine boards was precisely specified in order to obtain the desired texture, including knots.
The tongued-and-grooved joints of the boarding restrict shrinkage and resultant discolouration.
Firmly sealed joints between boards resist the pressure of the highly fluid concrete mix and ensure precise edges and arrises. A very careful planning and execution of the boarded formwork was necessary, therefore.
Conically shaped PVC members create small, precise tie holes. The grout filling inside each hole is slightly recessed. The holes were laid out at regular intervals along vertical axes between the window openings in accordance with standard formwork construction.
In addition, for optical reasons and to ensure a good sealing effect during the pouring process, the holes were positioned close to the central axes of the boards.

B

Kunstmuseum in Wakefield

The Hepworth Wakefield

Architekten / *Architects:*
David Chipperfield Architects, London
Tragwerksplaner / *Structural engineers:*
Ramboll UK, London

Wie andere Städte im Norden Englands traf auch Wakefield der Niedergang von Bergbau und Industrie. Doch nun ist wieder Aufbruchstimmung erkennbar: zu Ehren der berühmtesten Tochter der Stadt, der Bildhauerin Barbara Hepworth, wurde im letzten Jahr The Hepworth Wakefield eröffnet. Das Kunstmuseum bildet den Auftakt zu einer größeren Stadtentwicklungsmaßnahme, der Wiederbelebung der Uferzone entlang des Flusses Calder südlich des Stadtzentrums. Die neue Galerie besetzt die Spitze der Landzunge an einer Flussbiegung. Jenseits eines Wehrs tost im Osten der Verkehr einer Ausfallstraße, im Süden und Westen hingegen wirkt die Szenerie aus frühindustriellen Gebäuden und bunten Booten beinahe idyllisch. Das Grundstück ist aus allen Richtungen einsehbar, daher entschieden sich die Architekten für einen ungerichteten Baukörper ohne ausgewiesene Front- oder Rückseiten. Mit seiner Maßstäblichkeit und einer fast geologischen Anmutung tritt er jedoch nicht in Konkurrenz zu den charakterstarken historischen Produktions- und Lagerhallen, sondern integriert sich in die Umgebung. Die additive Komposition entspringt auch dem Programm: Die Sammlung wird in einer Sequenz von Räumen ähnlichen Charakters, aber mit unterschiedlichen, auf die Exponate abgestimmten Proportionen präsentiert. So entstand ein dicht gedrängter Cluster aus unregelmäßig geformten Kuben, die in einem System aus sich wiederholenden Winkeln um ein zentrales Treppenhaus herum angeordnet sind. Die in weiß gehaltenen Ausstellungsräume liegen alle im Obergeschoss und werden jeweils von Oberlichtbändern indirekt natürlich belichtet. An einigen Stellen sind Fenster in den Außenwänden platziert, mit Ausblicken auf den Fluss, den Skulpturengarten oder die alten Industriegebäude, um den Besuchern Außenbezüge und Orientierung zu bieten. Im Erdgeschoss befinden sich die üblichen Nebennutzungen eines Museums, Foyer und Café sind geschützt nach Westen und zur neuen Zugangsbrücke orientiert.

Lageplan Maßstab 1:10000 Grundrisse Maßstab 1:1000	*Site plan* *scale 1:10,000* *Layout plans* *scale 1:1,000*
1 Fußgängerbrücke	*1 Pedestrian bridge*
2 Skulpturengarten	*2 Sculpture garden*
3 Eingang/Foyer	*3 Entrance/Foyer*
4 Aufgang zur Ausstellung	*4 Stair to exhibition*
5 Museumsshop	*5 Museum shop*
6 Café	*6 Café*
7 Terrasse Café	*7 Terrace*
8 Auditorium	*8 Auditorium*
9 Museumspädagogik	*9 Learning studios*
10 Archiv	*10 Archive*
11 Verwaltung	*11 Administration*
12 Lager/Vorbereitung	*12 Storage/Preparation*
13 Anlieferung	*13 Delivery*
14 Dauerausstellung	*14 Permanent exhibition*
15 Wechselausstellung	*15 Temporary exhibition*

Die tragenden Außenwände sowie die Dachoberflächen aus Sichtbeton unterstreichen den monolithischen Eindruck der gebauten Skulptur. Innen bilden meist paarweise angeordnete Betonstützen die Gebäudestruktur, verborgen innerhalb dicker, nichttragender Gipskartonwände, die auch die Haustechnik aufnehmen. Den Kern der Sammlung bilden Arbeiten Barbara Hepworths, vor allem Prototypen, Modelle und Zeichnungen, die den Entstehungsprozess veranschaulichen. Daneben werden Werke ihrer Zeitgenossen gezeigt, etwa von Henry Moore, der ebenso aus Yorkshire stammt. Die Wechselausstellungen widmen sich vorwiegend aktueller Kunst. DETAIL 11/2012

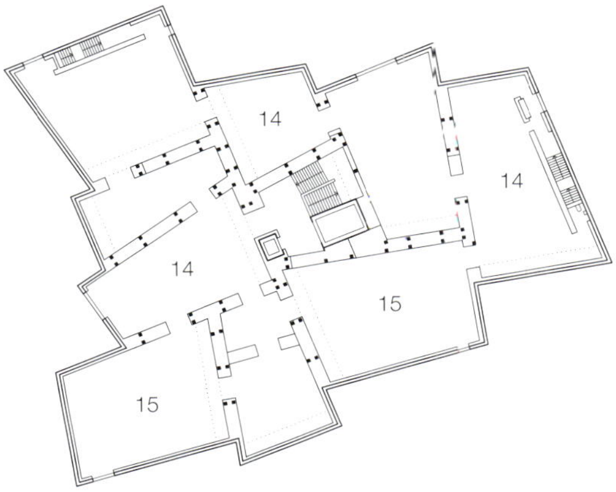

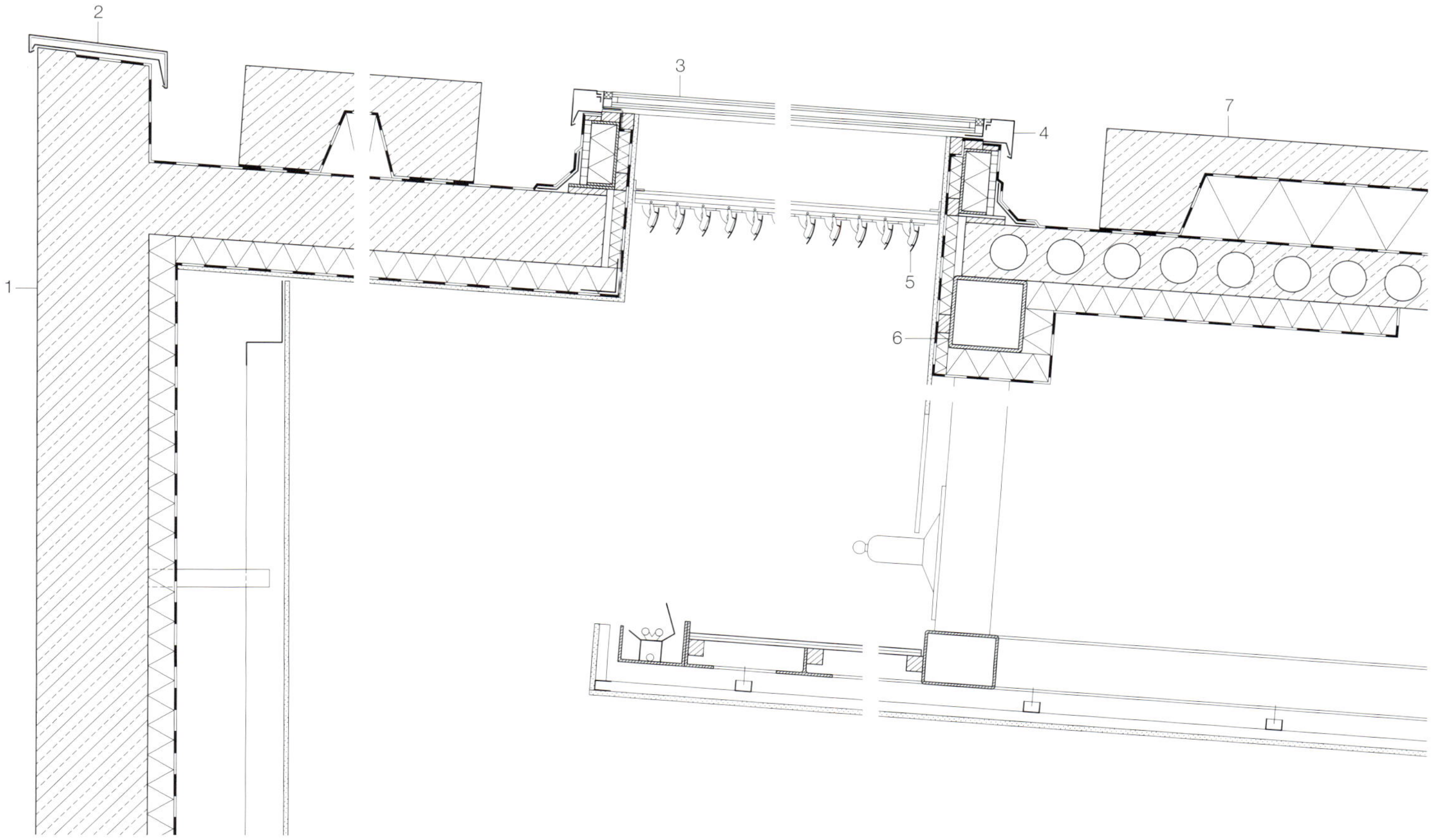

Schnitte
Maßstab 1:1250
Maßstab 1:20

Sections
scale 1:1,250
scale 1:20

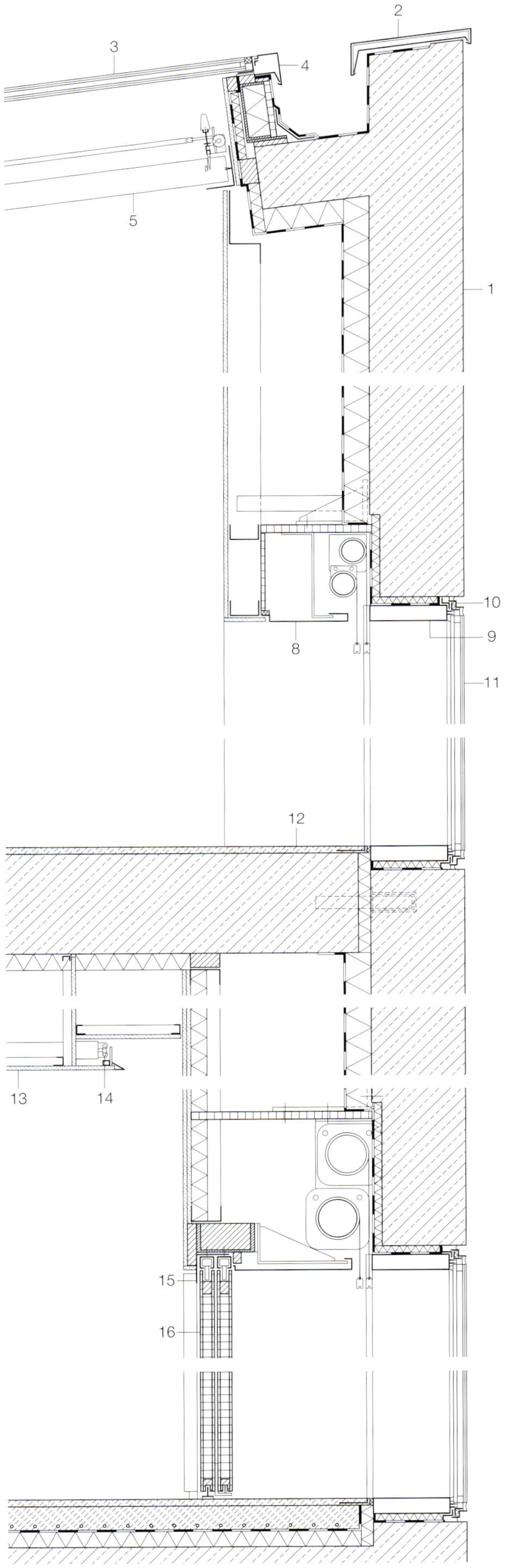

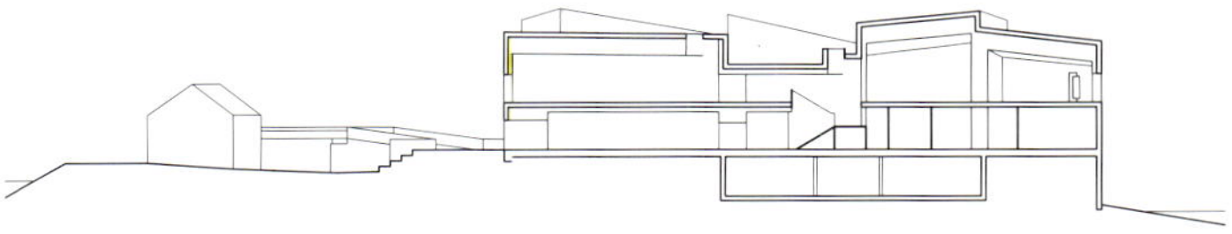

aa

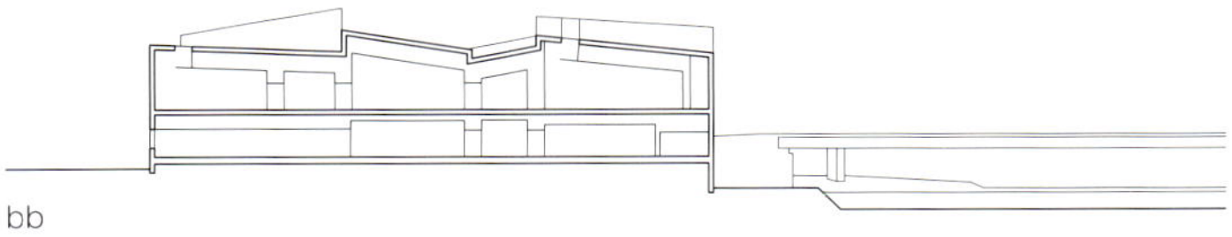

bb

1 Außenwand tragend: Ortbeton selbstverdichtend pigmentiert imprägniert (wasserbasiert) 300 mm
Wärmedämmung 75 mm, Dampfbremse, Gipsfaserplatte gestrichen
2 Abdeckung Zinkblech 1,5 mm
3 Oberlicht VSG 17,5 mm + SZR 18 mm + VSG 12,3 mm
4 Rahmen Aluminium pulverbeschichtet
5 Sonnenschutzlamellen innenliegend steuerbar
6 Obergurt Fachwerkträger Stahlrohr ⌀ 200/200 mm
7 Ortbeton selbstverdichtend pigmentiert imprägniert (wasserbasiert) 100 mm
Drainageschicht, Trennlage
Wärmedämmung EPS 180 mm
System aus Dachdichtungsbahnen mehrlagig
Betonhohldielen 150 mm
Wärmedämmung 75 mm zur Vermeidung von Wärmebrücken im Bereich der Oberlichter (ca. 1 m)
Dampfbremse, Gipsfaserplatte gestrichen auf Unterkonstruktion
8 Verkleidung Aluminium pulverbeschichtet
9 Riegel Aluminiumrohr eloxiert 250/50 mm
10 Aluminiumprofil pulverbeschichtet
11 Isolierverglasung VSG low-E-beschichtet 13,5 bzw. 11,5 mm + SZR 20 mm + ESG Weißglas 10,3 mm
12 Fußboden Estrich poliert 20 mm
13 abgehängte Decke Gipskarton gestrichen
14 indirekte Beleuchtung: Leuchtstoffröhre hinter Acrylglas streuend
15 Stahlwinkel verzinkt schwarz gestrichen 100/100/2 mm
16 Verkleidung Schiebeelement: MDF grau durchgefärbt 8 mm

1 load-bearing exterior wall: 300 mm cast-in-place concrete, self-compacting, coloured with pigments, waterproofed (water-based)
75 mm thermal insulation; vapour retarder; gypsum fibreboard, painted
2 1.5 mm zinc sheet flashing
3 roof light: 17.5 mm laminated safety glass + 18 mm cavity + 12.3 mm laminated safety glass
4 frame: aluminium, powder-coated
5 solar-protection louvres, room-side movable
6 upper chord: 200/200 mm steel CHS
7 100 mm cast-in-place concrete, self-compacting, colour with pigments, water-proofed (water-based)
drainage layer; separating layer
180 mm EPS thermal insulation
multilayer system of roof membranes
150 mm concrete hollow-core slab
75 mm thermal insulation in area surrounding roof lights (about 1 m) to rule out thermal bridges
vapour retarder; gypsum fibre board, painted, on supporting structure
8 aluminium cladding, powder-coated
9 250/50 mm aluminium RHS, anodised
10 aluminium profile, powder-coated
11 laminated safety glass, low-e coating 13.5 or 11.5 mm + 20 mm cavity + 10.3 mm low-iron float glass
12 flooring: 20 mm screed, polished
13 suspended plasterboard ceiling, painted
14 indirect lighting: fluorescent tubes with acrylic diffuser
15 100/100/2 mm steel angle, galvanised, painted black
16 cladding of sliding element: 8 mm medium-density fibreboard, through-coloured grey

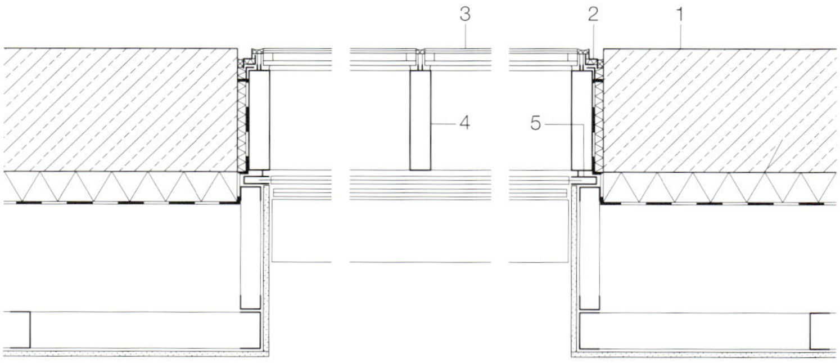

Horizontalschnitt Maßstab 1:20

1 Außenwand tragend: Ortbeton selbstverdichtend, pigmentiert imprägniert (wasserbasiert) 300 mm Wärmedämmung 75 mm, Dampfbremse Gipsfaserplatte gestrichen
2 Aluminiumprofil pulverbeschichtet 3 mm
3 VSG low-E-beschichtet 13,5 bzw. 11,5 mm + SZR 20 mm + ESG Weißglas 10,3 mm
4 Pfosten Aluminiumrohr eloxiert ▭ 250/50mm
5 Führungsschiene Sonnenschutz/Verdunkelung

Horizontal section scale 1:20

1 load-bearing exterior wall: 300 mm cast-in-place concrete, self-compacting, coloured with pigments, waterproofed (water-based); 75 mm thermal insulation vapour retarder; gypsum fibreboard, painted
2 3 mm aluminium profile, powder-coated
3 lam. safety glass with low-e coating: 13.5 or 11.5 mm + 20 mm cavity + 10.3 mm low-iron float glass
4 post: 250/50mm aluminium RHS, anodised
5 solar protection guide rail/black-out screens

Like other cities in Northern England, Wakefield was faced with the decline of mining and manufacturing. Its new museum commemorating Barbara Hepworth, a sculptor who spent her early years in Wakefield, demonstrates its will to look to the future. The art museum is the prelude to a larger-scale urban intervention: the regeneration of the river front to the south of the city centre. The site is visible from all directions; accordingly, the architects developed a building with no clear back or front. Thanks to the museum's scale and building massing – which calls to mind geological formations – the building does not enter into competition with the historic warehouses and factory buildings, but instead is well integrated into its surroundings. The nature of the composition is additive and has its source in the program: the collection is presented sequentially in rooms that are similar in character, yet with different dimensions, responding to the proportions of the respective artworks they contain. In this manner, with a system of recurring angles, a densely packed cluster of irregularly shaped cubes is arranged around a central stairway. The exhibition spaces, all in white, are all situated on the upper level and employ controlled indirect daylight emanating from skylights. In some rooms there is a window in an exterior wall, providing views to the river, the sculpture garden, or the relics of the days of manufacturing. These views allow visitors to orient themselves. The auxiliary functions typically associated with a museum are located on the ground foor: the foyer and café face west, where the new access bridge docks onto the building. The concrete surfaces of the load-bearing exterior walls and the roof underscore the impression that the building is monolithic. Inside, concrete columns, arranged in most cases in pairs, support the building; they are concealed within thick, non-load-bearing plasterboard walls. These walls also contain the building-services ductwork. Barbara Hepworth's artwork – including prototypes, models, and drawings – constitutes the core of the museum's collection. The permanent collection also includes work by Henry Moore, who had his origins in Yorkshire, as well.

Hochschule in Mittweida

University of Applied Sciences in Mittweida

Architekten / *Architects*:
Georg Bumiller Architekten, Berlin
Tragwerksplaner / *Structural engineers*:
Erfurth + Mathes Beratende Ingenieure, Leipzig

Lageplan
Maßstab 1:5000

Site plan
scale 1:5,000

Eine plastisch gestaltete Fassade aus über 600 eingefärbten Betonfertigteilen mit Terrazzo-Optik umhüllt den kompakten Baukörper, der selbstbewusst ein Gegengewicht zu den Hochschulgebäuden auf der anderen Straßenseite bildet. Die wachsende Zahl der Studierenden, vor allem an den Fakultäten Medien und Soziale Arbeit, machten den Neubau für die rund 3000 Studierenden der beiden Fachrichtungen zwingend notwendig. Den Auftakt bildet ein kleiner Vorplatz, der als einladende Geste ins Innere des Gebäudes führt. Hier offenbart sich ein lichter Innenraum mit großzügigem Foyer und kommunikativen Aufenthaltszonen für den Austausch der Fachbereiche. Den Mittelpunkt des Gebäudes bildet das 400 m² große Fernsehstudio, abgeschirmt durch einen Ring natürlich belichteter Räume. Zur stark befahrenen Bahnhofstraße orientieren sich die mechanisch belüfteten Hörsäle und Seminarräume, zu den Grünbereichen die kleineren Büros. Eine breite schluchtartige Treppe, eingerahmt von hohen schrägen Sichtbetonwänden, verbindet das Foyer mit dem lichtdurchfluteten Atrium mit Zugang zur Dachterrasse, die auf dem angeschlossenen Parkdeck im Süden liegt.
Vor allem die hohen Anforderungen an den Schallschutz für die sensiblen, hochtechnisierten Räume bedingten eine Ausführung in massiver Bauweise. Die tragende Betonfassade besteht aus Pfeiler- und Sturzfertigteilen, die L-förmige Elemente bilden und puzzleartig ineinander gesteckt sind. Durch horizontale und vertikale Staffelungen der unterschiedlich großen und bis zu 15 Tonnen schweren Bauteile entsteht eine monolitische Figur, die nach Vorbild eines Zikkurats nach oben zurückspringt und optisch leichter wirkt. Auch die innere Organisation der Hochschule ist durch die unterschiedlichen Öffnungen und Pfeilerbreiten an der Fassade ablesbar. Trotz der individuell gestalteten Bauteile liegen die Baukosten durch die Minimierung der Hüllfläche im Rahmen konventioneller Hochschulbauten. Nicht zuletzt sind auch dadurch die Anforderungen an die Nachhaltigkeit erfüllt.
DETAIL 07–08/2015

Grundrisse • Schnitt
Maßstab 1:1000

Layout plans • Section
scale 1:1000

1	Haupteingang	*1*	*Main entrance*
2	Foyer	*2*	*Foyer*
3	Hörsaal	*3*	*Auditorium*
4	TV-Studio	*4*	*TV studio*
5	Kulisse	*5*	*Stage set*
6	Regie	*6*	*Stage direction*
7	Übungsstudio	*7*	*Rehearsal studio*
8	Schnittraum	*8*	*Editing room*
9	Techniklager	*9*	*Storage*
10	Archiv	*10*	*Archive*
11	Technik	*11*	*Building services*
12	Druckerei	*12*	*Printing plant*
13	Seminarraum	*13*	*Seminar room*
14	Rundfunkstudio	*14*	*Broadcasting studio*
15	Büro	*15*	*Office*
16	Parkdeck	*16*	*Parking deck*

The bas-relief facade, consisting of more than 600 through-coloured precast concrete units with terrazzo look, cloaks the compact building massing of this self-confident counterpoint to the older university buildings across the street. On account of the growing number of students – enrolled primarily in the schools of media and social work – there was an urgent need for this new building. It is for the 3,000 students enrolled in these two majors. The prelude, so-to-speak, is a small forecourt – an inviting gesture that helps visitors find the main entrance. The first indoor spaces are a bright, generously scaled foyer and lounge zones intended to foster interaction among the students. The 400 m² television studio, screened off by a ring of naturally lit spaces, constitutes the heart of the building. Lecture halls and seminar rooms – which are ventilated mechanically – are oriented to the busy Bahnhofstrasse, while the smaller offices face green spaces. A broad ravine-like staircase, framed by soaring oblique exposed-concrete walls, connects the foyer to the lofty atrium. The latter provides access to the roof terrace atop the parking structure adjoining the new building to the south.
The high-tech facility's unusually high acoustic requirements sparked the decision to employ solid-masonry construction. The load-bearing concrete facade consists of pylons and lintels. They are combined to arrive at L-shaped components that are inserted into one another in a puzzle-like fashion. The architects devised a vertical and horizontal arrangement of these components – which vary in size and weigh up to 15 tons – that created a monolithic figure. They were inspired by the ziggurat: the proportions become more slender as the structure extends toward the sky. The inner organisation of the university building is also legible in the varying dimensions of the facade's openings and the widths of its pylons. Despite the high degree of variability of the facade components, thanks to the compact building massing, the cost to build it (35 million euros) was moderate. These facts are evidence of a sustainable economy of means.

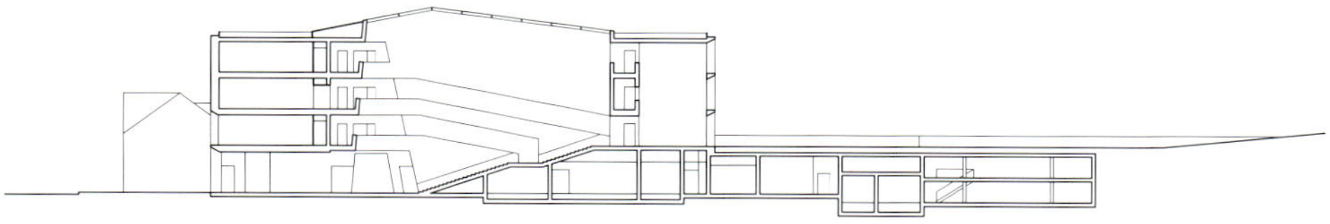

aa

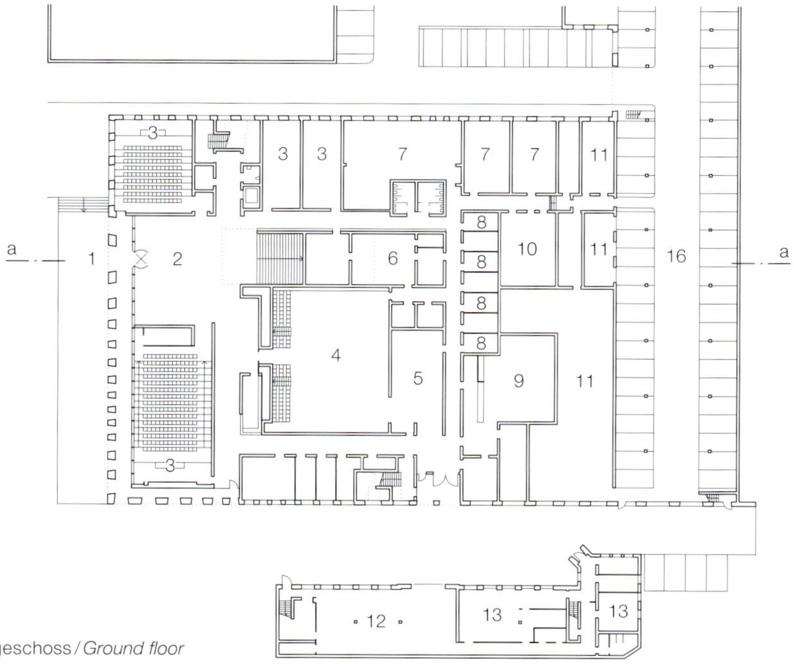

Erdgeschoss / *Ground floor*

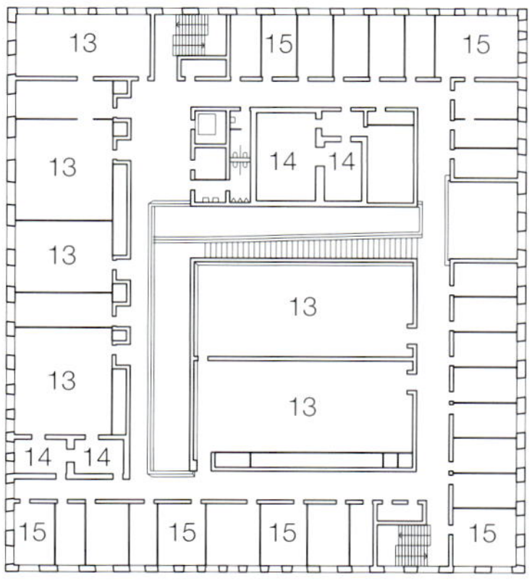

3. Obergeschoss / *Third floor*

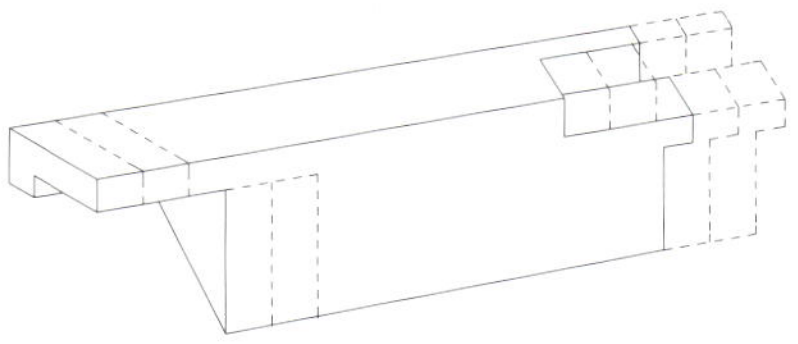

A

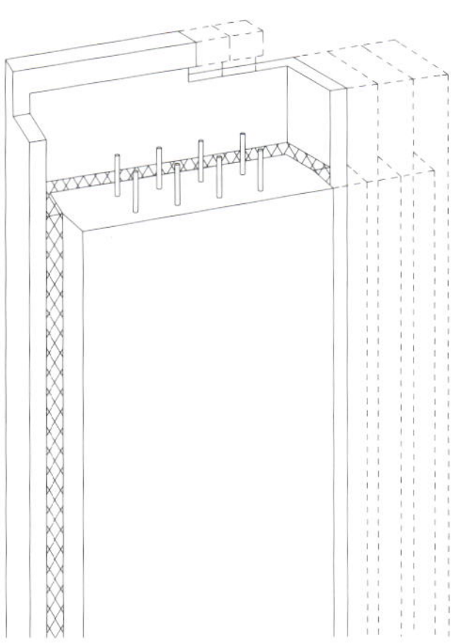

B

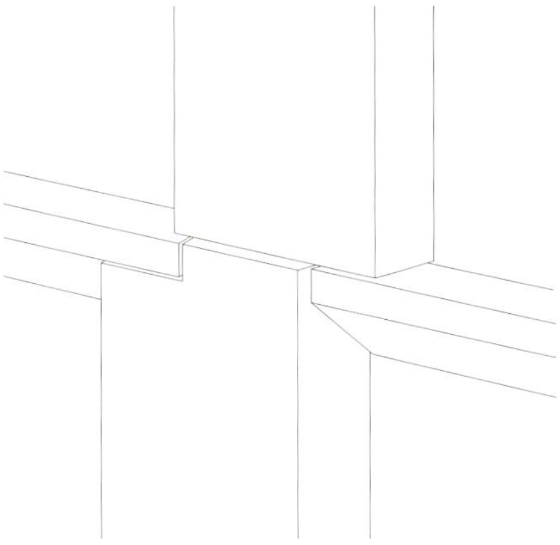

C

Herstellung der Fertigteilelemente
Die Fertigteile bestehen aus drei Schichten: Die erste bilden die als U- oder L-Schalen ausgeführten Elemente, die in unterschiedlichen Winkeln mit gesäuerter Oberfläche hergestellt sind. Nur die Vorderseite enthält dabei das werthaltige Material mit größeren Steinen, die nach einem Schleifvorgang sichtbar werden. Die terrazzoartige Oberfläche wird so mit minimalem Materialverbrauch erreicht. Nach dem Verlegen der Dämmung wird die Bewehrung eingelegt und der tragende Kern des Sandwichelements betoniert. Die Herstellung im Werk garantiert den gleichmäßig hohen Qualitätsstandard zu niedrigen Kosten.

Production of the prefabricated units
The prefabricated units have three layers: the outermost layer is the U- or L-shaped shell. These are produced in a variety of angles; the surfaces are lye-treated. Only the fronts contain the larger stones, a more costly material: after the units are sanded, these stones become visible. In this manner it is possible to minimise the amount of material required to achieve the terrazzo-like surface. After the insulation is installed, the reinforcement is positioned and then concrete is poured into the sandwich unit's load-bearing core. The production of these units in the workshop setting guarantees a consistently high standard at a low cost.

A Fertigteil Sturz
eingefärbtes Stahlbetonelement
Auflagerung auf Stahlbetonschale der Pfeiler
B Fertigteil Sandwichpfeiler
C Außenansicht: Sandwichpfeiler und Sturz bilden L-förmige Elemente.
Die Fassade staffelt sich über die Geschosse um je 80 mm zurück. Die Pfeiler variieren in der Breite und stehen versetzt aufeinander.
D Bauablauf Fertigteil Sandwichfassade

A Prefabricated lintel: through-coloured reinforced concrete unit
B Prefabricated unit: sandwich post
C Outer layer: together the sandwich post and lintel form L-shaped elements.
On each successive story, the facade steps back 80 mm. The widths of the posts vary, and their arrangement is staggered.
D Construction sequence of prefabricated sandwich units for the facade

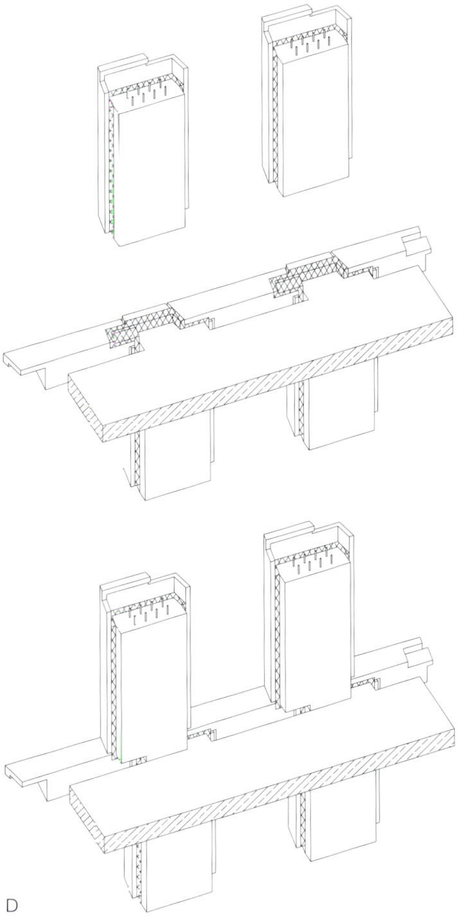

D

Vertikalschnitte
Horizontalschnitt
Maßstab 1:20

Vertical sections
Horizontal section
scale 1:20

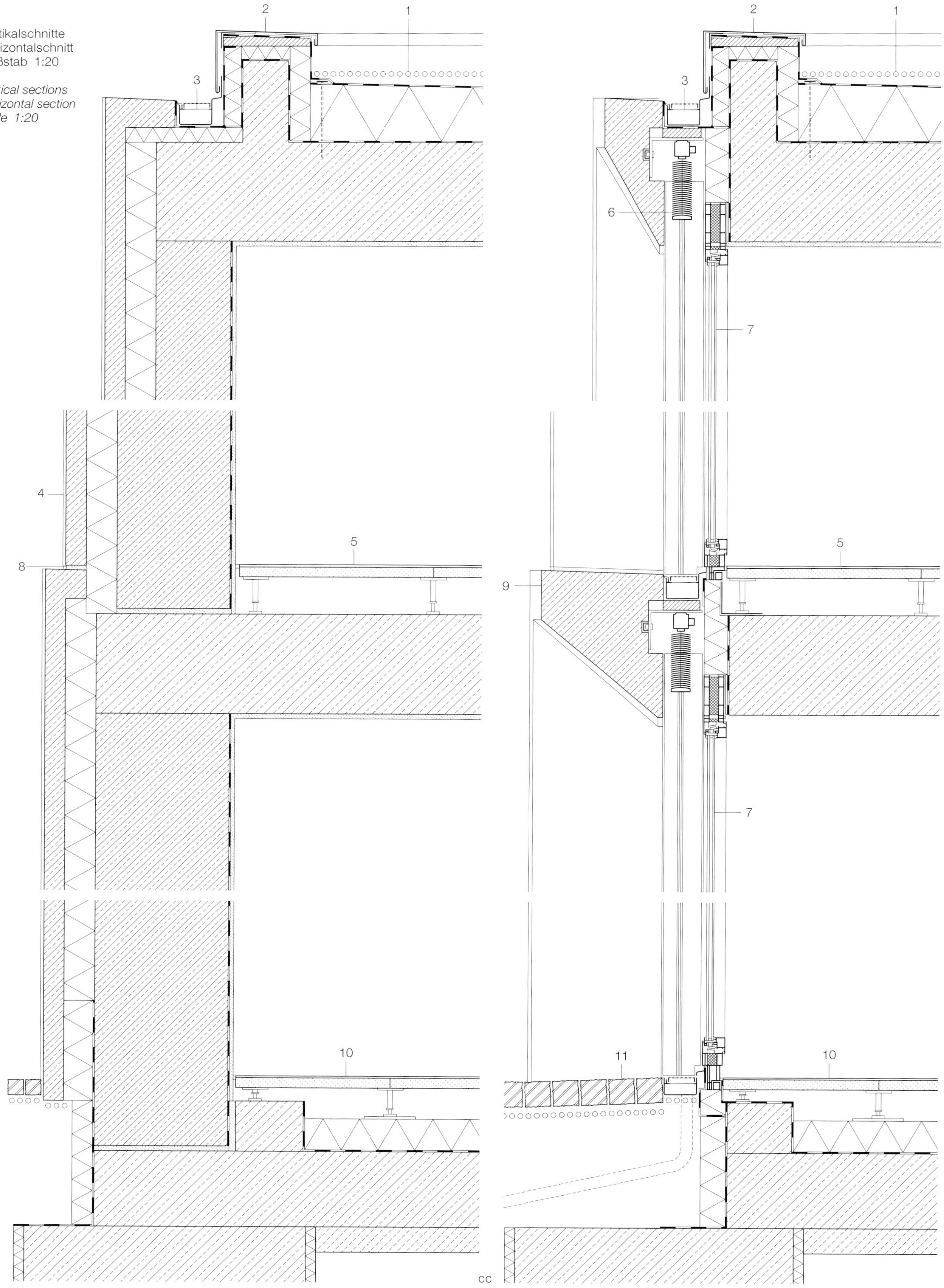

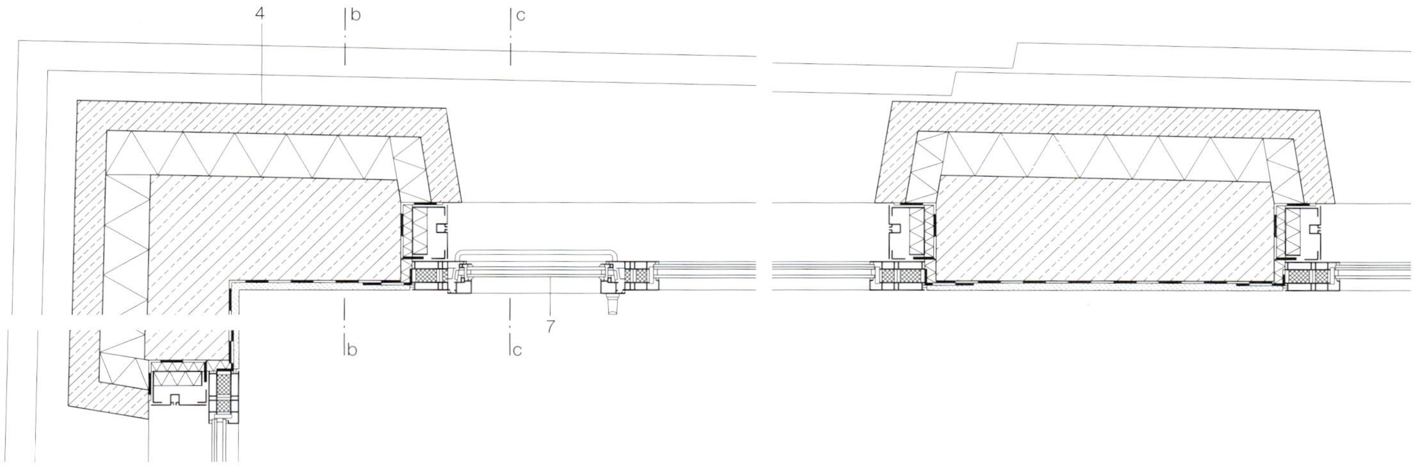

1 Kies 50 mm
Dachdichtungsbahn Polyolefine 1,5 mm
Gefälledämmung Steinwolle 315–205 mm
Dampfsperre, Bitumenbahn
Stahlbetondecke 400 mm
Gipsputz 20 mm
2 Abdeckblech 3 mm, Stahl-Blech-Kantung
Dachdichtungsbahn Polyolefine 1,5 mm
Holzbohle Seekiefer
3 Entwässerungsrinne Aluminium
4 Sandwichelement Sichtbetonschale 80 mm
Kerndämmung Mineralwolle verklebt 80–120 mm
Stahlbetonpfeiler tragend 280–520 mm
Dampfsperre verklebt
Putz 10 mm
5 Linoleum geklebt 5 mm
Calciumsulfatplatte 45 mm
Hohlraum 150 mm, Stahlbetondecke 400 mm
Gipsputz 20 mm
6 Flachlamelle 80 mm
7 Zweifach-Wärmeschutzverglasung in Aluminiumrahmen U_g = 1,0 W/m²K
8 Fuge verschlossen, besandet 15 mm
9 Fertigteilelement Sichtbetonsturz auf Pfeiler aufgelegt, Vorderseite geschliffen, seitlich gesäuert
10 Linoleum 5 mm, Calciumsulfatplatte 45 mm
Hohlraum 130 mm, Dämmung Schaumglas 120 mm, Dampfsperre, WU-Beton 300 mm
Sauberkeitsschicht 100 mm
11 Pflastersteine 100 mm im Kiesbett

1 50 mm gravel; 1.5 mm polyolefin roof sheeting
315–205 mm stonewool insulation to falls
vapour barrier; bituminous sheeting
400 mm reinforced concrete deck
20 mm gypsum plaster
2 coping: 3 mm sheet steel bent to shape
1.5 mm polyolefin roof sheeting
maritime pine planks
3 gutter, aluminium
4 prefabricated sandwich unit for facade:
80 mm reinforced concrete shell
80–120 mm mineral wool core insulation, glued; 280–520 mm prefabricated reinforced concrete post, load-bearing, vapour barrier, glued
10 mm plaster
5 5 mm linoleum; 45 mm calcium sulphate panel
150 mm cavity
400 mm reinforced concrete deck
20 mm gypsum plaster
6 80 mm flat blinds
7 thermal double glazing in aluminium frame U_g = 1.0 W/m²K
8 15 mm joint, sealed, sand-surfaced
9 prefabricated unit: reinforced concrete lintel resting on post, front sanded, sides acid treated
10 5 mm linoleum; 45 mm calcium sulphate panel
130 mm cavity; 120 mm foam glass insulation
vapour barrier
300 mm watertight concrete
100 mm foundation course
11 100 mm paving stones in gravel bed

Wohnhaus in Berlin

Housing Block in Berlin

Architekten / *Architects:*
zanderroth architekten, Berlin
Tragwerksplaner / *Structural engineers:*
Andreas Leipold, Berlin

Als bewohnbarer Monolith fügt sich das aus Leichtbeton gegossene Haus in die gründerzeitliche Nachbarbebauung. Die reduzierte Farbigkeit und geschossweise Gliederung des Baukörpers nimmt Elemente der Umgebung auf und verleiht dem Haus zugleich einen besonderen Ausdruck, der die Masse des eingesetzten Baumaterials betont. Mit seinen großflächigen Verglasungen setzt sich das Wohnhaus selbstbewusst von den gereihten Lochfenstern des Umfelds ab. Jedes Geschoss öffnet sich mit einem einzigen großen Fenster zur Straße, das massive Holzrahmen in ein mittleres festverglastes Feld und Schiebefenster zu beiden Seiten unterteilen. Hinter den breiten Fensterbändern erstrecken sich weite Räume mit loftartiger Wirkung – tragende Bauteile sind im Inneren weitgehend reduziert. Der unregelmäßige Zuschnitt des Grundstücks bleibt in den äußerst zurückhaltend gestalteten Innenräumen spürbar. Die gesamte Detaillierung des Gebäudes ist minimalistisch: massive, transparent beschichtete Lärchenholzfenster sind in präzise Aussparungen im Beton eingefügt. Der verwendete Leichtbeton übernimmt tragende und wärmedämmende Aufgaben zugleich – eine Lösung, die nur durch einen eigenständigen Umgang mit den Vorgaben der Energieeinsparverordnung möglich ist. Auch wenn die Außenwände mit 55 cm Wandstärke lediglich den geforderten Mindestwärmeschutz erreichen, bleiben Primärenergiebedarf und Transmissionswärmeverluste aufgrund der kompakten Gebäudeform, Dreischeiben-Verglasungen und eigenem Blockheizkraftwerk im Keller innerhalb der vorgeschriebenen Werte. Grundlage für das gewählte Schalbild der Sichtbetonoberflächen waren die Abmessungen einer Systemschalung. Diese ermöglichte sehr hochwertigen Sichtbeton zu vertretbaren Kosten. Der geschossweise leichte Versatz der Schalung erlaubte, neben der feinen plastischen Akzentuierung des Baukörpers, die Arbeitsfugen der Betonierabschnitte unauffällig zu integrieren. DETAIL 06/2014

Für die Außenwände und Brandwände des siebengeschossigen Wohnhauses kam Dämmbeton mit einer Rohdichte von 1,4 kg/m³ zum Einsatz, dem Flugasche, leichter Vulkansand und Blähton beigemischt sind. Probewürfel der gewählten Rezeptur ergaben eine Wärmeleitfähigkeit von 0,38 W/mK. Damit erreichen die Außenwände bei einer Mindestwandstärke von 55 cm einen U-Wert von 0,618 W/m²K.

For the external walls and fire walls of this seven-storey housing block insulating concrete with a relative density of 1.4 kg/m³ was used, to which pulverised fuel ash, lightweight volcanic sand and expanded clay were added. Sample cubes of the specified mix showed a thermal conductivity of 0.38 W/mK. As a result, the external walls, with a minimum thickness of 55 cm, achieve a U-value of 0.618 W/m²K.

Constructed with lightweight concrete, the present building accommodates itself to its late-19th-century environment as a monolithic housing structure. The restrained colouration and the articulation of the individual storeys reflect features of the surroundings, while at the same time lending the development an expression of its own that stresses the volume of the construction material. With its large areas of glazing, the structure forms a bold contrast to the neighbouring buildings with their facades punctuated by rows of rectangular windows. Each floor opens on to the street in the form of a single, broad window. This is divided by solid wood frames into a central bay of fixed glazing flanked on both sides by sliding elements. Behind these strips of fenestration are spacious rooms with a studio-like character. Internally, load-bearing elements have been kept to a minimum. The irregular shape of the site is reflected in the interior spaces with their restrained design. The entire detailing of the building is also minimal: the windows, with transparently coated larch frames, are set in precisely formed openings in the concrete structure. The lightweight concrete that was used assumes both load-bearing and thermally insulating functions – a solution that was possible only with an independent application of energy-saving regulations. Even if the outer walls, with a thickness of 55 cm, achieve just the minimum thermal insulation level required, primary-energy needs and heat losses resulting from thermal transmission remain within the prescribed limits as a result of the compact building form, the use of triple glazing and the cogeneration plant in the basement.
The layout of the shuttering selected for the exposed concrete surfaces was based on the dimensions of system formwork. This helped to achieve a high visual quality at reasonable costs. The slightly offset layout of the shuttering to each floor facilitated not only a fine three-dimensional accentuation of the building volume, but also an unobtrusive integration of the working joints between the various concreting stages.

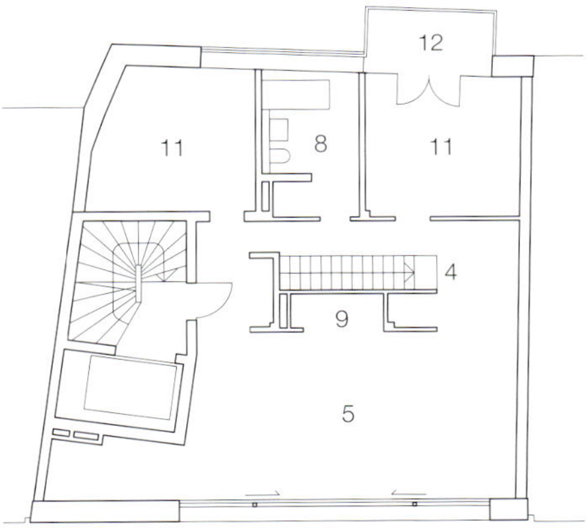

1. Obergeschoss / *First floor*

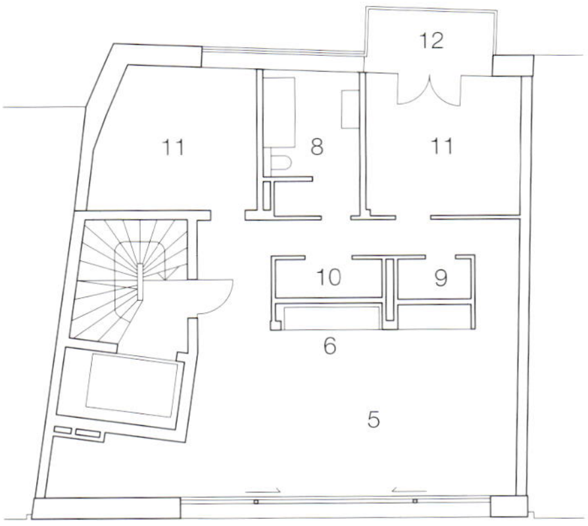

2.–4. Obergeschoss / *Second–fourth floors*

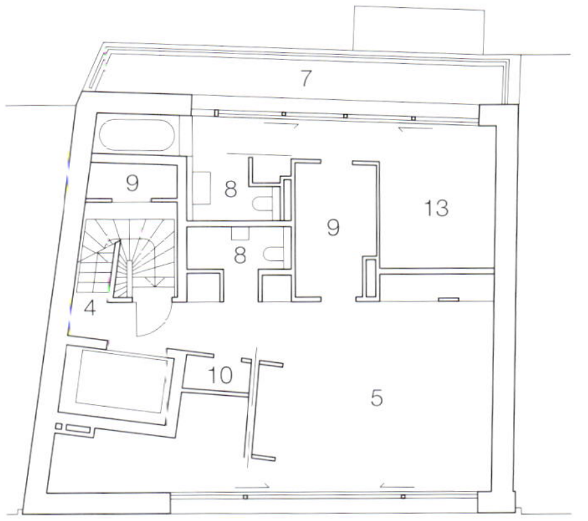

5. Obergeschoss / *Fifth floor*

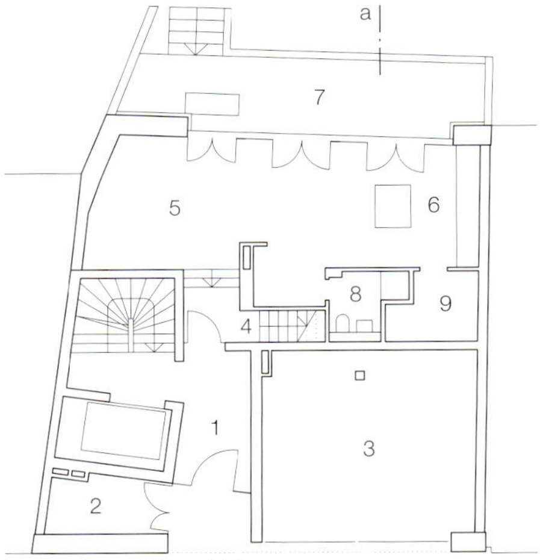

Erdgeschoss / *Ground floor*

Lageplan Maßstab 1:2500
Grundrisse Maßstab 1:250

Site plan scale 1:2500
Floor plans scale 1:250

1	Eingang / Briefkästen	*Entrance / Letter boxes*
2	Müllraum	*Refuse space*
3	Garage	*Garage*
4	Maisonettetreppe	*Maisonette staircase*
5	Wohnzimmer	*Living room*
6	Küche	*Kitchen*
7	Terrasse	*Terrace*
8	Bad	*Bathroom / WC*
9	Abstellraum	*Store*
10	Garderobe	*Clothes cupboard*
11	Zimmer	*Room*
12	Balkon	*Balcony*
13	Schlafzimmer	*Bedroom*
14	Kamin	*Chimney*

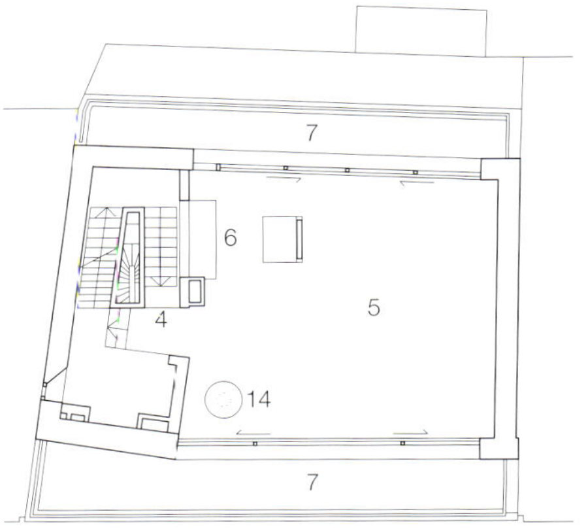

6. Obergeschoss / *Sixth floor*

1 Extensivbegrünung 80 mm
Schutzvlies 5 mm, Abdichtung 5 mm
Gefälledämmung EPS 130–270 mm
Dampfsperre, Decke Stahlbeton 270 mm
2 Plattenbelag 2% Gefälle 11 mm
Fixiermasse 13 mm, kapillarpassive Drainage
Kunststoffdichtungsbahn,
Gefälledämmung 80–100 mm, Dampfsperre
3 Dämmbeton als Sichtbeton min. 550 mm
4 Parkett Eiche Hochkantlamelle 16 mm
Zementestrich als Heizestrich 69 mm
PE-Folie, Trittschalldämmung 20 mm
Zusatzdämmung zur Medienverlegung 35 mm
Decke Stahlbeton 180 mm
5 Holzfenster Lärche dreifachverglast
6 Stahlblech beschichtet 3 mm
7 Flachstahl verzinkt farbbeschichtet 40/10 mm
8 WDVS Feinputz mineralisch Mineralwolle 80 mm
9 Flachstahl verzinkt farbbeschichtet 50/10 mm
10 Balkon Betonfertigteil thermisch getrennt

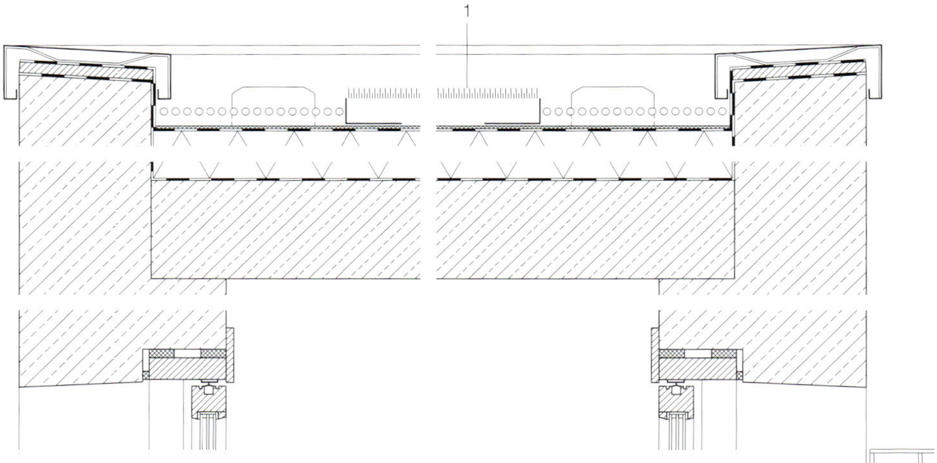

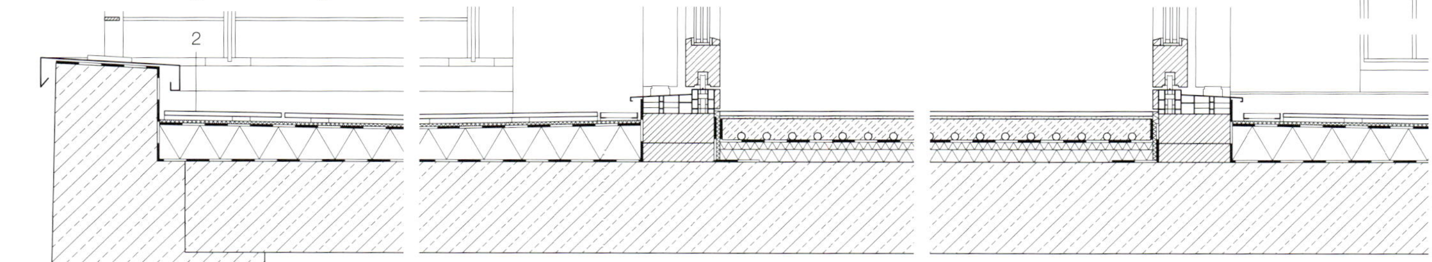

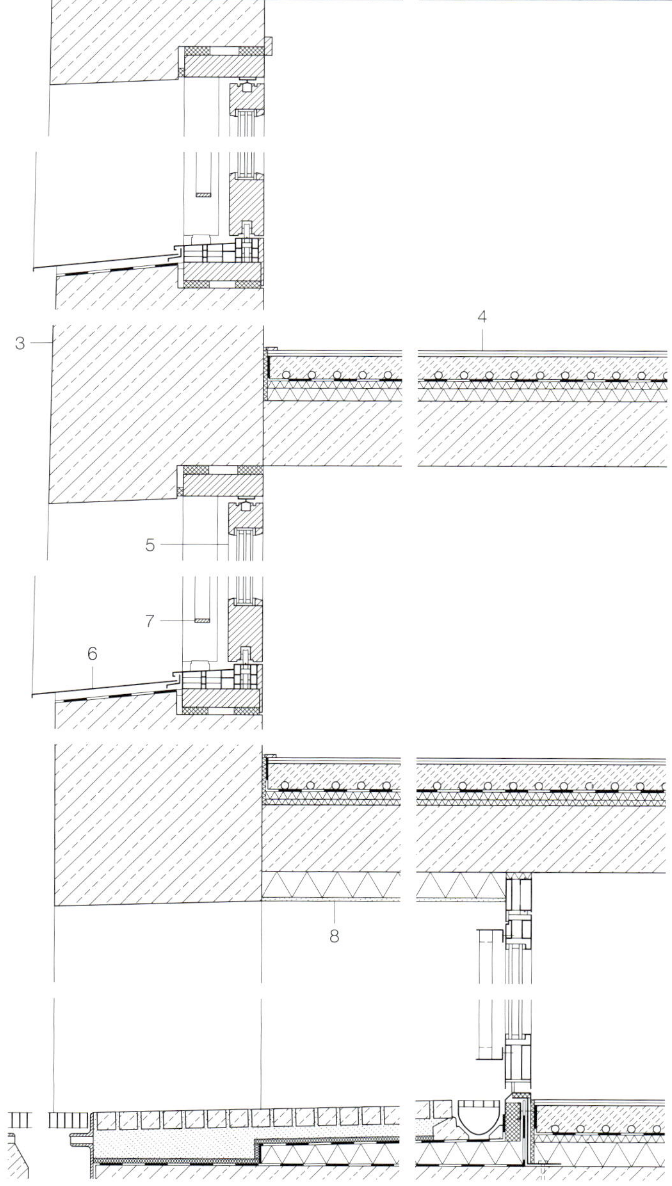

1 80 mm extensive planting layer
5 mm protective mat; 5 mm sealing layer
130–270 mm exp. polystyrene insulation to falls
vapour barrier; 270 mm reinf. concrete roof
2 11 mm paving slabs to 2% falls
13 mm fixing layer; passive capillary drainage
plastic sealing layer
80–100 mm insulation to falls; vapour barrier
3 550 mm (min.) exposed insulating-concrete wall
4 16 mm oak strip parquet laid on edge
69 mm screed with underfloor heating
polythene layer; 20 mm impact-sound insulation
35 mm additional insulation for media services
180 mm reinforced concrete floor
5 larch window frame with triple glazing
6 3 mm coated sheet steel
7 40/10 mm galv. steel flat with coloured coating
8 composite thermal insulation:
80 mm mineral wool; plaster
9 50/10 mm galv. steel flat with coloured coating
10 precast concrete balcony, thermally separated

Detailschnitt
Maßstab 1:20
Schnitt
Maßstab 1:250

Sectional details
scale 1:20
Section
scale 1:250

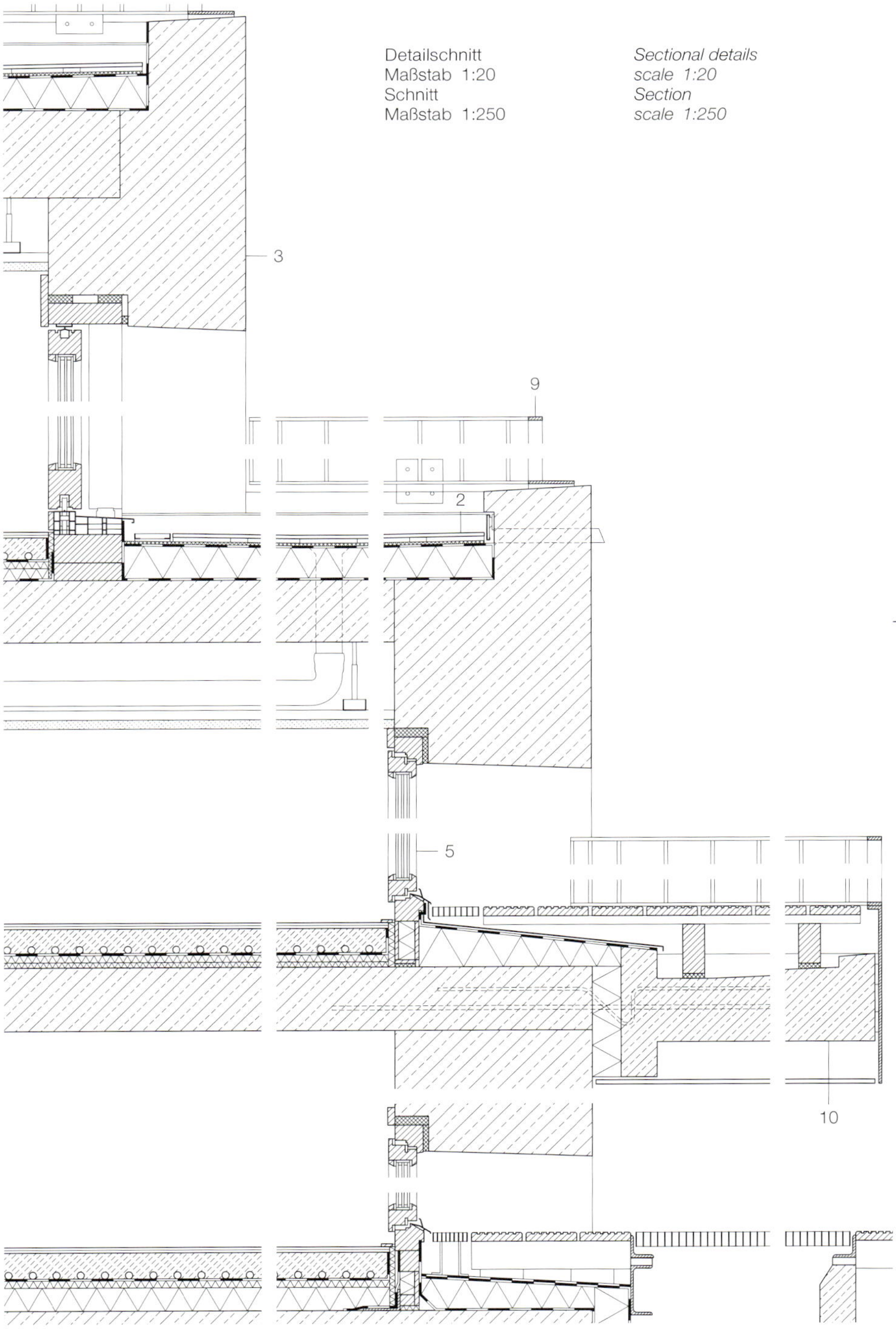

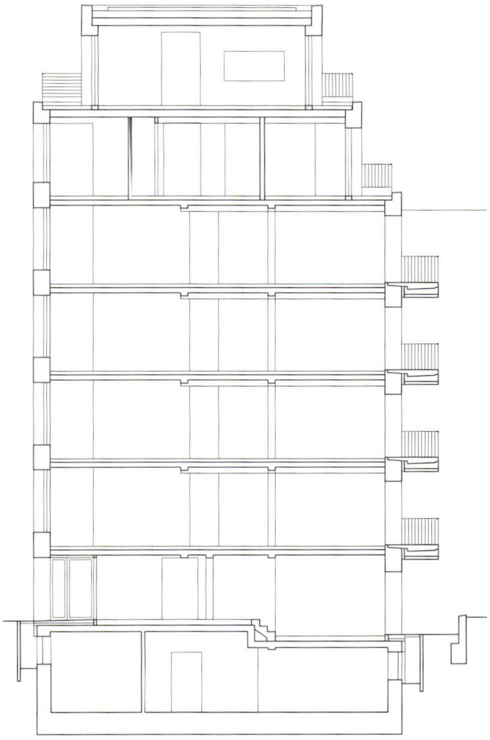

aa

Terrassenwohnhaus in Brugg

Terraced Housing in Brugg

Architekten / *Architects:*
Ken Architekten, Zürich
Tragwerksplaner / *Structural engineers:*
Heyer Kaufmann Partner, Baden

Lageplan
Maßstab 1:4000
Schnitt 1. Obergeschoss
Erdgeschoss
Maßstab 1:500

Site plan
scale 1:4,000
Section
First floor • Ground floor
scale 1:500

An einem Südhang am Rand der Schweizer Kleinstadt Brugg behauptet sich das neue Terrassenwohnhaus inmitten heterogener Wohnbebauung. Eine umlaufende Mauer aus lasiertem Sichtbeton fasst die sechzehn Eigentumswohnungen zu einer selbstbewussten Großform zusammen, unregelmäßig geknickt reagiert sie auf die Topographie des Hangs. Die Oberflächen der direkten Umgebung – Wiese und Asphalt – stoßen unmittelbar an das Bauwerk. Der Asphalt fließt an der Südostecke bis in die Eingangshalle hinein. Von hier erschließt ein Schrägaufzug die acht Wohnebenen. Direkt darüber führt die als Kaskadentreppe ausgeführte Liftschachtdecke bis zur Gemeinschaftsterrasse mit Spielplatz auf der obersten Plattform. Gemeinsam bilden Treppe und Aufzug das mittige Rückgrat der Anlage, das sich als Betonband deutlich nach außen abzeichnet. Beidseits davon sind die Wohnungen in parallel zum Hang verlaufenden Raumschichten organisiert und über die ganze Breite zu großzügigen Dachterrassen hin orientiert. Dicke, abgeschrägte Betonbrüstungen sowie die äußeren und mittigen Betonmauern schützen diese privaten Freibereiche vor Lärm und Einblicken. Die ebenerdige Parkgarage schirmt das ganze Ensemble, vor allem aber die Dachgärten der untersten Wohnebene von der Straße ab. Jede Wohnung hat zwei Zugänge, ein großzügiges Entrée vom Aufzug in der hinteren Raumschicht sowie einen Eingang von der Treppe direkt an der Fassade. Von hier erstreckt sich der Wohnbereich entlang der komplett verglasten Terrassenfront bis zur Außenwand, einzelne Zimmer lassen sich mit Leichtbauwänden abteilen. Ein Band mit Nebenräumen zwischen Entrée und Bad trennt den hangseitigen Keller ab, unbeheizte Abstellräume und Waschküchen bilden hier den Übergang. Kleine Bad- und Kellerfenster perforieren als unregelmäßiges Muster die Umfassungsmauern. Ähnliche Öffnungen belichten und belüften Garage und Treppenhaus von der Straßenfront und den Seitenwänden des zentralen Rückgrats. DETAIL 11/2014

1 Eingangshalle
2 Parkgarage
3 Schutzraum
4 Entrée Wohnung (von Schrägaufzug)
5 Zugang (von Treppe)
6 Küche
7 Wohn-/Essraum
8 Zimmer
9 Dachterrasse
10 Dachgarten
11 Abstellraum (unbeheizt)
12 Waschküche (unbeheizt)
13 Keller/Technik
14 Spielplatz/Gemeinschaftsterrasse

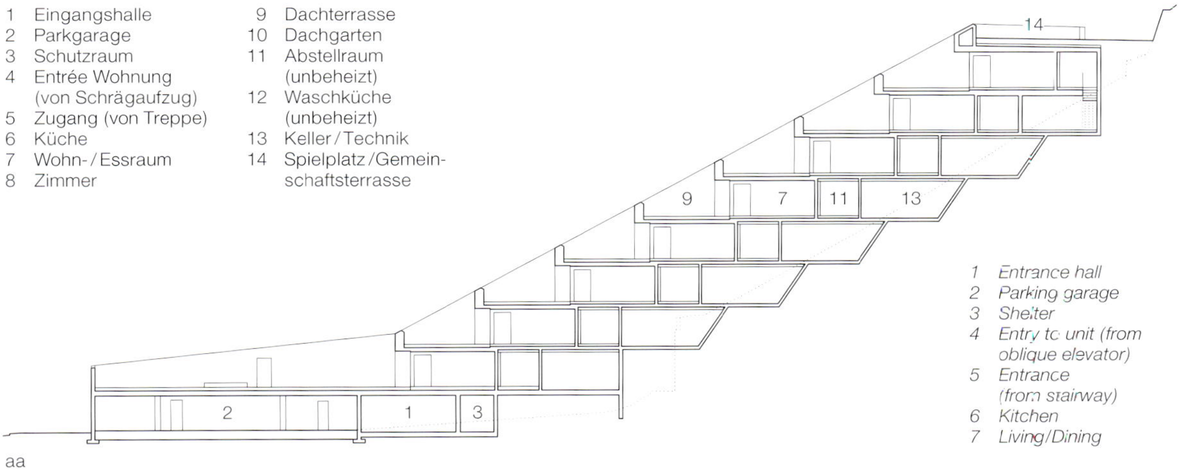

aa

1 Entrance hall
2 Parking garage
3 Shelter
4 Entry to unit (from oblique elevator)
5 Entrance (from stairway)
6 Kitchen
7 Living/Dining
8 Non-programmed room
9 Roof terrace
10 Roof garden
11 Storage (not heated)
12 Laundry (not heated)
13 Basement/Bldg.serv.
14 Playground/Shared terrace

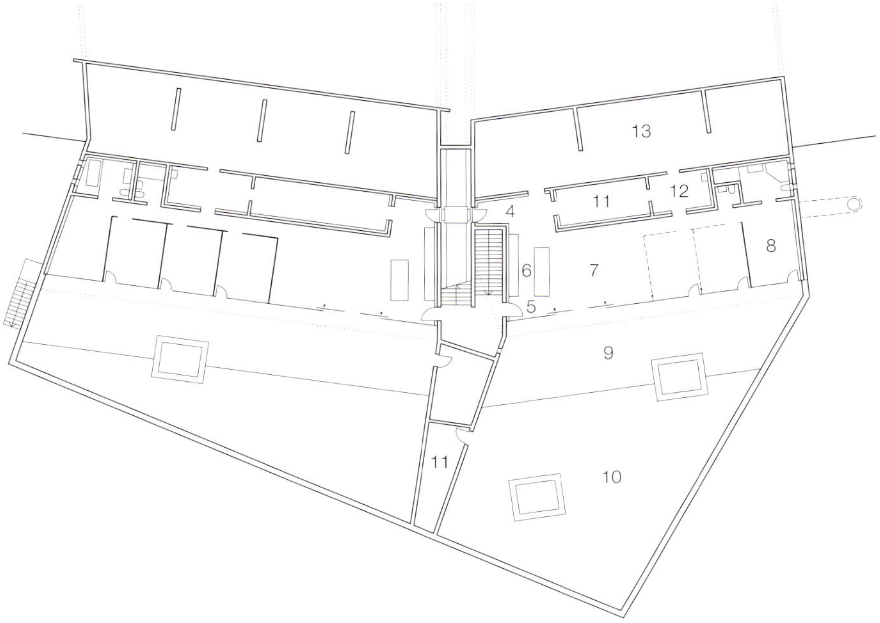

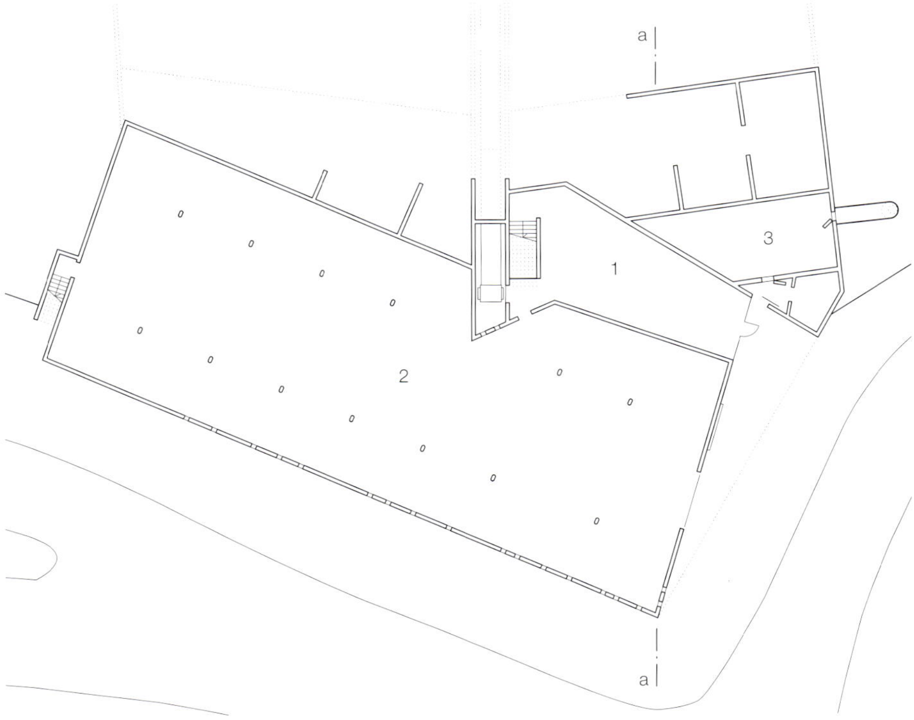

This robust residential complex is located in heterogeneous residential fabric on a southerly slope on the edge of town. A perimeter wall of exposed concrete holds together 16 condominium apartments in an irregular form that responds to the topography of the slope. The surfaces surrounding the new structure – meadow and asphalt – abut the building. The asphalt even flows into the lobby. The sloping elevator situated here serves the eight living levels; the ceiling deck above the elevator shaft doubles as flight of stairs that leads to the shared terrace and playground on the uppermost level. Together, stairs and elevator form the spine, which is clearly legible on the exterior as concrete band. On both sides of it the units are arranged in layers of space that run parallel to the slope and are oriented to the spacious roof terraces. Both the thick concrete parapets with oblique tops and the concrete walls shield these outdoor spaces from noise and visual contact with passers-by and neighbours. Moreover, the ground level parking garage screens the entire ensemble – and in particular, the roof gardens of the first floor flats – from the street. Each unit has two entrances: a large entry connected directly to the elevator at the rear of the apartment and an entrance from the stairway at the facade. From there the living area extends along the completely glazed front to the outer wall; lightweight wall construction may be employed if separate rooms are desired.

Horizontalschnitt • Vertikalschnitt
Maßstab 1:20

Horizontal section • Vertical section
scale 1:20

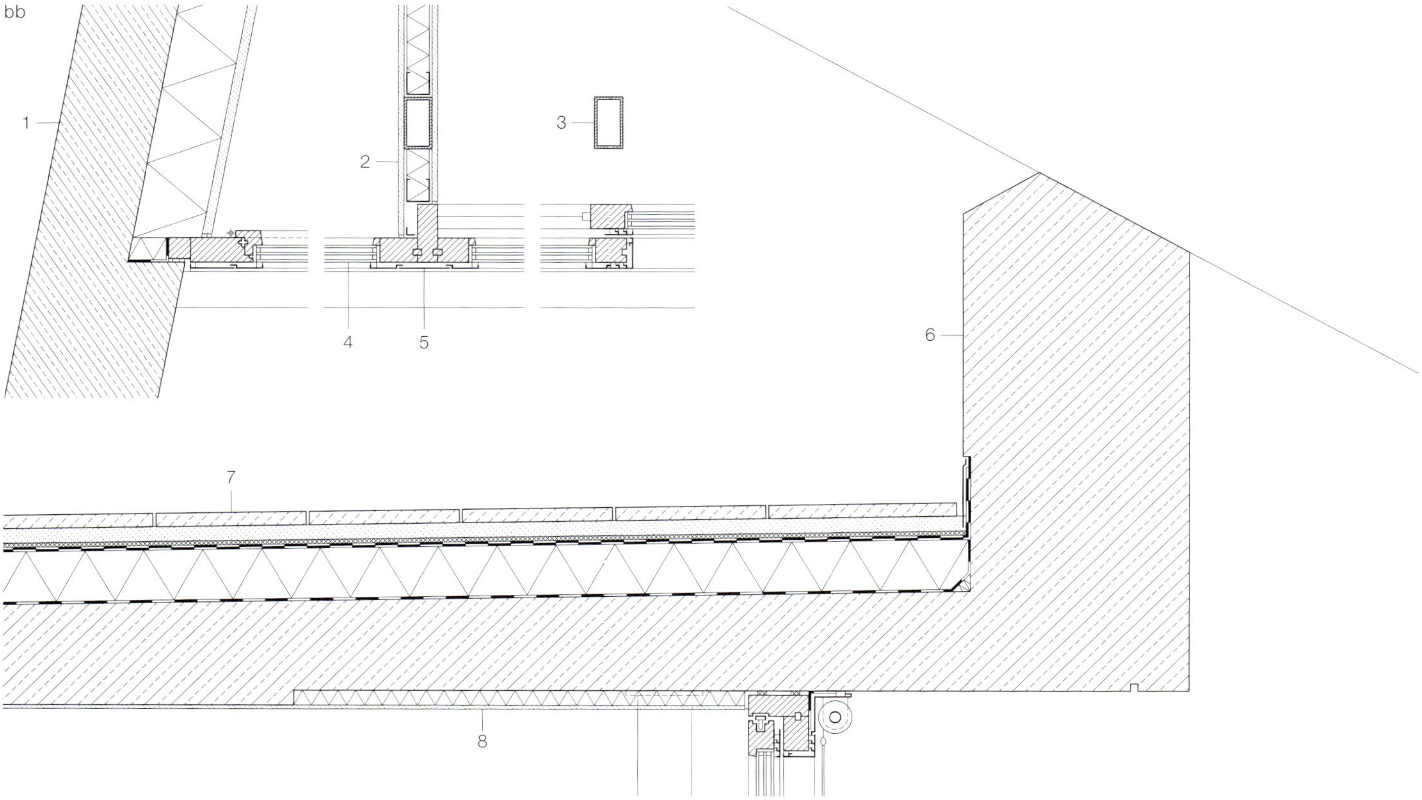

1 Außenwand Sichtbeton (Klasse 2), lasiert 250 mm
Wärmedämmplatte XPS 180 mm
Gipsfaserplatte gespachtelt und gestrichen 25 mm
2 Leichtbauwand 105 mm:
Gipskartonplatte 15 mm
Mineralwolle 50 mm
Gipskartonplatte 15 mm
3 Stahlstütze 140/70 mm
4 Dreifach-Isolierverglasung in Rahmen Holz/Aluminium
5 Abdeckblech Aluminium, einbrennlackiert
6 Brüstung Sichtbeton lasiert 600 mm
7 Zementplatten 36 mm
Splittschüttung 40 mm
Dränmatte geosynthetisch, vlieskaschiert 10 mm
Dichtungsbahn Elastomerbitumen, zweilagig 5 + 5 mm
Wärmedämmung PUR-Hartschaum, aluminiumkaschiert 140 mm
Dampfbremse Elastomerbitumen 5 mm
Stahlbeton im Gefälle 240–310 mm
Weißputz 10 mm
8 Weißputz 10 mm
Randstreifen Wärmedämmplatte, XPS 40 mm (in Schalung eingelegt)
9 Parkett 10 mm, Zementestrich mit Fußbodenheizung 80 mm, PE-Folie
Trittschall-/Wärmedämmplatte, Glaswolle gekreppt 40 mm
Stahlbeton 260 mm
Wärmedämmplatte XPS 180 mm
10 Weißputz 5 mm, Grundputz 10 mm
Backstein 200 mm
Wärmedämmplatte Glaswolle mit Glasgewebe kaschiert 160 mm
11 Rinne Edelstahl in Splitt verlegt
12 Pflanztrog

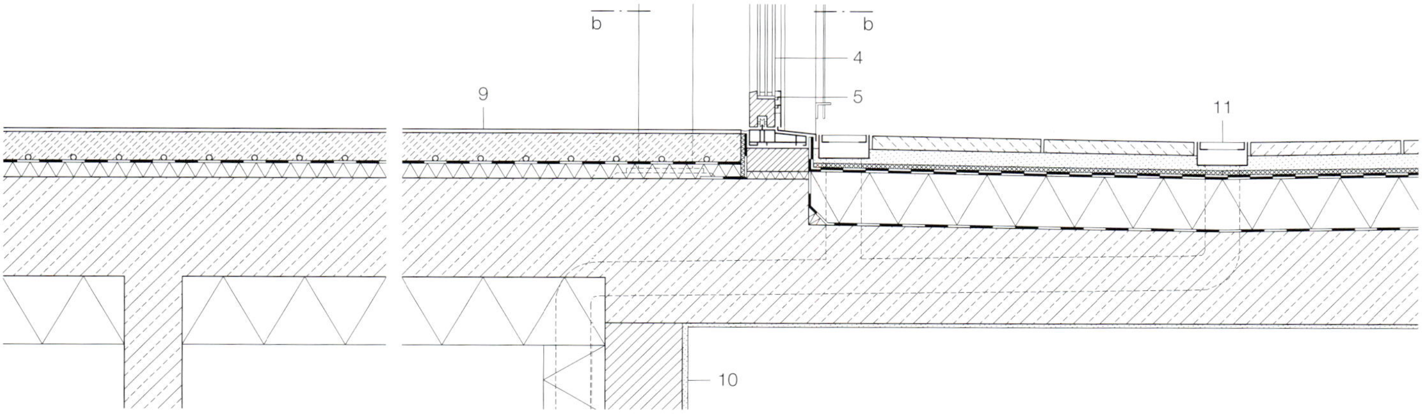

1 250 mm reinforced concrete exterior wall (type II), lazure coating
180 XPS thermal insulation board
25 mm gypsum fibreboard, trowelled and painted
2 105 mm lightweight construction wall
15 mm plasterboard
50 mm mineral wood
15 mm plasterboard
3 140/70 mm steel column
4 triple glazing in wood-aluminium frame
5 aluminium flashing, annealed
6 exposed concrete parapet (type II), lazure coating
7 36 mm cement board
40 mm grit filling
10 mm lam. filter fleece, geotextile
5 + 5 mm sealing layer elastomeric bitumen, two layers
140 mm rigid polyurethane foam insulation, aluminium foil facing
5 mm elastomeric bitumen vapour retarder
240–310 mm reinforced concrete to falls; 10 mm gypsum plaster
8 10 mm gypsum plaster; 40 mm XPS thermal insulation board edge stripping (placed in formwork)
9 10 mm parquet; 80 mm cement screed with underfloor heating polythene sheeting
40 mm creped glass-wool impact sound/thermal insulation board
260 mm reinforced concrete
10 5 mm gypsum plaster, 10 mm roughcast plaster, 200 mm brick
160 mm glass-wool thermal insulation board with woven glass fabric facing
11 stainless-steel gutter in grit
12 planter

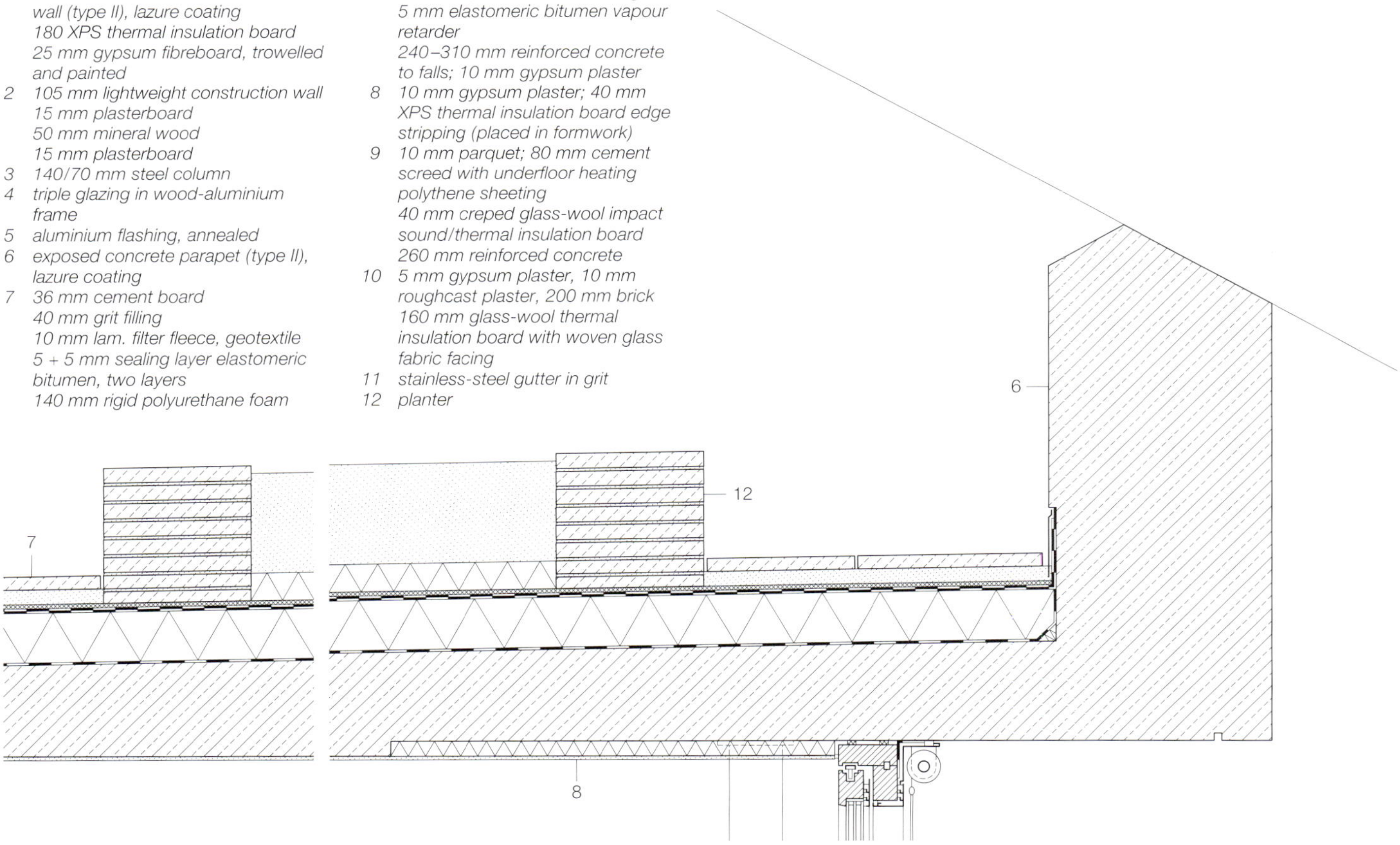

Wohnhaus in Vrhovlje

Residence in Vrhovlje

Architekten / *Architects:*
dekleva gregorič architects, Ljubljana
Tragwerksplaner / *Structural engineers:*
Luka Pavlovčič, Ljubljana

Die Venezianer nutzten die Baumbestände bei Triest zum Bau ihrer Stadt auf hölzernen Pfählen und hinterließen eine karge Landschaft mit bloßgelegten Kalksteinböden. Die traditionellen Häuser der Karst-Region bestehen hauptsächlich aus diesem Stein, ihre geschlossene Kubatur mit geneigtem Dach und nahezu fensterlosen Fassaden schützt die Bewohner vor Wind und Wetter. Das Einfamilienhaus, das die Architekten »Compact Karst House« nennen, nimmt diese Tradition auf und interpretiert sie neu. Abweichend von der ursprünglich handwerklich sehr aufwändigen Bauweise wählten sie eine hybride Tragstruktur aus Ziegelmauerwerk mit einem geneigten Dach aus Stahlbeton. Um dem Baukörper dennoch einen monolithisch steinernen Charakter zu verleihen, versahen sie die Fassade mit einer äußeren Schicht aus Stein und Beton. Dafür wird in die Gleitschalung vor dem Ziegel zunächst eine Schicht aus Kalkstein eingelegt und diese dann rückseitig mit Mörtel vergossen. Überschüssiger Mörtel, der durch die Fugen an die Oberfläche tritt, wurde nur grob entfernt, sodass eine lebendige Struktur entsteht. Das Dach wirkt wie eine massive Steinplatte. Der Effekt entsteht durch die abgetreppte, farblos imprägnierte Betonstruktur. Die Dichtung liegt darunter, auf der Wärmedämmung und einer weiteren Betonplatte, die innen sichtbar bleibt. Die Wohnräume selbst stecken in zwei hölzernen Kuben, die frei in der äußeren Schale stehen, verbunden durch eine Brücke. Im Erdgeschoss bieten etwas größere Öffnungen Ausblicke in die Landschaft, während Oberlichter in den beiden Schlafräumen den Blick auf den Himmel frei geben. Alle Einbauten und Trennwände bestehen aus Dreischicht-Fichtenholz, tragende Elemente aus CLT-Massivholz. Die boxenförmigen, abgehängten Holzstufen der Treppe können rückseitig als Regalfächer genutzt werden. Das prototypische Gebäude soll zu einem späteren Zeitpunkt bei wachsendem Budget des Bauherrn in ein Ferienhaus verwandelt und um ein größeres »Karst House« ergänzt werden. DETAIL 07–08/2015

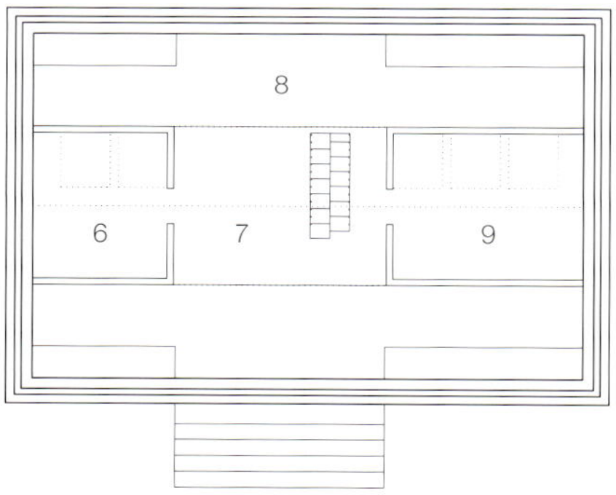

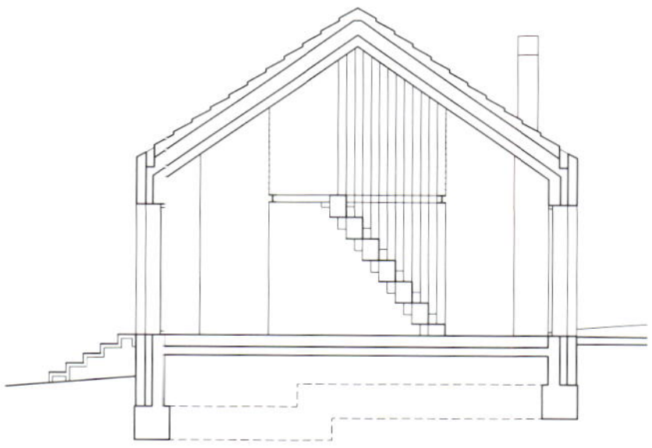

aa

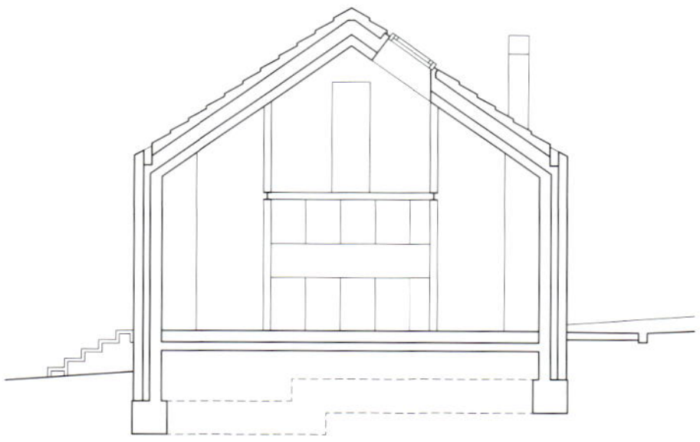

bb

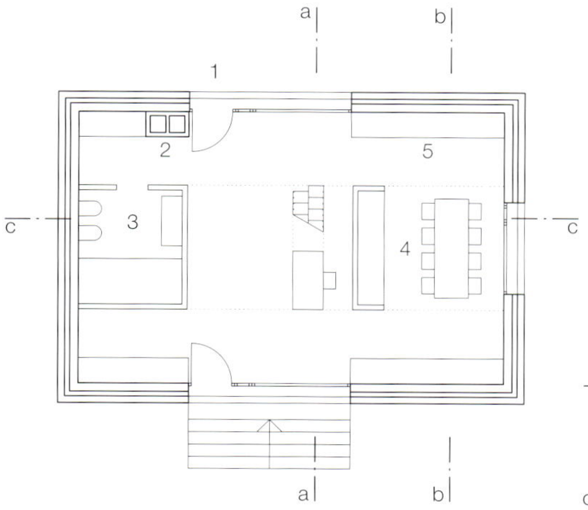

cc

Lageplan
Maßstab 1:1000
Grundrisse
Schnitte
Maßstab 1:200

Site plan
scale 1:1,000
Layout plans
Sections
scale 1:200

1 Eingang
2 Kamin
3 Bad
4 Küche / Esszimmer
5 Einbauschrank
6 Kinderschlafzimmer
7 Spielbrücke
8 Luftraum
9 Schlafzimmer

1 Entrance
2 Chimney
3 Bathroom
4 Kitchen / Dining room
5 Built-in closet
6 Children's bedroom
7 Bridge as play space
8 Void
9 Bedroom

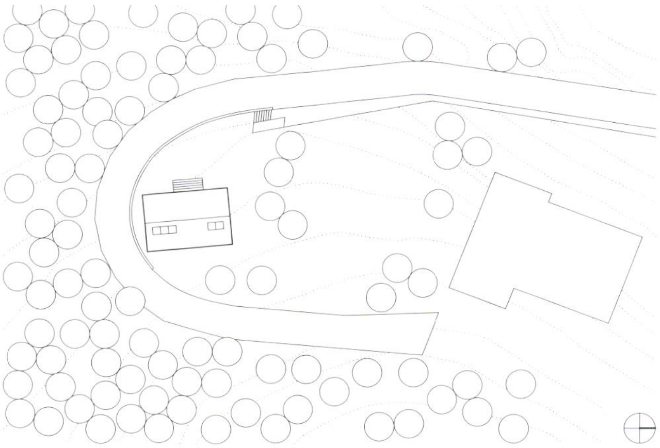

To get the wood for the pilings required to build their city, Venetians exploited the forests along the eastern coast of the Adriatic Sea, including those near Trieste. Here, in the Karst Region, they left behind a denuded landscape whose limestone bedrock had been laid bare. The traditional dwellings were built using that very stone. Their outer shells cloak compact volumes with sloped roofs and nearly windowless facades that protect the inhabitants from wind, rain and snow. The design of this new single-family residence, which the architects call Compact Karst House, picks up on this tradition and reinterprets it. In a departure from the original elaborate handcrafted construction method, they selected a hybrid structural system of brick masonry, with a sloped roof erected in reinforced concrete. But to give the building massing the monolithic impression of stone, they specified that the facade be executed with an outer layer of stone and concrete. Slip-forms were employed to create these outer wythes: stone was placed in the slip-form, and then the mortar was added. The excess mortar that came to the surface through the joints was only partially removed; in this manner the architects achieved an animated surface texture. The roof has the appearance of a solid slab of stone. The effect is produced by stepping the concrete slab. The seal is positioned below it, atop the thermal insulation and another concrete slab; the latter remains visible inside. The living spaces are situated in two two-storey wooden volumes – linked by a bridge – that are independent of the outer shell. On the ground storey, somewhat larger openings furnish views out to the landscape, while skylights in both bedrooms supply views of the sky. All built-ins and partition walls employ softwood plywood; load-bearing components are of cross-laminated timber slabs. The backsides of the suspended stairs' box-shaped, wood steps function as bookcases. At a later point in time, when the clients' construction fund has grown, this prototype-like house will become a weekend house, and a larger Karst House will be added nearby.

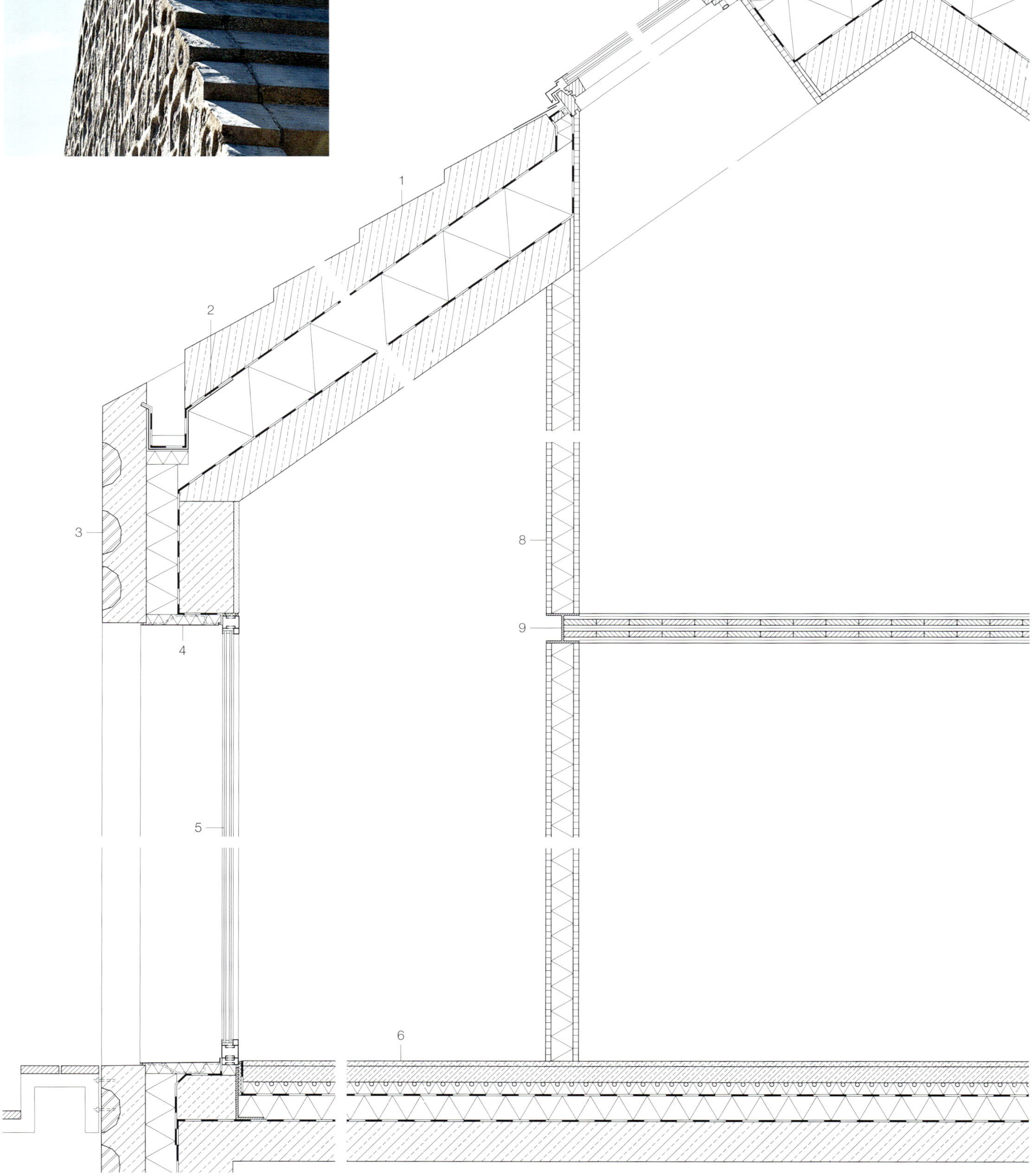

1
2
3
4
5
6
7
8
9

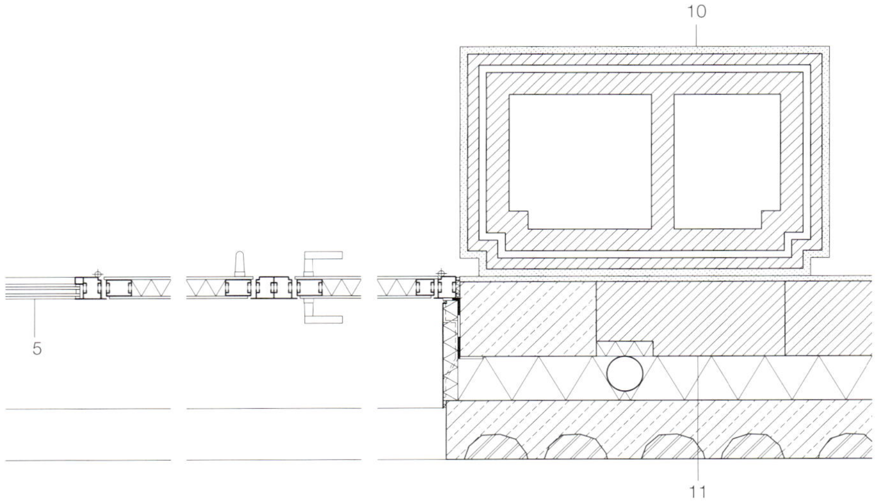

Vertikalschnitt
Horizontalschnitt
Maßstab 1:20

1 Stahlbeton farblos imprägniert 140–180 mm
Dachdichtung
Wärmedämmung XPS 240 mm
Dampfbremse
Stahlbeton 160 mm
2 Kantenverstärkung Weißblech 0,6 mm
3 Bruchstein-/Betonmauerwerk 160 mm
Wärmedämmung XPS 120 mm
Dampfbremse
Stahlbetonsturz 200 mm, Putz 20 mm
4 Fensterlaibung Weißblech 2 mm mit Flachstahlanker
Wärmedämmung Mineralwolle 40 mm
Dichtungsstreifen
5 Float 8 + SZR 16 + VSG 2× 4 mm
U_g = 1,0 W/m²K
in Stahlrahmen schwarz lackiert
6 Estrich geglättet 20 mm
Estrich armiert 60 mm
Fußbodenheizung in Dämmung 30 mm, PE-Folie
Wärmedämmung EPS 70 mm
Polymerbitumendichtung
Stahlbeton 150 mm
7 Schwingfenster ESG 6 + SZR 12 + ESG 6 mm in Kieferrahmen, Deckleiste Aluminium
8 Dreischichtplatte Fichte 2× 19 mm dazwischen Dämmung 80 mm
9 Stahlprofil I 120 mm mit CLT-Massivholz Fichte 120 mm
10 Kaminschacht:
Putz 20 mm
Ziegelmauerwerk 30 mm
Luftschicht 20 mm
Ziegelmauerwerk 60 mm
11 Mauerwerk Ziegel 500/200 mm
Putz 20 mm

Vertical section • Horizontal section
scale 1:20

1 140–180 mm reinforced concrete, transparent seal; roof seal
240 mm XPS thermal insulation
vapour retarder; 160 mm reinf. concr.
2 edge reinforcement: 0.6 mm tin-coated steel
3 160 mm quarry stone/concrete masonry; 120 mm XPS thermal ins.
vapour retarder; 200 mm reinforced concrete lintel; 20 mm plaster
4 window lintel: 2 mm tin-coated steel with steel flat anchor
40 mm mineral wool thermal insulation
sealing strips
5 8 mm float + 16 mm cavity + 2× 4 mm lam. safety glass
U_g = 1.0 W/m²K in steel frame, black lacquered
6 20 mm screed, trowelled
60 mm screed, reinforced
30 mm underfloor heating in insulation
polythene membrane
70 mm EPS thermal insulation
polymer-modified bituminous sealant
150 mm reinforced concrete
7 pivot-hung window: 6 mm toughened glass + 12 mm cavity + 6 mm toughened glass in pine frame, aluminium flashing
8 30 mm insulation sandwiched betw. 2× 19 mm lumber-core plywood (3-ply), softwood
9 120 mm steel I-section with 120 mm softwood cross-laminated timber board
10 chimney shaft; 20 mm plaster
30 mm brick masonry; 20 mm gap
60 mm brick masonry
11 500/200 mm brick masonry
20 mm render

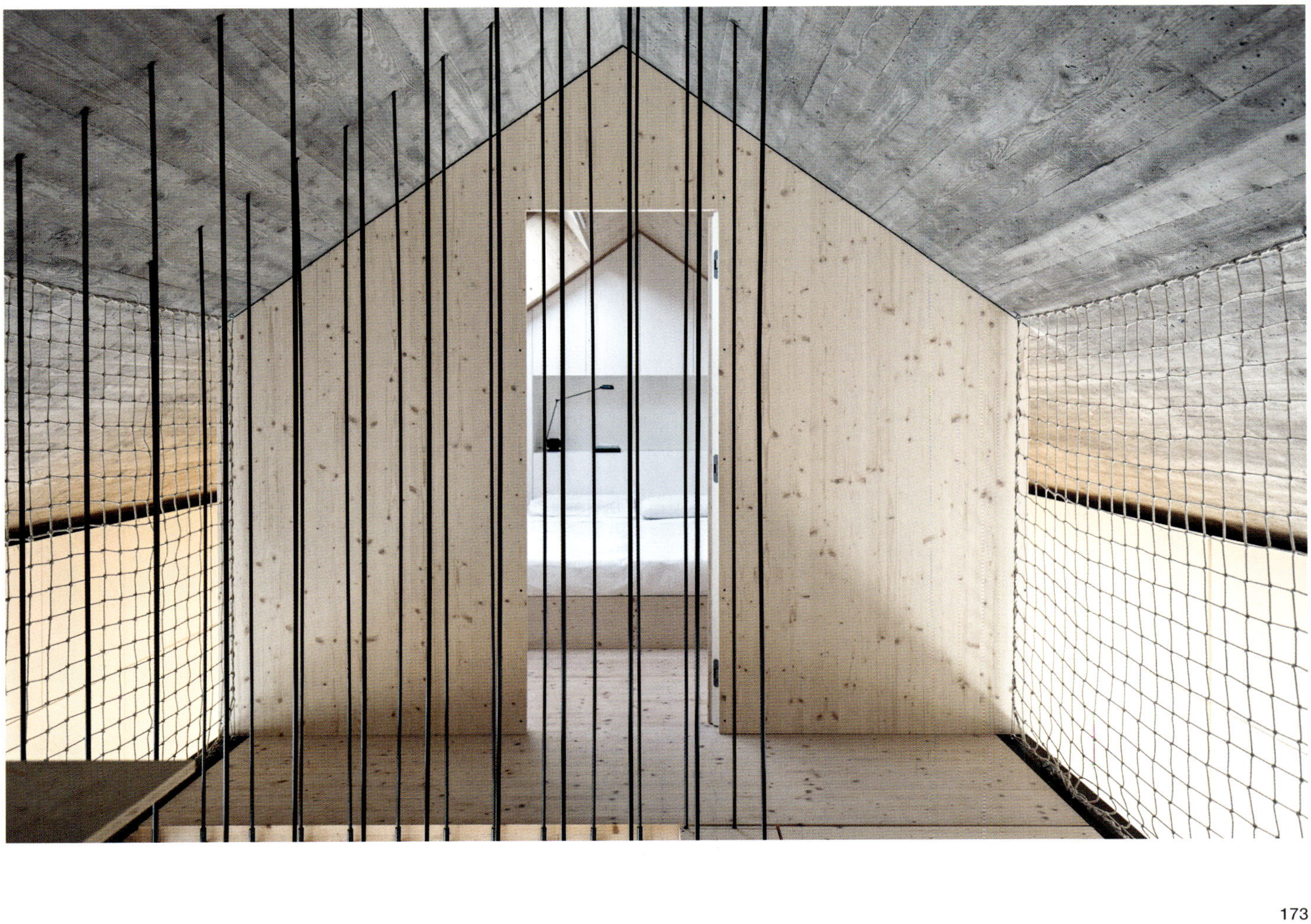

Atelierpavillon in Dublin

Artist's Studio in Dublin

Architekten / *Architects:*
Architecture Republic, Dublin
Tragwerksplaner / *Structural engineers:*
Casey O'Rourke Associates, Dublin

The small volume of the studio is set between two external spaces: a rear patio and a small garden on the street face. The structure is 5 × 5 m on plan and has a room height of 2.40 m at the entrance, increasing to 3.15 m in the middle, where the floor is set 75 cm below ground level. The walls and soffit are in exposed boarded concrete, the texture of which is accentuated by glancing light from two top-light strips. Polished concrete slabs set peripherally at different heights form planar elements for working, sitting and resting. The cubic space, with large continuous areas for hanging pictures, is distinguished by its calm, introverted character. Visual links with the exterior are mainly from sitting positions.

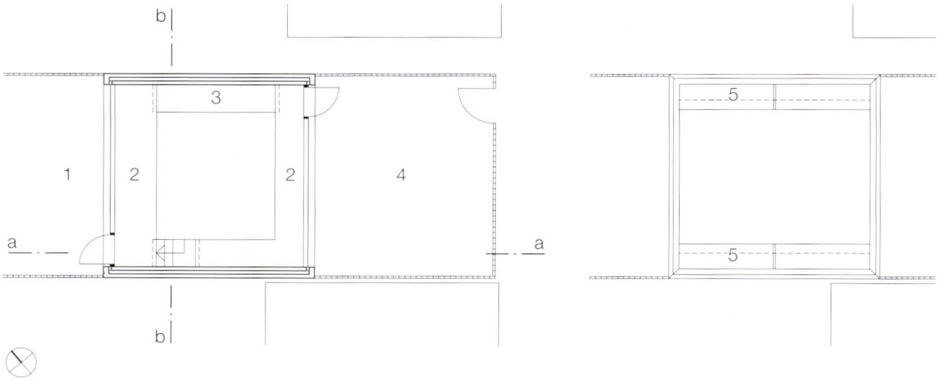

Das Atelier eines Künstlers innerhalb des eigenen Gartens ist soweit von der Straße zurückgesetzt, dass eine kleine Gartenfläche als Pufferzone zwischen privatem Arbeitsbereich und Passanten dient. Der kleine Baukörper fügt sich so zwischen zwei neue Außenräume – einen Hof und die verbliebene Gartenfläche. Er besteht aus einem einzigen Raum mit einer Grundfläche von 5 × 5 m, dessen Fußboden 75 cm unterhalb des Geländes liegt, das auf dem Niveau der Arbeitstische anschließt. Seine Höhe weitet sich von 2,4 m am Eingang auf 3,15 m im Zentrum. Wände und Dach sind aus brettergeschaltem Beton gegossen, der dem Kubus seine texturierte innere Oberfläche verleiht. Zwei lange Oberlichtbänder versorgen die seitlichen Wände tagsüber mit Streiflicht, das diese Materialwirkung noch verstärkt. Ein rings umlaufendes Betonband mit polierter Oberfläche bildet, mehrfach gefaltet auf und ab springend, die Arbeits-, Ablage-, Sitz- und Ruhe-flächen sowie die Treppenstufen am Eingang. Eine ruhige, introvertierte Atmosphäre bestimmt den Raum, die optischen Bezüge zum Umfeld sind begrenzt und auf Sitzposition ausgerichtet. Beim Arbeiten im Stehen lassen die tiefliegenden schmalen Fensterstreifen zwar Licht und einen Eindruck des Außenraums ins Innere, darüber jedoch stehen durchgängige Wandflächen zur Hängung größerer Bildformate zur Verfügung. DETAIL 06/2013

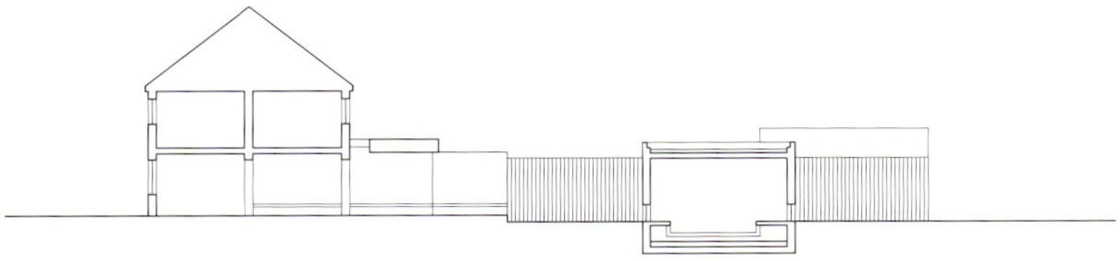

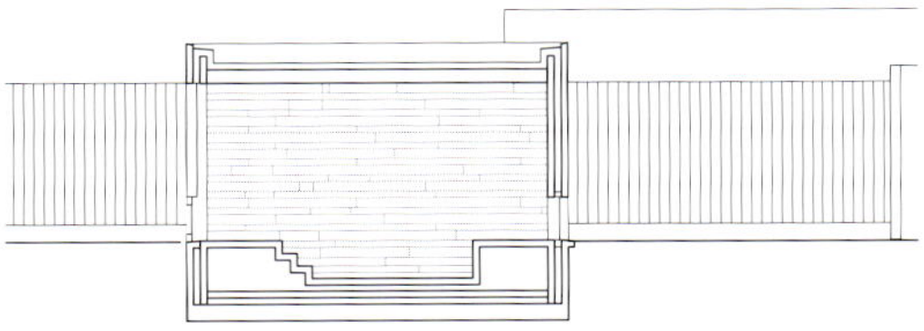

aa

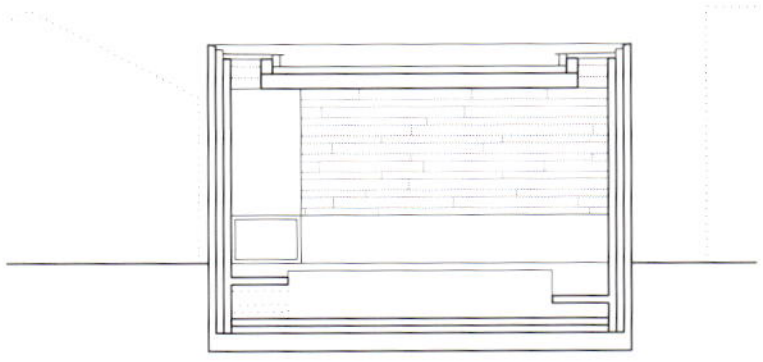

bb

Schnitt Maßstab 1:400
Grundriss • Dachaufsicht
Schnitte
Maßstab 1:200

1 Hof
2 Arbeitstisch
3 Sitzbank
4 Garten
5 Oberlicht

Section scale 1:400
Floor plan • Plan of roof
Sections
scale 1:200

1 Patio
2 Worktop
3 Bench
4 Garden
5 Roof light

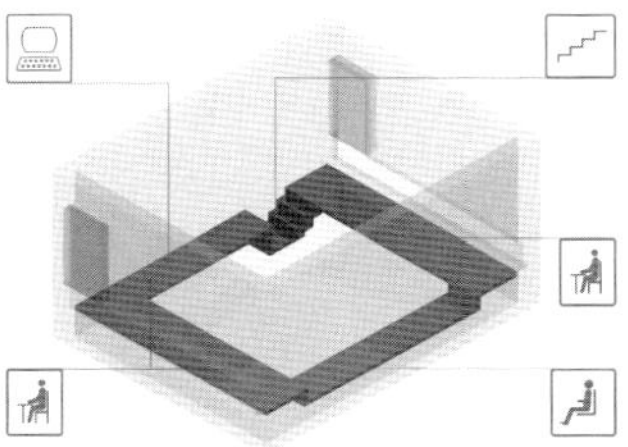

Programm / *Programme*

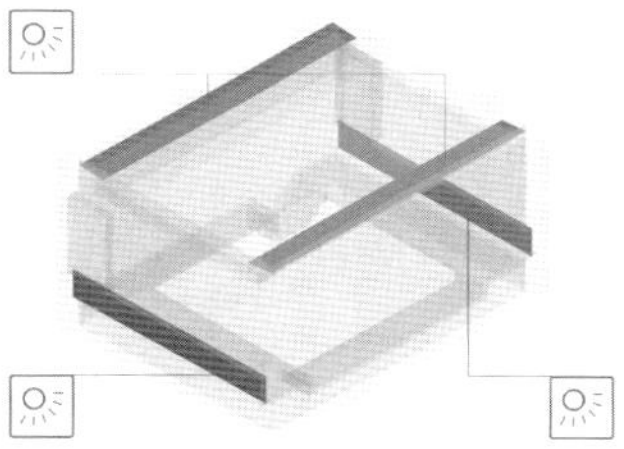

Tageslicht / *Daylight*

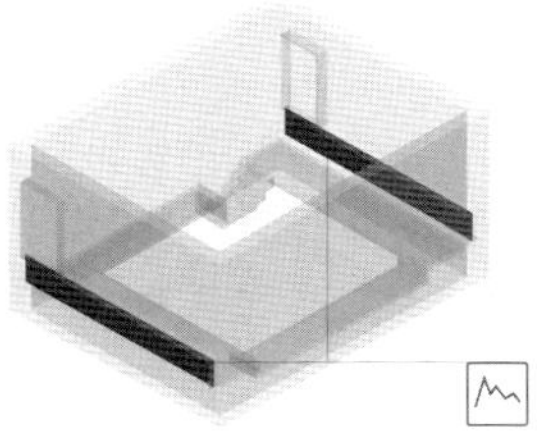

Landschaft / *Landscape*

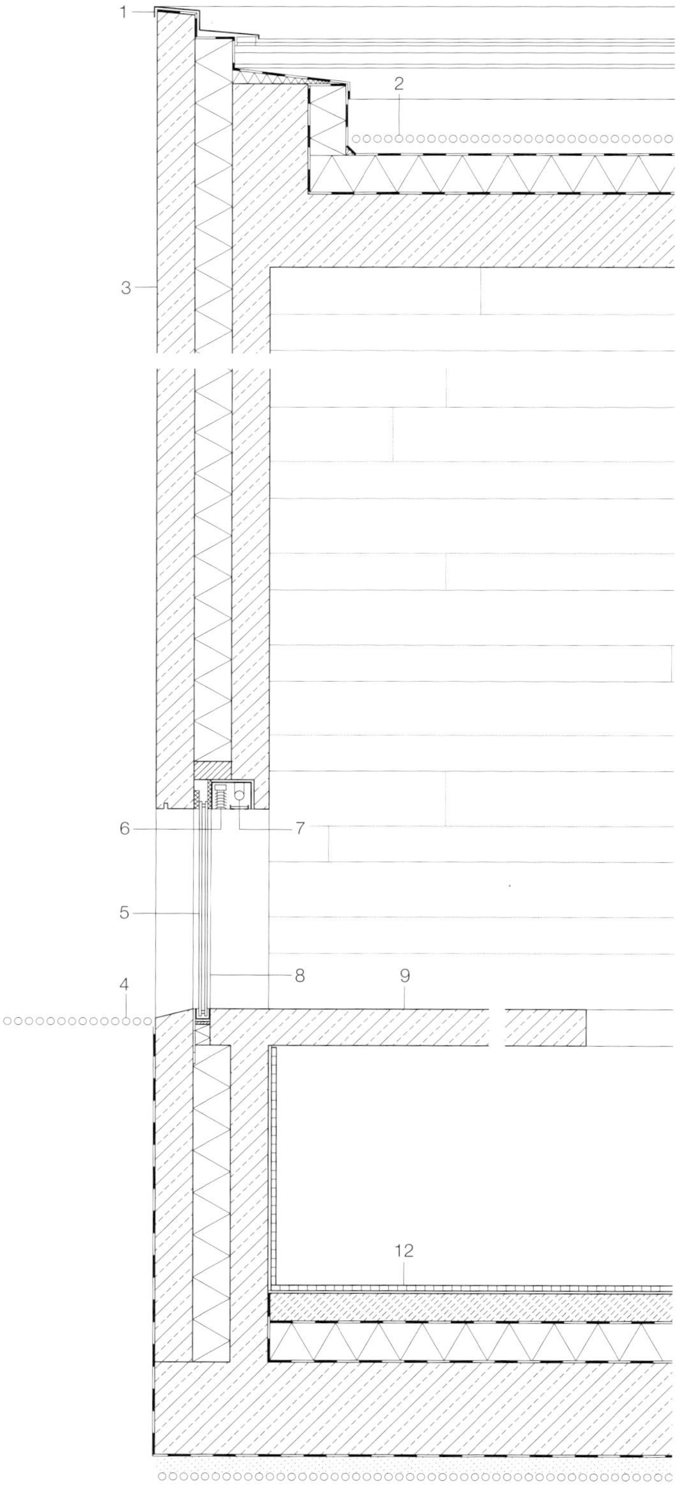

Vertikalschnitte Maßstab 1:20

1 Abdeckung Aluminiumblech 0,8 mm
2 Lavaschotterschicht 50 mm
Kunststoffdichtungsbahn 3 mm
Wärmedämmung 100 mm
Bitumenschweißbahn 3 mm
Heißbitumenschicht 3 mm
Stahlbeton, Oberfläche mit
Bretterschalungsstruktur 200 mm
3 Stahlbeton, selbstverdichtend,
außen sandgestrahlt 100 mm
Wärmedämmung XPS 100 mm
Stahlbeton, Oberfläche mit
Bretterschalungsstruktur 100 mm
4 Kiesschicht weiß
5 Isolierverglasung Festverglasung
Float 6 + SZR 12 + ESG 4 mm
6 Jalousie
7 Leuchtstoffröhre, Gehäuse
Stahlblech 2 mm
8 Rahmen Aluminium mit
Unterkonstruktion Stahlprofil,
vor Herstellung der inneren
Wandschale montiert
9 Tischplatte Stahlbeton,
Oberfläche poliert 100 mm
10 Isolierverglasung
ESG 8 + SZR 15 + VSG 8 mm
11 Aluminiumprofilrahmen
12 Birkensperrholz 15 mm
Betonestrich 100 mm
Trennlage
Wärmedämmung 100 mm
Stahlbeton 250 mm
Abdichtung
Sandbett 50 mm
Schotter verdichtet 225 mm

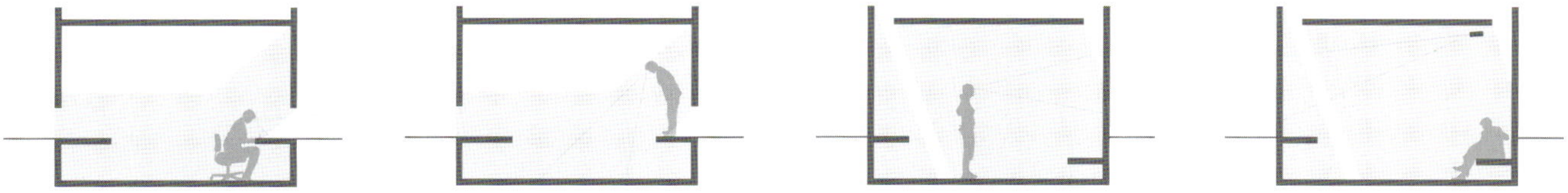

Arbeit / *Working* Überprüfung / *Reviewing* Ausstellung / *Displaying* Planung / *Planning*

Vertical sections scale 1:20

1 *0.8 mm sheet-aluminium covering*
2 *50 mm bed of crushed lava*
3 mm plastic membrane
100 mm thermal insulation
3 mm welded bituminous sheeting
3 mm hot-bitumen layer
200 mm reinforced concrete roof with exposed boarded soffit
3 *100 mm reinforced concrete, self-compacting, sandblasted externally*
100 mm extruded polystyrene thermal insulation
100 mm reinforced concrete wall with exposed boarded surface
4 *bed of white gravel*
5 *6 mm float glass + 12 mm cavity + 4 mm toughened glass*
6 *louvred blind*
7 *fluorescent tube with 2 mm sheet-steel casing*
8 *aluminium frame with steel support fixed before casting inner skin*
9 *100 mm reinforced concrete worktop with polished top surface*
10 *double glazing: 8 mm toughened glass + 15 mm cavity + 8 mm lam. safety glass*
11 *aluminium-section frame*
12 *15 mm birch plywood flooring*
100 mm concrete screed
separating layer
100 mm thermal insulation
250 mm reinforced concrete floor
sealing layer
50 mm bed of sand
225 mm compressed crushed stone

Wochenendhaus am Scharmützelsee

Weekend House on Lake Scharmützel

Architekten / *Architects:*
Augustin und Frank Architekten, Berlin
Tragwerksplaner / *Structural engineers:*
Pichler Ingenieure, Berlin

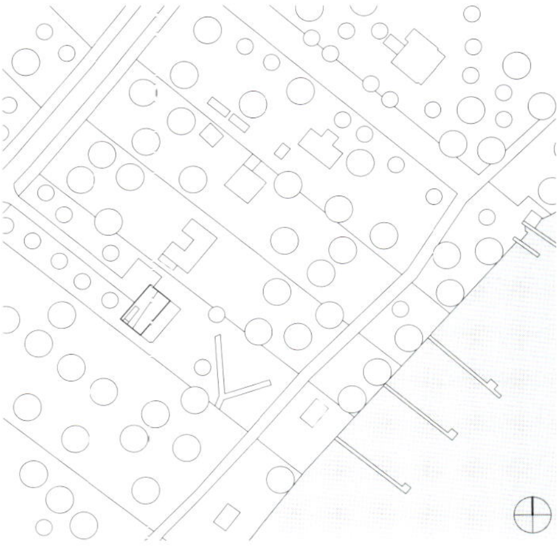

Rund 70 km südöstlich von Berlin liegt der Scharmützelsee, ein beliebtes Segelrevier. Um mehr Zeit bei den Booten verbringen zu können, wünschte der Bauherr, ein leidenschaftlicher Segler, hier ein Quartier.
Das Haus besetzt den höchsten Punkt eines lichten Waldgrundstücks direkt am See. Von der Straße steigt das Gelände leicht an, fließt durch das offene Erdgeschoss hindurch und fällt dann um 9 Meter zum Ufer ab. Dem Wunsch nach einem massiven Gebäude entsprachen die Architekten mit einem in Beton gegossenen Baukörper.
Um das Volumen zu differenzieren, sind alle Betonoberflächen profiliert, die Längsfassaden im Parterre vollständig verglast. Ein leicht aus der Mittelachse gedrehter First bricht die klassische Satteldachform. So erscheinen die zum Boden jeweils parallelen Kanten von First und Traufen je nach Blickwinkel verschieden hoch.
Im Inneren dominieren Sichtbetonflächen das Erdgeschoss. Eine abgehängte Stahltreppe zoniert diesen großen, stützenfreien Raum. Seekieferplatten kleiden das Obergeschoss komplett aus – dieses Holzfutteral weckt Erinnerungen an eine Bootskajüte. Schiebetüren, die entlang der Glasfassade zur Loggia eine Enfilade öffnen, sowie zur Firstlinie unterschiedlich orientierte Ausbauelemente lockern hier die strenge Grunddisposition auf. Im Gegensatz zu den kerngedämmten Stirnwänden im Erdgeschoss sind Außenwände und Dach der oberen Etage hinter der Holzverkleidung innen gedämmt. Die Übergänge zwischen vertikalen und geneigten Flächen der rohen Betonaußenhaut sind ohne Absatz oder Überstand gestaltet, Rinnen in die Betondachflächen integriert. Die grobe Profilierung, erzeugt durch auf die Schaltafeln genagelte gehobelte Holzleisten, läuft kontinuierlich über Kanten hinweg und bindet die Flächen zusammen. Arbeitsfugen der Betonanschlüsse sind als aufgeraute Fugen ausgebildet und bleiben ablesbar. Die Ankerlöcher im Dach sind mit eingeklebtem Faserzementkonus geschlossen. DETAIL 06/2014

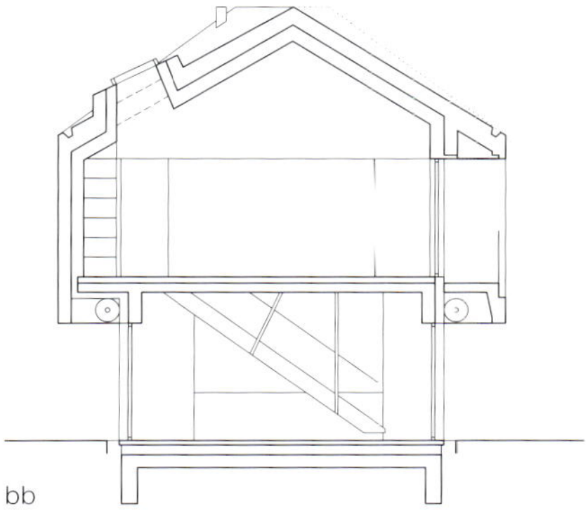

Lageplan
Maßstab 1:3000
Schnitte • Grundrisse
Maßstab 1:200

1 Küche
2 Ess-/Wohnbereich
3 Individualräume

Site plan
scale 1:3,000
Sections • Floor plans
scale 1:200

1 Kitchen
2 Dining / Living area
3 Individual spaces

Lake Scharmützel, a popular sailing venue, lies some 70 km south-east of Berlin. In order to spend more time with boats, the client, a passionate yachtsman, wanted to have a place to stay there. The house he built stands at the highest point of a tree-lined site directly on the lake. The land rises slightly from the road, flows through the transparent ground floor and falls nine metres on the other side down to the water. The architects responded to the client's wish for a solid form of construction by designing the house in concrete, the surfaces of which were given a corrugated profile as a means of articulating the volume. On the ground floor, the long facades are fully glazed. The ridge of the roof, turned at a slight angle to the central axis, varies the classical double-pitched form. As a result, the lines of the ridge and eaves, which are parallel to the ground, seem to be of varying height, depending on the angle of view.
Internally, the ground floor is dominated by exposed concrete surfaces. A suspended steel staircase divides the large, column-free space into different zones. Internally the upper floor is clad entirely with maritime pine boarding – not unlike the cabin of a yacht. Here, construction elements oriented at various angles to the ridge and with sliding doors along the glazed facade create an enfilade next to the loggia and help to alleviate the strict, basic layout.
In contrast to the ground floor end walls with their core insulation, the roof and the outer walls on the upper level are insulated behind the internal timber lining. Junctions between the vertical and sloping areas of the exposed concrete outer skin are designed without offsets or projections. Rainwater gutters have been integrated in the concrete roof surfaces. The corrugated outer texture, created by wrot rectangular wooden strips nailed to the shuttering panels, continues over the edges, unifying the whole volume. The joints between working stages in the concrete were roughened and thus remain legible. Tie holes in the roof were sealed with adhesive-fixed fibre-cement conical inserts.

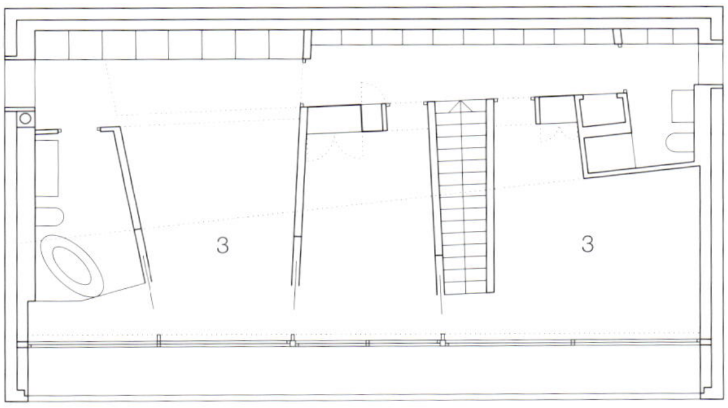

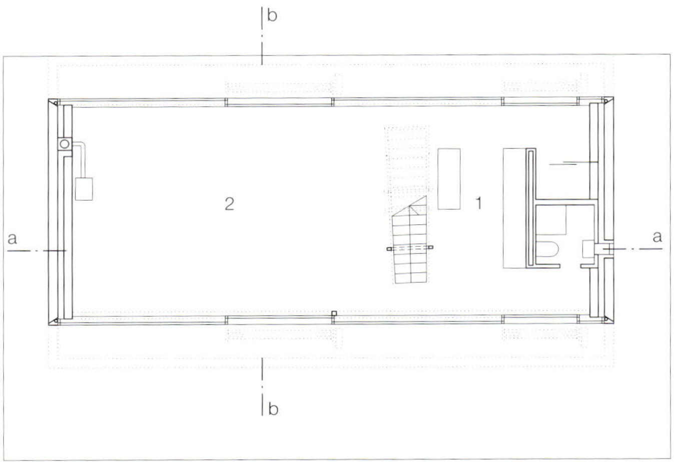

Schnitte
Maßstab 1:20

Sections
scale 1:20

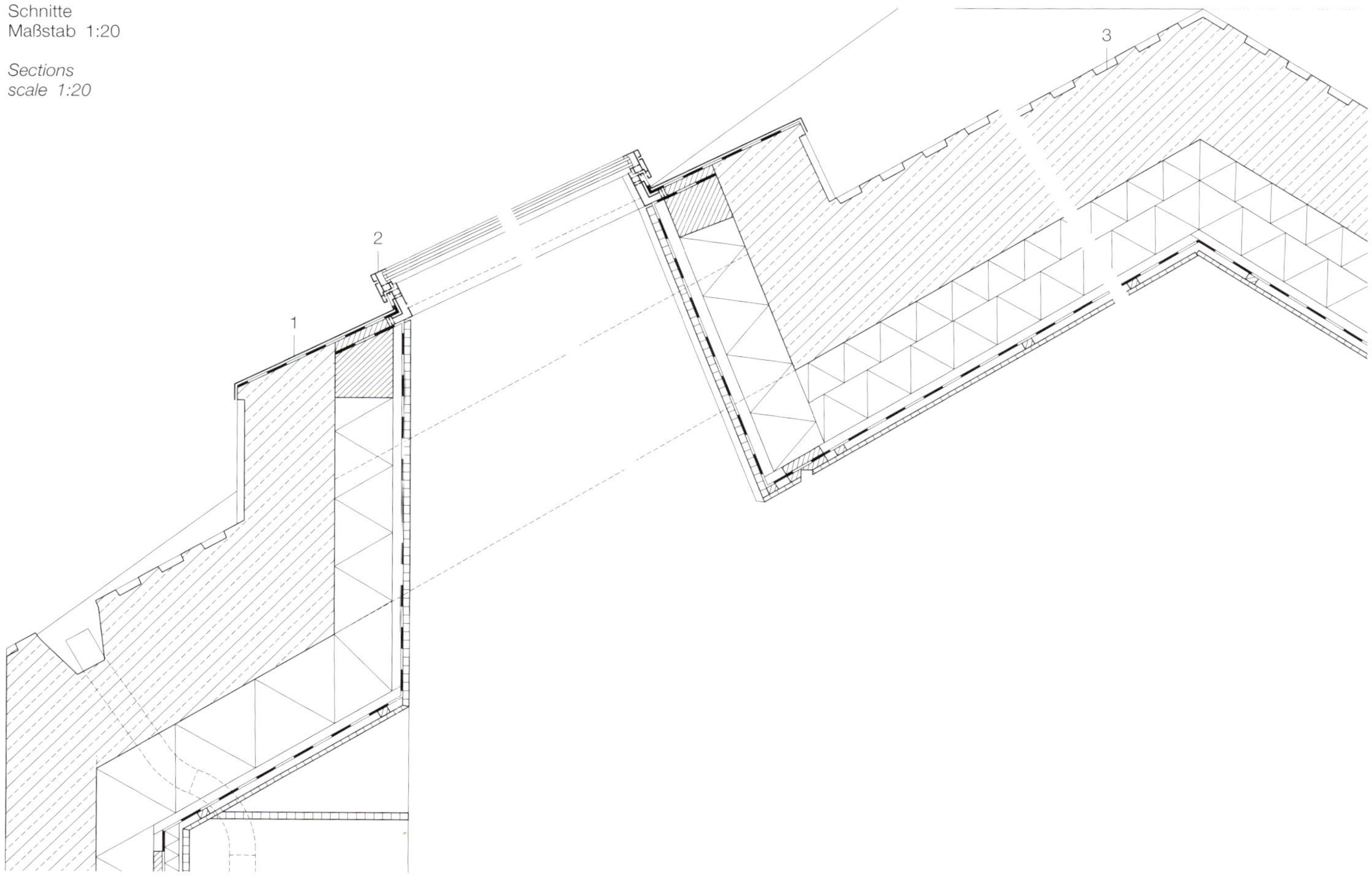

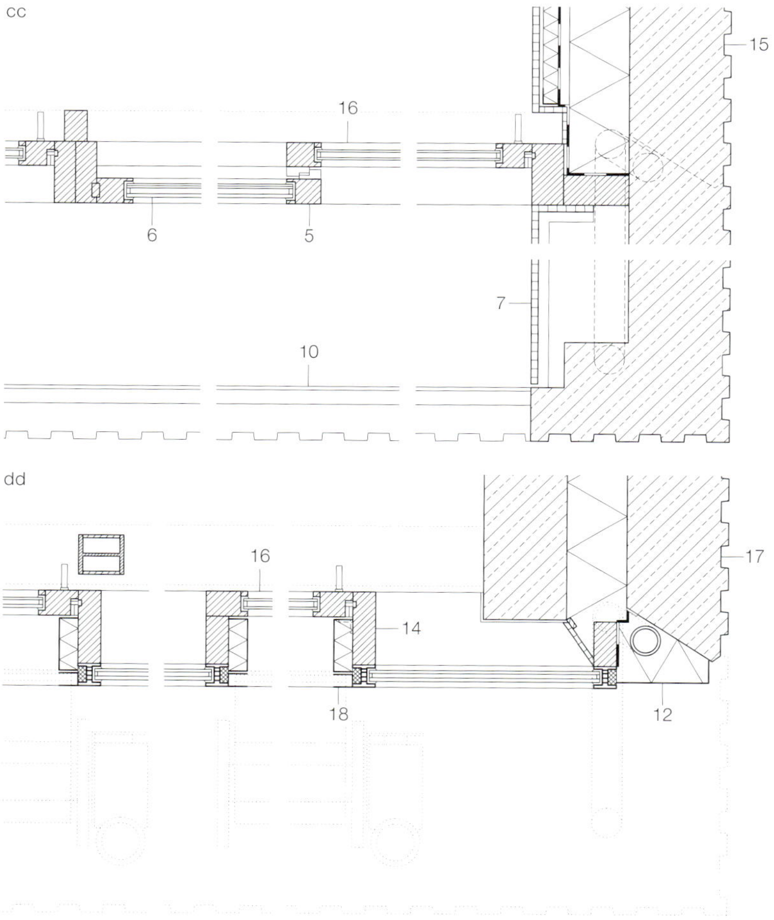

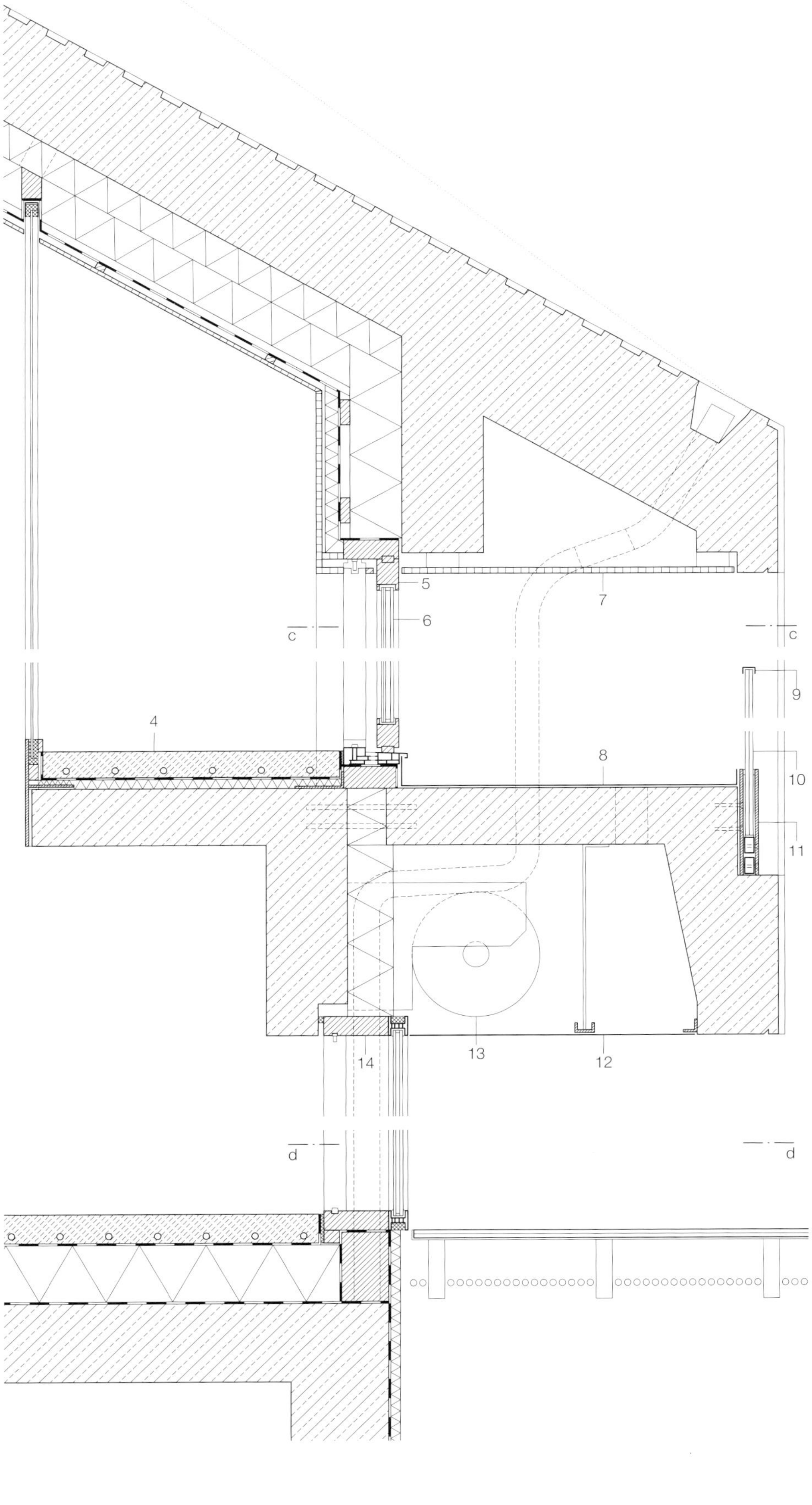

1 Alublech beschichtet 3 mm, auf Beton geklebt
2 Aluminiumprofil thermisch getrennt, sichtbare Teile beschichtet, Verglasung VSG, $U_g \leq 1{,}1$ W/m²K
3 Stahlbetondach WU profiliert 350–450 mm, Wärmedämmung EPS vollflächig verklebt 220 mm, Lattung, Dampfsperre PE auf Lattung verklebt, Lattung, BFU-Platte Seekiefer 12 mm
4 Zement-/Hartstoffestrich 90 mm mit Fußbodenheizung auf Trennlage, Dämmung 30 mm, Deckenplatte Stahlbeton 180 mm (Bewehrungsanschlüsse an Rändern thermisch getrennt)
5 Rahmen Fichte 68/92 mm
6 Isolierverglasung ESG 10 mm + SZR 16 mm + VSG 12 mm, $U_g \leq 1{,}1$ W/m²K
7 BFU-Platte Seekiefer gewachst geölt 18 mm
8 Aluminiumblech strukturiert seitlich aufgekantet 3 mm, mit PUR-Kleber auf Stahlbeton geklebt
9 Edelstahlprofil durchlaufend ⊔ 30/20/3 mm
10 Brüstung VSG 2× 12 mm (Elementbreite 2340 mm)
11 Flachstahl verzinkt 335/10 mm
12 Aluminiumblech gekantet 3 mm
13 Rolltor Alu perforiert, Lüftungsquerschnitt 30 %
14 Pfosten/Riegel Fichte schichtverleimt 60/200 mm
15 Stahlbetonwand profiliert 250–270 mm, Wärmedämmung EPS 160 mm, Lattung 80/30 mm, Dampfsperre PE auf Lattung verklebt, Trockenbauprofil 50 mm/Wärmedämmung mineralisch 40 mm, BFU-Platte Seekiefer 18 mm
16 Schiebefenster, Rahmen Fichte, Isolierverglasung
17 Außenwand Stahlbeton profiliert 250 mm Wärmedämmung EPS 160 mm auf Beton geklebt Innenwand Stahlbeton 220 mm
18 Laufschiene Rolltor Aluminium ⊔ 50/40 mm

1 3 mm coated sheet alum. adhesive fixed to concrete
2 aluminium section, thermally separated, visible areas coated; lam. safety glass ($U_g \leq 1.1$ W/m²K)
3 350–450 mm waterproof corrugated reinf. conc. roof 220 mm exp. polystyrene thermal insulation adhesive fixed; battens; polythene vapour barrier; battens; 12 mm lam. maritime pine construction board
4 90 mm granolithic paving with underfloor heating on separating layer; 30 mm insulation 180 mm reinf. conc. floor slab (reinforcement connections at edge thermally separated)
5 68/92 mm softwood frame
6 double glazing: 10 mm toughened glass + 16 mm cavity + 12 mm lam. safety glass ($U_g \leq 1.1$ W/m²K)
7 18 mm lam. pine construction board, waxed, oiled
8 3 mm textured sheet alum., bent up at edges, fixed with polyurethane adhesive to concrete
9 30/20/3 mm continuous stainless-steel channel
10 lam. safety glass balustrade: 2×12 mm (2.34 m wide)
11 335/10 mm galvanised steel plate
12 3 mm sheet aluminium bent to shape
13 perforated alum. roller shutter (30 % ventilation area)
14 60/200 mm lam. softwood posts and rails
15 250–270 mm corrugated reinf. conc. wall; 160 mm exp. polystyrene thermal insulation; 30/80 mm battens; polythene vapour barrier; 50 mm dry construction sections/40 mm mineral thermal insulation; 18 mm lam. maritime pine construction board
16 sliding window: softwood frame; double glazing
17 250 mm corrugated reinf. conc. outer wall 160 mm exp. polystyrene thermal insulation adhesive fixed; 220 mm reinf. conc. internal wall
18 50/40 mm alum. channel track for roller shutter

Wohnungsbau in Paris

Apartment Building in Paris

Architekten / *Architects:*
Babled Nouvet Reynaud Architectes, Paris
Energiekonzept / *Energy concept:*
RFR Eléments, Paris
Tragwerksplaner / *Structural engineers:*
SNC Lavalin, Ivry sur Seine

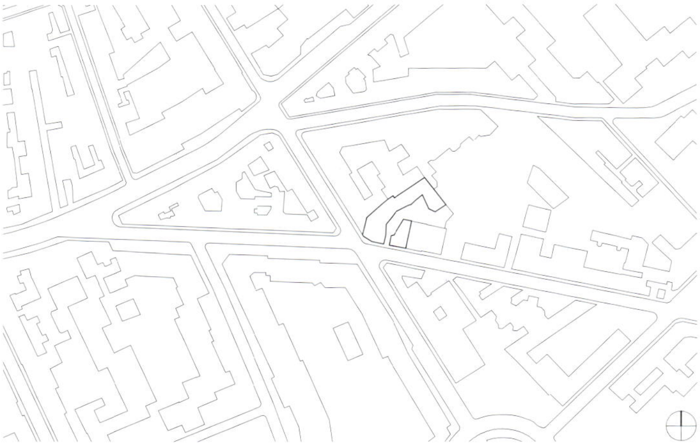

Seit einigen Jahren versucht Paris den ambitionierten Klimaplan umzusetzen, der vorsieht, die Treibhausgase der Region stark zu reduzieren und den Energieverbrauch auf 50 kWh/m² pro Jahr zu senken. Die Metropole startete bereits mehrere Pilotprojekte, die sich durch hohe Energiestandards auszeichnen. Eines von diesen ist das »L'îlot Fréquel-Fontarabie« im 20. Arrondissement. Auf einem Teil des Areals entstand ein Neubau mit 20 Sozialwohnungen. Durch die Staffelung der Gebäudehöhe wurde die Grundstücksfläche trotz der städtischen Enge optimal genutzt. Der großzügige Innenhof dient zum einen als Gemeinschaftsgarten, zum anderen zur Erschließung der Erdgeschosswohnungen. Die Wohneinheiten haben eine Nord-Süd-Orientierung, die Küchen und Bäder sind konsequent an der rückwärtigen Brandwand platziert und werden direkt über zwei kleine Innenhöfe be- und entlüftet. Die Wohnräume öffnen sich dagegen nach Süden. Die Orientierung der Fassaden ist hinsichtlich der energetischen Nutzbarkeit optimiert. Großzügige Holzrahmenfenster, teils festverglast, teils mit Schiebetüren als Doppelfassade ausgelegt, bilden Wintergärten, die als Klimapuffer dienen. In regelmäßigen Abständen wird ein inneres Glaselement durch eine Faserbetonscheibe ersetzt. Diese Speicherwand, dunkelgrau und wellenförmig, absorbiert die durch die vorgelagerte äußere Scheibe verstärkte Strahlungswärme und gibt sie zeitversetzt in die Wohnräume ab. Die Elemente nehmen somit nicht nur gestalterisch, sondern auch funktional eine zentrale Stellung im Raum ein. Im Sommer reflektieren die hinter der äußeren Scheibe montierten, aluminiumbeschichteten Rollos Sonnenlicht und Wärme. Durch die Öffnungen an der Nordfassade kann Frischluft in die Wohnungen gelangen. Tragende Stützen und Flachdecken ermöglichen es, auf Unterzüge zu verzichten, die Luft kann dadurch ungehindert zirkulieren. Damit das energetische Konzept aufgeht, müssen jedoch die Bewohner eine Überhitzung durch den konsequenten Einsatz der Rollos oder das Öffnen der Fenster verhindern.
DETAIL 07–08/2014

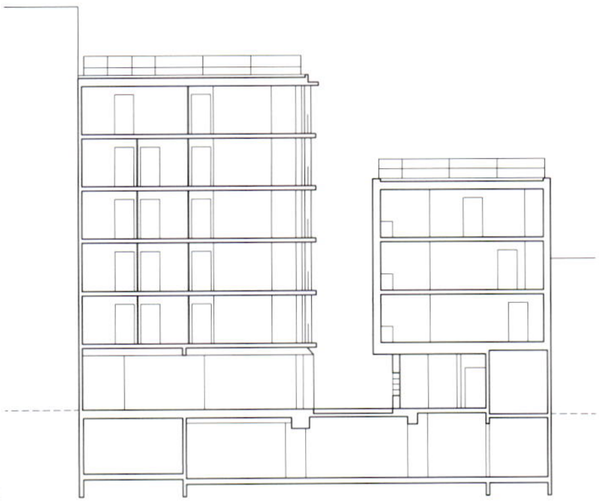

aa

A number of years ago Paris implemented an ambitious climate-protection plan intending to reduce of the region's greenhouse gas emissions and seeking to limit energy consumption to 50 kWh/m² per annum. The metropolis has initiated a number of pilot projects to improve the energy standard. One such project is the "L´îlot Fréquel-Fontarabie" in the 20th arrondissement. On one part of the site a new building with 20 subsidised apartments has been completed. Thanks to the staggered building heights, despite the high density of the neighbourhood, it was possible to optimally exploit the property's surface area. The generously dimensioned interior courtyard serves, on the one hand, as communal garden, and on the other, as access to the ground-floor apartments. The apartment units are oriented north-south; the kitchens and bathrooms are all situated along the rear fire wall. Ventilation occurs via two small courtyards. The living spaces, in contrast, face south. The orientation of the facades was devised in a manner that optimises energy efficiency. Winter gardens are integrated in the double-skin facade. The latter consists of windows with large wood frames – in part as fixed glazing, in part as sliding doors: these serve as climate control buffers. At regular intervals a concrete slab is employed in the place of the inner glass element. These thermal storage walls, which are dark grey with fluted surfaces, absorb the radiant heat that passes through the outer layer of glass; they later release it into the living spaces. Thus, the thermal storage elements play a central role not only in the structure, but also in the climate. In summer, aluminium-coated curtains situated behind the outer layer of glass reflect the sunlight, and with it, the heat. Fresh air enters the flats through openings in the north facade. Load-bearing columns, some of which are integrated in the facade, combined with flat ceiling slabs, make it possible to forgo downstand beams. Therefore, air can circulate freely. However, the residents also play an active part in ensuring the success of the energy concept: through their daily interaction with the outer skin they must guarantee that the interiors don't become overheated.

Lageplan
Maßstab 1:5000
Grundrisse • Schnitt
Maßstab 1:500

1 Haupteingang
2 Laden
3 Technikraum
4 Privatgarten
5 Fahrradraum
6 Nebeneingang
7 Zufahrt Tiefgarage
8 Luftraum

Site plan
scale 1:5,000
Layout plans • Section
scale 1:500

1 Main entrance
2 Shop
3 Building services
4 Private garden
5 Bicycle room
6 Side entrance
7 Access to parking garage
8 Void

1. Obergeschoss / *First floor*

Erdgeschoss / *Ground floor*

Vertikalschnitte
Maßstab 1:20

Vertical sections
scale 1:20

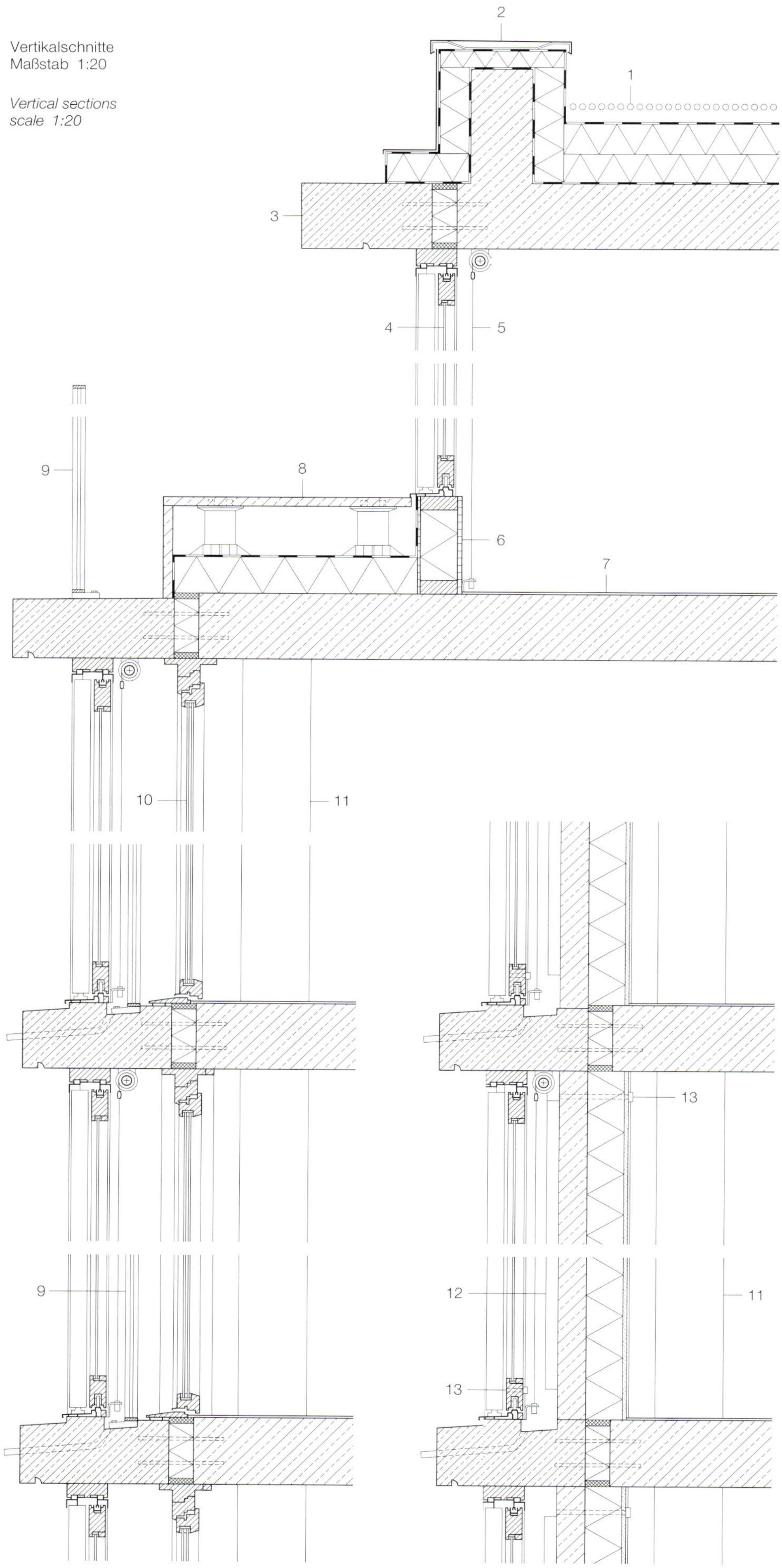

1 Kies 50 mm, Dachdichtung Bitumenbahn
Wärmedämmung Mineralwolle 2× 100 mm
Dampfsperre, Stahlbeton 220 mm
2 Abdeckblech Aluminium 2 mm
3 Kragplatte Stahlbetonfertigteil
4 Einfachverglasung in Holzrahmen
5 Sonnenschutzrollo: 63 % Polyolefine
37 % Aluminium, 170 g/m^2
6 OSB-Platte 9 mm
Holzunterkonstruktion 120/45 mm, dazwischen
Wärmedämmung, Furniersperrholz 15 mm
Abdichtung Kunststoffbahn
7 Kautschuk 2 mm, Stahlbeton 220 mm
8 Sitzbank Gehwegplatte 30 mm auf Stelzlager
9 Geländer: Flachstahl ▭ 40/10 mm
Stahlstab ∅ 10 mm
10 Isolierverglasung
VSG 4 + SZR 16 Argon + VSG 4 mm
11 Stütze Stahlbeton 220 mm
12 Speicherwand Faserbetonfertigteil
nichttragend, 90–130 mm
Wärmedämmung Mineralwolle 130 mm
Gipskartonplatte 13 mm
13 Außenluftdurchlass
14 Zementfaserplatte 22 mm
Wärmedämmung Mineralwolle 2× 80 mm
Zementfaserplatte 22 mm

1 50 mm gravel; bituminous sheeting
2× 100 mm mineral wool thermal insulation
vapour barrier; 220 mm reinforced concrete
2 2 mm aluminium coping
3 precast concrete cantilever plate
4 single-pane glazing in wood frame
5 solar protection blind: 63 % polyolefins
37 % aluminium, 170 g/m^2
6 9 mm oriented strand board
thermal insulation between
120/45 mm wood supporting structure
15 mm veneer plywood; synthetic membrane
7 2 mm natural rubber; 220 mm reinforced concrete
8 bench: 30 mm paving stones on pedestals
9 handrail: 40/10 mm steel flat
∅ 10 mm steel rod
10 double glazing:
4 mm laminated safety glass + 16 mm argon-filled cavity + 4 mm laminated safety glass
11 column: 220 mm reinforced concrete
12 90–130 mm precast fibrated concrete thermal storage wall, non-load-bearing; 130 mm mineral wool thermal insulation; 13 mm plasterboard
13 air vent
14 22 mm fibre-cement board
2× 80 mm mineral wool thermal insulation
22 m fibre-cement board

Horizontalschnitt
Maßstab 1:20

Horizontal section
scale 1:20

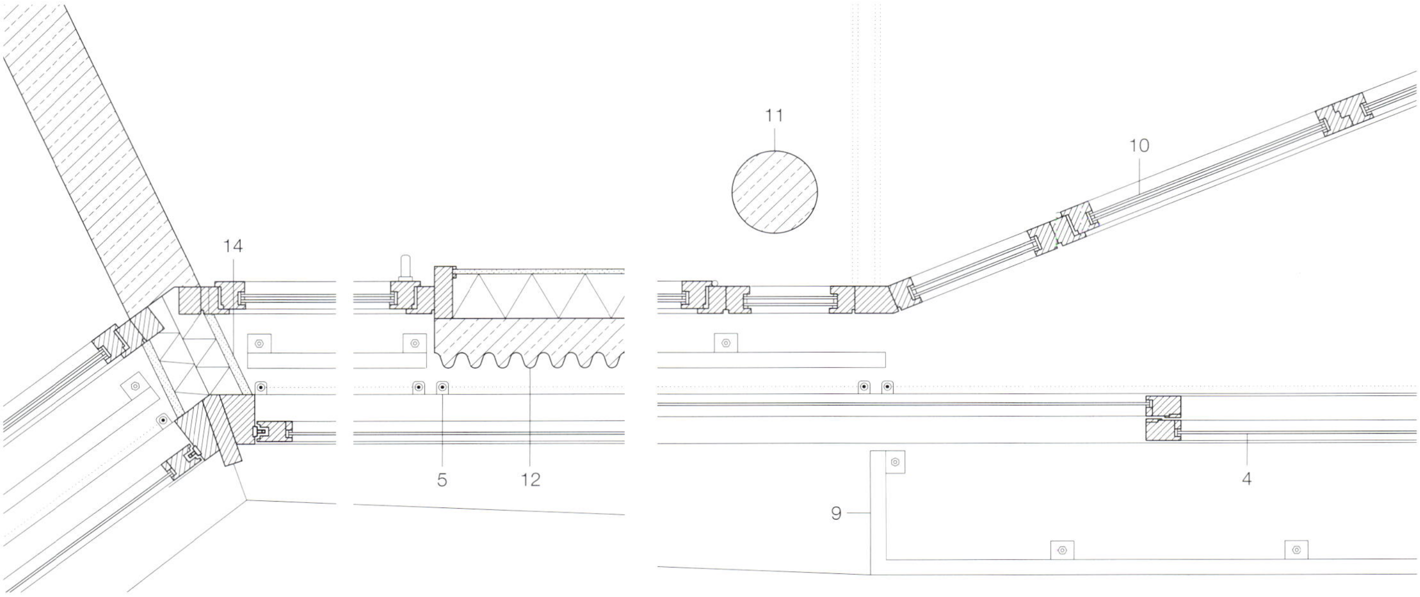

Studentenwohnheim in Ulm

Student Hostel in Ulm

Architekten / *Architects:*
bogevischs buero, München
Tragwerksplaner / *Structural engineers:*
Mayr Ludescher Partner, München

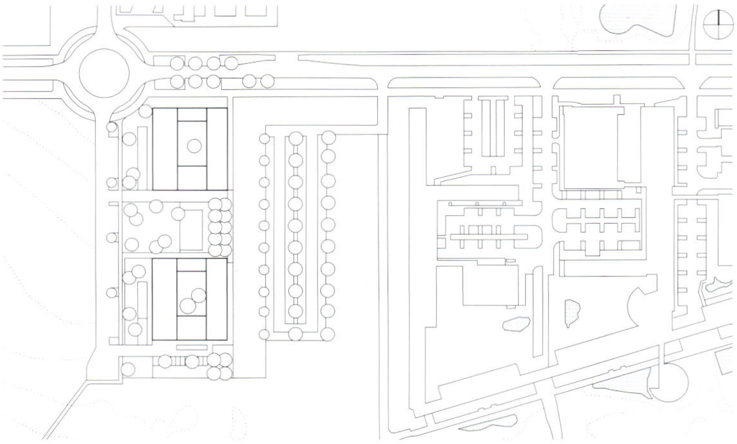

Als scharfgeschnittene liegende Betonkuben schon von Weitem sichtbar, ergänzen seit vergangenem Herbst zwei fast gleiche Wohnblöcke den Campus »Universität West« auf dem Eselsberg im Norden von Ulm. Unter dem Namen »Upper West Side« entstanden hier 300 studentische Wohnplätze, ein drittes Haus ist bereits in Planung. Unterschiedliche Wohnformen gruppieren sich in jedem der beiden Häuser um einen halböffentlichen Innenhof, der als gemeinsame Mitte unterschiedlich bespielt werden kann. In den beiden Westflügeln reihen sich Einzelzimmer zu beiden Seiten eines Mittelgangs. Die gegenüberliegenden schmaleren Gebäuderiegel bieten pro Geschoss Platz für vier Wohngemeinschaften mit jeweils vier Zimmern. In den vom Innenhof betrachtet eingeschossigen Querriegeln sind Appartements mit eigenem Bad untergebracht. Diese sind im nördlichen Haus behindertengerecht, benötigen dadurch mehr Platz und bedingen so die asymmetrische Lage des Hofs. In beiden Häusern sind bei den Treppenhäusern Loggien angeordnet, die seitlich oder zum Himmel offen sind. Vorfertigung und ein strikt durchgängiges Raster sind notwendige Folgen des knappen Kostenrahmens von ca. 17 Mio. Euro für beide Häuser. Im Gegensatz zur Ortbetonstruktur im Inneren der Gebäude bilden vorgefertigte Betonsandwichelemente die tragende Außenhülle. Die glattgeschalte, hydrophobierte Vorsatzschicht zeigt eine changierende, wolkige Oberfläche. Schalungsstöße innerhalb der kammartigen Fassadenelemente sind durch eine Spachtelung der Schalung nicht erkennbar. Anstelle der üblichen Dreiecksleisten wurden die Innenkanten der Schalung mit Silikon ausgespritzt, wodurch sich präzise, nur leicht gerundete Betonkanten ergeben. Die anthrazitfarbenen Faltschiebeläden der Fenster wurden rahmenlos, nur aus gekantetem Blech ausgeführt und konnten in dieser schlanken Bauart vollständig in die Fensterlaibungen integriert werden. Deren gelbgrün eloxierte Verkleidungen beleben die Strenge der repetitiven Lochfassade und werden so zum farbenfrohen Signet studentischen Lebens. DETAIL 06/2014

Lageplan
Maßstab 1:4000
Schnitt • Grundrisse
Maßstab 1:500

1 Eingang
2 Halle
3 Appartement
4 Appartement behindertengerecht
5 Billardraum
6 Einzelzimmer
7 Gemeinschafts-küche
8 Gemeinschaftsraum
9 Loggia
10 WG-Zimmer
11 WG-Wohnküche

Site plan
scale 1:4,000
Section • Floor plans
scale 1:500

1 Entrance
2 Hall
3 Flat
4 Flat for disabled
5 Billiard room
6 One-room flat
7 Communal kitchen
8 Communal space
9 Loggia
10 Room in shared flat
11 Kitchen-cum-living room in shared flat

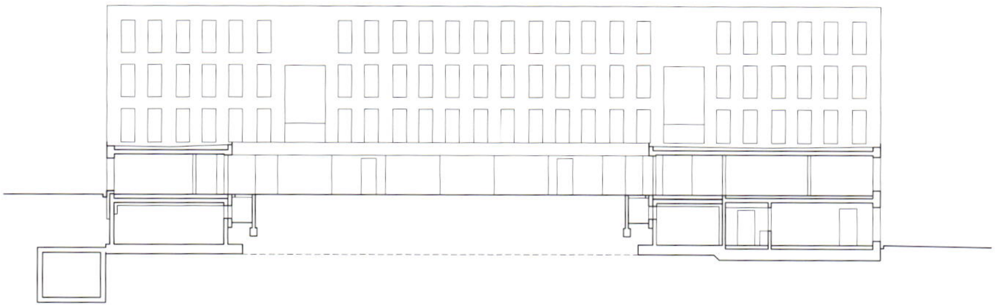

aa

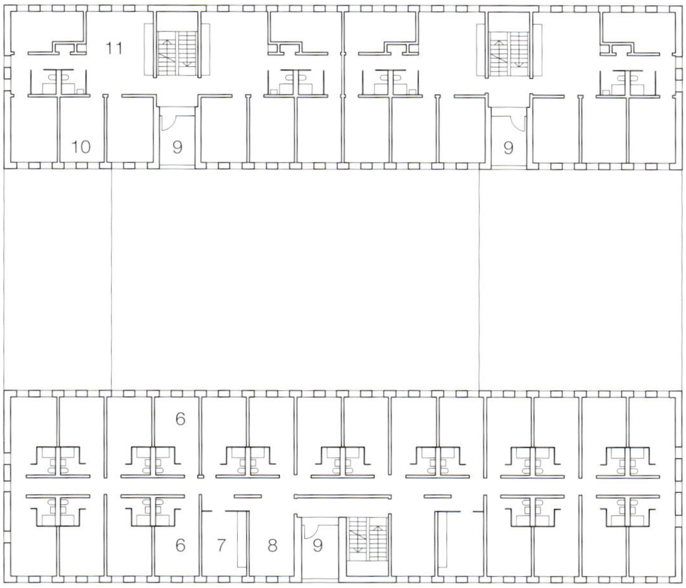

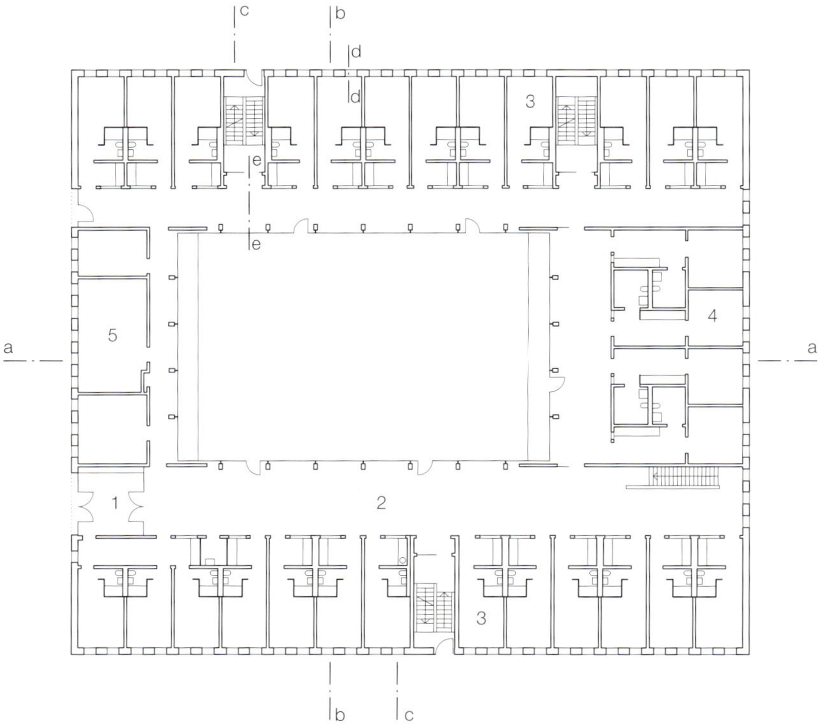

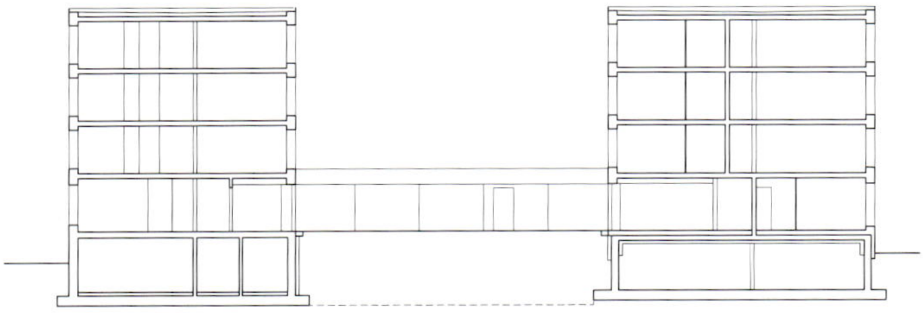

bb

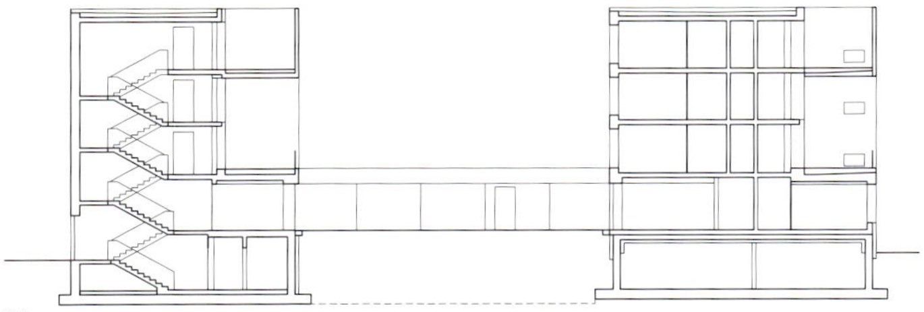

cc

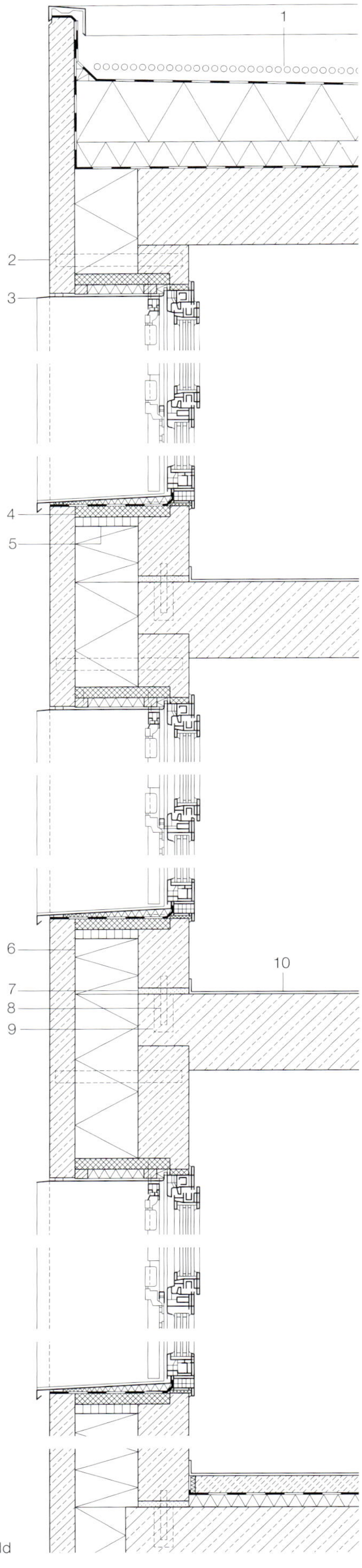

dd

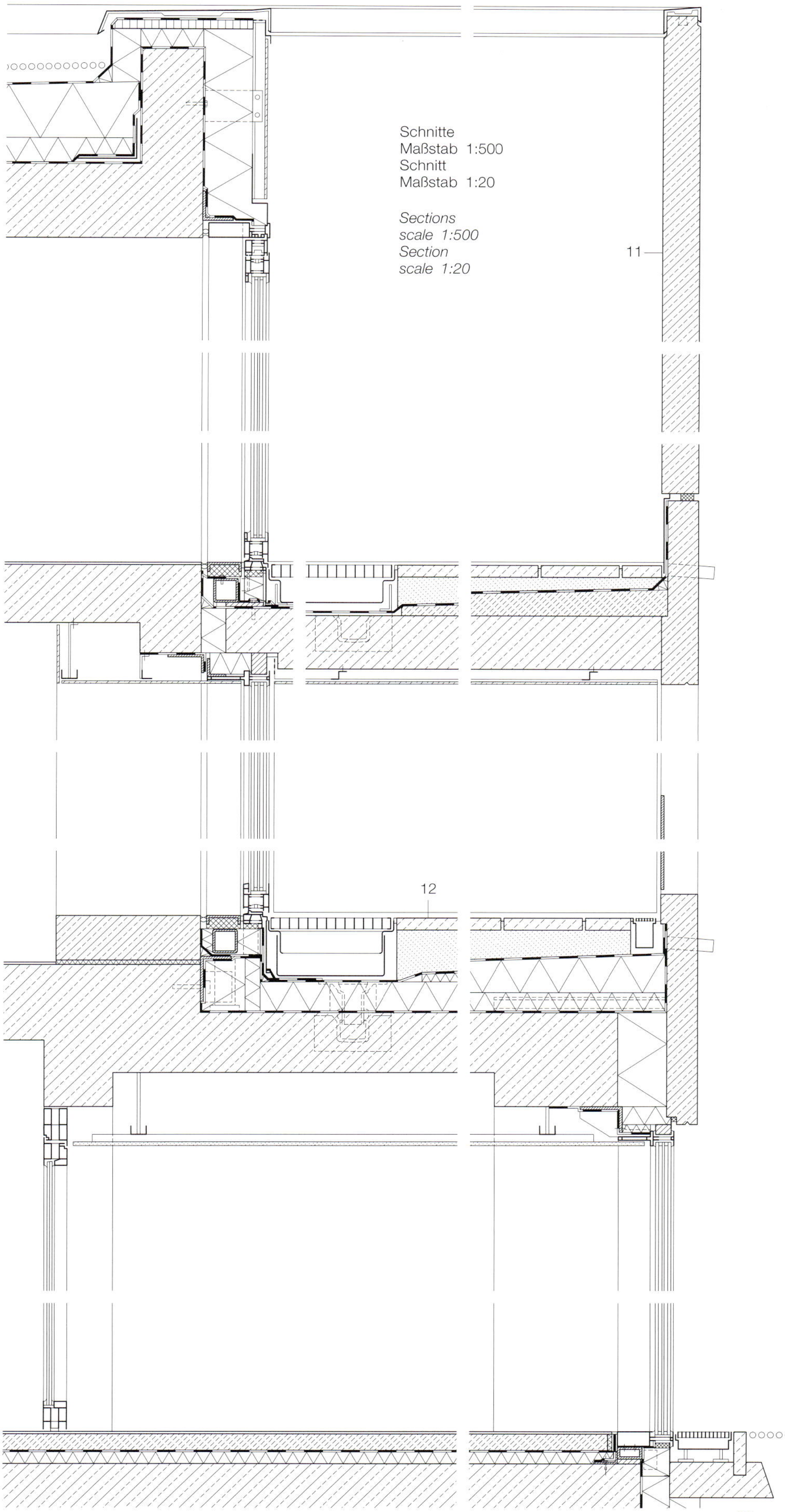

Schnitte
Maßstab 1:500
Schnitt
Maßstab 1:20

Sections
scale 1:500
Section
scale 1:20

1 Kies 50 mm, Schutzvlies
Dachdichtung Bitumenbahn zweilagig, obere Lage beschiefert 10 mm
Wärmedämmung PUR-Hartschaum im Gefälle 270–180 mm, Dampfsperre Bitumenbahn
Stahlbetondecke 250 mm, Anstrich
2 Betonsandwichelement vorgefertigt:
Vorsatzschicht Stahlbeton (Schalung gespachtelt), anthrazit durchgefärbt 80 mm,
Verbundanker Edelstahl in Wärmedämmung EPS 200 mm, Tragschicht Stahlbeton 160 mm
Spachtelung, Anstrich
3 Laibung Aluminiumblech gekantet eloxiert 3 mm
4 Schraubgrund: EPS verdichtet 35 mm
5 Weichfaserplatte (nur im Fensterbereich) 20 mm
6 Brandriegel Wärmedämmung Steinwolle 200 mm
7 Mörtelbett 20 mm
8 Einschlaghülse in Fertigteil mit Stahlstab ∅ 20 mm
9 Hüllwellrohr in Stahlbetondecke ∅ 60 mm mit Mörtelfüllung zur Fixierung Stahlstab/Fertigteil
10 Nadelfilzteppich, Spachtelung, Abdichtung Epoxidharz, Stahlbetondecke 250 mm, Anstrich
11 Stahlbetonfertigteil (Schalung gespachtelt), anthrazit durchgefärbt 120 mm
12 Betonwerksteinplatten 50 mm
Splittbett 140–60 mm
Bautenschutzmatte Gummigranulat 3 mm
Dachdichtung Bitumenbahn zweilagig, obere Lage beschiefert 10 mm
Wärmedämmung PUR-Hartschaum im Gefälle 100–180 mm, Dampfsperre Bitumenbahn
Stahlbetondecke 200 mm
abgehängte Decke Gipskartonplatte 12,5 mm

1 50 mm layer of gravel; protective mat
two-layer bituminous roof seal, upper layer with 10 mm stone chippings
180–270 mm polyurethane rigid-foam thermal insulation to falls; bituminous vapour barrier
250 mm reinforced concrete roof, painted
2 precast concrete sandwich element:
80 mm anthracite-coloured reinforced concrete facing slab; stopping coat to formwork; stainless-steel anchor through 200 mm exp. polystyrene thermal insulation; 160 mm reinf. concrete bearing layer, stopped and painted
3 3 mm anodised alum. surround, bent to shape
4 35 mm compacted exp. polystyrene fixing layer
5 20 mm soft-fibre sheet (only next to window)
6 firebreak: 200 mm rock-wool thermal insulation
7 20 mm bed of mortar
8 sleeve with ∅ 20 mm steel fixing rod
9 ∅ 60 mm corrugated sheath in reinf. conc. floor; mortar filling to fix steel rod/precast element
10 needle-felt carpet; smoothing layer; epoxy-resin seal; 250 mm reinf. conc. floor, painted
11 120 mm anthracite-coloured prec. conc. element; stopping coat to formwork
12 50 mm reconstructed stone paving slabs
60–140 mm bed of stone chippings to falls
3 mm rubber granulate protective mat
two-layer bituminous seal, upper layer with 10 mm stone chippings
100–180 mm polyurethane rigid-foam thermal insulation to falls; bituminous vapour barrier
200 mm reinforced concrete floor
12.5 mm gypsum plasterboard suspended soffit

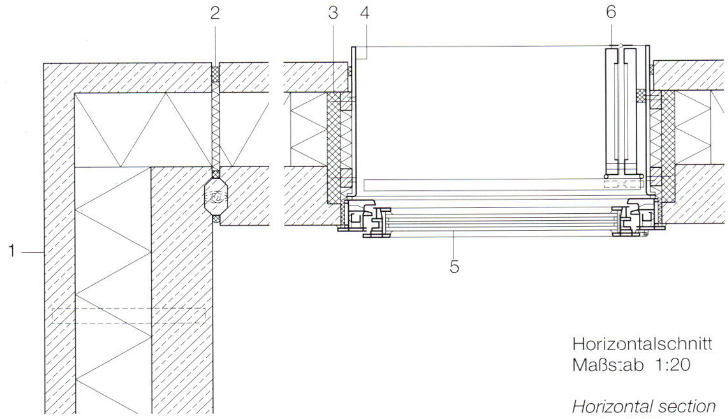

Horizontalschnitt
Maßstab 1:20

Horizontal section
scale 1:20

1 Betonsandwichelement vorgefertigt: Vorsatzschicht Stahlbeton (Schalung gespachtelt) anthrazit durchgefärbt 80 mm
Verbundanker Edelstahl in Wärmedämmung EPS 200 mm
Tragschicht Stahlbeton 160 mm
Spachtelung
Anstrich
2 Abdichtung Kompriband
3 Schraubgrund: EPS verdichtet 35 mm
4 Laibung Aluminiumblech gekantet eloxiert 3 mm
5 Dreifachverglasung ESG 8 + SZR 12 + Float 4 + SZR 12 + ESG 6 mm in Kunststoffrahmen
6 Faltschiebeladen Aluminiumblech gekantet eloxiert 2 mm

1 precast concrete sandwich element: 80 mm anthracite-coloured reinf. conc. facing slab; stopping coat to formwork stainless-steel anchor through 200 mm exp. polystyrene thermal insulation 160 mm reinf. conc. bearing layer, stopped and painted
2 elastic sealing joint
3 35 mm compacted exp. polystyrene fixing layer
4 3 mm anodised aluminium surround, bent to shape
5 triple glazing 8 mm toughened glass + 12 mm cavity + 4 mm float glass + 12 mm cavity + 6 mm toughened glass in plastic frame
6 sliding, folding shutter: 2 mm anodised sheet alum. bent to shape

Visible from afar as an ensemble of clear-cut concrete cubes in the north of Ulm, these two almost identical blocks of flats complement the other buildings on the University West campus. Bearing the name "Upper West Side", accommodation has been created here for some 300 students, and a third block is already being planned. The present development contains various dwelling forms. These are laid out about semi-public courtyards which can be used in different ways as common central areas. In the two western tracts, single rooms are lined up on both sides of a central corridor. In the narrower strips opposite these, accommodation is provided on every floor for four flat-sharing groups in four-room units. The cross-strips overlooking the courtyards contain one-room apartments with their own bathrooms. In the northern block, these dwellings are designed for disabled persons, which means that they require more space and therefore result in an asymmetrical layout of the courtyard. Incorporated in both blocks near the staircases are loggias that are open either on one side or to the sky. Prefabrication and a strict grid were the outcome of the tight cost programme, amounting to roughly €17 million for both blocks. In contrast to the in-situ concrete structure internally, the load-bearing outer walls consist of precast concrete sandwich elements. The smooth, water-repellent facing layer has a cloudy, mottled surface. Smoothing of the formwork meant that abutments within the comb-like facade units are not evident. The narrow joints were sealed with compressed strips. The inner edges of the shuttering were simply sprayed with silicone, thus allowing the creation of precise, slightly rounded concrete arrises. The anthracite-coloured folding-sliding shutters to the windows consist of bent sheet metal and are without frames. It was possible to house this slender form of construction entirely in the window recesses. The greenish-yellow anodised cladding to these elements enlivens a facade that is punctuated with repetitive openings, thereby turning it into a colourful emblem of student life.

Stadtaufzug am Hauptbahnhof Rorschach

Civic Lift at Rorschach Main Station

Architekten / *Architects:*
Alex Buob, Rorschacherberg
Tragwerksplaner / *Structural engineers:*
Wälli AG Ingenieure, Rorschach

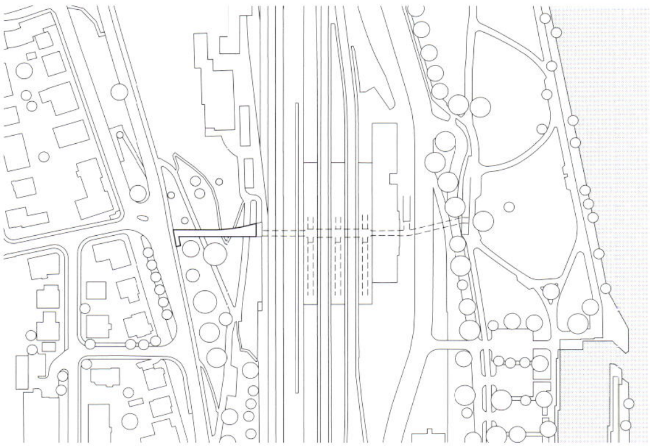

Lageplan
Maßstab 1:5000

Site plan
scale 1:5,000

Der Hauptbahnhof von Rorschach liegt direkt am Südufer des Bodensees auf dem Areal eines aufgelassenen Steinbruchs. Daher trennt ein steiler Hang die Station von der knapp 25 m höher gelegenen Bushaltestelle und dem angrenzenden Wohngebiet. Um diese Distanz zu überbrücken, war ein robuster, barrierefreier Infrastrukturbau gefragt – entstanden ist eine Betonskulptur aus einem 30 m hohen Turm und einem Steg, der 40 m überspannt. Nach Osten zeigt sich diese Passerelle eher geschlossen, lediglich einzelne unterschiedlich hoch gesetzte Öffnungen ermöglichen Groß und Klein gezielte Ausblicke in die Baumkronen und hinab zu den Zügen. Nach Westen rahmt ein lang gestrecktes, durchgehendes Fensterband die Aussicht auf Stadtzentrum und Seeufer. Zum Turm hin weitet sich der begehbare Kastenträger aus Ortbeton etwas auf und mündet schließlich in einen Balkon mit Panoramaaussicht über das »schwäbische Meer«. Auch aus dem Lift bleiben Landschaft und Bahnhof durch die nördliche Glasfassade im Blick, zudem wird die großzügige Kabine so natürlich belichtet. Für besonders eilige oder sportliche Pendler steht eine einfache Metalltreppe bereit.
Die Anordnung des Antriebs in bewährter Position über dem Aufzugschacht vermeidet komplizierte Seilumlenkungen und damit unnötigen Verschleiß. Der Turm, dessen Statik auch die Windkräfte durchfahrender Züge berücksichtigen muss, ist unten fest im Fels eingespannt, der Steg am Hang verschieblich gelagert. Knapp 1000 Liftfahrten pro Tag zeigen, wie rege die neue Verbindung genutzt wird. DETAIL 04/2014

Rorschach station, on the southern shore of Lake Constance in Switzerland, is separated from the 25-metre higher bus stop and nearby housing area by a steep slope. A concrete sculpture, consisting of a 30-metre-high lift and staircase tower and a 40-metre-long skywalk, was built to cover the distance between top and bottom. The facility affords a broad prospect of the landscape, the lake and the town centre; and at its end, the walkway widens into a balcony with a panoramic view. A simple metal staircase provides an alternative means of covering the distance in height. The wind loads of passing trains had to be taken into account in the structural calculations, and the tower is firmly anchored in the rock at its base. The bridge has a sliding bearing at the top of the slope. Nearly 1,000 lift journeys a day show how intensely the new link is used.

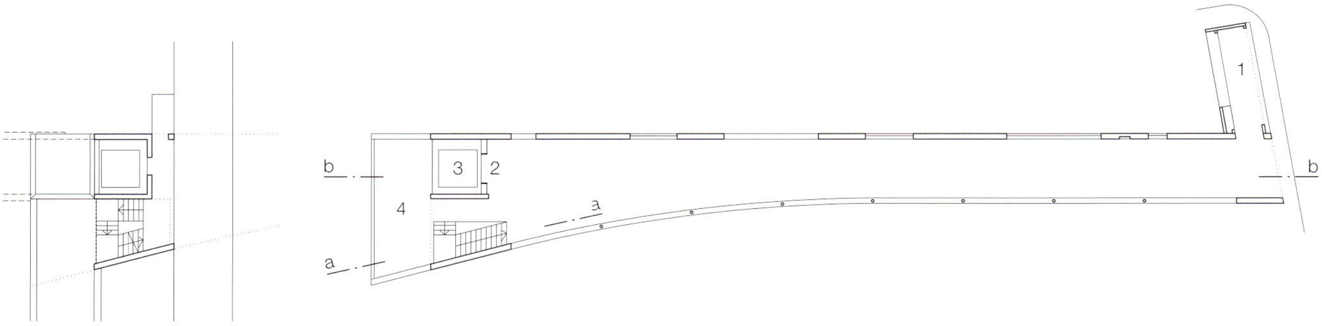

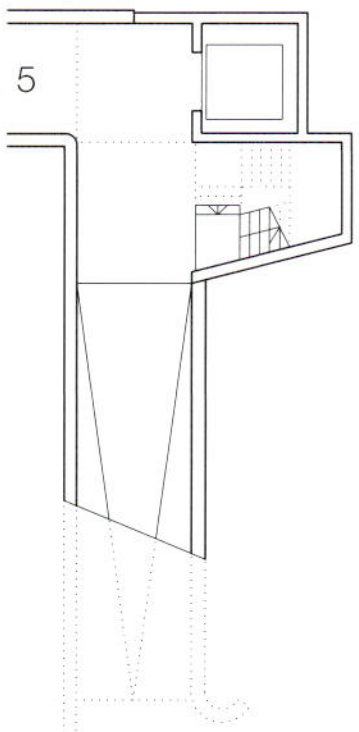

1 Bushaltestelle / Wartehäuschen mit Sitzbank und Abfahrtsmonitor (Bahn)
2 Aufzugtür transparent
3 Liftkabine nord-/südse tig verglast (Nutzlast 2000 kg / 26 Personen)
4 Panoramabalkon
5 Fußgängerunterführung zu Gleisen, Bahnhofsgebäude und Seeufer
6 Flachstahl Edelstahl 5 mm
7 Glasbrüstung Balkon VSG 21 mm
8 Handlauf Edelstahl geschliffen genietet ∅ 33,7/2 mm
9 Stahlrohr feuerverzinkt ∅ 12 mm
10 Stahlrohr feuerverzinkt ∅ 40/2 mm mit angeschweißter Fußplatte
11 Gussasphalt 30 mm, Ortbeton
12 Attika Ortbeton (Betondach abgedichtet mit Flüssigkunststoff)
13 Silikonfuge schwarz, Glashalter Flachstahl 80/20/8 mm (punktuell)
14 Glasfassade VSG 17 mm
15 Aussparung für Einbauleuchte
16 Haltestange Edelstahl ∅ 21,3 mm
17 Seilgewebe Edelstahl 6 mm: Kettseilgruppen vertikal 3× 2 mm / Abstand 80 mm, Schussstäbe horizontal ∅ 3 mm / Abstand 10 mm
18 Flachstahlhaken Edelstahl 2 mm
19 Zugfeder/Abstand 400 mm
20 Stahlwange feuerverzinkt 12 mm
21 Gitterrosttritt feuerverzinkt
22 Gewindestange rostfrei M20
23 Aussteifungsblech verzinkt 12 mm
24 Treppenabsatz Ortbeton geglättet

1 Bus stop/Shelter with bench seat and train-departures monitor
2 Transparent lift door
3 Lift cabin: north and south sides glazed (2,000 kg live load/26 persons)
4 Balcony with panoramic view
5 Pedestrian subway to platforms, station building and lakeshore
6 5 mm stainless-steel flat
7 21 mm lam. safety glass balustrade
8 ∅ 33.7/2 mm tubular stainless-steel handrail, ground smooth, riveted
9 ∅ 12 mm galvanised steel tube
10 ∅ 40/2 mm galvanised steel tube with base plate welded on
11 30 mm asphalt on in-situ concrete
12 in-situ concrete parapet (concrete roof sealed with liquid plastic)
13 black silicone joint; 80/20/8 mm steel flat glass point fixing
14 17 mm lam. safety glass facade
15 opening for light fitting
16 ∅ 21.3 mm stainless-steel grip
17 6 mm stainless-steel cable mesh: 3× 2 mm vertical catenary cables, 80 mm spacings; ∅ 3 mm horizontal weft, 10 mm spacings
18 2 mm stainless-steel flat hooks
19 tension springs, 400 mm spacings
20 12 mm galvanised steel string
21 galvanised steel grating
22 ∅ 20 mm non-rust threaded rod
23 12 mm galvanised steel bracing
24 in-situ concrete landing, smoothed

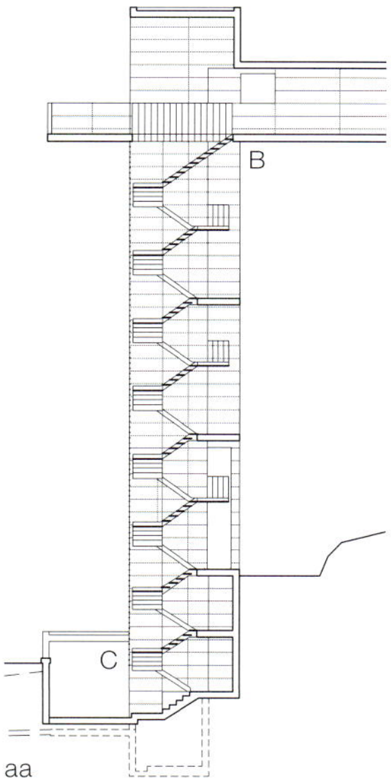

aa

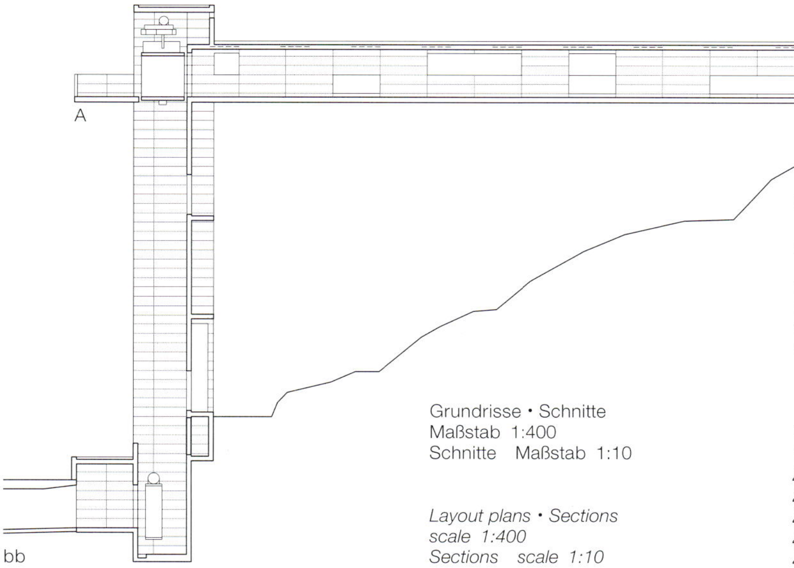

bb

Grundrisse • Schnitte
Maßstab 1:400
Schnitte Maßstab 1:10

Layout plans • Sections
scale 1:400
Sections scale 1:10

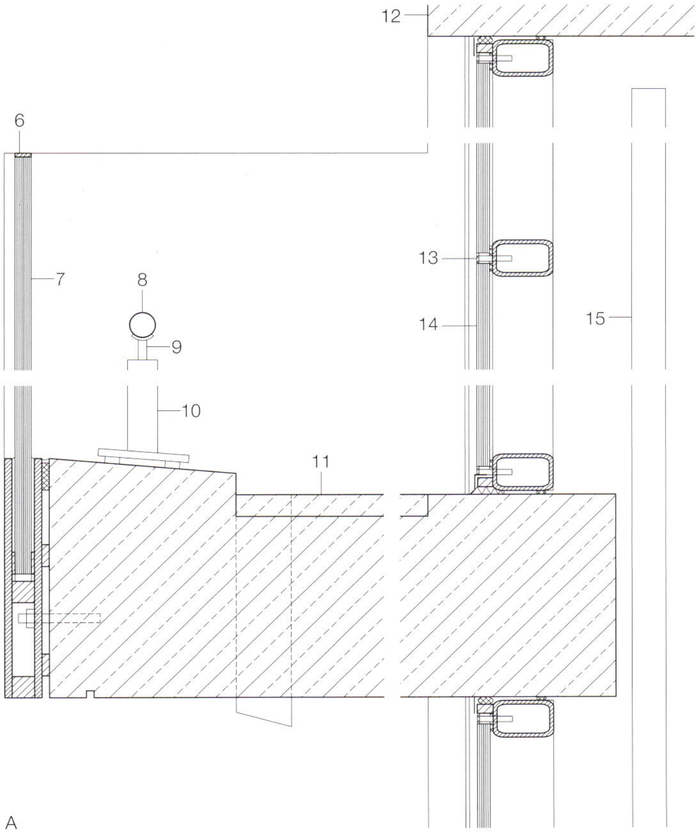

A

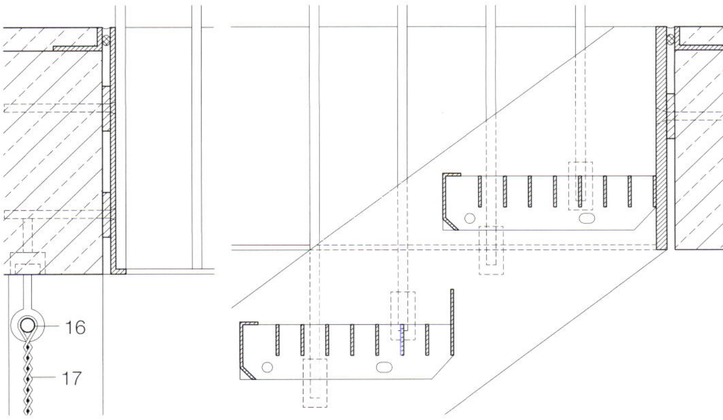

B

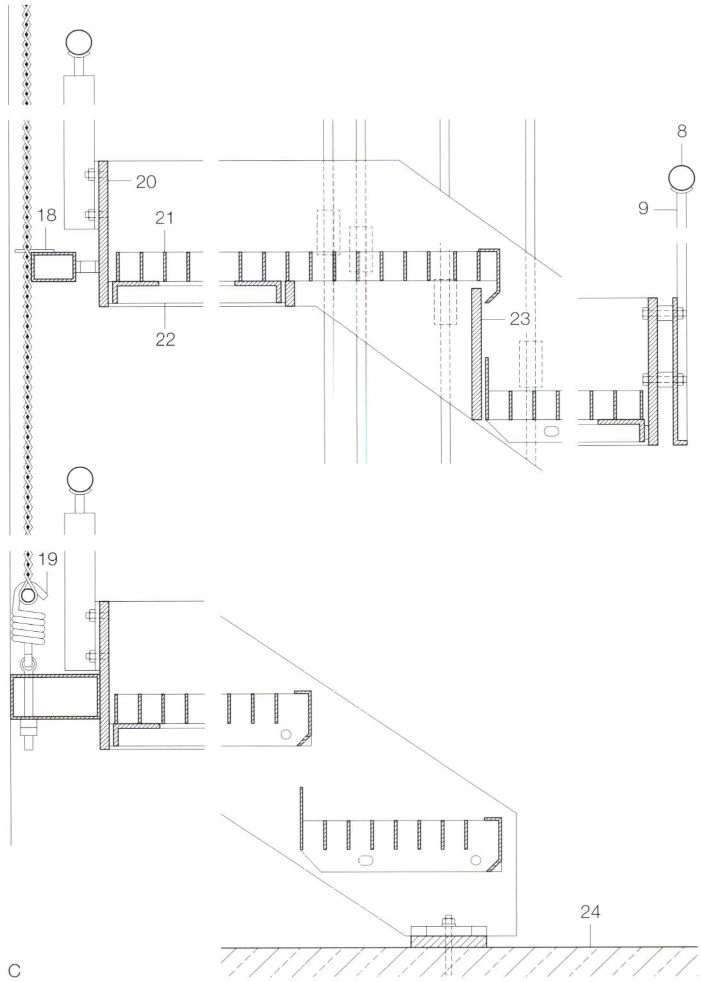

C

Projektbeteiligte und Hersteller • *Design and Construction Teams*

Die Nennung der Projektbeteiligten und Hersteller erfolgt nach Angabe der jeweiligen Architekten.

Details of Design and Construction Teams are based on information provided by the respective architects.

Seite 66 / *page 66*
Kirche in Kanagawa
Church in Kanagawa

J–Kanagawa

- Bauherr / *Client:*
  Shonan Christ Church
- Architekten / *Architects:*
  Takeshi Hosaka, J–Yokohama
  www.hosakatakeshi.com
- Tragwerksplaner / *Structural engineers:*
  Hitoshi Yonamine,
  Ove Arup & Partners Japan Ltd.,
  J–Tokio; www.arup.com
- Akustik / *Acoustics:*
  Ayako Hakozaki, Nagata Acoustics,
  J–Tokio; www.nagata.co.jp

Seite 70 / *page 70*
Islamischer Friedhof in Altach
Islamic Cemetery in Altach

Bundesstraße B190
A–6844 Altach

- Bauherr / *Client*:
  Vorarlberger Gemeindeverband,
  A–Dornbirn
- Architekt / *Architect*:
  Bernardo Bader, A–Dornbirn
  www.bernardobader.com
- Projektleiter /*Project architect*: Sven Matt
- Kunst am Bau / *Artists*:
  Azra Akšamija, USA–Boston
  www.azraaksamija.net
- Tragwerksplaner / *Structural engineers*:
  merz kley partner ZT GmbH,
  A–Dornbirn
- Bauleitung / *Construction management*:
  Thomas Marte Baumeister, A–Dornbirn
- Haustechnik / *Mechanical services*:
  Planungsteam E-plus GmbH, A–Egg
- Elektroplaner / *Electrical planning*:
  Ludwig Schneider, A–Egg
- Bauphysik / *Building physics*
  Bau-Dämm-Technik, A–Frastanz

Seite 74 / *page 74*
Stadtbibliothek in Seinäjoki
Municipal Library in Seinäjoki

Alvar Aallon katu 14
FIN–60101 Seinäjoki

- Bauherr / *Client*: Stadt Seinäjoki
- Architekten / *Architects*:
  JKMM Arkkitehdit, FIN–Helsinki
  Asmo Jaaksi, Teemu Kurkela,
  Samuli Miettinen, Juha Mäki-Jyllilä
  www.jkmm.fi
- Projektleiter / *Project architects*:
  Aaro Martikainen (Konstruktionsphase / Construction phase),
  Päivi Meuronen (Innenraumgestaltung / Interior design),
  Teemu Toivio (Entwurfsphase / Design phase)
- Mitarbeiter / *Team*:
  Tero Hirvonen, Harri Lindberg, Aimo Katajamäki, Eero Kontuniemi, Marko Pulli, Edgars Racins, Freja Ståhlberg-Aalto
- Tragwerksplaner / *Structural engineers*:
  Ramboll Finland Oy, FIN–Espoo
  www.ramboll.fi
- Bauleitung / *Construction management*:
  Rakennusliike Timo Nyyssölä Oy,
  FIN–Ähtäri
  Stadt Seinäjoki, FIN–Seinäjoki
  www.seinajoki.fi
- Geothermie / *Geotechnical engineering*:
  Geopalvelu Oy, FIN–Tampere
  www.geopalvelu.fi
- Haustechnik / *Mechanical services*:
  Insinööritoimisto Ylitalo Oy, FIN–Oulu
  www.ytalo.fi
- Elektroplaner / *Electrical planning*:
  Satakunnan Insinöörikeskus, FIN–Pori
  www.satakinskeskus.fi
- Lüftungsplanung / *Ventilation engineering*:
  Insinööritoimisto AvePlan Oy,
  FIN–Seinäjoki; www.aveplan.fi
- Innenraumgestaltung / *Interior design*:
  JKMM Arkkitehdit, FIN–Helsinki
  www.jkmm.fi
- Signaletik / *Signage system*:
  Aimonomia Oy, FIN–Helsinki
  www.aimonomia.fi

Seite 80 / *page 80*
Bibliothek in Curno
Library in Curno

Via 4 novembre
I–24035 Curno, Bergamo

- Bauherr / *Client*:
  Amministrazione Comunale di Curno
- Architekten / *Architects*:
  Archea Associati, I–Florenz
  www.archea.it
- Projektleiter / *Project architect*:
  Marco Casamonti
- Mitarbeiter / *Team*:
  Ezio Birondi, Giuseppe Pezzano
- Tragwerksplaner / *Structural engineers*:
  Studio Myallonier, I–Bergamo
- Heizung, Lüftung / Elektroplanung
  Building services / electrical planning:
  Studio Armondi, I–24121 Bergamo

Seite 85 / *page 85*
Grundschule in München
Primary School in Munich

Helsinkistraße 55–57
D–81829 München-Riem

- Bauherr / *Client*:
  Landeshauptstadt München, vertreten durch MRG Maßnahmeträger München-Riem GmbH, D–München
  www.messestadt-riem.com
- Architekten / *Architects*:
  Fink + Jocher, Architekten und Stadtplaner, D–München
  www.fink-jocher.de
- Projektleiter / *Project architect*:
  Jörg Radloff
- Tragwerksplaner / *Structural engineers*:
  AJG Ingenieure GmbH, Abelein Jankowski Gebbeken, D–München
  www.ajg-ing.de
- Projektsteuerung / *Project management*:
  MRG Maßnahmeträger München-Riem GmbH, D–München
- Technisches Management / *Technical management*:
  Architekturbüro Wallner, D–München
  www.wallner-architekten.de
- Haustechnik / *Mechanical services*:
  Zickler + Jakob Planungen GmbH & Co. KG, D–München
  www.zickler-jakob.de
- Elektroplaner / *Electrical planning*:
  Ingenieurbüro Kasprowski GmbH,
  D–Grünwald; www.ib-kasprowski.de
- Landschaftsplaner / *Landscape planning*:
  Irene Burkhardt Landschaftsarchitekten,
  D–München; www.irene-burkhardt.de
- Generalunternehmer, Bauleitung / *Main contractor, construction management*:
  ARGE Schule Helsinkistraße:
  Hemmerlein Ingenieurbau GmbH,
  D–Bodenwöhr; www.hemmerlein.com
  Gebr. Donhauser, Hoch- und Tiefbau Unternehmung GmbH & Co. Betriebs-KG, D–Schwandorf;
  www.donhauser.de
- Orientierungssystem / *Orientation system*:
  Weidner Händle Atelier, D–Stuttgart
  www.weidnerhaendle.de
- Bauphysik, Bauakustik / *Building physics, acoustic planning*:
  IBN Bauphysik Consult, D–Ingolstadt
  www.ibn.de

Seite 88 / *page 88*
Internationale Schule in Seeheim-Jugenheim
International School Seeheim-Jugenheim

Schuldorf Bergstraße, Sandstraße
D–Seeheim-Jugenheim

- Bauherr / *Client*:
  Landkreis Darmstadt-Dieburg,
  Da-Di-Werk, D–Darmstadt
- Architekten / *Architects*:
  Angela Fritsch Architekten,
  D–Seeheim-Jugenheim
  www.af-architekten.de
- Projektleitung / *Project architects*:
  Angela Fritsch, Frank Scholl
- Mitarbeiter / *Team*:
  Andreas Pilot, Holmer Schleyerbach, Claudia Wolff, Bianka Ehnes, Dirk Bohnstedt, Nils Blume
- Tragwerksplaner / *Structural engineers*:
  TSB Ingenieurgesellschaft mbH,
  D–Darmstadt, www.tsb-ing.de
- Gebäudetechnik und Lichtplanung / *Building technology and lighting design*:
  ZWP Ingenieur AG, D–Wiesbaden
  www.zwp.de
- Akustik, Energieplaner, Brandschutz / *Acoustics, energy planner, fire protection*:
  TSB Ingenieurgesellschaft mbH,
  D–Darmstadt, www.tsb-ing.de

Seite 92 / *page 92*
Doppelturnhalle in Chiasso
Double Gymnasium in Chiasso

Via Dante Alighieri
CH–6830 Chiasso

- Bauherr / *Client*:
  Sezione Logistica Cantone Ticino,
  CH–Bellinzona
- Architekten / *Architects*:
  Baserga Mozzetti Architetti,
  CH–Muralto; www.basergamozzetti.ch
- Mitarbeiter / *Team*:
  Valeria Didone, Thea Delorenzi
- Tragwerksplaner / *Structural engineers*:
  Ingegneri Pedrazzini Guidotti sagl,
  CH–Lugano; www.ing-ppg.ch
- Bauleitung / *Construction management*:
  Marco Tela, Archinoves,
  CH–Novazzano

- Haustechnik / *Mechanical services*:
  Studio di progettazione Gilardi Sandro, CH–Giubiasco
- Elektroplaner / *Electrical planning*:
  Elettronorma SA, CH–Lugano
- Bauphysik, Feuerpolizei
  Building physics, fire inspection:
  Ifec Consulenze SA, CH–Rivera
  www.ifec.ch
- Landschaftsplaner / *Landscape planning*:
  Giorgio Aeberli, CH–Gordola
  www.aeber.li
- Glasfassaden / *Glass facades*:
  Feroplan Engineering AG, CH–Chur
  www.feroplan.ch

Seite 97 / *page 97*
Büroerweiterung in Berlin
Office Extension in Berlin

Joachimstraße 11
D–10119 Berlin

- Bauherr / *Client*:
  Grundstücksgesellschaft Joachimstraße 11 GmbH & Co. KG;
  Eva Schad, Harald Müller
- Architekten / *Architects*:
  David Chipperfield Architects, Berlin
- Partner / *Partners*:
  Alexander Schwarz (Entwurf / *Design*),
  Mark Randel (Geschäftsführung / *Management*)
  www.davidchipperfield.com
- Projektleiter / *Project architects*:
  Marcus Mathias (Phase 1),
  Lukas Schwind (Phase 2)
- Mitarbeiter / *Team*:
  Thomas Schöpf, Ulrike Eberhardt, Christof Piaskowski, Gesche Gerber, Sandra Morar, Paul Hillerkus, Martina Betzold
- Tragwerksplaner / *Structural engineers*:
  Reiner von Polheim, D–Berlin
- Bauleitung / *Construction management*:
  Carola Schäfers Architekten BDA, D–Berlin
- Landschaftsarchitekt / *Landscape architect*:
  Wirtz International N.V., B–Schoten
  www.wirtznv.be
- Kostenplanung / *Cost planning:*
  PGA Architekten, D–Berlin
- Gebäudetechnik / *Building services*:
  PIN – Planende Ingenieure GmbH, D–Berlin; pin.planende-ingenieure.de
- Bauphysik / *Building physics*:
  Müller BBM, D–Berlin
  www.muellerbbm.de

Seite 102 / *page 102*
Sportausbildungszentrum Mülimatt in Brugg/ Windisch
Mülimatt Sports Education and Training Centre in Windisch, Brugg

Gaswerkstraße 2
CH–5210 Windisch

- Bauherr / *Client*:
  Kanton Aargau, Immobilien, Department Finanzen und Ressourcen und Stadt Brugg, CH–Brugg
- Architekten / *Architects*:
  Studio Vacchini Architetti, CH–Locarno
  www.studiovacchini.ch
- Mitarbeiter / *Team*:
  Jerôme Wolfensberger, Luciana Bruno, Eloisa Vacchini, Mauro Vanetti
- Tragwerksplaner / *Structural engineers*:
  Fürst Laffranchi Bauingenieure GmbH, CH–Wolfwil; www.fuerstlaffranchi.ch
- Generalunternehmer, Bauleitung / *Main contractor, construction management*:
  Arigon Generalunternehmung AG, CH–Zürich; www.arigon.ch
- Generalplanung / *Construction coordinator*:
  Paul Zimmermann + Partner AG, CH–Vitznau; www.pz-p.ch
- Sanitärplanung / *Sanitary engineering*:
  PolyTeam AG, CH–Brugg
  www.polyteam.ch
- Haustechnik / *Mechanical services*:
  Gähler und Partner AG, CH–Ennetbaden; www.gpag.ch
- Elektroplaner / *Electrical planning*:
  R+B Engineering AG, CH–Brugg
  www.rbeag.com
- Fassadenplanung / *Facade planning*:
  PPEngineering, CH–Riehen
  www.ppengineering.ch
- Bauphysik / *Building physics*:
  Ragonesi Strobel & Partner, CH–Luzern; www.rsp-bauphysik.ch
- Landschaftsplaner / *Landscape planning*:
  Arch. Paolo Bürgi, CH–Camorino
  www.burgi.ch

Seite 108 / *page 108*
Forum eines Gymnasiums in Adelsheim
Forum for a Secondary School in Adelsheim

Eckenberg 1
D–74740 Adelsheim

- Bauherr / *Client*:
  Vermögen- und Bau Baden-Württemberg, Amt Heilbronn
- Architekten / *Architects*:
  Ecker Architekten, D–Heidelberg / Buchen; www.ecker-architekten.de
- Mitarbeiter / *Team*:
  Joachim Schuhmacher, John Ruffolo, Tom Jin, Sophie Hartmann, Peter Borek
- Tragwerkberatung Entwurfsgeometrie / *Structural consulting geometrical design*:
  Emmanuel Livadiotti, MaP3, F–Paris
  www.map3.de
- Tragwerksplaner (Leistungsphase 1–3) / *Structural engineers (work phase 1–3)*:
  WSP Deutschland AG, D–München
  www.wspgroup.de
- Tragwerksplaner / *Structural engineers*:
  Rehle Ingenieure GmbH, D–Stuttgart
  www.rehle-ing.de
- Tragwerksplaner (Prüfung) / *Structural engineers (inspecting)*:
  Ingenieurbüro Kist & Theilig, D–Mosbach; www.kist-ingenieure.de
- Lichtplanung / *Lighting design*:
  LDE Belzner-Holmes, D–Stuttgart
  www.LDE-net.com
- HLS und Elektroplanung / *HVP and electrical planning*:
  Carpus + Partner AG, D–Ulm / Hattersheim; www.carpus.de
- Bauphysik / *Building physics*:
  Krämer-Evers Bauphysik GmbH & Co. KG, D–Hasbergen / Stuttgart
  www.kraemer-evers.de
- Brandschutz / *Fire protection*:
  Sachverständiger R. Dietz, D–Elztal-Dallau
- Baugrund / *Foundation*:
  Walter+Partner GbR, D–Tauberbischofsheim / Adelsheim
  www.walter-und-partner.de
- Bauleitung Tiefbau / *Supervision and surveillance civil engineering*:
  Ingenieurbüro Mütsch, D–Tauberbischofsheim; www.ib-muetsch.de

Seite 114 / *page 114*
Versuchs- und Forschungsgebäude Weinberghaus bei Wörrstadt
Weinberghaus – an Experimental Building outside Wörrstadt

Im Weinberg
D–55286 Wörrstadt

- Bauherr / *Client*:
  Klemens Perka, D–Wörrstadt
- Architekten / *Architects*:
  TU Kaiserslautern, Dirk Bayer, Bernd Meyerspeer, Fachbereich Architektur, D–Kaiserslautern
- Projektleiter, Bauleitung / *Project architect / Construction management*:
  Christoph Perka, TU Kaiserslautern D–Kaiserslautern
- Tragwerksplaner / *Structural engineers*:
  Jürgen Schnell, Christian Kohlmeyer Fachbereich Bauingenieurwesen, TU Kaiserslautern, D–Kaiserslautern
- Mitarbeiter / *Assistant*:
  Frank Müller

Seite 116 / *page 116*
Seminargebäude am alten Bahnhof Greißelbach
Seminar Building at the Former Greißelbach Station

Max-Bögl-Straße 1
D–92369 Sengenthal

- Bauherr / *Client*:
  Max Bögl Bauunternehmung GmbH & Co. KG, D–Sengenthal
- Architekten / *Architects*:
  Bögl Gierer Architekten GmbH, D–München; www.boegl-gierer.de
- Mitarbeiter / *Team*:
  Kristin Wohlhüter, Katharina Dasch, Christine Hess, Veronika Gut
- Tragwerksplaner Altbau / *Structural engineers Existing building*:
  Ingenieurbüro Braun Haas Lerzer, D–Neumarkt; www.bhl-statik.de
- Tragwerksplaner Neubau / *Structural engineers New building*:
  Ingenieurbüro Mederer GmbH, D–Postbauer-Heng; www.ib-mederer.de
- Freiflächenplaner / *Landscape architects*:
  Ver.de Landschaftsarchitekten D–Freising; www.gruppe-ver.de
- Rohbau, Fertigstellung, Außenanlagen / *Building carcass, completion, landscaping*:
  Max Bögl Bauunternehmung GmbH & Co. KG, D–Neumarkt; max-boegl.de

Seite 120 / *page 120*
Produktions- und Bürogebäude in München
Production and Office Building in Munich

Lindberghstraße 7
D–München

- Bauherr / *Client*:
  Die Textilmacher GmbH, D–München
  www.textilmacher.com
- Architekten / *Architects*:
  tillicharchitektur, D–München
  www.tillicharchitektur.de
- Tragwerksplaner / *Structural engineers*:
  Hemmerlein Ingenieurbau GmbH, D–Bodenwöhr; www.hemmerlein.com
- HLS / *Building services*:
  Herbert Schön Ingenieurbüro, Murnau
- Energietechnischer Berater / *Energy consultant*:
  Heinze Energieberatung, D–Stuttgart

Seite 124 / *page 124*
Verwaltungsgebäude in Berlin
Office Building in Berlin

Heidestraße / Europaplatz 1
D-10557 Berlin

- Bauherr / *Client*:
  CA Immo Deutschland GmbH, Berlin
- Architekten / *Architects*:
  Barkow Leibinger, D-Berlin
  www.barkowleibinger.com
- Projektleiter / *Project architect*:
  Klaus Reintjes
- Mitarbeiter / *Team*:
  Hans-Georg Bauer, Andreas Lang, Christina Möller, Ruwen Rimpau, Tobias Wenz
- Mitarbeiter Machbarkeitsstudie / *Feasibility-study team*:
  Martina Bauer, Michael Bölling, Hans-Georg Bauer, Partick Delahoy, Hiroki Nakamura, Nora Peyer, Katrin Voermanek, Gabriel Warshawsky
- Tragwerksplaner / *Structural engineers*:
  GuD Planungsgesellschaft für Ingenieurbau mbH, D-Berlin
  www.gudplanung.de
- Bauleitung / *Construction management*:
  omniCon Gesellschaft für innovatives Bauen mbH, D-Berlin
  www.omnicom-ffm.de
- Haustechnik / *Mechanical services*:
  Fürstenau & Partner Ingenieurgesellschaft mbH, D-Berlin
  www.fuerstenau-partner.de
- Brandschutz / *Fire engineering*:
  hhp Berlin, Berlin; www.hhpberlin.de
- Bauphysik, Schallschutz, Akustik / *Building physics, sound insulation, acoustics*:
  Müller-BBM, Berlin; www.muellerbbm.de
- Nachhaltigkeitsberatung / *Sustainability consultant*:
  Drees & Sommer, Berlin; www.dreso.com
- Energiedesign / *Energy design*:
  energydesign braunschweig GmbH
  www.energydesign-bs.de
- Fassadenberater / *Facade consultant*:
  Priedemann Fassadenberatung GmbH, D-Großbeeren / Berlin
  www.fassadenberatung.de

Seite 128 / *page 128*
Wohn- und Geschäftshaus in Karlsruhe
Department Store and Office Building with Dwelling in Karlsruhe

Herrenstraße 26–28
D-76133 Karlsruhe

- Bauherr / *Client:*
  Werner Herrenstraße GmbH & Co. KG, D-Karlsruhe
- Architekten / *Architects:*
  LRO Lederer Ragnarsdóttir Oei, D-Stuttgart
  www.lederer-ragnarsdottir-oei.de
- Projektleiter / *Project architect*:
  Hannes Riehle
- Mitarbeiter / *Team:*
  Hamze Jalloul
- Tragwerksplaner und Bauphysik / *Structural engineers and building physics:*
  Ingenieurgruppe Bauen, D-Karlsruhe
  www.ingenieurgruppe-bauen.de
- Haustechnik / *Mechanical services*:
  Planungsgesellschaft Schaaf, D-Karlsruhe; www.plg-schaaf.de
- Geologie / *Geology:*
  GHJ Ingenieursgesellschaft, D-Karlsruhe; www.ghj.de
- Prüfingenieure / *Testing engineer:*
  Harrer Ingenieure, D-Karlsruhe
  www.harrer-ing.net
- Vermessung / *Site survey:*
  Ingenieurteam Trenkle, D-Karlsruhe
  www.ingenieurteam-trenkle.de
- Brandschutz / *Fire protection:*
  LWKONZEPT, D-Stuttgart
  www.lwkonzept.de

Seite 132 / *page 132*
Platzgestaltung in Innsbruck
Redevelopment of a Square in Innsbruck

Eduard-Wallnöfer-Platz
A-6020 Innsbruck

- Bauherr / *Client*:
  Amt der Tiroler Landesregierung, A-Innsbruck
- Architekten / *Architects*:
  LAAC Architekten, A-Innsbruck
  www.laac.eu
  Stiefel Kramer Architecture, A-Wien
  www.stiefelkramer.com
  grüner.grüner, A-Innsbruck
  www.christopher-gruener.eu
- Mitarbeiter / *Team*:
  Peter Griebel, Thomas Feuerstein
- Tragwerksplaner / *Structural engineers*:
  Alfred Brunnsteiner, A-Innsbruck
  www.dibral.at
- Lichtplanung / *Light design consultant*:
  Fa. Halotech Lichtfabrik GmbH, A-Innsbruck
- Elektroplaner / *Electrical planning*:
  A3 Jenewein Ingenieurbüro GmbH, A-Innsbruck; www.jenewein-a3.at
- Landschaftsplaner / *Landscape planning*:
  Garten-Erlebnis Andreas Lutz, A-Prutz
  www.gartenerlebnis-lutz.com
- HLS / *Building services*:
  A3 jp-Haustechnik GmbH, A-Innsbruck www.a3jp.at

Seite 137 / *page 137*
Serviceanlage der SBB in Zürich
Service Facilities of the SBB in Zurich

Aargauerstraße
CH-Zürich

- Bauherr / *Client*:
  SBB Personenverkehr, Development Ost, CH-Zürich; www.sbb.ch
- Architekten / *Architects*:
  EM2N I Architekten AG I ETH SIA BSA, CH-Zürich; www.em2n.ch
  Ernst Basler + Partner, CH-Zürich
  www.ebp.ch
- Mitarbeiter / *Team*:
  Christof Zollinger, Stefan Berle, Duarte Brito, Fabian Hörmann, Mathias Kampmann, Benjamin Nordmann

Seite 140 / *page 140*
Besucherzentrum und Verwaltungsgebäude Sun Moon Lake bei Yuchi
Sun Moon Lake Visitor Centre and Office Building near Yuchi

Zhongshan Road 599,
RC-555 Yuchi Township, Nantou County

- Bauherr / *Client*:
  Verwaltung der Sun Moon Lake National Scenic Area
- Architekten / *Architects*:
  Norihiko Dan and Associates, J-Tokio
  www.dan-n.co.jp
- Team / *Team*:
  Norihiko Dan, Tadashi Yoshimura, Eiji Sawano, Minghsien Wang, Masato Shiihashi
- Tragwerksplaner / *Structural engineers*:
  Structure Design Group, J-Tokio
  www.sdg.jp
  Horn Gyun Engineering Consultants Ltd., RC-Taipei
- Generalunternehmer / *Main contractor*:
  Huachun Construction Co.Ltd.
  Yide Construction Co.Ltd.
- Elektroplaner / *Electrical planning*:
  Uichi Inouye Research Institute
  Huan-Chiou Electrical Engineering Co.
- Lichtplaner / *Lighting planning*:
  Worktecht Corporation, J-Tokio
  www.worktecht.com
  Cheng Yi Lighting Co.Ltd., RC-Taipei
- Landschaftsplaner / *Landscape planning*:
  Norihiko Dan and Associates, J-Tokio
  www.dan-n.co.jp,
  Su Mao-Pin architects

Seite 144 / *page 144*
Besucherzentrum in Kassel
Visitor Centre in Kassel

Schlosspark Wilhelmshöhe
D-34131 Kassel

- Bauherr / *Client*:
  Land Hessen vertreten durch das Hessische Baumanagement Regionalniederlassung Nord, D-Kassel
- Architekten / *Architects*:
  Staab Architekten, D-Berlin
  www.staab-architekten.com
- Projektleiter / *Project architects*:
  Per Pedersen, Jens Achtermann
- Mitarbeiter / *Team*:
  Sonja Hehemann, Diana Saric, Antje Bittorf, Sonja Hehemann, Julia Löscher, Florian Nusser, Kiri Westphal
- Tragwerksplaner / *Structural engineers*:
  EFG Beratende Ingenieure GmbH, D-Fuldabrück; www.efg-ing.de
- Bauleitung / *Construction management*:
  Atelier 30 Architekten GmbH, D-Kassel; www.atelier30.de
- Ausstellungsgestaltung / *Exhibition design*:
  Brigitte Fischer Ausstellungsgestaltung, Berlin; ausstellungsarchitekt.de
- Haustechnik / *Mechanical services*:
  Ingenieurgruppe HSK, D-Göttingen
  www.hsk-goettingen.de
- Elektroplaner / *Electrical planning*:
  Günter Freund Ingenieurbüro für techn. Ausrüstung, D-Fritzlar

Seite 148 / *page 148*
Galeriegebäude in New York
Gallery Complex in New York City

537 West 20th Street
USA – New York

- Bauherr / *Client*:
  David Zwirner, USA – New York
- Architekten / *Architects*:
  Selldorf Architects, USA – New York
  mit Sara Lopergolo, AIA
- Projektleitung / *Project architects*:
  Julie Hausch-Fen, David Moore, Susan Parapetti
- Mitarbeiter / *Team*:
  Matthew Kanewske, Laura Samul, Dylan Sauer
- Tragwerksplaner / *Structural engineers*:
  DeSimone Consulting Engineers, USA – New York; www.de-simone.com

Seite 152 / *page 152*
Kunstmuseum in Wakefield
The Hepworth Wakefield

The Hepworth Wakefield
UK – Wakefield

- Bauherr / *Client*:
  Wakefield Council
- Architekten / *Architects*:
  David Chipperfield Architects, UK – London
  www.davidchipperfield.co.uk
- Projektleiter / *Project architects*:
  Nick Hill, Kelvin Jones, Demian Erbar
- Mitarbeiter / *Team*:
  J. Bauer, J. Bergua, Y. Brosilovski, K. Bruenjes, P. Crosby, J. Donaire Garciade la Mora, C. Ebeling, C. Faust, J. French, J. Good, D. Gutman, V. Jessen-Pike, I. Klockenbusch, D. Koo, L. Masmonteil, H. Ming Tse, S. Molloy, H. Nagata, A. Naumann, R. Nys, S. Piechotta, D. Pike, B. Prendergast, J. Puttick, D. Scullion, P. Swanepoel, K. Thielen, S. Wedde, G. Zampieri
- Tragwerksplaner, Haustechnik / *Structural engineers, mechanical services*:
  Ramboll UK Ltd., UK – London
  www.ramboll.co.uk
- Lichtplaner / *Lighting consultant*:
  Arup, UK – London
  Florence Lam, Andrew Mc Neil, Andy Sedgwick
- Fachberater Theater / *Theatre consultant*:
  Charcoalblue Ltd, UK – London
  www.charcoalblue.com
- Akustikplanung / *Acoustic consultant*:
  Paul Gillieron Acoustic Design, UK – London; www.pgacoustics.org
- Brandschutz / *Fire consultant*:
  Safe Consulting Ltd, UK – London
  www.ramboll.co.uk
- Sicherheitsberater / *Security consultant*:
  Arup, UK – London; Ian Braithwaite
- Berater Zugänge / *Access consultant*:
  Jane Toplis Associates, UK – Bath
  www.jtac.co.uk
- Brückenbauingenieur / *Bridge engineer*:
  Ramboll UK Ltd, UK – London
  Chris Dunn, Des Mairs, Stephen Wilson
- Projektmanager / *Project management*:
  Turner & Townsend
  www.turnerandtownsend.com
- Landschaftsplaner / *Landscape planning*:
  Gross Max, UK – Edinburgh
  www.grossmax.com

Seite 157 / *page 157*
Hochschule in Mittweida
University of Applied Sciences in Mittweida

Bahnhofstraße 15
D – 09648 Mittweida

- Bauherr / *Client:*
  Sächsisches Immobilien- und Baumanagement, D – Chemnitz
- Architekten / *Architects:*
  Georg Bumiller Architekten, D – Berlin
  www.bumillerarchitekten.de
- Mitarbeiter / *Team:*
  Jens Bussewitz, Thomas Eysholdt, Lennart Häger, David Meyer, Heiko Ottinger, Felix Sommerlad, Frank Stoffers, Jens Zimmermann
- Tragwerksplaner / *Structural engineer:*
  Erfurth + Mathes Beratende Ingenieure D – Leipzig
- Bauleitung / *Supervision:*
  Beusterien + Eschwe
  Hr. Eschwe, Hr. Rasche, Hr. Schille
  D – Berlin
- HLS / *HVP:*
  IKL Ingenieursgesllschaft mbH, D – Leipzig
- Elektroplanung / *Electrical planning:*
  Elektro Ing-Plan GmbH, D – Dresden
  www.elektroplanung-dresden.de
- Bauphysik / *Building physics:*
  Bauphysik @ integrierte Planung Kai Rentrop Wolfgang Sorge GbR
  Beratende Ingenieure VBI, D – Berlin
- Brandschutz / *Fire protection:*
  Gunnar Ohme, D – Weinböhla

Seite 162 / *page 162*
Wohnhaus in Berlin
Housing Block in Berlin

Christinenstraße 39
D – 10119 Berlin

- Bauherr / *Client*:
  Stefan Karl und Angela Knewitz, D – Berlin
- Architekten / *Architects*:
  zanderroth architekten gmbh, D – Berlin
  www.zanderroth.de
- Projektleitung / *Project architects*:
  Nils Schülke, Annette Schmidt
- Mitarbeiter / *Team*:
  Jana Klingelhöffer
- Bauleitung / *Construction management*:
  Phase 8, D – Berlin
  www.phase8architekten.de
- Tragwerksplaner / *Structural engineers*:
  Ingenieurbüro Leipold, D – Berlin
  www.stabil-labil.de
  Prof. Dr. sc. techn. Michael Schlaich, D – Berlin; www.sbp.de
- Gebäudetechnik / *Building services*:
  Ingenieurbüro Lüttgens, D – Berlin
- Bauphysik / *Building physics*:
  Ingenieurbüro Axel C. Rahn GmbH, D – Berlin; www.ib-rahn.de
  Betontechnologie / *Concrete technology*:
  Fläming Baustofflabor GmbH, D – Berlin
  www.flaeming-baustofflabor.de

Seite 166 / *page 166*
Terrassenwohnhaus in Brugg
Terraced Housing in Brugg

Herrenmatt 3
CH – 5200 Brugg

- Bauherr / *Client:*
  Wartmann Immobilien AG, CH – Brugg
- Architekten / *Architects:*
  Ken Architekten, CH – Zürich
  www.ken-architekten.ch
- Mitarbeiter / *Team:*
  Jürg Kaiser, Lorenz Peter, Martin Schwager, Gian Andri Mohr, Friederike Wisler, Charles Wülser
- Tragwerksplaner / *Structural engineers:*
  Heyer Kaufmann Partner, CH – Baden
  www.hkp-bauing.ch
- Bauphysik / *Building physics:*
  Reto Züger Ingenieur AG, CH – Dietikon
- Geologe / *Geologist:*
  Dr. Heinrich Jäckli AG, CH – Baden
  www.jaeckli.ch

Seite 170 / *page 170*
Wohnhaus in Vrhovlje
Residence in Vrhovlje

Vrhovlje 9C
SLO – 6221 Dutovlje

- Bauherr / *Client:*
  Borut Pertot
  Showroom Pertot s.r.l.
- Architekten / *Architects:*
  dekleva gregorič architects
  SLO – Ljubljana
  www.dekleva-gregoric.com
- Mitarbeiter / *Team:*
  Aljoša Dekleva, Tina Gregorič, Lea Kovič, Vid Zabel
- Tragwerksplaner / *Structural engineers:*
  Luka Pavlovčič, SLO – Ljubljana
  www.konzola.eu

Seite 174 / *page 174*
Atelierpavillon in Dublin
Artist's Studio in Dublin

Drumcondra
IRL–Dublin 9

- Bauherr / *Client*:
  k.A. / *n.s.*
- Architekten / *Architects*:
  Architecture Republic (jetzt / *now:* Urban Agency), IRL–Dublin
  Maxim Laroussi
  www.architecture-republic.com
- Projektleiter, Bauleitung / *Project architect, construction management*:
  Maxim Laroussi
- Mitarbeiter / *Assistants*:
  Mark Carter, John Casey, John Graham
- Tragwerksplaner / *Structural engineers*:
  Casey O'Rourke Associates, IRL–Dublin
  www.cora.ie

Seite 178 / *page 178*
Wochenendhaus am Scharmützelsee
Weekend House on Lake Scharmützel

Friedrich-Engels-Damm 295
D–15526 Bad Saarow

- Bauherr / *Client*:
  k.A. / *n.s.*
- Architekten / *Architects*:
  Augustin und Frank Architekten, D–Berlin
  www.augustinundfrank.de
- Projektleitung / *Project architects*:
  Alexander Ammon
- Mitarbeiter / *Team*:
  Jan Blifernez
- Tragwerksplanung und Wärmeschutznachweis / *Structural engineering and thermal insulation certificate*:
  Pichler Ingenieure, D–Berlin
  www.pichleringenieure.com
- Heizung- und Sanitärplanung / *Heating and plumbing engineering*:
  GfH Gesellschaft für Haustechnikplanung Schönefeld mbH, D–Schönefeld
- Elektroplanung / *Electrical engineer*:
  Ingenieurbüro Nielitz, D–Frankfurt an der Oder

Seite 182 / *page 182*
Wohnungsbau in Paris
Apartment Building in Paris

17–19 Rue des Orteaux
F–Paris

- Bauherr / *Client*:
  SIEMP, F–Paris; www.siemp.fr
- Architekten / *Architects*:
  Babled Nouvet Reynaud Architectes, F–Paris; www.babled.fr
- Tragwerksplaner / *Structural engineers*:
  SNC Lavalin, F–Ivry-sur-Seine
  www.snclavalin.com
- Projektleiter / *Project manager*:
  Julien Boidot, F–Paris
- Energiekonzept / *Energy concept*:
  RFR Eléments, F–Paris
  www.rfr-elements.com
- Bauunternehmer / *Construction contractor*:
  Francilia – Entreprise générale, F–Villiers-le-Bel

Seite 186 / *page 186*
Studentenwohnheim in Ulm
Student Hostel in Ulm

Manfred Börner Weg
D–89081 Ulm

- Bauherr / *Client*:
  Studentenwerk Ulm, D–Ulm
- Architekten / *Architects*:
  bogevischs buero, D–München
  www.bogevisch.de
- Projektleitung / *Project architects*:
  Martin Wißmann
- Mitarbeiter Wettbewerb / *Team (competition)*:
  Mathilde Hug, Carlos Cabrera
- Mitarbeiter Ausführung / *Team (construction planning)*:
  Sebastian Zametzer, Peter Hellauer, Janka Tóth
- Tragwerksplaner / *Structural engineers*:
  Mayr Ludescher Partner, D–München
  www.mayr-ludescher.com
- Bauleitung / *Construction management*:
  Michael Büttner / Walk Architekten, D–Reutlingen
- Bauphysik / *Building physics*:
  Ingenieurbüro für Bauphysik Ferdinand Ziegler, D–Ulm
  www.bauphysik-ziegler.de
- Energiekonzept, HLS / *Energy concept, Building services*:
  Zieher Technic Ingenieurbüro, D–Ulm; www.ziehertechnic.de

Seite 191 / *page 191*
Stadtaufzug am Hauptbahnhof Rorschach
Civic Lift at Rorschach Main Station

Bahnhof Rorschach
CH–9400 Rorschach, St. Gallen

- Bauherr / *Client*:
  Stadt Rorschach,CH–Rorschach, St. Gallen
- Architekten / *Architects*:
  Alex Buob AG, CH–Rorschacherberg
  www.alexbuob.ch
- Projektleitung / *Project architect*:
  Stefan Räbsamen
- Mitarbeiter / *Team*:
  Andreas Signer
- Tragwerksplaner / *Structural engineers*:
  Wälli AG Ingenieure, CH–Rorschach
  www.waelli.ch
- Projektmanagement Aufzüge / *Project management elevators*:
  Hr. Wehrle, CH–Schachen
- Lichtplanung / *Lighting design*:
  Charles Keller Design AG, CH–St. Gallen; www.chdesign.ch
- Elektroplanung / *Electrical engineer*:
  Lutz Elektroplanung, CH–Rorschach
  www.lutz-elektroplanung.ch

Bildnachweis • *Picture Credits*

Fotos, zu denen kein Fotograf genannt ist, sind Architektenaufnahmen, Werkfotos oder stammen aus dem Archiv DETAIL.
Trotz intensiven Bemühens konnten wir einige Urheber der Abbildungen nicht ermitteln, die Urheberrechte sind jedoch gewahrt. Wir bitten in diesen Fällen um entsprechende Nachricht.
Sämtliche Zeichnungen in diesem Werk stammen aus der Zeitschrift DETAIL.

Photographs not specifically credited were taken by the architects or are works photographs or were supplied from the DETAIL archives.
Despite intensive endeavours we were unable to establish copyright ownership in just a few cases; however, copyright is assured. Please notify us accordingly in such instances.
All drawings were originally published in DETAIL.

Seite / *page* 8, 9 oben links / *top left*, 33, 57 oben / *top*, 61 oben / *top*:
Frank Kaltenbach, D – München

Seite / *page* 9 oben rechts / *top right*:
aus: Uta Hassler (Hg.), Was der Architekt vom Stahlbeton wissen sollte, Zürich 2010, S. 108

Seite / *page* 9 unten links / *bottom left*:
Christian Bauer, Denkmalamt Basel

Seite / *page* 15 – 23:
Leonardo Finotti, BR – São Paulo

Seite / *page* 24 oben / *top*:
Hufton + Crow Photography, GB – London

Seite / *page* 24 unten / *left*:
Robert Mehl, D – Aachen

Seite / *page* 25 unten rechts / *bottom right*:
Gramazio & Kohler, CH – Zürich

Seite / *page* 26 oben / *top*:
Christine Gonis, CDN – Winnipeg

Seite / *page* 26 Mitte und unten / *middle and bottom*, 27:
Mark West, CDN – Winnipeg

Seite / *page* 28 oben rechts und links / *top right and left*, links Mitte und unten / *left middle and bottom*, 29:
ILEK, D – Stuttgart

Seite / *page* 30 oben / *top*:
Tobias Adam, D – Weimar

Seite / *page* 30 unten links / *bottom left*:
Katja Fischer, D – Weimar

Seite / *page* 30 unten rechts / *bottom right*:
Katrin Plescher, D – Weimar

Seite / *page* 31, 32:
Hélène Binet, GB – London

Seite / *page* 34:
Hanspeter Schiess für cukrowicz nachbaur architekten

Seite / *page* 35:
Adolf Bereuter für cukrowicz nachbaur architekten

Seite / *page* 36 oben / *top*, 37 Mitte / *middle*:
Manfred Alois Mayr, I – Bozen

Seite / *page* 36 Mitte / *middle*:
Urs Beat Roth, CH – Zürich

Seite / *page* 37 oben / *top*, 37 unten / *bottom*:
Reckli GmbH, D – Herne

Seite / *page* 39, 40 / 41 unten / *bottom*:
Cemal Emden / Emre Arolat Architects

Seite / *page* 40 oben / *top*, 42:
thomasmayerarchive.de / Emre Arolat Architects

Seite / *page* 43:
Su Shengliang

Seite / *page* 44, 45:
Xia Zhi

Seite / *page* 46, 137–139:
Roger Frei, CH – Zürich

Seite / *page* 47 oben / *top*, 48 oben / *top*:
Eberhard Bau AG, CH – Kloten

Seite / *page* 47 unten / *bottom*:
Theodor Stalder, CH – Zürich

Seite / *page* 48 unten / *bottom*:
Michael Lio, CH – Winterthur

Seite / *page* 50, 56 links / *left*:
Roland Halbe, D – Stuttgart

Seite / *page* 51 oben / *top*, 52, 53 oben / *top*, 54, 55, 56 rechts / *right*, 101, 123, 131, 163:
Christian Schittich, D – München

Seite / *page* 51 unten / *bottom*:
Claudia Fuchs, D – München

Seite / *page* 53 unten / *bottom*, 57 unten / *bottom*:
Lisa Ricciotti, F – Bandol

Seite / *page* 59, 60 Mitte / *middle*, 60 unten / *bottom*, 61 unten / *bottom*, 85, 86, 116 – 119:
Michael Heinrich, D – München

Seite / *page* 62, 63 Mitte / *middle*:
Reinhard Mederer, D – Neumarkt i. d. OPf

Seite / *page* 63 links / *left*:
Firmengruppe Max Bögl, D – Sengenthal bei Neumarkt i. d. OPf

Seite / *page* 63 rechts / *right*:
Markus Widmann, D – München

Seite / *page* 66 – 69:
Koji Fujii / Nacasa & Partners Inc.

Seite / *page* 70, 72 / 73 unten / *bottom*:
Adolf Bereuter, A – Dornbirn

Seite / *page* 71:
Andreas Gabriel, D – München

Seite / *page* 72 oben / *top*:
Georg Alfare, A – Altach

Seite / *page* 74 / 75, 77 rechts / *right*, 78 / 79:
Tuomas Uusheimo, FIN – Helsinki

Seite / *page* 75 oben / *top*, 76, 77 links / *left*:
Mika Huisman, FIN – Espoo

Seite / *page* 80 – 84:
Pietro Savorelli, I – Florenz

Seite / *page* 88 – 91:
Taufik Kenan, D – Berlin

Seite / *page* 93 – 95:
Filippo Simonetti, I – Brunate

Seite / *page* 97, 99, 100 unten / *bottom*, 162, 164, 165 oben / *top*:
Simon Menges, D – Berlin

Seite / *page* 98, 100 oben / *top*:
Ute Zscharnt für David Chipperfield

Seite / *page* 102, 104, 105:
René Rötheli, CH – Baden

Seite / *page* 103:
Alexandre Kapellos, CH – Zürich

Seite / *page* 107 Mitte / *middle*, 107 rechts / *right*:
BASF, CH – Zürich

Seite / *page* 108 / 109, 110 / 111, 113:
Brigida González, D – Stuttgart

Seite / *page* 114, 115:
Sven Paustian, D – Pirmasens

Seite / *page* 120 – 122:
Michael Compensis, D – München

Seite / *page* 124, 125:
Christian Richters, D – Berlin

Seite / *page* 127:
Johannes Förster, D – Berlin

Seite / *page* 132–133, 136, 135:
Günter Richard Wett, A – Innsbruck

Seite / *page* 141 unten links / *bottom left*:
Shinkenchiku-sha, J – Tokio

Seite / *page* 141 oben links / *top left*, 143:
Anew Chen

Seite / *page* 144, 145, 146 / 147:
Jens Achtermann, D – Berlin

Seite / *page* 148 – 150:
Jason Schmidt, USA – New York

Seite / *page* 152 – 156:
Iwan Baan, NL – Amsterdam

Seite / *page* 157 – 161, 178 – 181:
Werner Huthmacher, D – Berlin

Seite / *page* 165 unten / *bottom*:
Anette Schmidt, D – Berlin

Seite / *page* 166 – 169:
Hannes Henz, CH – Zürich

Seite / *page* 170 – 173:
Janez Marolt, SLO – Ljubljana

Seite / *page* 174 – 177:
Paul Tierney, IRL – Dublin

Seite / *page* 182, 185:
Frédéric Delangle, F – Rueil-Malmaison

Seite / *page* 183, 184:
Clément Guillaume, F–Paris

Seite / *page* 186, 188 unten / *bottom*, 189, 190:
Jens Weber, D – München

Seite / *page* 187, 188 oben / *top*:
Conné Van d'Grachten, D – Ulm

Seite / *page* 191 – 93:
Barbara Bühler, FL – Vaduz

Rubrikeinführende Aufnahmen • *Full-page plates:*

Seite / *page* 5: Long Museum in Schanghai / *Long Museum in Shanghai*
Architekten / *Architects:* Atelier Deshaus, Schanghai
Fotograf / *Photographer:* Xia Zhi

Seite / *page* 7: MuCEM in Marseille / *MuCEM in Marseille*
Architekten / *Architects:* Rudy Riciotti Architecte, Bandol
Fotograf / *Photographer:* Christian Schittich, München

Seite / *page* 65: Hochschule in Mittweida / *University of Applied Sciences in Mittweida*
Architekten / *Architects:* Georg Bumiller Architekten, Berlin
Fotograf / *Photographer:* Werner Huthmacher, Berlin

Cover • *Cover:*

Sancaklar-Moschee in Istanbul / Sancaklar Mosque in Istanbul
Architekten / *Architects:* Emre Arolat Architects, Istanbul
Fotograf / *Photographer:* Emre Arolat Architects, Istanbul

Der Verlag dankt dem folgenden Partner
für die Förderung dieser Publikation:

Beton